U0185146

高等教育"双一流"机

普通高等教育"十一五"国家级规划教材

机械创新设计 第三版

Jixie Chuangxin Sheji

清华大学　北京科技大学　中南大学　编

邱丽芳　唐进元　高　志　主编

高等教育出版社·北京

内容提要

本书是普通高等教育"十一五"国家级规划教材,是在第二版的基础上,结合多所院校的使用意见和作者的教学实践经验修订而成的。

为加强创新人才的培养,本书围绕机械创新设计问题,着重阐述如何培养学生的创新意识,启发创新思维,掌握创新方法,在编写中力求理论联系实际,提高学生的创新能力。

本书紧密结合机械创新设计实践,分析创新思维和方法在机械原理方案设计、机构设计、结构设计等各阶段的应用,分析了开发设计、变型设计和反求设计等各类创新设计特点。

本书共分三篇。第1篇为创新设计的理论基础,介绍创造性思维与创造能力、创造原理;第2篇为创新设计方法,介绍 TRIZ 系统化创新、常用创新技法、原理方案创新设计、机构创新设计、结构创新设计、造型创新设计和反求设计等内容。第3篇用八个机械创新设计案例从不同角度反映机械创新设计理论与方法在实践中的应用。

本书可作为高等学校的教材,也可供有关教师、工程技术人员和科研人员参考。

图书在版编目(CIP)数据

机械创新设计 / 清华大学,北京科技大学,中南大学编;邱丽芳,唐进元,高志主编. --3 版. --北京:高等教育出版社,2020.10(2022.5重印)
ISBN 978-7-04-054167-0

Ⅰ.①机… Ⅱ.①清… ②北… ③中… ④邱… ⑤唐… ⑥高… Ⅲ.①机械设计-高等学校-教材 Ⅳ.①TH122

中国版本图书馆 CIP 数据核字(2020)第 102955 号

策划编辑 卢 广　　责任编辑 卢 广　　封面设计 于文燕　　版式设计 杨 树
插图绘制 于 博　　责任校对 李大鹏　　责任印制 耿 轩

出版发行	高等教育出版社	网　　址　http://www.hep.edu.cn
社　　址	北京市西城区德外大街 4 号	http://www.hep.com.cn
邮政编码	100120	网上订购　http://www.hepmall.com.cn
印　　刷	河北信瑞彩印刷有限公司	http://www.hepmall.com
开　　本	787mm×1092mm　1/16	http://www.hepmall.cn
印　　张	24.75	
字　　数	560 千字	版　　次　2000 年 7 月第 1 版
插　　页	3	2020 年 10 月第 3 版
购书热线	010-58581118	印　　次　2022 年 5 月第 3 次印刷
咨询电话	400-810-0598	定　　价　53.00 元

物 料 号　54167-00

机械创新设计

第三版

邱丽芳　唐进元

高　志　主编

1 计算机访问 http://abook.hep.com.cn/12273467，或手机扫描二维码，下载并安装 Abook 应用。

2 注册并登录，进入"我的课程"。

3 输入封底数字课程账号（20位密码，刮开涂层可见），或通过 Abook 应用扫描封底数字课程账号二维码，完成课程绑定。

4 单击"进入课程"按钮，开始本数字课程的学习。

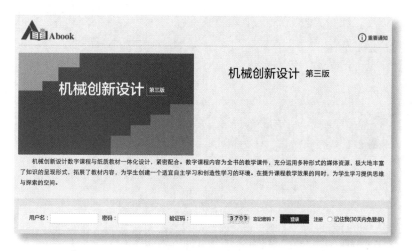

课程绑定后一年为数字课程使用有效期。受硬件限制，部分内容无法在手机端显示，请按提示通过计算机访问学习。

如有使用问题，请发邮件至 abook@hep.com.cn。

扫描二维码
下载 Abook 应用

http://abook.hep.com.cn/12273467

第三版前言

创新是推动科学技术发展的原动力,是促进经济社会进步的重要力量。当今世界各国之间在政治、经济、文化、科学和技术方面的激烈竞争归根结底是关于人才的竞争,是对具有创新能力的人才的竞争。

高等教育是人才培养的重要途径,为适应经济社会发展对创新人才的需求,高等教育应转变教育观念,探索适合创新人才成长的培养模式,重点在于加强对学生的全面素质教育和创新能力的培养。

近年来,各高校纷纷开设了有关创新教育与训练的课程。机械创新设计课程以机械设计领域的创新设计问题为载体,通过对机械创新设计问题的分析,向学生传授创新设计的理论、思想和方法。通过对成功的机械创新设计实例的分析,引导学生理解蕴藏在其中的创新理论,通过对创新实例的归纳,体会创新设计的方法和技巧。在课内、外的创新设计训练中,从确定创新题目、构思实现功能的原理解法、设计详细结构,直到加工调试的全过程,应用创新设计的理论与方法,通过成功的创新设计实践,提高学生对从事创新设计的兴趣和自信。通过课堂讨论和多种形式的思维训练,改变学生思维模式,提高思维活动的灵活性、开放性、发散性、变通性,有效地开发学生的创造能力。

根据课程教学的需要,在 2010 第二版的基础上,结合近十年来的使用情况和各校在教学过程中对教学内容的更新,对教材进行了如下修订:

(1) 更新了第三篇中的大部分机械创新设计案例。

(2) 增加了第 4 章 TRIZ 系统化创新。

(3) 对其余各章中的实例作了必要的更新。

本书第 1 章和第 6 章由清华大学刘莹编写,第 2 章由中南大学唐进元编写,第 3 章由中南大学唐进元、肖云龙共同编写,第 4 章、案例 7 和案例 8 由北京印刷学院李艳编写,第 5 章和第 9 章由北京科技大学邱丽芳、李艳琳共同编写,第 7 章由北京科技大学于晓红、邱丽芳共同编写,第 8 章、案例 2 和案例 3 由清华大学高志编写,第 10 章由清华大学高志、黄纯颖共同编写,案例 1 由清华大学黄纯颖编写,案例 4 由清华大学王人成编写,案例 5 由清华大学阎绍泽编写,案例 6 由北京科技大学邱丽芳编写。全书由邱丽芳、唐进元和高志担任主编。

本书由国家级教学名师、西北工业大学葛文杰教授主审,葛教授对本书提出了宝贵的意见和建议,北京科技大学教务处对本书的出版给予了大力支持,在此一并表示衷心的感谢。

由于作者能力所限,书中难免有错误和不当之处,恳请各位读者批评指正。

作者

2020.5

目　　录

第 3 篇　机械创新设计案例

第 **1** 篇

创新设计的理论基础

第1章 引　言

1.1　创新与社会发展

创新是人类的一种思维和实践方式。创新实践活动是人类的各种实践活动中最复杂、最高级的,是人类智力水平高度发展的表现。在创新实践中,人类运用已有的知识、经验、技能,研究新事物,解决新问题,产生新的思想及物质成果,用以满足人类物质及精神生活的需求。

创新是人类社会文明进步的原动力,人类社会的每一点进步都是创新的产物。人类通过创新,创造了生产工具,创立了现代的生产方式,提高了生产能力,增强了人类按照自然规律适应自然、改造自然的能力,使人类在自然界中获得了更大的自由,并最终实现人与自然的和谐共生。

创新是科学技术发展的原动力,人类通过创新创立了现代科学的理论体系,使人类深化了对世界本质及其规律的认识。

创新是社会经济发展的原动力,人类通过创新建立了现代的社会制度,为人类社会的可持续发展提供了更广阔的空间。当今世界各国之间在政治、经济、军事和科学技术方面的激烈竞争,实质上是人才的竞争,是人才创新能力的竞争。

创新能力对一个国家的现代化建设,对一个民族的存在和发展进步具有极其重要的意义。江泽民同志指出:"创新是一个民族进步的灵魂,是国家兴旺发达的不竭动力,……一个没有创新能力的民族,难以屹立于世界先进民族之林。"

一个民族如果没有足够的创新能力,就无法为民族的进步提供动力,在世界进步的历史潮流中就会落伍。科学技术的发展使得交通和通信越来越发达,世界各民族的交往越来越密切,信息和商品的流通越来越便利。在这种情况下,一个民族可以很方便地获得其他民族创造的物质产品和精神财富;在这种创新浪潮中,一个民族如果不能通过创新使自己的民族不断发展、进步,就不可避免地会被历史的潮流所淘汰。

2006 年 1 月 9 日,国家主席胡锦涛在全国科技大会上宣布:中国未来 15 年科技发展的目标是,2020 年建成创新型国家,使科技发展成为经济社会发展的有力支撑。中国科技创新的基本指标是,到 2020 年,经济增长的科技进步贡献率要从 39% 提高到 60% 以上,全社会的研发投入占 GDP 比重从 1.35% 提高到 2.5%。

创新和创新思维的重要论述也是习近平新时代中国特色社会主义思想的重要组成部分。他指出,"唯创新者进,唯创新者强,唯创新者胜。"为进一步推动"创新中国"建设提供了重要遵循。

建设创新型国家的核心是把增强自主创新能力作为发展科学技术的战略基点,走中国特色的自主创新道路,推动科学技术的跨越式发展,激发全民族的创新精神,培养高水平创新人才,形成有利于自主创新的体制,大力推进理论创新、制度创新、科技创新,不断巩固和发展中国特色社会主义事业。

技术创新的特点是以市场为导向,以提高竞争力为目标。技术创新的内容包括从新产品、新工艺设想的产生,到技术研究、开发、工程化、商业化生产,直到市场应用的整个过程。

中华民族是富于创造性的民族,中华民族的祖先创造了灿烂的中华文明,为人类世界文明作出了突出的贡献。除众所周知的指南针、火药、印刷术和造纸术这四大发明以外,中国在机械设计方面也有很多成果,如指南车、记里鼓车、农业机械、水利机械、兵器、地动仪等的设计在当时都处于世界领先水平。在农业、航运、石油生产、气象观测中的很多技术以及十进制计算、纸币、火箭等的原始设计也都源于中国。

新中国成立后,我国的科技人员在国家经济很困难的条件下,独立研制了"两弹一星",建造了高能粒子加速器,实现了"载人航天"的飞天梦想,中国人研制的超级水稻为解决世界粮食短缺问题作出了卓越贡献。

今天,中国的科学技术人员正凭着高度的自信心和民族自豪感,发挥中华民族的聪明才智,发扬勇于创新的优良传统,为中华民族的和平崛起贡献力量。

1.2　创新人才培养

1.2.1　21 世纪教育的特点

世界各国在各个领域的竞争归根结底是人才的竞争,而高等学校的创新教育是培养人才的重要环节。

联合国教科文组织曾预测,21 世纪高等教育具有 5 大特点:

① 教育的指导性。打破采用注入式、统一方式塑造学生的局面,强调发挥学生特长,主动学习。教师从传授知识的权威变成指导学生学习的顾问。

② 教育的综合性。不满足于传授和掌握知识,强调培养综合运用知识解决问题的能力。

③ 教育的社会性。教育由封闭的校园转向开放的社会,由教室转向图书馆、工厂等社会活动领域,借助现代高科技信息网络技术促进远程高等教育的发展。

④ 教育的终身性。信息时代来临,使人类进入了知识经济的新时代,知识的迅速更替、创新的不断加强,使人们的学习行为普遍化和社会化。为了生存竞争必须不断学习,将一次性的学校教育转化为全社会的终身教育。

⑤ 教育的创造性。为适应科技高速发展和社会竞争的需要,建立重视能力培养的教育观,致力于培养学生的创新精神和提高创造力。

1.2.2　创新能力的培养

传统教育重视通过系统的灌输和训练使学生系统深入地掌握已有的知识体系,并能正确、熟练地运用。为了适应知识经济时代对人才培养的要求,需要更新教育观念,努力探索新的人才培养模式,加强对学生素质教育和创新能力的培养。培养学生的创新能力需要从培养学生的创新意识、提高创造力和加强创新实践训练等几个方面入手。

1. 培养创新意识

创新活动是有目的的实践活动,创新实践起源于强烈的创新意识。强烈的创新意识促使人们在实践中积极地捕捉社会需求,选择先进的方法实现需求,在实践中努力克服来自各方面的困难,全力争取创新实践的成功。

创造学理论和人类创新实践都表明,每一个人都具有创新能力,人人都可以从事创造发明。使每一个人意识到自己是有创新能力的,这对提高全民族的创新意识和创新能力都是非常重要的。

诺贝尔物理学奖获得者詹奥吉说:"发明就是和别人看同样的东西却能想出不同的事情"。我国著名教育家陶行知先生在《创造宣言》中提出"处处是创造之地,天天是创造之时,人人是创造之人",鼓励人们破除对创新的神秘感,敢于走创新之路。

在社会实践中只要对现实抱有好奇心,善于观察事物,敢于发现存在于现实与需求之间的矛盾,就能找到创新实践活动的突破点。齿轮是机械装置中的重要零件,渐开线齿轮精度检验项目多,检验中需要使用多种仪器,长期以来一直是加工、使用中的难点。针对这一问题,武汉某研究所设计开发了齿轮综合误差测量仪,通过分析被测齿轮与标准齿轮啮合过程中的角速度变化,可直接得到齿轮的多项误差参数,极大地简化了测量过程。结合计算机技术发展而研发的智能化齿轮检测仪,实现了全自动测量,不仅提高了测量精度,也大大提高了测量稳定性。

实现创新的过程是在没有路的地方寻找路的过程,可能会遇到各种各样的困难,要创新就要有克服各种困难的准备。爱迪生在研究白炽灯的过程中,为了寻找适合作为灯丝的材料,曾经试验过 6 000 多种植物纤维,1 600 多种耐热材料。居里夫人为了提取"镭",从1898 年到 1902 年,用了 4 年的时间在极其简陋的条件下,每天连续几小时不停地搅拌沸腾的沥青铀矿残渣,经过几万次的提炼,处理了几十吨沥青铀矿残渣,终于得到了不足 0.1 g 的镭盐,并测得了镭的原子量,证实了镭元素的存在。

发现创新点,寻求解决问题的方法,需要对事物具有敏锐的洞察力。我国科学家张开逊在调试某种仪器时,发现每当有人进入房间时,仪器的零点就会发生漂移。他针对这种现象,经过多次试验研究和理论分析,认识了气流温度场对零点漂移的作用规律。在此基础上,他根据人的呼吸对气流温度和密度的影响,开发出精度达到 1/1 000 ℃的高分辨率的测温仪,用于新生儿和危重病人的呼吸监护,效果很好。

2. 提高创造力

创造力是人的心理特征和各种能力在创造活动中体现出来的综合能力。

提高创造力应从培养良好的心理素质,了解创新思维的特点,养成良好的创新思维习惯,逐步掌握创新原理和创新技法等方面入手。

创造力受智力因素和非智力因素的影响。智力因素包括观察力、记忆力、想象力、思维能力、表达能力、自我控制能力等,是创造力的基础性因素;非智力因素包括理想、情感、兴趣、意志、性格等,是发挥创造力的动力和催化因素。通过对非智力因素的培养,可以更有效地调动人的主观能动性,对促进智力因素的发展起重要作用。

创新技法是以创造学原理、创新思维规律为基础,通过对大量成功创新实践的分析和总结得出的技巧和方法。了解并掌握这些创新技法对于提高创新实践活动的质量和效率,提高成功率具有很重要的促进作用。

实践表明,通过学习和有针对性的训练,可以激发人从事创新活动的热情,提高人的创造力。美国通用电气公司在 20 世纪 40 年代率先对员工开设创造工程课程,开展创新实践训练,通过学习和训练,员工的创新能力得到明显提高,专利申请的数量大幅度提升。我国已有不少高校开设了创造发明类的课程,进一步充实了大学生发明创造的知识与方法,提高了大学生发明创造的能力。

3. 加强创新实践训练

创新实践训练是提高创新能力的重要手段。

通过学习可以使学生了解创造学的有关概念、理论,了解各种创新技法,了解大量成功的创新设计实例,了解可能引起创新设计失败的原因。但是要真正掌握这些理论与方法并能够正确地运用,只能通过不断地参加创新实践。

创新能力是综合实践能力,只能通过实践才能得以表现,才能发现其优势和不足,才能纠正思维方式和行为方式中不利于创新的缺陷。近年来,在高校中开展的各种创意大赛、创新大赛等创新实践活动吸引了大量学生参加,为学生提供了良好的实践平台,极大地提高了学生参与创新实践活动的兴趣和热情,也有效地提高了学生的创新实践能力。

1.3　创新设计

设计是人类社会最基本的生产实践活动之一,是人类创造精神财富和物质文明的重要环节,创新设计是技术创新的重要内容。

工程设计是工业生产过程的第一道工序,产品的功能是通过设计确定的,设计水平决定了产品的技术水平和产品开发的经济效益,产品成本的 75% ~ 80% 是由设计决定的。

创新是设计的本质特征。没有任何新技术特征的设计不能称为设计。设计的创新属性要求设计者在设计过程中充分发挥创造力,充分利用各种最新的科技成果,利用最新的设计理论作指导,设计出具有市场竞争力的产品。

1.3.1　设计过程

设计过程一般分为产品规划、方案设计、技术设计和施工设计四个阶段。

1. 产品规划

在产品规划阶段,要通过调查研究确定社会需求的内容和范围,进行市场预测,将社会需求定量化、书面化,确定设计参数和约束条件,制订设计任务书,作为设计、评价、决策的依据。

2. 方案设计

方案设计(也称为概念设计)阶段,首先应对产品进行功能分析,然后确定实现功能的原理性方案,对产品的原动系统、传动系统、执行系统和控制系统进行方案性设计,产生原理方案图。

3. 技术设计

技术设计(也称为细节设计)阶段在方案设计的基础上将原理方案具体化、参数化、结构化,根据功能要求确定零件的材料,通过失效分析确定结构的具体参数,通过功能分析和工艺分析确定零件的具体形状和装配关系。为了提高产品的市场竞争力,需要应用各种最新的设计理论与方法,对技术方案进行优化设计和系列化设计。根据人机工程学(工效学)原理进行宜人化设计,根据工业设计的原则进行产品的外观设计,使产品进入市场的形态更赏心悦目,使产品既实用,又适应市场商品化的要求,成为能够经得起市场竞争考验的商品。通过技术设计产生装配图。

4. 施工设计

施工设计阶段是在装配图设计的基础上,根据施工的需要产生零件图,完成全部设计图样,并编制设计说明书、使用说明书及其他设计文档。

在产品投产前要通过产品试制,检验产品的加工工艺和装配工艺,根据试制过程进行产品的成本核算,对产品设计提出修改意见,进一步完善产品设计。

计算机辅助设计(CAD)的优势:可以充分利用计算机运算速度快、存储容量大、检索能力强的优势,提高设计速度;通过对大量可行方案的设计、分析、比较、评价、优选,提高设计质量;通过便捷的信息传播手段,充分调动分布在不同地域的优质设计资源,同时对产品的不同部分进行设计,对产品的材料、功能和工艺进行并行设计,缩短设计周期;充分利用分布在不同媒体上的有效信息,保证设计的有效性。

1.3.2 创新设计的类型

根据设计的特点,可以将创新设计分为开发设计、变异设计和反求设计三种类型。

1. 开发设计

根据设计任务提出的功能要求,提出新的原理方案,通过产品规划、原理方案设计、技术设计和施工设计的全过程完成全新的产品设计。

2. 变异设计

在已有产品设计的基础上,根据产品存在的缺点或新的应用环境、新的用户群体、新的设计理念,通过修改作用原理、动作原理、传动原理、连接原理等方法,改变已有产品的材料、结构、尺寸、参数,设计出更加适应市场需求、具有更强的市场竞争力的产品。或在已有产品设计的基础上,通过在合理的范围内改变设计参数,设计在更大范围内适应市场需求的系列化产品。

3. 反求设计

根据已有的产品或设计方案,通过深入的分析和研究,掌握设计的关键技术,在消化、吸收的基础上,开发出同类型的创新产品。

创新是上述各种类型设计的共同特征,是设计的本质属性。在设计过程中,设计人员需要充分发挥创造性思维,掌握设计的基本规律与方法,在设计实践中不断提高创新设计的能力。

1.3.3　创新设计的特点

创新设计必须具有独创性和实用性。充分考虑各种可行的工作原理,对多种可行方案进行对比分析,是确定创新设计方案的基本方法。创新设计具有如下特点。

1. 独创性

独创性(新颖性)是创新设计的根本特征。

创新设计必须具有某些与其他设计不同的技术特征,这就要求设计者采用与其他设计者不同的思维模式,打破常规思维模式的限制,提出与其他设计者不同的新功能、新原理、新机构、新结构、新材料、新外观,在求异和突破中实现创新。下面介绍几个独创性创新设计的实例。

洗衣机的功能是去除织物上的污垢。常用洗衣机的结构有搅拌式、滚筒式、波轮式等,其工作原理是通过合理水流的排渗和冲刷作用带走织物上的污渍。为了提高洗衣机的工作效率和质量,减少洗衣机工作时对环境的污染,人们开发出多种新型的洗衣机。例如,超声波洗衣机通过超声波在水中产生大量的微小气泡,利用微小气泡破裂时的作用去除织物上的污垢;活性氧洗衣机利用电解水产生的活性氧分解衣服上的污垢;电磁去污洗衣机用夹子夹住衣物,通过电磁线圈产生的达 2 500 Hz 的微振去除衣物上的异物。此外,臭氧洗衣机已投放市场,真空洗衣机等新型洗衣机正在研究中。

地效飞行器(图 1-1)是苏联科学家发明的一种新型飞行器,它是一种载重量大、造价低、飞行速度快、安全性高、飞行隐蔽性能好的新型运载工具,可以近地面(水面)1~6 m 飞行。地效飞行器将发动机前置,将喷射气流引导到机翼下,在近地面(水面)飞行时可以产生远大于高空飞行的升力,飞行安全、经济,是一种应用前景广阔的新型运载工具,除用于军事领域以外,也可以大量民用。

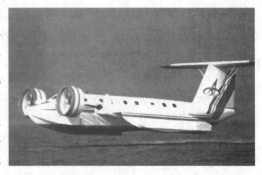

图 1-1　地效飞行器

清华大学挑战杯科技竞赛上,一些学生设计的爬竿机器人设计巧妙,受到一致好评。其中一种设计方案中的机器人模仿尺蠖的动作向上爬行,爬行机构采用简单的曲柄滑块机构(图 1-2),电动机与曲柄固接,用以驱动整个装置运动。滑块与竿连接部分的两个自锁套(单向运动装置)是实现功能的关键结构。当滑块相对于竿有向下运动的趋势时,钢球楔入锥形套与竿之间的楔形缝隙使机构自锁,保证滑块不能相对于竿向下滑动。当滑块相对于竿有向上运动的趋势时,钢球从楔形缝隙中滑落,解除自锁状态。爬竿机器人的爬行过程如图 1-3 所示。图 1-3a 所示为初始状态,上、下自锁套位于最远极限位置,同时处于锁紧状态;图 1-3b 所示状态为曲柄逆时针方向转动,上自锁套锁进,下自锁套松开,使下滑块被曲柄带动向上运动;图 1-3c 所示状态为曲柄已越过最高点,下自锁套锁紧,上自锁套松开,使上滑块被曲柄带动向上运动。如此反复切换,实现自动爬竿运动。该爬竿机器人通过巧妙地使用简单的机构实现爬竿功能,体现了设计的独创性。

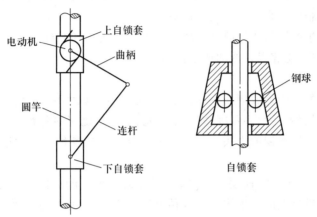

图 1-2　爬竿机器人原理机构简图

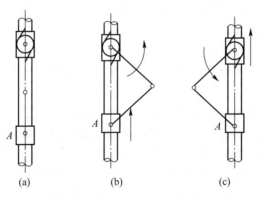

图 1-3　机器人爬行动作原理

2. 实用性

工程领域的创新必须具有实用性,其创新结果需要通过实践来检验其原理和结构的合理性,需要得到使用者的支持使创新实践可以持续进行。

工程创新成果是一种潜在的社会财富,只有将其转化为现实的生产力才能真正为社会经济发展和社会文明进步服务。我国现在的科技成果转化为实际生产力的比例还很低,专利成果的实施率也很低,在从事创新设计的过程中要充分考虑成果实施的可能性,成果完成后要积极推动成果的实施,促进潜在社会财富转化为现实社会财富。

设计的实用性主要表现在对市场的适应性和可生产性两方面。

设计对市场的适应性指创新设计必须有明确的社会需求,有些产品开发行为缺乏对市场的调查,只凭主观判断,造成产品开发失误。例如,某企业曾经开发了一款新型多功能机床,其中采用了多项新技术、新结构,但是当时市场对这类产品的需求已经饱和,产品开发后无法推向市场,造成大量的浪费。相反,在 20 世纪 70 年代,有关研究表明作为制冷剂使用的氟利昂具有破坏高空臭氧层的作用,影响臭氧层对紫外线的吸收作用,某制冷机厂及时注意到这一信息,较早地针对这一可能对全行业产生重大影响的关键技术开展研究,设计出使用溴化锂制冷剂的新型制冷机,代替原来用于大、中型空调机上的氟利昂制冷设备,这项创新设计的成功也为企业带来了巨大的经济效益。

创新设计的可生产性指成果应具有较好的加工工艺性和装配工艺性,容易采用工业化生产的方式进行生产,能够以较低的成本推向市场。

3. 多方案优选

要实现用较好的方法达成创新设计,就要充分考察可以实现给定功能的各种方法。从事创新设计要能够从多方面、多角度、多层次考虑问题,广泛考察各种可能的方法,特别是那些在常规思维下容易被忽视的方法。只有通过充分地考察各种可能的途径,才有可能从中找到最好的实现方法。

从一种要求出发,向多方向展开思维,广泛探索各种可能性的思维方式称为发散性思维。创新设计首先通过发散性思维寻求各种可能的途径,然后再通过收敛性思维从各种可能的途径中寻求最好的(或较好的)途径。创新设计中要不断地通过先发散、再收敛的思维过程寻求适宜的原理方案、结构方案和工艺方案。与收敛性思维相比,发散性思维更重要,更难掌握。发散性思维的方法是本课程讨论的重点问题。

科学技术的发展可以为创新设计不断提供新的原理、机构、结构、材料、工艺、设备、分析方法等。在不断发展的技术背景下,人们可以更新已有的技术系统,提供新的解决方案,促进技术系统的进化。

例如最早的打印设备采用手工驱动,以字符为单位打印,虽然形式各异,但是打印速度都很难提高。为了提高打印速度,采用了电动机驱动的电动打印方法;为了减轻打印机运动部分的惯性,人们设计了多种不同的字模结构,为只有几十个字符的拼音文字的快速打印提供了解决方案。随着计算机技术的发展,针式打印机的出现推出了一种全新的点阵打印模式,引起了打印技术的一场革命,为多字符集文字的快速打印提供了途径。最早出现的点阵式打印机是针式打印机,以后又出现了喷墨打印机、激光打印机、热敏打印机等,使打印速度和分辨率不断提高,并实现了彩色打印。可以预见,随着新技术的不断出现,还会有更新颖、性能更好的打印机出现。

第 2 章　创造性思维与创造能力

人类文明的历史可以说是人类不断创造的历史。"构木为巢、结绳记事""上九天揽月、下五洋捉鳖",是创造的成果,与人们工作、生活、学习、娱乐息息相关的各种各样的事物都是创造发明的结晶,而创造发明的源泉是人类的创造性思维。在机械创新设计过程中,需要设计者掌握与认识创造性思维的特点、本质、形成过程与其他类型思维的关系,以及创造性思维与创造原理、创造技法的关系等。

2.1　思维及类型

2.1.1　思维概述

1. 思维的定义与特性

思维,不同的人从不同的角度观察有不同的理解。恩格斯从哲学角度提出了思维是物质运动形式的论点;在现代心理学中,有人认为"思维是人脑对客观现实概括和间接的反映,它反映的是事物本质与内部规律";在思维科学中,有人把思维看作是"发生在人脑中的信息交换"。尽管不同学科对思维含义的表达各不相同,但综合起来思维可定义为,人脑对所接受和已储存的来自客观世界的信息进行有意识或无意识、直接的或间接的加工处理,从而产生新信息的过程。这些新信息可能是客观实体的表象,也可能是客观事物的本质属性或内部联系,还可能是人脑机能产生出的新的客观实体,如文学艺术的新创作、工程技术领域的新成果、自然规律或科学理论的新发现等。由此可知,思维具有以下特性。

（1）思维的间接性和概括性

思维的结果之一是反映客观事物的本质属性和内部联系,这就需要思维具有间接性与概括性的特点。思维的间接性指的是借助已有的知识和信息,凭借其他信息的触发,去认识那些没有直接感知过的或根本不能感知到的事物,以及预见和推知事物的发展进程。如水分子由两个氢原子和一个氧原子构成,凭感觉和知觉是不能获得的,人们需凭借已有知识,通过思维把它揭示出来,这就是思维的间接性。

思维的概括性指的是略去不同类型事物的具体差异,而抽取其共同本质或特征加以反映。例如,不管齿轮模数、齿数、材料、结构如何不同,齿轮正常承载工作均需满足 $\sigma \le [\sigma]$ (即应力≤许用应力)这一条件,$\sigma \le [\sigma]$ 即为人们概括出的设计准则。再如,不论形状、大小、位置、颜色是否相同,人们将一组对边平行,另一组对边不平行的四边形概括成一类,称为梯形。

（2）思维的多层性

从思维的定义可知,思维是多层次的,有低级和高级、简单和复杂之分。有对客观实体的表象认识,也有对事物的本质及内部规律的深刻认识,还有能够产生新的客观实体的思维。如对同一事物的认识,一个人 7 岁时的思维和 40 岁时的思维是不同的。

（3）思维的自觉性和创造性

思维的自觉性和创造性有三层意思:其一,对同一事物,不同人思维的效能有一定的差异,原因在于各人自主思维的差异;其二,从人脑对事物的认识、感知来说,只要给人脑一定的外部触发,其生理机理、大脑神经网络会在无意之中(有时在梦中,有时在休闲中)突然爆发出新的信息,解决了某一悬而未决的问题,实现从感性认识到理性认识的飞跃;其三,思维的结果可产生出未曾有过的新信息,因而具有创造性。

2. 思维类型

思维类型是指具有共同特征的思维方式、方法和过程的总称。对于思维,列宁曾说过,人的认识活动(思维)客观上存在三个要素,即认识主体(人脑)、认识对象(自然界)和认识工具(思维方式)。从这个角度出发,可将思维类型划分如下:

① 思维对象起主要作用的思维。如具体形象思维,以右半脑为主。

② 思维方式起主要作用的思维。如发散、收敛、抽象、动态、有序思维等,以左半脑为主。

③ 思维主体起主要作用的思维。如直觉、灵感(创新)思维等。

思维的本质是通过思维主体、思维对象、思维方式三要素的有机结合来认识客观实体的。因此,不同类型的思维不是截然分开的,而是相互联系、相互依存的。

2.1.2　形象思维与抽象思维

1. 形象思维

形象思维也称具体思维或具体形象思维,是人脑对客观事物或现象的外在特点和具体形象的反映活动。这种思维形式表现为表象、联想和想象。表象是单个形体的形状、颜色、特征在大脑中的印记,如一个气球、一幢大厦。联想是通过对一种事物的感知引起对与之相近或相似事物的感知或回忆的过程。想象则是将一系列的有关表象融合起来,构成一幅新表象的过程,是创造性思维的重要组成。如建筑师设计房子,他要把记忆中的众多建筑式样、风格融合起来,结合任务要求设计出新的建筑物,这主要靠形象思维。

2. 抽象思维

抽象思维又叫逻辑思维,是凭借概念、判断、推理而进行的、反映客观现实的思维活动。思维材料侧重于语言、推理、数字、符号等。概念是客观事物本质属性的反映,是一类具有共同特性的事物或现象的总称,它是单个存在的。如"人"是一个概念,包括男人、女人、胖人、瘦人、伟人、凡人等,这些实体区别于其他动物的本质特性是可以制造和使用工具进行劳动,将这些共同特性概括起来,便可获得"人"的概念——能制造工具并能熟练使用工具进行劳动的高等动物。判断是两个或几个概念的联系,推理则是两个或几个判断的联系。例如,任何满足动压三条件的运动副都会产生动压(判断),滑动轴承满足动压三条件(判断),所以滑动轴承也会产生动压(判断),这就是一种推理。按照现代脑科学的研究成果,形象思维与抽象思维是人脑不同部位对客观实体的反映活动,左半脑是抽象思维中枢,右半脑是形象思维中枢,两个半脑之间有数亿条排列有序的神经纤维,每秒钟可以在两半脑之间往返传输数亿个神经冲动,共同完成思维活动。因此,形象思维与抽象思维是认识过程中不可分开的两方面,彼此互相联系,互相渗透。进行科学研究时,先从具体问题出发,搜集有关的信息或资料,凭借抽象思维,运用理论分析进行处理,进而在实践中转化为高级的具体思维。

2.1.3　发散思维与收敛思维

1. 发散思维

发散思维又叫辐射思维、扩散思维等。它是一种求出多种答案的思维形式,其特点是从给定的信息中产生众多的信息输出,即看到一样想到多样或看到一样想到异样,并由此导致思路的转移和跃进。这种思维的过程是以欲解决的问题为中心,运用横向、纵向、逆向、分合、颠倒、质疑、对称等思维方法,考虑所有因素的后果,找出尽可能多的答案,以便通过收敛思维,从诸多的答案中寻找出一种最佳的,从而有效地解决问题。

发散思维是构成创造性思维的基本形式之一,是创造的出发点。在创造过程中,首先需要占有大量的创造性设想,构成较大的思维性空间,由一事想万事,从一物思万物,只有具有良好的发散性思维习惯,才能拥有丰富的思维和众多的目标,为最佳创造打下良好的基础。

正如美国罗杰·冯·欧克博士所说,当你瞧见墙壁上有一个小黑点时,能够由此想到那是掉在餐桌上的一粒芝麻,是盘旋在空中的一架直升机,是白纸上的一个疵点,是漂浮在牛奶中的一片茶叶,是航行在海洋中的一艘巨轮,是皮肤上长的一个斑疵,是洒在衬衫上的一滴墨汁,是击穿车厢的一个弹孔,是宇宙中的一颗星星,是落在窗户上的一只昆虫,是木板上的一个钉眼,是田野上的一眼井等,这就是发散性思维由一物思万物的结果。

发散思维也是众多创造原理和创造技法的基础,如变性创造原理、移植与综合创造原理、联想类比创造技法、转向创造技法、组合创新法等都源于发散思维。能否从同一现象、同一原理、同一问题产生大量不同的想法,这一点对发明创造具有十分重要的意义。文学上,对同一景象的不同描写;技术上,对同一原理的不同应用;课堂上,对同一问题的不同解释。这些都来自对同一事物的不同思想,其结果体现了人的创造性。

例 2-1　冷拔钢管工艺中的新型堵头创新设计。

冷拔钢管工艺是一种无切削冷作强化形变制管技术。生产中的关键技术是:①在钢管的一端放入堵头,夹头咬住堵头;②慢速冷拔;③方便取出堵头。生产中常因夹头咬紧力大小不均及钢管壁厚不均等原因,造成管端"咬死"或"拔断"等现象,使堵头较难取出。为此,设计一种实用可靠的、便于装卸的堵头是十分必要的。设计人员使用基于发散思维的相似诱导移植创新法,突破堵头直径在冷拔作业时不能变的思维定式,设计出了具有变径功能的新型堵头。图 2-1 所示的胀缩式堵头由两瓣内侧具有楔形面、外形为非完整半圆柱面的活动块 1,通

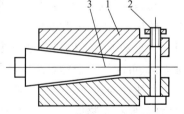

图 2-1　新型胀缩式堵头简图
1—活动块;2—轴销;3—锥形芯块

过轴销 2 连接而成。其工作原理:冷拔前,堵头呈缩径状态(图 2-2a);工作时,堵头外径变大(图 2-2b);冷拔后,堵头外径缩小,可使堵头顺利取出(图 2-2c)。

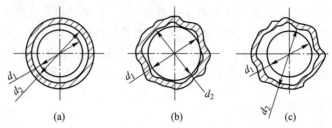

$$(a) \qquad\qquad (b) \qquad\qquad (c)$$

图 2-2　新型堵头与管端的三种位置状态

2. 收敛思维

收敛思维又称集中思维、求同思维,它是一种寻求某种最佳答案的思维形式。它以某种研究对象为中心,将众多的思路和信息汇集于这个中心点,通过比较、筛选、组合、论证,得出现存条件下解决问题的最佳方案。其着眼点是由现有信息产生直接的、独有的、为已有信息和习俗所接受的最好结果。收敛思维是挑选设计方案时常用的思维方法和形式。收敛思维的具体收敛过程是一种逻辑思维过程,收敛思维的常用方法有目标识别(注意)法、间接法、由表及里法、聚焦法等。

在创造过程中,只有发散思维的活动并不能使问题获得有效的解决,因为创造活动的最终结果只需少数或唯一的结果,所以发散思维之后尚需进行收敛思维,这两种思维的有效结合组成了创造活动的一个循环过程。

形态分析创新技法是发散思维与收敛思维有效结合的具体应用之一。形态分析法的原理是将技术课题分解为相互独立的基本参数,找出解决每个基本参数问题的全部可能方案,然后加以组合,得到的总方案数量是各基本参数方案的组合数。例如,一个问题可分解为 3 个基本参数,第 1 个参数有 2 个方案,第 2 个参数有 3 个方案,第 3 个参数有 4 个方案,则总方案的数量为 2×3×4＝24。在多种方案中确定哪些方案是可行的,并对所有可行的方案进行研究、比较、评价,找出最佳方案。这个收敛过程是非常重要的。

2.1.4　动态思维与有序思维

1. 动态思维

动态思维是一种运动的、不断调整的、不断优化的思维活动。它的根本特点是根据不断变化的环境、条件来改变思维秩序和思维方向,对事物进行调整、控制,从而达到优化的思维目标。它是人们工作和学习经常用到的思维形式,由联想思维方法、归谬思维方法、类比思维方法、可能性与选择思维方法等组成。

可能性与选择思维方法是美国心理学家德波诺归纳提出的一种动态思维方法。当人在思考时,要将事物放进一个动态环境或开放系统来加以把握,看到事物在发展过程中存在的诸种变化或可能性,以便从中选择出对解决问题有用的信息、材料和方案。那些江湖上的算命先生从反面给我们提供了实例,他们久在社会,熟知人情世故,对事物发展的可能性与选择的信息掌握得多,判断能力较一般人强,善于使用动态思维技巧作出令人们易于接受的分析、判断,甚至提供一些相对模糊和弹性系数较大的"解决方案""消灾方法"等。

例 2-2　青霉素的发明。

1938 年夏,英国病理细菌学家弗洛里(1898—1968)开始从事抗菌物质的研究。在那个时代,细菌是人类的大敌,虽然细菌学家已经发现了形成病因的种种细菌,但还没有对付细菌的有效方法。在化学药品、溶菌酵素、磺胺类药灭菌研究的基础上,弗洛里联想到能否利用微生物制出抗菌物质。他细心地收集一切有关以微生物制出抗菌物质的文献,其中有一篇论文引起了他的注意,这篇论文发表于 1929 年,作者是细菌学家弗莱明。

1928 年,英国圣玛利学院的细菌学讲师弗莱明(1881—1955)在研究杀菌药物时,发现一只碟子里的培养剂上长出了青绿色的霉菌,细心的弗莱明把碟子放到显微镜下观察时,看到了一种出人意料的现象:这种霉菌周围的葡萄球菌都已死亡,这青绿色的霉菌就是青霉菌。于是,弗莱明动手培养这种青霉菌,然后把它移植到各种细菌上,结果葡萄球菌、连锁球菌、肺炎球菌全都消溶了。1929 年,弗莱明把他的论文发表出来,但由于种种原因,之后弗莱明放弃了进一步的研究工作。

弗洛里认为,青霉菌可消溶连磺胺类药也无效的葡萄球菌,而且没有副作用,这正是他要寻求的物质,于是,他开始进行研究。1940 年 5 月,动物实验宣告成功;1941 年临床实验获得成功;1943 年,青霉素开始工业生产。

从青霉素发明的过程可知,创造之路曲折歧异,而通向某一目标的道路也许连接着通往其他目标的道路。一个人在创造的征途上奋进的时候,应该不断地环顾四周,不要忽视探索中出现的任何一个细微变化,应及时地分析这个变化同自己正在进行的创造活动的关系,这正是动态思维的特征。

2. 有序思维

有序思维是一种按一定规则和秩序进行的有目的的思维方式,它是众多创造方法的基础。如奥斯本的校核表法、5W2H 法、十二变通法、归纳法、逻辑演绎法、信息交合法、物质-场分析法、TRIZ 法等都是有序思维的产物。

例 2-3　TRIZ 法解决过定位问题。

TRIZ 法是与物场分析法类似的创造技法,图 2-3 所示为用 TRIZ 法解决问题的实例。如图 2-3a 所示,加工中心刀具刀体部分的锥度为 7/24。为了保证加工精度及刚性,必须让刀体的圆锥面 B 与主轴锥孔及刀体法兰端面 A 与主轴端面同时接触。但实际上很难实现两者同时接触。或者是刀体法兰端面与主轴端面接触造成刀具径向位置无法确定,或者是刀体的锥体部分与主轴锥孔接触而刀体法兰端面与主轴端面不能接触,造成轴向刚性不足,见图 2-3b。利用 TRIZ 法解决该问题的一种方案见图 2-3c(美国的一项发明专利),通过改变刀体圆锥面,使其与主轴锥孔不是以整个圆锥面的形式接触,而是以多数点的形式接触,用精密加工方法制造出来的具有适度刚性的小球构成刀体的圆锥面,从而实现刀体的圆锥面和法兰端面与主轴的锥孔面和端面同时接触。

关于 TRIZ 创新法,本书第 4 章还将详细介绍。

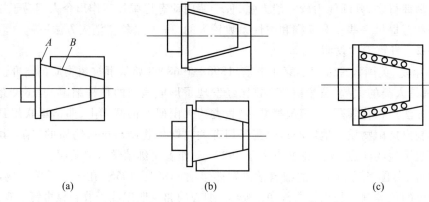

(a)   (b)   (c)

图 2-3 用 TRIZ 法解决问题实例

2.1.5 直觉思维与批判性思维

1. 直觉思维

直觉思维是创造性思维的一种主要表现形式。直觉思维是一种非逻辑抽象思维,是人脑基于有限的信息,调动已有的知识积累,摆脱惯常的逻辑思维规律,对新事物、新现象、新问题进行的一种直接、迅速、敏锐的洞察和跳跃式的判断。它在确定研究方向、选择研究课题、识别线索、预见事物发展过程、提出假设、寻找问题解决的有效途径、领悟机遇的价值、决定行动方案等方面具有重要作用。与直觉思维有关的思维方法有想象思维法、笛卡儿连接法及模糊估量法。

在人类创造活动中,人们可以容易地找到直觉思维的踪迹。例如,法国医生拉哀奈克有一次领小孩到公园玩跷跷板时,发现用手轻轻叩击跷跷板,叩击的人自己听不见声音,而在另一端的人却听得很清楚。于是他突然想到,如果做一个喇叭形的东西贴在病人身上,另一端做小一点塞在医生耳朵里,则心脏的声音听起来就会清晰多了。于是,第一个听诊器诞生了。

2. 批判性思维

批判性思维是人的思维发展的高级阶段,它有两个特征:第一,批判性思维首先善于对通常被接受的结论提出疑问和挑战,而不是无条件地接受专家和权威的结论;第二,批判性思维又是用分析性和建设性的论证与推理方式对疑问和挑战提出解释并做出判断,而不是接受不同解释和判断。

在这两个特征中,第一是会质疑即提出疑问。能够提出问题并且善于提出问题是批判性思维的起点。据说犹太人小孩回到家里,家长不是问"你今天学了什么新知识",而是问"你今天提了什么新问题",甚至还要接着问"你提出的问题中有没有老师回答不出来的?"这就是批判性思维的起点。第二是在提出疑问之后,能够用有说服力的论证和推理给出解释和判断,包括新的、与众不同的解释和判断。把这两个特征结合在一起,批判性思维就是以提出疑问为起点,以获取证据、分析推理为过程,以提出有说服力的解答为结果。在这个意义上,"批判性"(critical)不是"批判"(criticism),因为"批判"总是否定的,而"批判性"则是指审辩式、思辨式的批评,多是建设性的。

2.1.6　创造性思维

创造性思维是建立在前述各类思维基础上的、人脑机能在外界信息激励下,自觉综合主观与客观信息产生新的客观实体(如文学艺术的新创作、工程技术领域中的新成果、自然规律或科学理论的新发现等)的思维活动与过程。该思维的主要特点是具有综合性、跳跃性、新颖性、潜意识的自觉性、顿悟性、流畅灵活性等。从思维的特性看,前面讲述的思维均不同程度地具有创造性思维因素,只是其创新、创造的成分高低不同而已。事实上,在人类从事创造发明的活动中,各种思维方法皆发挥了作用,只是在不同的阶段,对不同的问题占主导地位的思维类型和方法有所不同。

创造性思维既是一种思维形式,又是加工信息的一种高层次的人脑功能,下至童稚之幼,上至耄耋之老,人人都有这种功能,它是人类生命本身的属性。

2.2　创造性思维的基础知识

人类现代文明的一切成果无不是人的创造性思维的结果,创造性思维是人们从事创造发明的源泉,是创造原理和创造技法的基础。例如,逆反创造原理源于有序思维,综合创造原理源于发散-收敛思维,迂回创造原理源于创造性思维的形成过程原理等。因此,了解和掌握创造性思维的形成过程、特点、激发方式以及创造性思维常用方法有助于创造性思维的培养,有利于学习、掌握创造原理与创造技法,有利于人们从事各类创新活动。

2.2.1　创造性思维的形成和发展

1. 创造性思维的生理机制

从神经解剖学知道,人脑中约有 1 000 亿个神经元,又叫神经细胞,每个神经元都平均与数万个其他神经元相联系,从而形成一个有千万亿计节点的非常巨大的精细网络(图2-4),人的创造性思维与神经网络的构成和神经元内形成信息流的物质密切相关。

现在很多神经学家认为,人类的思维主要取决于大脑中数以兆计的神经细胞之间的连接,以及传递、控制神经网络中信息流的化学物质。如果用高倍电子显微镜观察一下神经网络,就会发现它像一大堆缠结在一起的面条。

研究表明,与任一特定的神经元形成接触的神经细胞在一万至十万个之间,反过来,任一特定的

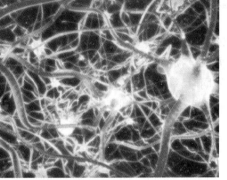

图 2-4　神经元网络

神经元将成为神经网络中下一个细胞的成千上万个输入中的一个,汇集在一个细胞上的不同输入将导致不同质与量的递质(在神经网络中传递信息的物质)释放,递质在突触处与神

经元细胞膜中的特定物质(称为受体)相结合,触发神经细胞内部的一系列反应,形成某种特定活动的内部形态,同时递质的质与量决定其与受体结合的方位与程度。这样,神经网络之间的信息在每一个环节都具有巨大的灵活性和多样性的可能空间。试验证明,大脑神经网络中的突触是可通过训练改变的,递质、受体等也随输入信息和积极有效的思索而有所变化。另外,人体摄入的食物和药物对递质等化学物质也会产生影响,这些就是创造性思维的生理机制,也可以说创造性思维是人类生命本质的属性。

递质、受体、突触等概念及神经细胞和神经网络结构的详细情况,读者可参见文献[1,2]。

2. 影响创造性思维的因素

关于一个人创造性思维能力的形成与发展,现代心理学家做过许多试验。根据试验的结果来看,影响创造性思维能力的主要因素:一是天赋能力(遗传的大脑生理结构);二是生活实践的影响(环境对大脑机能的影响);三是科学安排的思维训练,可促进大脑的发展和掌握一定的创造性思维方法与技巧。

"天赋能力"的含义是指,当人出生时已经拥有了与生俱来的所有神经元,即使这时脑的质量只有成年后的1/4,脑的发育不是因为有更多的神经元形成,而只是使这些早在其位的神经元沿适宜的路线变得功能更强大,这适宜的路线由脑内的生物化学信号控制,其后随着环境和教育的影响,神经元轴突和树突的联系在不断加强。"天赋能力"绝不意味着不需要任何外界条件,它只是一种资质、一种倾向,一旦遇到合适的条件,"天赋能力"便能够充分地展现出来;如果缺少必要的现实条件,"天赋"再高的人也无能为力。后天的实践活动对于个人思维能力具有积极意义。在美国的加利福尼亚州立大学,一个科学研究小组已经证明,丰富的生活环境能够影响小白鼠大脑的结构和功能。试验人员把普通小白鼠分成两组,一组放在"贫乏环境"中,即放在空无一物的单调环境中;另一组放进有梯子、转轮、滑板、秋千之类东西的"丰富环境"中。经过一段时间的饲养之后,处于"丰富环境"的小白鼠的大脑皮层的质量和厚度等比处于"贫乏环境"的小白鼠有明显的增加,其学习能力和对陌生环境的适应能力也有显著的提高。

众所周知,思维能力可以通过训练而得到提高。对于一个人来说,接受还是没接受过思维训练,结果是不一样的,思维学家做过很多试验已证明了这一点。问题的关键在于,训练方法必须简单易行且具有科学性。通过思维能力的训练,应使受训者在大脑机能得到发展的同时,掌握一些常用的创造性思维的方法与技巧。

3. 创造性思维的形成过程

在问题已存在的前提下,基于脑细胞具有信息接收、储存、加工、输出四大功能,创造性思维的形成过程大致可分为三个阶段。

(1) 储存准备阶段

准备阶段的任务就是明确要解决的问题,并围绕问题收集信息,使问题和信息在脑细胞及神经网络中留下印记。大脑的信息存储和积累是诱发创造性思维的先决条件,存储的越多,诱发的也越多。

在这个阶段里,创造主体已明确要解决的问题,收集资料信息,并试图使之概括化和系统化,形成自己的认识,了解问题的性质,澄清疑难的关键等,同时开始尝试和寻找解决方案。任何一项创造、发明都需要一个准备过程,只是时间长短不同而已。例如,爱因斯坦年轻时,就在冥思苦想这样一个问题:如果我以光速(真空中的光度)追随一条光线,那么我就应当看到这样一条光线就好像一个在空间里振荡着而停滞不前的电磁场。他日夜思考这个问题,长达 10 年之久,当他考虑到"时间是可疑的"这一结论时,他忽然觉得萦绕在头脑里的问题可能获得了解决。他仅用 5 周的时间就完成了闻名世界的"相对论"。"相对论"虽在几周时间内完成,可是从开始想到这个问题,直到全部理论的完成,经过了 10 年的准备工作。因此,创造性思维是艰苦劳动厚积薄发的奖赏,正应了"长期积累,偶然得之"的名言。

(2)悬想加工阶段

在围绕问题进行积极的思索时,神秘而又神奇的大脑不断地对神经网络中的递质、突触、受体进行能量积累,为产生新的信息而运作。在这个阶段,大脑机能根据各种感觉、知觉、表象提供的信息,超越动物脑机能只停留在反映事物的表面现象及其外部联系的局限,认识事物的本质,使大脑神经网络的综合、创造能力具有超前力量和自觉性,使它能以自己特殊的神经网络结构和能量等级把大脑皮层的各种感觉区、感觉联系区、运动区都作为低层次的构成要素,使大脑神经网络成为受控的、有目的自觉活动。

一种研究的进行或一个问题的解决,很难一蹴而就,往往需要经过探索尝试。若工作的效率仍然不高,或问题解决的关键仍未获得线索,或所拟定的假设仍未能得到验证,这时研究者不得不把它搁置下来,或对它放松考虑。这种未获得要领而暂缓进行的时间段,称为酝酿阶段。

这一阶段的最大特点是潜意识的参与。对创造主体来说,需要解决的问题被搁置起来,主体并没有做什么有意识的工作。由于问题是暂时表面搁置,而大脑神经细胞在潜意识的指导下,继续朝最佳目标进行思考,因而这一阶段也常常叫作探索解决问题的潜伏期或孕育阶段。

(3)顿悟阶段

人脑有意无意地突然出现某些新的形象、新的思想,使一些长久未能解决的问题在突然之间得以解决。"众里寻他千百度,蓦然回首,那人却在灯火阑珊处"是顿悟阶段的形象描述。从大脑生理机制来看,顿悟是大脑神经网络中的递质和受体、神经元突触之间的一种由某种信息激发出的由量变到质变的状态,或在神经网络回路中新增一条通路,在相应神经递质中新增一项功能。

进入这一阶段,问题的解决变得豁然开朗。创造主体突然间被特定情景下的某一个特定启发唤醒,创造性的新意识猛然被发现,以前的困扰顿时一一化解,问题得到顺利解决。这一阶段中,解决问题的方法会在无意中忽然涌现出来,而使研究的理论核心或问题的关键明朗化。

顿悟阶段是创造性思维的重要阶段,被称为"直觉的跃进""思想上的光芒"。这一阶段客观上是由于重要信息的启示和坚持不懈的思索;主观上是由于在酝酿阶段内,研究者并不是将工作完全抛弃不理,只是未全身投入去思考,从而使无意识思维处于积极活动状态。顿悟阶段不像专注思索时那样使思维按照特定方向运行,这时思维范围扩大,多神经元之间的联络范围扩散,多种信息相互联系、相互影响,从而为问题的解决提供了良好的条件。

　　例 2-4　缝纫机的发明与苯分子结构式的发现。

　　19 世纪 40 年代,美国人埃里亚斯·哈威在发明缝纫机时,苦苦思考、勤奋钻研了很长时间,仍没琢磨出可行方案。一天,哈威观察织布工手里拿着的梭子,只见梭子在纬线中间灵活地穿来穿去,看着看着,他脑海中浮现出一个想法:如果针孔不是开在针柄上,而是开在针尖上,这样即使针不全部穿过布,也能使线穿过布,当针穿过布时,在布的背面就会出现一个线环,假如再用一个带引线的梭子穿过这个线环,这两根线不就达到了缝纫的目的了吗?正是织布梭子的启发使他的思维变得豁然开朗(思维顿悟)。两年后,第一台缝纫机问世了。

　　苯分子结构式的发现是创造性思维形成的范例。德国化学家凯库勒是这样描述自己的发现的:"那时候,我住在伦敦,日夜思索着苯的分子结构该是个什么样子。几个月过去了,我一无所获。一天,我坐马车回家,由于过度疲劳,摇摇晃晃的马车很快就把我送进了梦乡。我做了这样一个怪梦,梦见我几个月来设想的种种苯的分子结构式排成一条长蛇在我面前跳起舞来,令人眼花缭乱。突然,长蛇咬住自己的尾巴,形成一个首尾相接的环,不停地跳啊、转啊,十分起劲。就在这时,马车夫大声嚷道:'先生,克来宾路到了,请下车!'这声音赶走了我的梦,把我惊醒了。当晚,正是在这个梦的启发下,我由蛇的圆环想到了用六角形的环状结构来表示苯分子式 C_6H_6,就这样解决了有机化学上的这道难题。"

2.2.2　创造性思维的特征

　　创造性思维是一种人类高层次的思维,它有下列特征。

　　1. 思维结果的新颖性、独特性

　　思维的结果是过去未曾有过的,也可以说是主体对知识、经验和思维材料进行新颖的综合分析、抽象概括,以达到人类思维的高级形态,它包含着新的因素。例如,一般人头脑中只有唯一的现实空间,而数学家们却创造了四维空间、五维空间、n 维空间、拓扑空间、超限数空间等,像这样的思维就具有推陈出新的特点,因而具有创造性。

　　2. 思维方法的灵活性、开放性

　　思维方法的灵活性、开放性是指对于客观事物或问题,表现出勇于突破思维定式,善于从不同的角度思考问题,善于提出多种解决方案;能根据条件的发展变化,及时改变先前的思维过程,寻找解决问题的新途径。灵活性、开放性也含有跳跃性的因果关系。苍蝇是人类最憎恶的东西,谁也不会将它视为有益的东西。可科学家们的创造性思维却跳出了思维定式的框框,经过对苍蝇与蛆的研究发现,这些人人厌恶的东西却饱含着丰富的蛋白质,可以用来造福人类。这不是将风马牛不相及的事连到一起来了吗?这正是思维跳跃性的结果。

　　3. 思维过程的潜意识自觉性

　　创造性思维的产生离不开紧张的思维和认真努力地为解决问题所作的准备工作,其出现的时机往往是思维主体处于一种长期紧张之后的暂时松弛状态,如散步、听音乐、睡觉中,这就说明了创造性思维具有潜意识的自觉性。在积极思维时,信息在神经元之间按思考的方向进行有规律的流动,这时不同神经细胞中的不同信息难以发生广泛的联系;而当主体思维放松时,信息在神经网络中进行无意识流动、扩散,思维范围扩大,思路活跃,多种思维、信息相互联系、相互影响,这就为问题的解决准备了更好的条件。

4. 顿悟性

创造性思维是长期实践和思考活动的结果。经过反复探索,思维运动发展到一定关键点时,或由外界偶然机遇所引发,或由大脑内部积淀的潜意识所触动,产生一种质的飞跃,如同一道划破天空的闪电,使问题突然得到解决,这就是思维的顿悟性。

2.2.3 创造性思维的激发与捕捉

创造性思维是艰苦思维的结果,是建立在知识、信息积累之上的高层次思维,创造性思维的激发离不开这些基础。除此之外,还应注意下列问题。

1. 掌握与使用有利于创造性思维发展的思维方法

法国生理学家贝尔纳曾说:"良好的方法能使我们更好地发挥天赋的才能,而拙劣的方法则可能阻碍才能的发挥"。人们做任何事情都离不开方法,方法对人类来说,是开山的利斧,是射雕的神箭。思维方法是思维和认识问题的途径、具体的步骤和明确的方向。前面提到的发散思维及对应的方法、直觉思维及对应的方法、动态有序思维及对应的方法以及后面将讲述的多种创新方法,都是有利于创造性思维发展的思维形式和方法,熟练掌握和使用良好的思维方法可以更好地发挥人类自身巨大的创造性思维的潜能。

(1)突破思维定式法

贝尔纳曾说:"妨碍人们学习的最大障碍并不是未知的东西,而是已知的东西"。这已知的东西就是人自身由于经验、阅历而积淀起来的思考问题的模式。突破思维定式法就是主体在思维时,努力思考在常规方法之外还存在别的方法吗?在常见的领域中还存在新的领域吗?思维时一定要审时度势、随机应变、灵活机动地抛弃旧的思维框框,采用各种不同的思维方法来解决面临的问题。例如,一辆满载货物的汽车要通过一座铁桥,却发现货物高于桥洞 1 cm,在不准卸货重装的情况下,能让车通过吗?这里,只要跳出"定式"(只在货物上打主意)就可想到好的办法,那就是给轮胎放掉一点儿气,车便能通过了。

思维定式是指人们由于先前的经历所形成的固定的思维模式,一有问题就沿着固有的思维路线进行思考和处理。思维定式是与创造性思维相对立的,人们进行创造发明时只要善于突破思维定式的约束,创造发明成功的可能性就会大大增加。近几十年来出现的各种创造技法,其主要内容就是千方百计地激励自由发散思维,克服思维定式对创造性思维的约束与抑制。

例 2-5 "变结构"机构分析。

我们通常认为:带传动主、从动轮是圆的,传动比基本不变;机器中杠杆机构的杆臂长度是固定的;平底推杆盘形凸轮机构的推杆是平底的;连杆机构的杆长工作时是不变的等。这些概念可能成为束缚机构创新设计的思维定式。要设计出新型的机构,必须突破思维定式的锁链,发挥思维的创造性,使通常不可变的结构成为可变的结构,这样才能设计出"巧妙"的机构与机械。"变结构"机构既是这方面的范例,又是创造性思维的成果。

图 2-5a 所示为用于磨齿机中的变杠杆砂轮修整机构,通过设计曲线样板,可使 A 点实

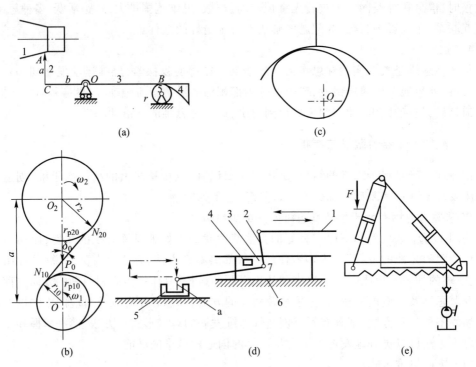

图 2-5　"变结构"机构示例

现需要的轨迹。图 2-5b 所示为一种凸轮-钢带函数机构,把挠性传动中的圆形主动轮变成凸轮,可实现两平行轴之间的变传动比传动。图 2-5c 所示为凹圆弧底从动件盘型凸轮机构,通过把平底推杆变成弧底推杆,使凸轮机构的传动寿命与效率得到提高。图 2-5d 所示为一种工件移动装置,能使杆 2 的 a 端实现给定的轨迹,达到移动工件的目的。按照常规设计,要实现 a 端的轨迹,需设置两个驱动件,图 2-5d 所示装置的本质特征是使机构构件之间的驱动关系在机构运动过程中自行发生变化,即使转动件与平动件之间自动转换。图 2-5e 所示机构通过液压原理,使四杆机构的两摇杆随外力变化而伸长与缩短。

（2）生疑提问法

爱因斯坦曾说过,"提出一个问题往往比解决一个问题更重要,因为解决一个问题也许仅是一个科学上的实验技能而已,而提出新问题、新的可能性以及从新的角度看旧的问题,却需要有创造性的想象力,而且标志着科学的真正进步"。生疑提问会使思索者找到新的解决问题的方向和突破口,科学发现始于问题,而问题则是由怀疑产生的,因此生疑提问是创造性思维的开端,是激发出创造性思维的方法。其主要内容为:①问原因,每看到一种现象、一种事物,我们均可以问一问产生这些现象(事物)的原因是什么? ②问结果,在思考问题时,要想一想"这样做会导致什么后果"? ③问规律,对事物的因果关系、事物之间的联系要勇于提出疑问。"大陆漂移"学说创始人魏格纳就是在看地图时发现大西洋两岸海岸线是如此相似,提出有什么规律可循吗? 最终创立了新学说。④问发展变化,设想某一情况发生后,事物的发展前景或趋势。

（3）欲擒故纵松弛法

欲擒故纵，用点"缓兵计"，是人们激发创造性思维的常用方法。其作用有三：一是寻找触媒，二是使进入死胡同的头绪换一个进攻方向，三是可调动潜意识。脑是身体中代谢最活跃的器官，用氧量占全身的 1/4，为第一位。脑内血流量也占心脏总排血量的 1/5。单调重复地思考一个问题，不仅大脑负担过重，还容易把思路逼进死胡同。许多科学家、艺术家都有这样的体验：当问题冥思苦想得不到解决时，就干脆中断写作或中断构思、实验，到外面散散步，走一走，听听音乐，干些其他的事。丹麦童话家安徒生非常喜欢到宁静的森林中去幻想，森林中的树叶、树皮、松球，甚至一只松鼠、一只蚂蚁都能成为打开他思维王国之门的钥匙。牛顿喜欢到公园里散步，而爱因斯坦在工作之余总爱拉拉小提琴。唐朝诗人李白、杜甫更是"仗剑走天下"，喜欢游历名山大川。

（4）智慧碰撞法

智慧只有在碰撞中才会生出动人的火花。因此，创造者之间的切磋、探讨和争辩，是激扬创造智能、突破思维障碍的利器。例如，在物理学家波尔领导的"哥本哈根学派"中，诺贝尔奖获得者经常和初出茅庐的大学生在一起讨论问题。他们通过争论和反驳、质疑和答辩，使思想相撞、知识相通，相互激励，彼此促进。这种特殊的"气候"一旦形成，十分有利于激扬人才的创造精神，诱发灵感，产生群体效应和共生效应。

2. 创造性思维的捕捉

创造性思维是大脑皮层紧张的产物，是神经网络之间的一种突然闪过的信息场。信息在新的精神回路中流动，创造出一种新的思路。这种状态由于受大脑机理的限制，不可能维持很久，所以创造性思维突然而至且倏然而逝，如不立刻用笔记下来，紧紧抓住使之物化，等思维"温度"一低，连接线断了，就再难寻回。郑板桥对此深有体会，他曾说："偶然得句，未及写出，旋又失去，虽百思不能续也。"

一生有一千多项发明的爱迪生从小有个习惯，就是把各种闪过脑际的想法记下来，"这是一条重要的经验，先记下来再说，无论是睡觉还是休闲，心记不如笔记，切记此经验。"

2.3　创造性思维与创造能力的培养

创造性思维是人脑机能，创造活动是人从事创造发明的具体过程，创造能力是指在创造活动中表现出来的能力。创造结果起源于创造性思维，靠创造能力来物化，这中间的过程为创造活动。

2.3.1　创造活动是创造能力培养的基础

1. 创造活动与创造性思维

创造活动包括科学研究、技术发明、技术革新和艺术创作等多种类型。人们之所以把这些活动称为创造活动，一方面通过这些活动得到的是新的科学认识、新的技术成果或艺术作品；另一方面，这些活动本身都离不开创造性思维，在科学研究的提出假说阶段和技术研究的提出方案设想或构思阶段表现得更为明显。创造性思维不仅是创造活动本质属性的集中体现,而且在一定程度上决定着创造成果的水平。

2. 创造活动与各类学科竞赛

发明创造的核心和源泉是创造性思维与创造能力的培养。综合众多学者对创造活动的研究可知,创造的过程一般由积累准备阶段、酝酿搁置阶段、明朗顿悟阶段和验证确定阶段构成。

验证确定阶段是个体对整个创造过程的反思,检验解决方法是否最佳的验证期。在这个阶段,把抽象的新观念落实在具体操作的层次上,提出的解决方法必须详细、具体并加以运用和验证。如果讨论和检验是好的,问题便解决了。例如,爱因斯坦预言光的射线在一个质量较大的物体侧面会由于引力的作用而弯曲。这个预断假设,后来在 1919 年日食时被证明完全正确。这是宇宙物理现象的验证,使爱因斯坦的学说成为永恒的真理。

在大学开展的各种学科竞赛(如全国大学生机械创新设计大赛),是非常好的培养学生创造性思维与创造能力的平台,学生在参赛过程中,从方案设计、产品制作到参赛作品的改进,经历了积累准备阶段、酝酿搁置阶段、明朗顿悟阶段和验证确定阶段的创造全过程。

创造活动的四个阶段不是绝对必需的,若问题简单,就不一定有酝酿阶段;有时在准备阶段,创造主体就想出一个绝妙的办法,解决了问题。

2.3.2　创造能力的内涵

创造能力究竟为何物?众所周知,爱因斯坦的相对论、米开朗基罗的裸体雕像《大卫》、贝多芬的《命运交响曲》、曹雪芹的《红楼梦》、阿波罗登月……诸如此类,都是人类创造能力的表现,然而要准确说明创造能力这个概念,却不是一件轻而易举的事。普遍为人们所接受的创造能力的定义尚不存在。庄寿强先生在其《普通创造学》一书中指出,有关创造能力的定义有百余种,目前心理学界较为一致的看法是把创造能力定义为:根据一定的目的和任务,运用一切已知信息,开展能动思维活动,产生出某种新颖、独特、有社会或个人价值的产品的智力品质。这里的产品是指以某种形式存在的思维成果,它既可以是一种新概念、新设想、新理论,也可以是一项新技术、新工艺、新产品。从众多的创造能力定义出发,可归纳出创造能力的主要特征:

① 人人都有创造潜力。
② 创造能力可通过学习、教育而被激发。
③ 创造能力是创新思维的成果。
④ 创造能力是诸多能力的综合表现。
⑤ 创造成果的首创性是其本质特征。
⑥ 创造能力的成果需具有社会和个人价值。

综合众多研究成果,可以认为创造能力的构成要素有以下几项。

1. 知识与智力因素

知识是创造性思维的基础,也是创造能力发展的基础。对文学家,不掌握足够的词汇就不能写出好的作品;对工程技术人员,其知识、经验是发明创造的前提,其学科基础知识、专业知识是从事工程创造发明的前提。知识给创造性思维提供加工的信息,知识结构是综合新信息的奠基石。

智力因素是创造能力充分发挥的必要条件,将影响个体对问题情景的感知、定义和再定义以及选择问题解决的策略过程,即影响信息的输入、转译、加工和输出。吉尔福特等学者认为,智商达到 120 是创造能力较高的一个条件。

2. 创造性思维与创造技法

创造性思维与创造活动、创造能力紧密相关,创造性思维的外部表现就是人们常说的创造能力。创造能力是物化创造性思维成果的能力,它是创造能力的核心,在一切创造活动领域都不可缺少,是代表创造者创造性思维的最重要因素。

创造技法是根据创造性思维的形式和特点,在创造实践中总结提炼出来的,使创造者进行创造发明时有规律可循、有步骤可依、有技巧可用、有方法可行,因此,创造技法应是构成创造能力的重要因素之一。

3. 技能因素

创造能力的最终成果是物化了的创造性思维,而物化的过程需要一定的技术和掌握一定的技能。对工程技术人员来讲,是使用设计工具进行设计及表达的能力和使用仪器设备进行检测实验的能力;对于画家,是色彩鉴别力、视觉想象力;对从事音乐创造的人,具有一定演奏技能、作曲技能等都是物化思维过程中不可缺少的。

4. 非智力因素

非智力因素也称情感智力(EQ)。它是良好的道德情操、乐观向上的品性,是面对并克服困难的勇气,是自我激励、持之以恒的韧性,是同情与关心他人的善良,是善于与人协调相处、把握自己和他人情感的能力等。科学史上许多创造性成果的取得都离不开非智力因素的影响。"锲而舍之,朽木不折;锲而不舍,金石可镂",没有坚持再坚持的韧性和毅力,居里夫人就不会取得令人肃然起敬的成绩。她数年如一日,百折不挠,坚持不懈地进行着繁重的工作,从数十吨铀矿残余物中提炼出只有几十毫克的镭盐,靠的就是克服困难的勇气以及自我激励、持之以恒的韧性。

5. 环境因素与信息因素

环境因素指的是创造主体和创造对象之外的客观存在,有宏观环境与微观环境之分。宏观环境主要指创造主体所处的社会制度、国家政策、社会道德规范与观点等;微观环境指创造主体进行创造活动时的工作环境、家庭环境等。

环境因素是影响创造能力发展的因素之一。环境的不同,输入大脑的信息不同,对大脑皮层的刺激不一样,大脑神经网络的反应及相应的输出就不一样。创造技法中的群体智爆法可以说是环境对创造能力发展产生影响的例证。

信息因素是指对创造活动、创造主体、创造性思维产生影响的媒介输入及获取信息的能力,如外语能力、语言文学表达与应用能力等。信息因素是创造能力发展的关键因素,新颖有效的信息是创造性思维活动的开端,也是创造活动顿悟、明朗阶段的导火索。

6. 身心因素

身心因素是指创造主体的心理、生理状态。人脑功能是人体整体功能的一部分,整体功能是否健全对创造活动是有影响的。

上述因素对创造能力的形成与发展有正反两方面的影响。在培养学生创造能力的教学中,要提高其正面影响的作用,降低负面影响。就培养学生机械创新设计能力而言,从教育的角度,首先应开设有利于创新设计能力培养与发展的相关课程,使学生有必需的知识结构,掌握基本的创造原理和常用的创造技法;其次,在教学的各个环节上应以知识、能力、素质培养为目标,不只传授知识,还要有意识地培养学生的创新精神与能力;此外,还应开展各类活动,营造良好的外部环境强化创造思维和创新意识。

2.3.3　创造性思维与创造能力的关系

创造性思维实质上是人脑的一种高级生理机能,是由神经元内化学物质及各神经元之间相互连接决定的大脑神经网络的一种状态,该种状态的突出特点就是能对存在的问题给出某种社会及人自身要求的解决方法及方案,这些方法和方案需具有新颖性、首创性的特点。创造性思维的外延就是人的创造活动,创造性思维所形成的方法和方案需通过人的实际活动才能物化,在物化创造性思维过程中表现出的人类适应自然、改造自然的能力与品质可称为创造能力,创造能力是影响创造成果数量和水平的重要因素。因此,人的创造性思维是创造能力的源泉,也可以说是创造能力的核心。创造能力是创造性思维的延伸,从人脑某一神经网络延伸到人身各机能部位,延伸到与人相关联的客观世界。创造性思维转化为某种物化的结果时,只靠创造性思维是不行的,还需要其他的人类品性和相关因素,包括智力因素、非智力因素、技术因素、方法因素、环境因素和信息因素等。

2.3.4　创造性思维与创造能力的培养

对大学生进行创新素质即创造性思维与创造能力的培养,需要全面规划培养的内容和方法,建立切实可行的培养模式。需要对创新能力培养的过程进行全面的规划,确定相关的课程设置、教学方法与内容、教学手段、实践环节、激励机制和评价方法等,组成一个创造性思维与创造能力培养的整体模式。

1. 创新素质教育大纲

为了有计划、有目的地对大学生开展创新素质教育,应制定详细的创新素质教育大纲,确定创新素质教育的性质与任务、创新素质教育的体系,为创新素质教育提供一套可操作的原则与方法。大纲应对课程设计与毕业设计等实践环节的选题、课堂教学方法的研究和使用提出要求。

2. 创新素质教育的教学方法

课堂教学是学校教育的重要教学方法,是学生接受知识、培养能力的主要途径,教师是课堂教学的主导。如果教师的课堂教学方法得当,可以获得事半功倍的效果,反之,则得不偿失。有人曾说过:"良好的方法能使我们更好地发挥运用天赋的能力,而拙劣的方法可能阻碍才能的发挥。"同样的教学内容用不同的方法讲授,学生的收获是不一样的。要以创造性思维教学理论为基础,在研究和实践的基础上,建立有利于创造性思维和创造能力培养的教学方法。

3. 创新素质教育的课程与教材建设

创新素质教育的课程要素除课堂讲授以外,还应采取各种教学手段调动学生参与教学过程的积极性,培养学生对教学内容的兴趣,提高学生对参与创新实践活动的自信心。

教材建设是创新素质教育课程建设的重要内容。在课程建设过程中,应通过选择和编著逐步建立符合课程需要的教材体系。

4. 加强课程的实践环节

创新实践训练是创新素质教育的重要环节,对于工科教育尤其重要。创新实践训练应尽可能包括从选题、调研、设计到制作的全过程,可结合不同课程分阶段进行。

创新实践训练应选择有实际应用背景的训练题目,聘请有实践经验的教师参与指导,通过创新实践训练提高学生的实践能力,提高应用所学知识解决实际问题的能力,提高自学能力,在实践过程中使学生通过团队合作提高与他人合作的能力,通过成功的创新实践提高学生的创新意识,提高参与创新实践活动的兴趣和自信心。

创造性思维是创造发明的源泉与核心,创造活动与实践是创新能力培养必不可少的环节。创造原理是建立在创造性思维之上的人类从事创造发明的途径与方向的总结,创造技法则是以创造原理为指导,在实践的基础上总结出的从事发明创造的具体操作步骤与方法,这些均是进行创造发明、创新设计的理论基础。

参 考 文 献

[1] 卡尔文 . 大脑如何思维[M]. 杨雄里,等,译 . 上海:上海科学技术出版社,1996.

[2] 格林菲尔德 . 人脑之谜[M]. 杨雄里,等,译 . 上海:上海科学技术出版社,1998.

[3] 张德琇 . 创造性思维的发展与教学[M]. 长沙:湖南师范大学出版社,1990.

[4] 陈进 . 思维技巧训练 30 法[M]. 北京:学苑出版社,1998.

[5] 牛占文,等 . 发明创造的科学方法论:TRIZ[J]. 中国机械工程,1999(1):84-89.

[6] 唐进元,等 . 加工修缘齿轮的曲线样板设计[J]. 工具技术,1997(12):20-22.

[7] 洪允楣,等 . 工程师思考法:洞察 分析 构思[M]. 北京:科学普及出版社,1992.

[8] 沈惠平,等 . 新型堵头创新构思及设计[J]. 机械设计,1998(2):12-14.

[9] 蒋齐密,等 . 一种新的凸轮:钢带函数机构设计[J]. 机械设计,1995(4):8-10.

[10] 贾延龄,等 . 一种新型凸轮机构:凹圆弧底从动件凸轮机构的设计(一)[J]. 机械设计,1998(11):39-41.

[11] 唐进元,陈贵,刘光平 . 雅斯贝尔斯"学习自由"思想对教学方法改革的启示[J]. 湖南医科大学学报(社会科学版),2009(1):196-198.

[12] 唐进元,刘光平 . 批判精神与创新型大学[J]. 中南大学学报(社会科学版),2008(12):874-878.

第 3 章　创 造 原 理

创造是一种有目的的探索活动,它需要一定的理论指导。创造原理是人们进行无数次创造实践的理性归纳,也是指导人们开展新的创造实践的基本法则。本章阐述的创造原理可为机械创新设计提供创新思考的基本路径。

3.1　综合创造原理

3.1.1　综合创造的基本特征

综合是指将研究对象的各个部分、各个方面和各种因素联系起来加以考虑,从整体上把握事物的本质和规律的一种思维法则。

综合创造是指运用综合法则去寻求创造的一种行之有效的方法。它的基本模式如图3-1所示。

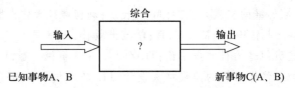

图 3-1　综合创造的基本模式

在机械创新设计实践中可以发现许多综合创造的成果。例如,20 世纪 80 年代以来,机电一体化产品(如数控机床、全自动洗衣机、自动取款机等)纷纷登台亮相,给现代社会生产、生活投下道道奇光异彩。这些产品所依托的机电一体化技术对企业产品的升级换代和社会生活方式的变革都产生了重要的影响。机电一体化从创造原理的角度来看,可以说是机械技术与电子技术的综合。运用综合创造方法所设计出的机电一体化产品比起运用传统的机械技术或电子技术设计出的产品具有更加优越的性能,它使传统机械产品和传统电子产品发生了质的飞跃。

例如,普通的 X 光机和计算机都无法对人的脑内病变作出诊断。豪斯菲尔德将二者所依托的技术进行综合,设计出 CT 扫描仪。医生应用这种新仪器解决了脑内病变的诊断难题;科研人员应用这种新仪器也获得了许多前所未有的研究成果,促使医学有了长足的进步。CT 扫描仪的创新设计是 20 世纪医学设备领域的一项重大创新设计成果。

再如,过去一些精密机床利用机械校正机构只能校正机床的系统误差,而机电一体化的数控机床凭借传感器与计算机软件功能,已有可能实时预报包括随机误差(偶然性误差)在内的机床误差,并加以自动校正,从而使机床达到高精度。此外,数控机床也能对阻尼进行预报,一旦发现接近临界状况就自动调整切削用量,防止颤振发生,从而保证机床具有更高的生产率和较高的表面加工质量。

大量的创新设计实例表明,综合也是创造。从创造机制来看,综合创造具有以下基本特征:

① 综合创造能发掘已有事物的潜力,并使已有事物在综合过程中产生出新的技术价值。

② 综合创造不是将研究对象的各个构成要素进行简单的叠加或一般性组合,而是通过创造性的综合使综合体的性能发生新的变化,甚至产生质的飞跃。

③ 相对原创性的探索来说,综合创造在技术上更具可行性和可靠性,是一种实用的创造性设计路径。

3.1.2 综合创造的实现途径与应用案例

实现综合创造,可以有多种操作方式,如搭接、组合、融合、集成等。这些综合创造技巧在机械创新设计中都可以发挥作用,按不同的分类标准,综合创造的实现途径可为如下几种。

1. 按综合对象分类

从参与综合的对象而言,可以分为同类综合、异类综合、主体附加、优化综合四类。

(1) 同类综合

同类综合,指创造者为实现某一创造意图,将相同或相似的事物进行综合。使得原有事物的基本功能发生一定改变,产生新的功能和价值。

例 3-1 R-V 减速器。

R-V 减速器是一种机器人用高精密传动装置,具有体积小、重量轻、传动比范围大、寿命长、精度保持稳定、效率高、传动平稳等一系列优点。其由第一级渐开线圆柱齿轮行星减速机构和第二级摆线针轮行星减速机构两部分组成,为一封闭差动轮系。

图 3-2 为 R-V 减速器传动原理简图。主动太阳轮与输入轴相连,当渐开线中心轮顺时针方向旋转时,行星轮在绕中心轮轴心公转的同时沿逆时针方向自转,曲柄轴与行星轮相固连而同速转动,摆线齿轮铰接在轴上,并与固定的针轮相啮合,在其轴线绕针轮轴线公转的同时,还将顺时针转动。输出机构(即行星架)由装在其上的三对曲柄轴支撑轴承来推动,把摆线齿轮上的自转矢量以 1∶1 的速比传递出来。

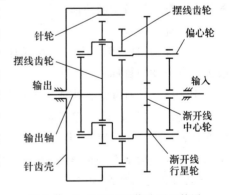

图 3-2 R-V 减速器传动原理简图

例 3-2 双万向铰链机构。

在机械原理中讲述过图 3-3a 所示的单万向铰链机构。它由主动轴 1、十字形构件 2 及从动轴 3 组成。在传动过程中,两轴之间的夹角可以改变,故又称万向联轴器。在使用过程中,人们发现它在传动性能上有一不足之处,即当主动轴 1 匀速转动时,从动轴 3 作变速转动,从而产生惯性力和振动。为了消除单万向铰链机构的这一缺点,人们设计出图 3-3b 所示的双万向铰链机构。它用中间轴 2 将两个万向铰链机构相连,并使三根轴位于同一平面,主、从动轴 1、3 和中间轴的轴线之间的夹角相等。可以证明,它能使主、从动轴的角速度恒等。在机床、汽车传动系统中可以见到这种双万向铰链机构的应用。从创造原理上看,可以认为双万向铰链机构是两个单万向铰链机构非切割式综合创造的产物。

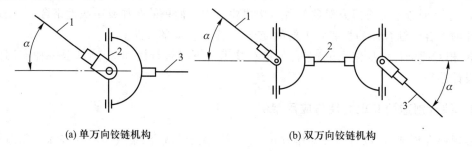

(a) 单万向铰链机构   (b) 双万向铰链机构

图 3-3　万向铰链机构

（2）异类综合

创造者为实现某一创造意图,将来自不同方面的事物进行综合,参与综合的事物一般无明显主次关系,这种创造方法通常被称为异类综合。综合过程中,参与综合的对象从意义、原理、构造、成分、功能等方面可以互补和相互渗透,从而产生 1+1>2 的价值。

如将发动机、离合器、传动机构综合起来,发明了汽车;将中医、西医综合起来,形成了中西医结合疗法。

（3）主体附加

主体附加,是指人们以某事物为主体,以某种确定的希望为附加目的,在主体上添加另一附属事物,以实现创造者本身的希望。如在折扇上添加导游图,使得折扇除了本身降温功能外还兼具了导游图的功能。

（4）优化综合

优化综合,是指创造者基于对现有事物的分析提出多种优化方案,综合求解,最终实现改善现有事物的目标。

例 3-3　半轴齿轮热处理变形问题解决。

研究背景:半轴齿轮渗碳淬火后存在径向变形,径向变形影响使用性能;加轴套、改变入油方式等措施对径向变形改善效果不理想,热处理工艺有待继续改善。1/4 半轴齿轮模型如图 3-4 所示。

研究目标:明确造成半轴齿轮径向变形的主要原因;通过热处理工艺参数的优化有效控制半轴齿轮的径向变形。

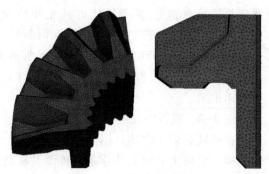

图 3-4　1/4 半轴齿轮模型图

原热处理工艺如图 3-5 所示。

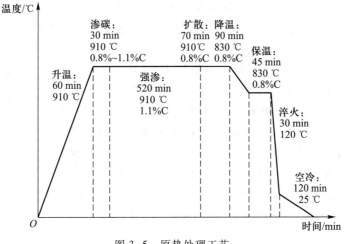

图 3-5　原热处理工艺

半轴齿轮渗碳淬火后存在变形,渗碳淬火后齿轮变形整体为收缩趋势,变形范围为 −0.121~0.002 mm,轴端位置收缩严重,齿端与轴端锥度为 0.128。

原因分析:轴端收缩是影响锥度的主要原因,引起轴端收缩的原因是淬火时冷却速度不均匀。

优化结果见表 3-1。

表 3-1　优　化　结　果

工艺编号	整体变形/mm	变形范围/mm	锥度	齿端与轴端锥度	最大变形位置(距齿端)/mm	最大变形值/mm
原工艺	−0.121~0.002	0.123	0.163	0.128	50	−0.079
1#	−0.092~0.023	0.115	0.198	0.182	55	−0.076
2#	−0.070~0.030	0.100	0.178	0.158	56	−0.063
3#	−0.080~0.027	0.107	0.166	0.152	56	−0.053
4#	−0.077~0.029	0.106	0.180	0.158	50	−0.062
5#	−0.069~0.022	0.091	0.152	0.134	56	−0.069
6#	−0.072~0.025	0.097	0.158	0.126	50	−0.072
7#	−0.065~0.023	0.088	0.142	0.112	50	−0.065
8#	−0.065~0.028	0.093	0.156	0.128	50	−0.065

2. 按综合原理分类

从综合创造原理看,人们更多的是沿着技术或产品的"切割"与"非切割"的路径去思考综合创造的。

(1)切割式综合创造

切割是指人们为了实现某一意图,将某一事物加以切开、分割或截取。切割式综合创造是指创造者为实现某一创造意图,切割、截取两种或两种以上的事物的某些部分(要素),然后综合成为与原事物性能有所不同的新事物的一种综合创造思路。切割式综合既可以是部分性事物与整体性事物的综合,也可以是部分性事物与部分性事物的综合。

例 3-4   同步带传动。

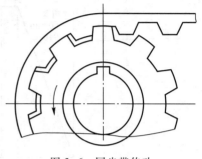

同步带传动(图 3-6)是一种啮合型带传动,相对普通的摩擦型带传动来说是一种新型带传动。它的传动带内表面上具有等距分布的横向齿,带轮外缘上具有相应的齿槽,工作时依靠齿与齿槽的啮合来传递运动。与摩擦式带传动相比,同步带传动的带轮与传动带之间没有相对滑动,能够保证严格的传动比,但对中心距及其尺寸精度要求较高。从创造原理的观点看,同步带传动的设计是综合了传统平带传动技术与齿轮啮合传动技术的产物。

图 3-6   同步带传动

例 3-5   新型罗茨鼓风机。

罗茨鼓风机是一种常见的通用机械。它利用一对叶轮的啮合运动来实现变容、增压、送风的目的。罗茨鼓风机具有工作能力强、效率高的特点。目前在鼓风机行业大量生产的是二直叶型罗茨鼓风机。这种鼓风机在工作时存在工作噪声大、污染环境等问题,对于大功率的罗茨鼓风机更有"声老虎"之称。因此,人们希望有低噪声的新型鼓风机。为此,有人设计出三扭叶型罗茨鼓风机(图 3-7)。这种鼓风机叶轮的法面形状与直叶叶轮相同,但叶轮整体是沿螺旋线布置的,形成所谓的扭叶叶轮。通过样机试验表明,这种新型罗茨鼓风机可以使工作噪声大幅下降,是值得批量生产的新产品。从创造原理的观点看,三扭叶型罗茨鼓

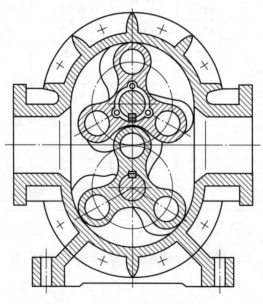

图 3-7   三扭叶型罗茨鼓风机

风机的设计是综合了传统罗茨鼓风机的叶轮结构与螺旋齿轮传动结构的产物。

（2）非切割式综合创造

非切割式综合创造是指创造者为实现某一意图,直接将两种或两种以上的事物,在仍保持其各自相对独立的条件下,组合成为新主体的综合创造方式。这种综合不是简单的事物拼凑,而往往是使事物由量变到质变的创新。

例 3-6 增压缸。

液压缸是液压系统中的执行元件。它的作用是将液体的压力能转变为运动部件的机械能,使运动部件实现往复直线运动或摆动。在活塞缸的设计中,有人设计了由大、小直径不同的复合缸筒及有特殊结构的复合活塞等组成的液压缸(图 3-8)。新活塞缸的最大特点是能将输入的低压油转变为高压油,因此是一种增压缸。从创造原理上看,可以认为增压缸是两个活塞缸非切割式综合创造的产物。

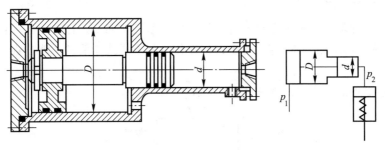

图 3-8　增压缸

例 3-7 双螺旋增力机构。

双螺旋增力机构(图 3-9)由一个细牙螺纹和一个粗牙螺纹串联组合而成,它们之间有

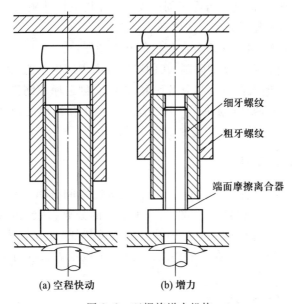

(a) 空程快动　　　(b) 增力

图 3-9　双螺旋增力机构

一个自动离合器。工作时,将离合器合上,细牙螺纹不起作用,粗牙螺纹驱动工作头快速趋近工作对象。当工作头接触工作对象并产生作用力后,离合器在反馈力的作用下自动打开,细牙螺纹起作用,实现增力的功能。当退回时,细牙螺纹先动,离合器重新合上,粗牙螺纹接着工作,重新实现快速退回。这种双螺旋自动增力机构可以实现快速空行程运动和增力加压相结合的自动切换功能,在很多场合可以应用,现已用于自动增力假手和捆币机构中,效果显著,是一种很有应用前景的新机构。从创造原理上看,可以认为双螺旋增力机构是两种不同导程的螺旋机构非切割式综合创造的产物。

3.2　分离创造原理

3.2.1　分离创造的基本特征

分离创造原理是把某一创造对象进行科学的分解或离散,使主要问题从复杂结构中暴露出来,从而理清创造的基本思路,便于人们抓住主要矛盾或矛盾的主要方面寻求新的创造思路。

分离创造原理的基本模式如图 3-10 所示。

图 3-10　分离创造原理的基本模式

运用分离创造原理,人们已获得许多创造成果。在机械设计领域,组合夹具、组合机床、模块化机床等的设计都体现了分离创造原理的应用。

分析大量的创造实例,可以发现分离创造的基本特征:

① 分离能冲破事物原有形态的限制,在创造性分离中产生新的技术价值。

② 分离创造原理提倡人们将事物分解研究,而综合创造原理则提倡组合和聚集,因此,分离与综合是思路相反的两种创造原理,但二者并不是相互排斥的,在实际创造过程中,二者往往是联系在一起的,相辅相成地促成新事物的产生。

3.2.2　分离创造的基本路径

实现分离创造可以有多种路径,如将事物特性进行空间分离(从空间上分离相反的特性)、时间分离(从时间上分离相反的特性)、基于条件的分离(从整体与部分上分离相反的特性)以及整体与部分的分离(同一对象中共存的相反特征)。在具体操作方式上,则有结构分解、特性列举、市场细分等。在机械创新设计中,可以沿着这些分离创造路径进行创造性思考。

1. 基于结构分解的分离创造

基于结构分解的分离创造是对已有事物整体与局部关系的思考,是对结构形态进行合理的分开或离散并寻求创意的一种思路。对结构进行分解时,关键问题在于能否使具有分离特性的事物具有与整体事物不同的性能,甚至是技术优势。

例 3-8 机械夹固式车刀。

车刀是金属切削加工中应用最为广泛的刀具之一。按照使用要求不同,车刀可以有不同的结构和不同的种类。车刀通常由刀体和切削部分组成。将硬质合金刀片焊接固定在刀体上的车刀,统称为焊接式车刀。除了焊接式车刀外,人们应用分离创造原理设计制造出机械夹固式车刀(图 3-11)。根据使用情况不同又可分为机夹重磨车刀和机夹可转位车刀。机夹重磨车刀(图 3-11a)是将普通车刀用机械夹固的方法夹持在刀杆上使用的车刀。这种刀具当切削刃磨钝后,只要把刀片重磨一下,适当调整位置仍可继续使用。机夹可转位车刀(图3-11b)又称机夹不重磨车刀,它是采用机械夹固的方法将可转位刀片夹紧并固定在刀体上的一种车刀。它是一种高效率的刀具,刀片上有多个刀刃,当一个刀刃用钝后,不需要重磨,只要将刀片转一个位置便可继续使用。从创造原理上看,可以认为机械夹固式车刀是刀体和切削部分结构分离创造的产物。

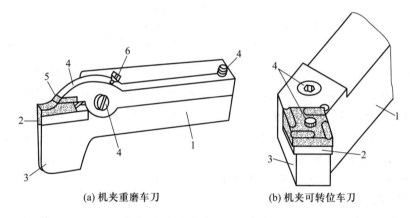

(a) 机夹重磨车刀　　　　　　　(b) 机夹可转位车刀

图 3-11　机械夹固式车刀

1—刀柄;2—垫块;3—刀体;4—夹紧元件;5—挡屑块;6—调节螺钉

例 3-9 组合夹具设计。

机床夹具是在机床上用以装夹工件和引导刀具,并能与机床保持确定相对位置的一种装置。按适用工件的范围和特点,机床夹具可分为通用夹具、专用夹具和组合夹具等类型。组合夹具是由一套预先制造好的各种不同形状、不同规格、不同尺寸,具有完全互换性和高耐磨性、高精度的组合夹具元件,根据不同零件的加工要求组装而成的各种类型的专用夹具。这种组装的专用组合夹具使用后可方便地进行拆卸分解,待再次组装重新使用。图3-12所示为组合钻床夹具,它是由长方形基础板 1、方形支承 2、V 形架 3、钻模板 4、钻套 5及压紧螺母 6 等标准件拼装而成。从创造原理上看,可以认为组合夹具是夹具结构分离创造的产物。

2. 基于特性列举的分离创造

基于特性列举的分离创造是对已有事物进行特性分类以获得创意的一种思路。任何事

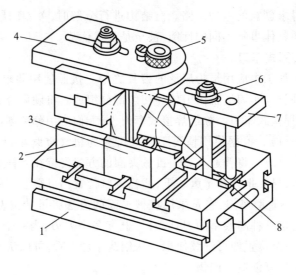

图 3-12　组合钻床夹具
1—长方形基础板；2—方形支承；3—V 形架；4—钻模板；
5—钻套；6—压紧螺母；7—压板；8—工件

物都有其特性,将事物的总特性分离成若干分特性,然后进行思考,可以降低解决问题的难度。正如美国创造学家克拉福德教授所说:"所谓创造,就是要抓住研究对象的特性,以及与其他事物的替换。"注意到事物的特性并进行新的置换,是这一创造原理的本质所在。

比如说人们想要创造一台新型洗衣机,如果笼统地寻求解决整台洗衣机的创新方案,恐怕十有八九会碰到不知从何处下手的问题。若将洗衣机的总特性进行分离(如分成动力特性、洗涤特性和结构特性等),然后再逐个地研究各分特性的以新代旧的解决办法,则是一种降低问题难度的创造性思考方法。

基于特性的分离创造,可以沿用克拉福德教授研究总结而成的"特性列举法"进行思考。这种方法的特点是将事物的特性分解为名词特性、形容词特性和动词特性等基本特性。名词特性主要指整体、部分、材料、制造方法等方面的特性;形容词特性主要指事物的物理性质;动词特性主要指事物的功能,即具有的职能与功用。

在特性列举的基础上,就可以对每类特性中的具体内容加以改变或延伸,即通过创造性思维的应用去探索一些新创意。运用特性列举进行分离创造的基本程序如下:

① 确定创造对象并加以分析。特性列举法属于对已有事物进行革新的技法,因此,在确定应用对象后,应分析事物现状,熟悉其基本结构、工作原理及使用场合等。

② 特性列举并进行归类整理。按名词特性、形容词特性、动词特性的分类方法进行特性列举。当特性列举到一定程度时,应按"内容重复的合并,互相矛盾的协调统一"的原则进行整理。

③ 依据特性项目进行创造性思考。这是运用特性列举法最重要的一步,因为只有在所列举特性中的某一方面提出新创意或新设想,才算达到用此方法解决创造问题的目的。这一步要针对特性的改进、延拓或者替换进行发散思维与求异思维。

例 3-10　新型电风扇的创意。

（1）了解现有的电风扇

观察待创新的电风扇,搞清其基本组成、工作原理、性能及外观特点等问题。

（2）对电风扇进行特性列举

1）名词特性

① 整体:落地式电风扇。

② 部件:电动机、扇叶、网罩、立柱、底座、控制器。

③ 材料:钢、铝合金、铸铁。

④ 制造方法:浇注、机加工、手工装配。

2）形容词特性

① 性能:风量、转速、转角范围。

② 外观:圆形网罩、圆形截面柱、圆形底座。

③ 颜色:浅蓝、米黄、象牙白。

3）动词特性

功能:扇风、调速、摇头、升降。

（3）提出改进新设想

1）针对名词特性进行的思考

① 设想 A:扇叶数目能否再增加? 即换用两头有轴的电动机,前后轴装有相同的两个扇叶组成"双叶电风扇",使电动机底座旋转 180°,从而使送风达到 360°的范围。

② 设想 B:扇叶材料能否改变 ? 如用功能性纳米材料制成扇叶,使之成为新的"保健理疗风扇"。如果能采用变色材料开发一种"迷幻式电风扇",更能给人以新的感受。

③ 设想 C:调节风量大小和转速高低的控制按钮能否改进? 改成遥控式可不可以? 能不能使电风扇智能化?

2）针对形容词特性的思考

① 设想 A:能否将有级调速改为无级调速?

② 设想 B:网罩的外形能否多样化? 克服传统的圆形,采用椭圆形、方形、菱形、动物造型可不可以? 大厦式电风扇的结构外形是否更具有时代特征?

3）针对动词特性的思考

① 设想 A:使电风扇具有驱赶蚊子的功能。

② 设想 B:冷热两用扇,夏扇凉风,冬出热风。

③ 设想 C:消毒电风扇,能定时喷洒空气净化剂,消除空气中的有害病菌,尤其适合大众流通的场合及医院的病房。

④ 设想 D:催眠风扇,它扇出的不仅仅是风,而且伴随着优美动听的催眠旋律,让失眠的人安然入睡。

通过以上特性分离思考,可以得到若干新想法,选择其中的新想法进行组合,可以获得新型电风扇的整体设计方案。

3.3 移植创造原理

3.3.1 移植创造的基本特征

"他山之石,可以攻玉"。吸取、借用某一领域的科学技术成果,引用或渗透到其他领域,用以变革或改进已有事物或开发新产品,这就是移植创造。

移植创造原理的基本模式如图 3-13 所示。

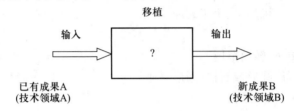

图 3-13   移植创造原理的基本模式

移植创造是一种应用广泛的创造思路,通览人类的科技创新成果,可以在不少地方发现移植创造原理的应用。在机械创新设计方面,应用移植创造原理获得成功的例子也比比皆是。例如,汽车发动机化油器的设计移植了香水喷雾器的工作原理;有轨电车的设计移植了滑冰鞋溜冰的运动原理;火车黑匣子的设计移植了飞机黑匣子的设计原理;组合机床、模块化机床的设计移植了积木玩具的结构方式等。

移植创造具有以下基本特征:

① 移植是借用已有技术成果针对新目的进行再创造,它使已有的技术在新的应用领域得到延续和拓展。

② 移植实质上是各种事物的技术和功能相互之间的转移和扩散。

③ 移植领域之间的差别越大,则移植创造的难度也就越大,成果的创造性也愈明显。

在移植创造过程中,常常需要对将要创造的事物进行受体需要分析,即明确接受移植的事物所面临的问题和需要的技术方向,在此基础上有目的地去寻找移植的供体。由于移植过程中需要异质同化,所以移植创造往往需要经过试验的验证。

3.3.2 移植创造的基本路径

实现移植创造,可以选择不同的移植供体,采用不同的移植方式。在机械创新设计中,人们更多的是沿着技术原理移植与结构移植的基本路径去实现新的创造。当然,复杂的问题往往需要多路径的综合移植。

1. 原理移植创造

原理移植创造是将某种科学技术原理向新的研究领域或设计课题上类推和外延,力求获得新的创造成果。由于技术原理的原端性和多样性,这种移植创造的思维水平和成果水平一般较高。

例 3-11 磁悬浮轴承。

在小孔磨床中,由于磨头的直径非常小(ϕ5 mm 以下),为了保证足够的圆周线速度,要求磨头转速达到每分钟几万转。在这样的条件下,传统的滚动轴承已经难以保证功能的实现,即使勉强能用也只有几小时的寿命。如果使用流体动力润滑滑动轴承,发热问题将非常严重,精度也难保证。为了解决高转速和工作寿命的矛盾,仍停留在纯机械方面寻找办法将是很困难的。后来,有人将物理学上的磁悬浮原理移植到轴承设计领域,开发设计出磁悬浮轴承。这种轴承的基本原理是使轴颈与轴瓦具有相同的磁性。由于同性相斥,轴颈与轴瓦便互不接触而呈悬浮状态。用于小孔磨床主轴的磁悬浮轴承如图 3-14 所示。轴系正常工作时图中的辅助轴承不起作用,在轴系有较大振动时辅助轴承保证轴承内、外圈不发生接触。

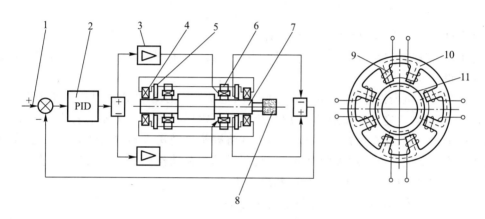

图 3-14 磁悬浮轴承

1—基准信号;2—位置控制器;3—功率放大器;4—辅助轴承;5—位置传感器;
6—电磁轴承;7—主轴;8—砂轮;9—绕组;10—定子;11—转子

2. 结构移植创造

结构是事物存在和实现功能的重要基础。将某种事物的结构形式或结构特征应用于另一事物,称为结构移植。结构移植可以是简单地将某一事物的局部结构原封不动地置入另一事物,也可以利用某一结构的基本形式,在移植中有所变异,甚至可以仅仅模仿原有事物的某一结构特点设计新的事物。

例 3-12 机械手。

机械手(图 3-15)是在机械化、自动化过程中发展起来的一种新型装置。机械手的形式是多种多样的,有的较为简单,有的较为复杂,但基本的组成形式是相同的。一般机械手由执行机构、传动系统 5、控制系统 6 和辅助装置组成。执行机构由手 1、手腕 2、手臂 3、支柱 4 组成。手是抓取机构,用来夹紧或松开工件,与人的手指相仿,能完成类似人手的动作。手腕是连接手指与手臂的元件,可以进行回转动作。简单的机械手可以没有手腕,而只有手臂,手臂可以前后伸缩、上下升降和绕支柱摆动等。在机械手执行机构设计过程中,对人手结构的移植是显而易见的。

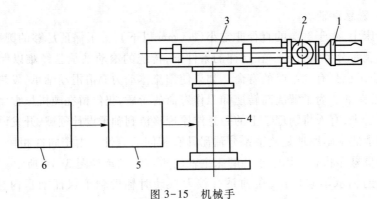

图 3-15   机械手

1—手；2—手腕；3—手臂；4—支柱；5—传动系统；6—控制系统

例 3-13   方形罐头自动贴商标机设计。

为了实现在方形罐头上自动贴上商标，需要开发新的机械，并希望能从结构移植创造过程中获得设计方案。

对于这样的机器设计，先要分析在方形罐头上贴商标的动作，以针对这些动作进行运动规律设计。显然，要完成这样的工艺动作，机器至少需要具备以下 4 种工艺动作：①从一叠商标纸中取出一张；②在商标纸上刷上胶水；③将罐头自动送入和送出贴商标工位；④将商标纸压紧在罐头上。方形罐头自动贴商标机所需的工艺动作确定之后，就可以进一步逐个运用移植原理，以寻找实现工艺动作的解决方法。

（1）从一叠商标纸中取出一张纸的解决方法

对此问题，可以借鉴相同或类似的专业机械，如向啤酒瓶上贴商标时的取纸方法或印刷机械中的取纸方法。图 3-16 所示为啤酒瓶贴商标自动机的取纸方案。

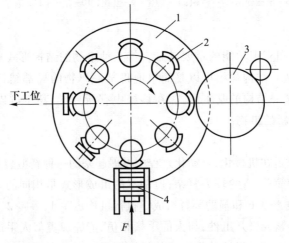

下工位

图 3-16   啤酒瓶贴商标机取纸方案

1—上胶取纸转盘；2—带胶辊；3—刷胶辊；4—商标纸

图 3-16 中 4 为整齐叠放的商标纸,纸的下面有一弹簧力 *F* 将纸托起,纸的上部有分纸夹压住(图中未画出)。当上胶取纸转盘 1 转动时,安装在上面的带胶辊 2 经刷胶辊 3 后转到商标纸上部,将最上面的一张商标纸粘住而抽出一张,然后又随上胶取纸转盘 1 送到另一工位。

图 3-17 所示为印刷机械中大型纸张分离方案。当松纸吹嘴 4 开始送气后,叠起的纸张上部松动上扬,压纸吹嘴 3 的尖端乘机插入被松纸吹嘴吹起的第一张纸的下面,并把第二张纸压住。当压纸吹嘴继续吹气使第一张全部飞起后,吸嘴 2 将第一张纸吸走,送纸吸嘴 1 接住吸嘴 2 的纸张并送到下一工序。

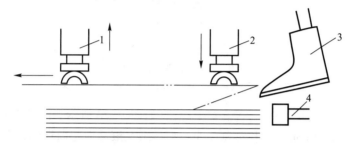

图 3-17　大型纸张分离方案

1—送纸吸嘴;2—吸嘴;3—压纸吹嘴;4—松纸吹嘴

图 3-18 所示为小型纸张分离方案。置于框架中的纸张 1 用分纸针 4 压住,当橡胶辊子 3 转动时,从分纸针中抽出一张纸,送到前导辊 2 中并将纸送出。

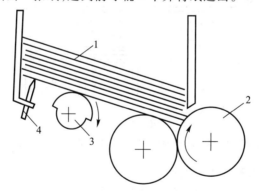

图 3-18　小型纸张分离方案

1—纸张;2—前导辊;3—橡胶辊子;4—分纸针

(2)在商标纸上刷上胶水的解决方法

在图 3-16 中采用的是间接上胶法,即先把胶水刷在带胶辊 2 上,再将带胶辊 2 上的胶水涂在商标纸上并粘取一张商标纸,最后再把带胶水的商标贴到啤酒瓶上。图 3-19 所示为邮票上胶自动机的原理方案。它由刷胶辊 2 先将胶水刷在八角鼓 4 上,然后由八角鼓 4 转到邮票上方,邮票向上移而被粘取一张。经压盖 5 轻压促使胶水分布均匀,再由夹子 1 将带有胶水的邮票取走。

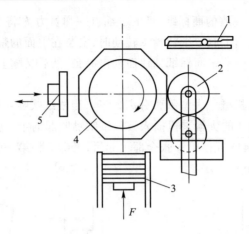

图 3-19　邮票上胶方案

1—夹子；2—刷胶辊；3—邮票；4—八角鼓；5—压盖

除以上间接上胶法外，还有一种直接上胶法，如图 3-20 所示。滚子 5 将容器 6 中的胶水涂在胶带 1 上，胶带 1 带动圆柱形制品 4 在商标纸上滚动而把商标纸粘上，并在吸头 2 的协助下贴好。

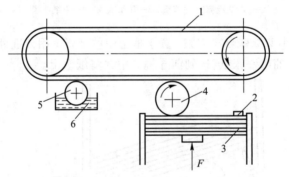

图 3-20　直接上胶法

1—胶带；2—吸头；3—商标；4—圆柱形制品；5—滚子；6—容器

（3）将罐头自动送入和送出贴商标工位的解决方法

这个问题可参考各种形式的自动传送装置设计。

（4）将商标压紧在罐头上的解决方法

这个问题比较简单，采用图 3-19 所示的橡胶压盖或压刷便可解决。

有了上面的局部移植，就可以进行总体方案构思，这是一个综合局部解的过程。在这一过程中，要对若干移植供体进行选择、组合和系统协调。

图 3-21 所示为经过移植创造后所获得的方形罐头自动贴商标机的原理方案。它运用吸气泵（1 为吸气口）吸住一张商标纸并在转动时将第一张抽走（图中未画出纸针），转过 90°后，由上胶辊 4 往商标纸上刷胶水；当转到下面工位时与送入工位的罐头 5 相遇，吹气泵（2 为吹气口）吹气将商标纸吹压在罐头 5 上，罐头 5 继续直线向前送进时，压刷 6 刷过商标

纸将它压紧在罐头 5 上,这样就连续不断地自动完成了贴商标的工作。

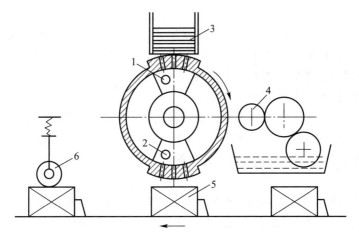

图 3-21　方形罐头自动贴商标机原理方案
1—吸气口;2—吹气口;3—商标纸;4—上胶辊;5—罐头;6—压刷

3.4　完满创造原理

3.4.1　完满创造原理及特征

　　完满原理是"完满充分利用原理"的简称。由于人们总是希望能在时间、空间、效率与性能质量上充分而完满地利用某一事物或产品的一切属性,因此,凡是在理论上看来未被充分利用的物品或场合,都可以成为人们创造的目标,这是提出完满原理的主要根据。

　　一般说来,创造发明的最终目标是满足人们的需要,对于人类最有用处的创造发明是最好的创造发明,最好的创造发明应该是最合理的创造发明,最合理的创造发明就应该最大程度地符合完满原理。

　　凡是未被充分利用的,都可以成为新的创造目标。充分利用事物的一切属性要点,对现存的事物或产品进行利用分析,找出未被充分利用之处和缺陷与不足,针对这些不足之处进行改进设计,是创造的起点,能够产生创造发明。

3.4.2　完满创造的实现途径与应用案例

　　1. 整体完满充分利用

　　整体完满充分利用,是指对一个事物或产品的整体利用进行分析,了解该事物或产品是否在时间和空间上均被利用了。

　　例 3-14　折叠沙发床的发明。

　　床是用以满足人们日常睡觉起居的常用家具,从时间和空间两个方面对其整体利用进行分析。

　　时间利用分析:70%的时间,使用者不在床上。床的闲置时间很长。

空间利用分析:现代生活压力增加,小户型房屋成为了人们的首选。床所占空间很大,但利用率却不高。

针对以上特点,创造者们创造出了折叠沙发床。折叠沙发床,外形就是一款沙发,简洁厚重,坐感舒适。占用的空间不大,且可以供人们日常坐着休息。打开后可以当床使用,增大了日常活动空间,也增加了床的利用时间。

2. 部分完满充分利用(局部缺点改进)

部分完满充分利用,是指对一个事物或产品按一定层次进行分解,对其各个部分进行整体利用性分析。只有在各个部分的利用率大致相当的情况下,才能保证整体的充分利用。如将报废的汽车、船只等进行拆卸,将未失效的部分再次投入使用。

3. 缺点逆用法

针对对象事物已经发现的缺点,不是采用改进缺点的做法,而是从反面考虑如何利用这些缺点从而做到"变害为利"的基于完满创造原理的一种创新方法。

例 3-15 裂纹釉的发明。

瓷器釉面的开裂是一种自然现象。开裂的原因有两种:一是成形时坯泥沿一定方向延伸,影响了分子的排列;二是坯、釉膨胀系数不同,焙烧后冷却时釉层收缩率大。因此开裂原是瓷器烧制中的一个缺点;但人们掌握了开裂的规律而制出的开片釉(即裂纹釉),却成为瓷器的一种特殊装饰了。宋代的汝窑、官窑、哥窑都有这种产品。开片又称冰裂纹,按颜色分有鳝血、金丝铁线、浅黄鱼子纹,按形状分有网形纹、梅花纹、细碎纹等。

例 3-16 摩擦力的巧妙利用。

摩擦力有利也有弊,利用好摩擦力属于完满创造原理实现的缺点逆用法。

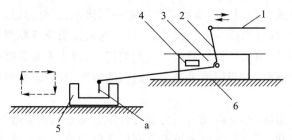

图 3-22 巧妙利用摩擦力的机构简图

图 3-22 所示是一个很简单的工件移植机构。它的功能是将工件 5 向左推动一个距离。主动件 1 作往复运动。在主动件 1 开始左移时,滑块 3 受导轨 6 摩擦阻力的阻碍,处于静止状态。于是主动件 1 使杆 2 作逆时针转动,端部 a 进入工件凹部。端部 a 与凹部底面接触后,主动件 2 被迫停止转动。但这时主动件 1 继续左移,于是推动杆 2 连同滑块 3 克服摩擦力一起左移,端部 a 推动工件左移。

当主动件 1 开始向右返回时,滑块 3 又受摩擦力作用而暂时静止不动。于是主动件 1 使杆 2 作顺时针转动,端部 a 脱离工件凹部。杆 2 与滑块 3 上的止动块 4 接触后,又被迫停止转动。但这时主动件 1 继续右移,于是迫使滑块 3 克服摩擦力而向右移动,直到机构恢复初始状态。

这个机构较简单,连同主动件 1 在内,只有三个运动构件,它使端部 a 按一定顺序进行左右与上下四种运动。按常规设计,要实现左右与上下两种往复运动,并且四个行程要交叉安排成"向左、向上、向右、向下"的顺序,就要设置两个主动件。图 3-22 机构与常规设计的本质区别何在? 为什么它只有一个主动件? 究其原因,是由于普通机构的主动件运动时,杆 2 时而转动时而静止,滑块 3 时而移动时而静止。普通机构各杆之间的运动关系是确定的,这个机构则是可变的,称为"结构可变"的机构,或"变结构"机构,机构构件之间的驱动关系在机构运动过程中自行发生变化,这是图 3-22 所示机构的本质特征,滑块和导轨的摩擦阻力在机构运动实现中扮演了重要的角色。

3.5　还原创造原理

3.5.1　还原创造原理的概念

还原一般理解为恢复原态。还原创造原理是指创造者通过回到"创造原点"再进行创新思考以获得创意的一种创造模式。所谓创造原点,简单地说就是驱使人们进行创造活动的最基本的期望。

例如,人们创造了"锚",目的是用来停泊船只的。锚的前身是碇,早期的碇是用绳索缚着的石墩,停船时把石墩放到水底,利用石头的重量来固定船只。把绳索连同石墩提起来,就可以开船。遇到风浪太大或水流太急的时候,石墩的重量不够,常常不能系住船只,人们就在石墩上绑上木爪,创造出木爪石碇,木爪可以扎入泥沙之中,这样就加强了石墩的稳定性,固定船舶的力量相应增加了好几倍。以后,人们又发明出铁制的重达千斤的一端有两个或两个以上带倒钩的爪子的铁锚。

锚重泊稳,这是极其浅显的道理。因而千百年来船舶的停泊装置都是紧紧围绕着如何增加锚的质量,如何改变锚的形状,如何控制锚的抛落和起收进行"顺理成章"的设计与制造。这固然能够解决问题,但由此造就的锚在设计原理上却是"千佛一面",锚的结构也大同小异。

后来,当人们回到创造原点去思考,锚的设计便有了新的突破。什么是锚的创造原点?"能够将船舶稳定在海面"就是锚的创造原点,或者说凡是能够将船舶稳定在水面的事物,不管其结构形态如何,都应当称之为"锚"。于是,人们从这一创造原点出发,突破了现有锚的结构限制,提出了各种新奇的设想:能自动高速旋入海底的"螺旋锚";能瞬间射入海底,又能即刻反射出来的"火箭锚";具有强大吸附力的"吸盘锚"等。

此外,还有一种用局部冷却方法稳定船舶的"冷冻锚"令人刮目相看。该锚有一块约 2 m^2 的带冷却装置的铁板,冷却装置由船上电缆供电。把铁板沉放到海底,通电 1 min,铁板就可冻结在海底岩石上。通电 10 min 后,冻结力完全可以把巨轮锚定在海面上。起锚时向发热元件供电,只消一两分钟铁板就升温解冻,作业也很简单。

通过上例可以发现,还原创造的本质是使思路回到事物的基本功能上去,从基本功能这一创造原点出发进行思考,才不会受已有事物具体形态结构的束缚,更能使创造者解放思想,应用发散思维去获得标新立异的解决问题的方案。

3.5.2　还原创造的基本路径

1. 还原换元

还原换元是指先还原,后换元。先还原,就是不拘泥现有事物技术原理和结构形态的约束,而是透过表面看本质,追溯到创造的初衷深入源头进行思考。后换元,就是从创造的源头出发,寻找可以置换现有技术或结构的单元,在换元思考中获得解决问题的新方案。

例 3-17　食品保鲜装置的新设计。

人们为了使食品在一定时间内保持良好的新鲜度和品质,创造了各种冷冻保鲜方法及相应装置,如冰袋、电冰箱、真空冷却机及声波制冷装置等。

为了创造新的食品保鲜装置,人们不断地进行探索,但常常是在同一创造起点上搜肠刮肚地思考着同样的问题:什么物质能制冷?什么技术能起到冷冻作用?还有什么制冷原理?这样思考并不算错,但仅局限这种"冷冻"思维,无异于给自己套上了思维枷锁。如果运用还原创造原理求解这一问题,情况则有所改变。

按照还原换元原理,首先思考食品保鲜问题的"原点"在哪里?无论冰袋还是电冰箱,它们能够保鲜食品的根本原因在于能够有效地杀灭或抑制微生物的生长。凡具有这种效能的装置都可用来保鲜食品。这就是创造新的食品保鲜装置的创造原点。

从这一创造原点出发,可以进行换元思考,即用别的办法来取代传统的冷冻方案。有人结合逆反思维的应用,想到了微波灭菌的技术方案,设计出微波保鲜装置。经过微波加热灭菌的食品,不仅能保持原有形态和味道,而且新鲜度比冷冻时更好。此外,从创造原点出发,人们还可以采用静电保鲜方法设计出电子保鲜装置。

2. 还原创元

还原创元与还原换元并没有本质的区别,只是在还原的基础上追求的创造水平有所差异。如果说换元只是在现有事物之间进行替换的一种渐变,那么创元则是以前所未有的新事物来取代旧事物的一种突变,这种创造有可能引起某一技术领域的重大变革,获得的往往是新型产品。

例 3-18　新型板式电风扇。

无论是台扇、吊扇,还是落地扇,其创造原点都是使周围空气急速流动,带走人体上的热量。根据这一原理,还有没有与现有电风扇完全不同的新产品呢?有人创元思考,想到了薄板振动生风的新方案。该方案用压电陶瓷夹持一金属板,通电后金属薄板高频振荡,导致空气加速流动。按此思路设计的电风扇,没有旋转式扇叶,面貌全新。这种新型板式电风扇与传统的转叶电风扇相比,如果能够实现体积小、质量轻、耗电少和噪声低等方面的要求,将令人刮目相看。

例 3-19　电火花加工。

众所周知,常规的机械切削加工是依靠刀具对工件的切削过程来实现的。切削时要求刀具材料的硬度必须大于工件的硬度。但随着生产和科学技术发展的需要,许多工业部门的产品要求使用各种硬质、难熔或有特殊物理、力学性能的材料,有的硬度已接近甚至超过现有刀具材料的硬度,使常规的切削加工无法满足要求。为解决这一问题,需研发新的加工方法及其设备。

为了突破常规的机械切削加工方式,创造者必须对切削加工进行还原思考。不管采用何种切削加工方法,都是按照图样要求除去工件上多余材料的过程。这就是研究新加工方法的"原点"。除了采用刀具切削来除去多余材料之外,还会有别的什么办法呢? 在此思维导向下,人们想到了其他特种加工方法,电火花加工就是一例。

人们发现,电器开关启用时,会因放电而使接触部位烧蚀,造成"电腐蚀"。于是,创造者从中得到灵感,想到了电火花加工的新办法。电火花加工的基本原理:工具与工件之间不断产生脉冲式的火花放电,由此产生的局部、瞬时高温能将金属蚀除下来,从而达到对零件的形状、尺寸和表面质量的预定要求(图 3-23)。

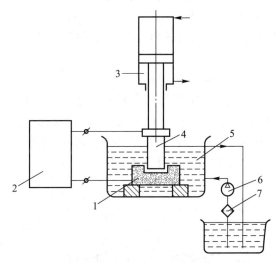

图 3-23　电火花加工原理
1—工件；2—脉冲电源；3—自动调节装置；4—工具；
5—工作液；6—工作液泵；7—过滤器

电火花成形加工时,工件 1 与工具 4 浸在工作液 5 中,分别接脉冲电源 2 的两个输出端;工作液经过滤器 7 后由工作液泵 6 提供。自动调节装置 3 使工具 4 与工件 1 之间保持很小的放电间隙。当脉冲电压加到两极时,工具 4 与工件 1 之间绝缘强度最低处被击穿,发生局部放电,产生的高热使局部金属熔化、气化,形成一个金属小坑。脉冲放电结束一段时间后,工作液恢复绝缘,第二个脉冲继续工作。这样以相当高的频率连续不断地放电,工具电极不断地向工件电极进给,就可将工具的形状复制到工件上,加工出所需的零件。电火花成形加工特别适用于各种模具的型腔加工,可用来加工高温合金、淬火钢、硬质合金等难加工材料,还可用来加工细微精密零件和各种成形零件。

3.6 变形变性创造原理

3.6.1 变形变性创造原理及特征

发明创造的变形变性原理,是指通过改变现有事物的某些属性(如颜色、气味、光泽、结构、形状、硬度等)与特征参数而产生新事物。

3.6.2 变形变性创造的实现途径与应用案例

1. 改变形状

基于已有的工作原理,采用基本不变的结构方案,按照功能需求对具体结构进行局部调整,就可以创造出新的产品性能。铁轨接头形状改变可降低噪声,直齿轮变为斜齿轮、斜齿轮变为人字齿轮,均可提高传动性能,改善传动质量,齿轮结构改变可调控使用性能,轴颈卸荷槽可降低应力集中。

例3-20 减少过盈配合时的应力集中。

当轴与轴上零件采用过盈配合时,轴上零件的轮毂边缘和轴过盈配合处将会引起应力集中如图3-24a所示。应力集中容易使工件在很小的外来载荷下超过材料的屈服极限产生断裂,造成构件失效。可采用减小轮毂边缘处的刚度、将配合处的轴径略微加大做成阶梯轴,或在配合处两端的轴上磨出卸载槽三种方法来减少应力集中。

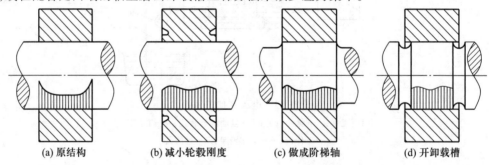

| (a) 原结构 | (b) 减小轮毂刚度 | (c) 做成阶梯轴 | (d) 开卸载槽 |

图 3-24 减少应力集中的过盈连接结构

例3-21 齿轮轮缘厚度与齿根裂纹扩展。

齿轮弯曲疲劳断裂是航空高速齿轮主要失效形式之一,因轻量化设计要求,航空齿轮往往采用薄轮缘结构实现减重以提高功重比。薄轮缘结构使得齿根初始裂纹在弯曲应力作用下,或贯穿齿根两侧,或径向扩展至破坏,分别产生轮齿和轮缘断裂(图3-25a)。轮齿断裂固然危害传动稳定性,但轮缘断裂导致飞机转子或推进器脱离,引发更为严重的灾难性后果,应在设计阶段力求避免。初始裂纹贯穿齿根两侧导致轮齿断裂或沿径向扩展导致轮缘断裂,可由齿轮轮缘与齿高比来控制,为保证所有初始裂纹下不发生轮缘断裂,考虑高转速产生离心力的影响,不同转速下轮缘厚度齿高比($m_b = b/h$)临界值分布曲线(点画线)如图

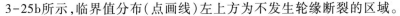

3-25b所示,临界值分布(点画线)左上方为不发生轮缘断裂的区域。

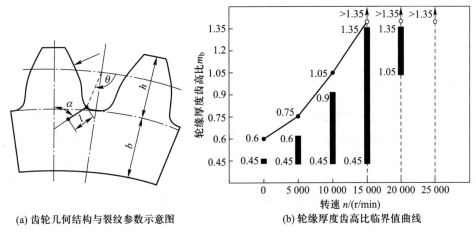

(a) 齿轮几何结构与裂纹参数示意图　　　(b) 轮缘厚度齿高比临界值曲线

图 3-25　齿轮结构参数与裂纹扩展路径

2. 改变特征参数

以已知事物为基础,通过对事物的特征参数进行改变,使得事物产生出新的运动特性和使用功能。

例 3-22　变位齿轮的变位系数

齿轮的变位系数是齿轮设计的关键参数,不仅仅能够凑中心距,还能够提高强度,改善传动质量。变位齿轮有如下优点:

(1) 减少齿轮传动的结构尺寸,减轻重量

在传动比一定的条件下,可使小齿轮齿数 $z_1(z_1) < z_{min}$,从而使传动的结构尺寸减小,减轻机构的重量。

(2) 避免根切,提高齿根的弯曲强度

当小齿轮齿数 $z_1 < z_{min}$,可以利用正变位避免根切,提高轮齿抗弯强度。

(3) 提高齿面的接触强度

采用啮合角 $\alpha' > \alpha$ 的正传动时,由于齿廓曲率半径增大,故可以提高齿面的接触强度。

(4) 提高齿面的抗胶合、耐磨损能力

采用啮合角 $\alpha' > \alpha$ 的正传动,并适当分配变位系数,使两齿轮的最大滑动率相等,既可降低齿面接触应力,又可降低齿面间的滑动率以提高齿轮的抗胶合和耐磨损能力。

(5) 配凑中心距

当齿数 z_1、z_2 不变的情况下,啮合角 α' 不同,可以得到不同的中心距,以达到配凑中心距的目的。

(6) 修复被磨损的旧齿轮

齿轮传动中,小齿轮磨损较重,大齿轮磨损较轻,可以利用负变位把大齿轮齿面磨损部分切去再使用,重配一个正变位小齿轮,这就节约修配时需要的材料和加工费用。

3. 改变属性

通过改变已知事物的一些属性,如颜色、气味、光泽、材料等,往往也能诞生出新的创造。

3.7 逆反创造原理

3.7.1 逆反创造原理及特征

事物的属性是多种多样的,即使对于同一个事物,其不少属性也是截然相反的。人们习惯于识别事物的一方面属性,而不会想也不愿意想其相反一面的属性,也就是说,大多数人习惯于从一个固定的角度或方向思考和处理问题。然而,如果人们有意识地从相反方面思考和处理问题,常常会获得意想不到的成功,产生未曾见过的新事物,这就是创造的逆反原理,"众里寻他千百度,蓦然回首,那人却在灯火阑珊处",也可以说是逆反创造原理的文学形象描述。

3.7.2 逆反创造的实现途径与应用案例

1. 原理逆反

将事物的基本原理,如机械的工作原理、事物发展的顺序等有意识地颠倒过来,往往会产生新的原理、方法、认识,从而产生新创造。

例 3-23 自动扶梯的发明。

过去人们总认为,人在楼梯上行走是天经地义的,如果有人提出"人不动,楼梯走"肯定会被认为是天方夜谭。然而,创造者沿着这种逆反方向去探索,设计出了自动扶梯,减轻了人的负担(见图 3-26)。

2. 属性逆反

有意地以事物的某一种属性的相反属性去尝试取代已有的属性,即逆化属性。如,传统建筑材料多为实心的,将该属性逆反,创造性提出来空心建筑材料。空心建筑材料往往具有质轻、保温、隔音性能好等优点,丰富了建筑材料种类。

图 3-26 人走楼梯与自动扶梯

3. 方向逆反

颠倒已有事物的构成顺序、排列位置或安装方向、操作方向、问题的处理方法等往往也能产生新颖的结果。如购物的模式由每人去店里买,进行倒置变为店里派人送,形成了新的商业模式。金属成形由加热成形逆反为超低温成形,可形成新的金属成形技术。

例 3-24 薄壁构件成形变革性技术。

面向重型运载火箭等国家重大需求,针对解决传统成形技术制造超大尺寸整体薄壁构件存在的国际性难题,我国热加工领域的科学家苑世剑教授在国际上首次提出全新的超大尺寸铝合金薄壁整体构件超低温成形(cryo forming)技术。其原理是利用铝合金等材料在超低温下增塑或增强的双增效应,通过冷却剂使得坯料冷却至合适的超低温区间,采用模具整体成形出超大尺寸薄壁构件。与现有的冷成形(cold forming)(又称常温成形或室温成形)和热成形(hot forming)两大类成形技术相比,超低温成形是一种崭新的变革性技术(图 3-27),该变革性技术的创新原理属于逆反创造原理。其主要优点:(1)大幅降低成形载荷,可降低成形力 80% 以上;(2)显著提高成形极限,可克服焊缝开裂的难题;(3)组织性能容易控制。超低温成形中组织性能基本没有改变,成形后恢复原始组织状态。

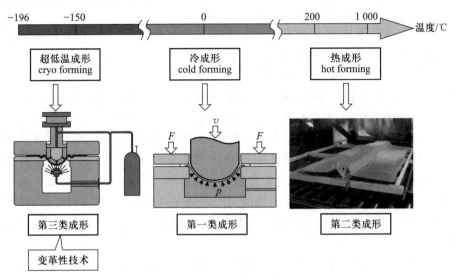

图 3-27　薄壁构件成形技术种类

例 3-25　搬运图书的妙法

苏格兰有一家图书馆要迁往新址,其图书搬运工作量十分巨大。按照以前的做法雇请搬运工来完成这项任务,支付的酬金相当可观,给经济本来就不宽裕的图书馆造成一定压力。

图书馆负责人开动脑筋,采用了违反惯例的做法,发出了取消借书数量限制的通知。结果在短期内大量图书外借,而还书时则还到新址,由读者完成了大部分图书的搬运工作,既节省了经费,又满足了读者的求知欲望,皆大欢喜。

4. 大小逆反

事实表明,对现有的事物仅仅单纯地进行尺寸上的扩大和缩小,其结果也能导致性能、用途等发生变化或转移,从而实现某种程度上的创造。

3.8　迂回创造原理

3.8.1　迂回创造原理及特征

所谓迂回原理,是指人们在发明创造活动中,针对认识上所出现的暂时性障碍采用迂回、包抄的方式,克服思维盲点,从而使思维角度得到改变,思维进程得到加快,思维效果得到强化。创造活动受阻时,暂时停止在该问题上的僵持,不钻牛角尖,转入下一步行动或从事另外的活动,带着未知问题继续探索,注意与该问题有关的其他侧面。迂回原理一方面鼓励人们坚持探索,百折不回;另一方面又鼓励人们开动脑筋,另辟蹊径。

3.8.2 迂回创造的实现途径与应用案例

1. 转换技术路线或工具

对一个事物或问题,用不同的方法与工具进行攻关、全方位试探,得到所研究问题的有效解决途径,达到解决问题的最终目的。

例 3-26 一种低噪声齿轮设计方法

齿轮是使用最广的传动零件,低噪声、低振动是高质量齿轮传动的主要性能指标之一。影响齿轮噪声的因素众多,不仅有因载荷工况和动力装置的多样性,由原动机或负荷引入的外部激励,而且也有由时变啮合刚度与摩擦阻尼、齿轮传动误差和啮入啮出冲击所引起的内部激励。目前常用的减低齿轮噪声的方法有:①用修形的方法,使其传动误差波动减至最小,以达到降噪的目的,这种方法在齿轮受额定载荷时较为有效,但工艺上需有能加工修形齿轮的设备。②提高制造精度,也是广为使用的降低噪声的方法,提高齿轮制造精度,需增加投入,加大了产品成本,因而使产品缺乏竞争力。利用现有设备制造低噪声、低振动的齿轮,创新设计是关键。

噪声和振动是齿轮传动力学问题中非常复杂的问题,如何解决这一问题,认识它,并为人们所用,创新原理可发挥重要导向作用,创新原理中的迂回创造原理正是指导设计低噪声齿轮的重要原理。建立反映振动噪声的齿轮传动系统动力学方程模型,然后求解与分析是一种正向思维模式,这种方式由于齿轮动力学问题的复杂性,给出的解决方案距离工程应用尚有距离。低噪声齿轮创新设计研究者另辟蹊径,以振动噪声激励源的主要参数——啮入冲击速度、啮出冲击速度为对象,理论上精确计算出它们,然后通过对比实验,从外部认识,归纳振动噪声与冲击速度之间的关系,终于发现了啮入啮出冲击速度与噪声之间的数量关系,反过来用此关系指导设计,研究出了低噪声的齿轮传动设计方法。

2. 适当搁置

对一个问题在现阶段不能直接达到目的的条件下可适当做"战略转移",甚至"战略退却",即为了最终达到既定目标,必要时可把问题搁置一下。

"工夫在诗外",是宋朝大诗人陆游去世的前一年给他的一个儿子传授写诗的经验时写的一首诗中的一句。诗的大意说:他初作诗时,只知道在辞藻、技巧、形式上下工夫,到中年才领悟到这种做法不对,诗应该注重内容、意境,应该反映人民的要求和喜怒哀乐。陆游在另一首诗中又说"纸上得来终觉浅,绝知此事要躬行。"可以知道,为了达到既定的目标,我们不仅仅只着眼于眼前的问题,退却一步,打好基础也是解决问题的方法;或者着眼于相关问题,通过解决相关问题,加深对这一问题的了解,也是解决问题的方法。

3.9　群体创造原理

3.9.1　群体创造原理及特征

所谓群体创造,是指在科学技术进步、发明创造活动中,依靠团队的智慧解决新问题、发现新规律,创造新技术与产品。其特征是创造发明活动中,通过"大团队、大项目、大平台"的组织形式,最终取得大成果,为人类、为一个国家或集体做出大贡献。

3.9.2　群体创造的实现途径与应用案例

1. 科学攻关的大团队、大项目、大平台组织形式

控制论创始人维纳说"由个人完成重大发明的时代一去不复返了"。统计表明,近年来,诺贝尔奖获得者 90% 是团队。

例 3-27　曼哈顿计划

曼哈顿计划,指美国陆军部于 1942 年 6 月开始实施利用核裂变反应来研制原子弹的计划。该工程集中了当时西方国家最优秀的核科学家,动员了 10 万多人参加这一工程,历时 3 年,耗资 20 亿美元,于 1945 年 7 月 16 日成功地进行了世界上第一次核爆炸,并按计划制造出两颗实用的原子弹,整个工程取得圆满成功。

例 3-28　阿波罗计划

阿波罗计划,是美国从 1961 年到 1972 年组织实施的一系列载人登月飞行任务,目的是实现载人登月飞行和人对月球的实地考察,为载人行星飞行和探测进行技术准备,它是世界航天史上具有划时代意义的一项成就。参与计划的有 42 万科技人员、2 万家公司、200 多所大学和 80 多个科研机构。其科技成果所带来的深刻影响,人类至今受益。

例 3-29　高等学校基础研究珠峰计划。

2018 年 7 月 18 日,教育部发布"高等学校基础研究珠峰计划",该计划的目标是力图缩小我国在基础科学上与国际差距,旨在建设科技强国与高等教育强国。

从创造学角度,"高等学校基础研究珠峰计划"主要思想是基于群体创造原理,这种创造原理与对应的实施方法能在短期内对事物的迅速发展起到推动作用,尤其是对知识积累薄弱的领域,更能起到弥补短,板产生较大创新成果的作用。该计划的核心内容是:

(1) 组建世界一流创新大团队

在高等学校布局建设一批前沿科学中心,以前沿科学问题为牵引,开展前瞻性、战略性、前沿性基础研究。中心面向世界汇聚一流人才团队,促进学科深度交叉融合,建设体制机制改革示范区,实现前瞻性基础研究、引领性原创成果重大突破。中心要建设成为我国在相关基础前沿领域最具代表性的创新中心,成为具有国际"领跑者"地位的学术高地。

(2) 建设世界领先科研大平台

面向国家重大战略需求,围绕重大科学目标,推动高等学校建设重大科技基础设施。形成一批具有大型复杂科学研究装置、系统或极限研究手段的重大条件平台,为科学前沿探索

和国家重大科技任务提供重要支撑。凝聚和培养一批国内外顶尖科学家和研究团队,以及高水平工程技术和管理人才,形成独创独有的研究条件,提升重大原始创新能力。

(3)培育抢占制高点科技大项目

围绕符合科学发展趋势且对未来长远发展可能产生巨大推动作用的前沿科学问题,聚焦可能形成重大科学技术突破并对产业结构升级和经济发展方式转变产生重大影响的基础科学问题,针对科技创新2030—重大项目等国家重大科技任务,探索高等学校重大创新活动组织的新模式,整合高等学校优势力量开展协同创新和长期持续攻关,探索建立依托前沿科学中心等牵头组织重大科研任务的新机制,不断形成集群优势,培育锻炼一批战略科学家和高水平团队。

(4)持续产出引领性原创大成果

在汇聚大团队、建设大平台、组织大项目的基础上,持续产生一批高水平科学研究重大成果,推动高等学校基础研究水平全面提升和重点领域的引领突破,并且通过深化体制机制改革,带动人才培养、学科建设等持续产生显著成效。建成一批世界一流创新基地、重大条件平台,建立一流人才培养机制,营造一流环境和管理,做出一流贡献服务,产出一流原创成果。

2. 个人与团队最佳匹配

群体原理并不意味着一个研究团队越大越好,研究表明,课题组最好是控制在尽量小的规模上,这样做有利于发挥每个人的才能,人数过多往往会使一些人处于从属和被动地位而降低创造效率,苏联学者研究表明,科研人员增加 n 倍,其效率仅增加 $\sqrt{n}$ 倍。

3.10   极端创造原理

3.10.1   极端创造原理及特征

极端创造原理是指在科学技术变革性、颠覆性创新活动中,解决新问题、发现新规律,创造新技术与产品的方法与思路隐藏在已有特性与属性的极值后面,大胆有意识地突破现有各种工艺参数范围、性能指标规定,是发明创造活动中的一种具有普适性的原理方法。

3.10.2   极端创造的实现途径与应用案例

持续提高或降低现有事物的运动与动力参数量值,同时记录响应参数的变化,积极捕捉拐点极值参数,进行机理分析,发现新的技术与机理。

例 3-30   超高速加工(切削、磨削)技术

超高速加工技术指采用超硬材料的刀具和磨具,基于可靠实现高速运行的制造装备,极大地提高材料的切除率,并保证加工精度和加工质量的现代制造加工技术,包括超高速切削和超高速磨削。

其中,超高速切削(super high-speed cutting)是指采用比常规切削速度高得多的速度进行加工的一种高效新工艺方法。通常采用两种方式来界定超高速加工,一种界定方式是,以

切削速度和进给速度界定:超高速加工的切削速度和进给速度为普通切削的 5~10 倍;也可以以主轴转速界定:超高速加工的主轴转速≥10 000 r/min。

　　超高速加工切削速度范围因工件材料和加工方法不同而不同。如铝合金的切削速度范围为:1 000~7 000 m/min,而铜、钢、灰铸铁、钛则分别为:900~5 000 m/min、500~2 000 m/min、800~3 000 m/min、100~1 000 m/min。

　　对于超高速加工的研究起源于 20 世纪。德国切削物理学家卡尔·萨洛蒙(Carl Salomon)1929 年进行了超高速拟模拟实验,由于当时技术条件限制,萨洛蒙博士只对铜等非铁金属材料进行了超高速切削的模拟实验。在图 3-28 中,实线是实验曲线,其他的曲线是经过推测得出的。1931 年 4 月,根据实验曲线,提出著名的"萨洛蒙曲线"和高速切削理论。

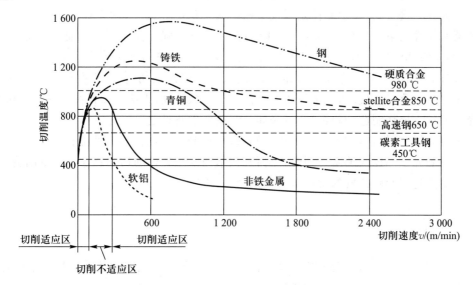

图 3-28　超高速切削模拟实验

　　在从图 3-29 所示的萨洛蒙曲线中可以看出:

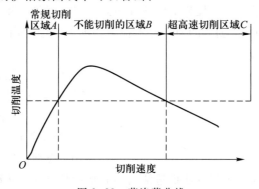

图 3-29　萨洛蒙曲线

（1）不同的材料，随着切削速度的提高，切削温度的变化不同。

（2）在常规切削速度范围内，切削温度随着切削速度的增加而增高，但当切削速度到达某个峰值后，切削速度再提高，切削温度反而下降。

例 3-31 极端制造之亚纳米级精度功能表面"零"损伤制造技术。

极端制造原理与技术领域是极端创造原理在制造领域的应用案例。制造是在一定环境下通过能量的作用，使初始物质演变为功能产品的过程。选择不同物质，应用不同能量，产生不同演变，制造出满足各领域要求功能迥异的产品。极端制造的基本原理是控制极大或极小级别的能量与密度，通过极端条件下的能量与物质作用新机理，实现制造对象的高性能要求。

亚纳米级精度功能表面"零"损伤制造技术不断挑战高精度无损伤制造的新极端。以强光光学元件为例，强光光学元件是服役于极高功率（10 万瓦级）激光辐照的光学元件，是激光武器和惯性约束聚变装置等强光系统的关键元件。强光光学元件表面为复杂高次曲面，需要纳米级几何精度和亚纳米级粗糙度，光学表面不允许有加工缺陷。在超强激光辐照下，加工缺陷将引起表面激光能量局部集中，造成强光辐照损伤，使元件几何结构或材料性质发生不可逆变化，导致镜面光学行为变异甚至出现微裂纹，无法承载强激光能量。这种高精度光学元件无损伤制造的新极端，带来如下制造科学新难题：

（1）以怎样的材料-能量交互方式有效地改善硬脆光学晶体加工性能；

（2）硬脆光学晶体的纳米切削时，对何种微结构匹配怎样的切削能才不产生制造缺陷；

（3）制造过程影响精度的扰动源及其消减。

3.11 小结

创造原理是人们开展发明创造活动所依据的法则和评判发明创造构思所凭借的标准。它对创造技法的实施具有方向性和指导性的意义。

创造技法是人们根据创造原理解决发明创造问题的创意，是促使发明创造活动完成的具体方法和实施技巧。它是创造原理融会贯通以及具体运用的结果，是从创造原理中最终派生出来并与实践密切结合的可操作的具体程序或步骤。创造原理是创造技法之母。目前创造技法虽然多达数百种，但创造的原理并不很多。本书总结提出了机械设计制造领域常用的十个创造原理：

（1）综合创造原理；　　　　　　　　（6）变形变性创造原理；

（2）分离创造原理；　　　　　　　　（7）逆反创造原理；

（3）移植创造原理；　　　　　　　　（8）迂回创造原理；

（4）完满创造原理；　　　　　　　　（9）群体创造原理；

（5）还原创造原理；　　　　　　　　（10）极端创造原理。

这些创造原理对于人们进行发明创造活动具有指导性意义，是多种多样的创造技法的基础。在进行创造活动的时候，创造者应立足于创造原理，有条理、有方向地进行创造活动。但应注意的是，在运用这些创造原理的时候，不应局限自身，拘泥于某一种创造原理。综合运用多种创造原理,将充分锻炼人们的创造性思维,得到丰富多彩、高价值的创造成果。

参 考 文 献

[1] 黄纯颖.工程设计方法[M].北京:中国科学技术出版社,1989.

[2] 肖云龙.创造性设计[M].武汉:湖北科学技术出版社,1989.

[3] 张亮峰.机械加工工艺基础与实习[M].北京:高等教育出版社,1999.

[4] 肖云龙.创造学基础[M].长沙:中南大学出版社,2001.

[5] 黄靖远,等.机械设计学[M].北京:机械工业出版社,2005.

[6] 濮良贵,陈国定,吴立言.机械设计[M].10 版.北京:高等教育出版社,2019.

[7] 张春林.机械创新设计[M].北京:北京理工大学出版社,2007.

[8] 闻邦椿,等.面向产品广义质量的综合设计理论与方法[M].北京:科学出版社,2007.

[9] 黄继昌,等.实用机构图册[M].北京:机械工业出版社,2008.

[10] 谢友柏,等.公理设计:发展与应用[M].北京:机械工业出版社,2004.

[11] 盛晓敏,等.超高速磨削技术[M].北京:机械工业出版社,2010.

[12] 何宁,等.超高速磨削技术[M].北京:机械工业出版社,2010.

[13] 孙思源,唐进元,汤亚林,等.预冷淬火工艺对半轴齿轮热处理变形影响的仿真研究[J].机械传动,2018(05).

[14] 肖利民,唐进元.低噪声齿轮设计方法(三)[J].制造技术与机床.1995(07).

[15] "10000 个科学难题"制造科学卷编委会,10000 个科学难题:制造卷[M],北京:科学出版社,2018.

第 **2** 篇

创新设计方法

第4章 TRIZ系统化创新

创新是有规律可循的,人类在解决工程问题时所采用的方法都是有规律的。相对于传统的创新方法,例如试错法、头脑风暴法等,TRIZ具有鲜明的特点和优势。实践证明,运用TRIZ可以加快人们创造发明的进程,帮助我们系统地分析问题,突破思维障碍,快速发现问题本质或矛盾,确定问题探索方向。TRIZ已经成为一套解决新产品开发实际问题的成熟理论和方法体系。

本章介绍TRIZ概述、TRIZ分析问题工具、利用TRIZ解决问题的过程。通过TRIZ的学习,有助于读者更多地了解创新理论与方法。TRIZ作为一种普适的技术哲学为自主创新提供了很好的工具。

4.1 概述

4.1.1 TRIZ起源与发展

1. TRIZ的起源

TRIZ(发明问题解决理论,theory of inventive problem solving,TRIZ是其俄文 Теория Решения Изобретательских Задач 转换成拉丁文 teoriya resheniya izobretatelskikh zadatch 的首字母缩写)起源于苏联,是由以苏联发明家根里奇·阿奇舒勒(G. S. Altshuller)为首的研究团队,于1946年开始,通过对世界各国250万件高水平发明专利进行分析和提炼,总结出来的指导人们进行发明创新、解决工程问题的系统化的理论与方法学体系。

TRIZ认为,任何领域的产品改进和技术创新都有规律可循。TRIZ包含用于问题分析的分析工具、用于系统转换的基于知识的工具和理论基础,可以广泛应用于各个领域创造性地解决问题。目前,TRIZ被认为是可以帮助人们挖掘和开发自身创造潜能,最全面系统地论述发明和实现技术创新的理论,被欧美等国的专家认为是"超级发明术"。一些创造学专家甚至认为,阿奇舒勒所创建的TRIZ,是发明了"发明和创新"的方法,是20世纪最伟大的发明之一。

2. TRIZ的发展

TRIZ诞生于70多年前,在苏联和西方的发展大体经历了以下几个阶段,见表4-1。TRIZ的发展历史呈现出鲜明的阶段性特征,其发展历程可用表示技术系统发展的"S曲线"表示,如图4-1所示。按TRIZ发展的内容及时间,TRIZ划分为经典TRIZ和现代TRIZ。

表 4-1 TRIZ 的发展简史

时间	TRIZ 发展内容
1946—1980	阿奇舒勒创建 TRIZ 理论基础,并建立 TRIZ 的一些基本概念和分析工具
1980—1986	TRIZ 开始受公众注意,研究队伍不断扩大,很多学者成为阿奇舒勒的追随者,TRIZ 学术研讨会开始召开,同时,TRIZ 开始了在非技术领域的应用探索。期间,TRIZ 研究资料大量积累,但质量良莠不齐
1986—1991	阿奇舒勒因健康原因,由其弟子继续对 TRIZ 理论进行研究和推广,传统 TRIZ 暴露出很多不足和缺陷,对 TRIZ 的改进和提高开始活跃
20 世纪 90 年代中期	苏联解体和冷战结束,伴随着很多 TRIZ 专家移居到欧美等西方国家,TRIZ 获得了新的生命力,受到质量工程界和产品开发人员的高度重视,与 QFD 及稳健设计并称为产品设计三大方法。此时大批俄文 TRIZ 书籍和文章被翻译成英文,对 TRIZ 起到了很好的普及作用
20 世纪 90 年代后期	TRIZ 的应用案例逐渐增多,波音、福特、通用电气等世界级大公司已经利用 TRIZ 理论进行产品创新研究,取得了很好的效果。与此同时,学术界对 TRIZ 理论的改进以及和西方其他设计理论及方法的比较研究也逐步展开,并取得了一些研究成果,TRIZ 发展进入了新的阶段
21 世纪	TRIZ 的发展和传播处于加速状态,研究 TRIZ 的学术组织和商业公司越来越多,学术会议频频召开,TRIZ 正处于发展的黄金时期

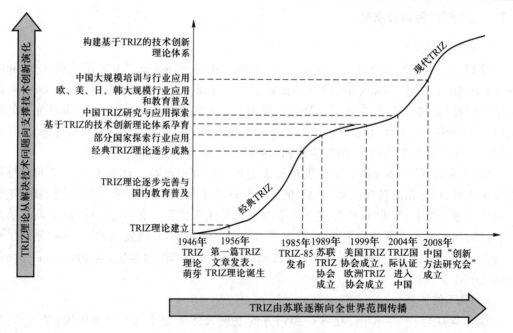

图 4-1 TRIZ 的发展与演化

3. TRIZ 的基本理论

阿奇舒勒创立的 TRIZ 发明问题解决理论旨在揭示人类在创新发明时所遵循的客观规

律和方法。国际著名的 TRIZ 专家萨夫兰斯基(Savransky)博士给出了 TRIZ 的如下定义:
TRIZ 是基于知识的、面向人的发明问题解决的系统化方法学。

(1) TRIZ 是基于知识的方法

1) TRIZ 是发明问题解决启发式方法的知识。这些知识是从全世界范围内的专利中抽象出来的,TRIZ 仅采用为数不多的基于产品进化趋势的客观启发式方法;

2) TRIZ 大量采用自然科学及工程中的效应知识;

3) TRIZ 利用出现问题领域的知识。

(2) TRIZ 是面向人的方法

TRIZ 中的启发式方法是面向设计者的,不是面向机器的,是为处理技术问题的设计者提供的方法与工具。

(3) TRIZ 是系统化的方法

1) 在 TRIZ 中,问题分析借助了详细的模型,模型中问题的系统化知识十分重要;

2) 解决问题的过程是一个系统化的应用已有知识的过程。

(4) TRIZ 是发明问题解决的理论

1) 为了取得创新解,需要解决设计中的冲突,达到冲突双方的改善而非折中处理;

2) 未知的解往往可以被虚构的理想解代替;

3) 理想解可通过环境或系统本身的资源获得;

4) 理想解可通过已知的系统进化趋势推断。

4.1.2　TRIZ 体系结构

1. 经典 TRIZ 体系

任何问题的解决过程都包含两部分:问题分析和问题解决。成功的创新经验表明,问题分析和系统转换对于解决问题都是非常重要的。因此,TRIZ 包含用于问题分析的分析工具、用于系统转换的基于知识的工具和理论基础。图 4-2 所示为经典 TRIZ 的体系结构。

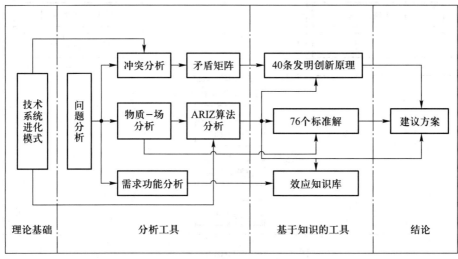

图 4-2　经典 TRIZ 的体系结构

技术系统的进化模式是 TRIZ 理论的基础,TRIZ 问题分析工具提供了问题的辨认方法和形式化处理方法,基于知识的工具包括问题解决的三大工具:40 条发明创新原理、76 个标准解和效应知识库。

2. 现代 TRIZ 的体系

TRIZ 的理论不是一成不变的,从其诞生的 1946 年起,对它的理论研究就一直在进行中,经过了 70 多年的研究。TRIZ 理论

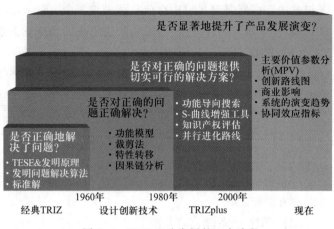

图 4-3 TRIZ 理论发展的四个阶段

发展大体经历了四个阶段,目前仍然处于发展中,见图4-3。现代 TRIZ 的定义也已经突破了最初的"发明问题的解决理论"的范畴,发展成为基于知识的、面向人的发明问题解决理论系统化的方法学,如图 4-4。

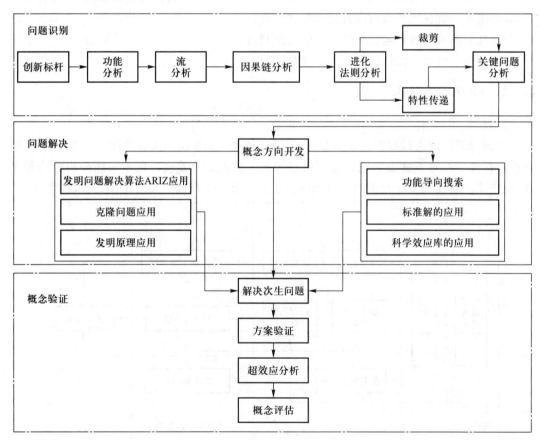

图 4-4 现代 TRIZ 的理论体系

3. TRIZ 中的创新思维方法

创新思维是指对事物间的联系进行前所未有的思考,从而创造出新事物、新方法的思维形式。为了消除思维惯性的障碍,TRIZ 理论系统包含了从发明问题到解决方案之间的系列创新思维方法,搭建了从问题到方案之间的桥梁,称为 TRIZ 思维桥,如图 4-5 所示。TRIZ 思维桥使用流程如图 4-6 所示,用 TRIZ 思维桥解决工程问题的流程如图 4-7 所示。

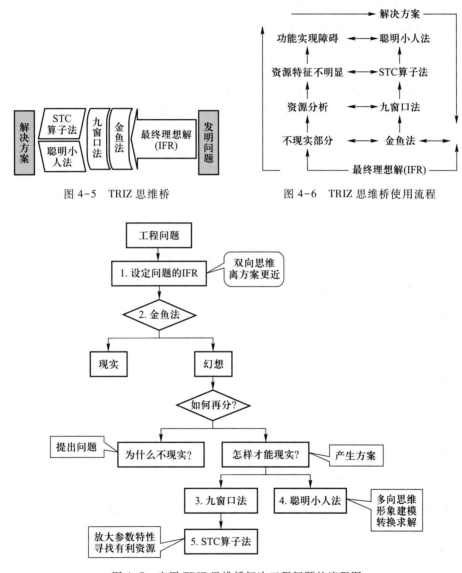

图 4-5   TRIZ 思维桥

图 4-6   TRIZ 思维桥使用流程

图 4-7   应用 TRIZ 思维桥解决工程问题的流程图

（1）理想解（IFR）

IFR 是指在给定条件下问题最好的解,理想解用理想度来表达,即

$$理想度 = \frac{\sum 有用功能}{\sum 有害功能 + 成本}$$

最终理想解 IFR 是"创新的导航仪",任何技术系统在发展过程中朝着越可靠、越简单、越有效的方向进化,则其理想度越高。提高理想度的方法如下:

1)增加系统的功能,即增加有用功能的数量;

2)传输尽可能多的功能到工作元件上,即提升有用功能等级;

3)将有害功能转移到超系统或外部环境中,减少有害功能或实现有害作用的自我消除;

4)利用内部或外部已存在的可利用资源,降低成本。

以清洁衣服问题为例,其最终理想解的应用流程见表 4-2。

表 4-2 清洁衣服问题的最终理想解求解

最终理想解（IFR）流程	求解过程
设计的最终目标是什么?	清洁衣服
最终理想解是什么?	衣服自我清洁
达到最终理想解的障碍是什么?	衣服纤维不能完成这个功能
它为什么成为障碍?	衣服纤维不能完成这个功能,衣服不会被清洁
如何使障碍消失?	如果有一种纤维或者纤维结构可以自我清洁
什么资源可以帮助你?	纤维、空气、穿衣服的人、衣服橱柜、阳光……
在其他领域中或其他工具可以解决这个问题吗?	自我清洁功能在大自然中可能是存在的(莲属植物),自我清洁的衣服纤维还处于应用初期

衡量系统是否达到最终理想解,可以从以下四个方面进行判定:

1)保持了原系统的优点;

2)消除了原系统的不足;

3)没有使系统变得更复杂;

4)没有引入新的缺陷。

（2）九窗口法

九窗口法是指求解工程技术问题时,不仅要考虑系统本身,还要考虑它的超系统和子系统;不仅要考虑当前系统的过去和将来,还要考虑超系统和子系统的过去和将来状态,所以说它是"资源搜索仪",如图 4-8 所示。

考虑"当前系统的过去"是指考虑发生当前问题之前该系统的状况,包括系统之前运行的状况、其生命周期的各阶段情况等,考虑如何利用过去的各种资源来防止此问题的发生,以及如何改变过去的状况来防止问题发生或减少当前问题的有害作用。考虑"当前系统的未来"是指考虑发生当前问题之后该系统可能的状况,考虑如何利用以后的各种资源,以及如何改变以后的状况来防止问题发生或减少当前问题的有害作用。当前系统的"超系统的过去"和"超系统的未来"是指分析发生问题之前和之后超系统的状况,并分析如何利用和

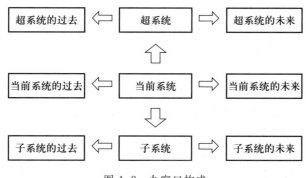

图 4-8　九窗口构成

改变这些状况来防止或减弱问题的有害作用。

因此,九窗口法是一种分析问题的手段,并非是解决问题的手段。它体现了如何更好地理解问题的一种思维方式,也确定了解决问题的某个新途径。应用九窗口法的流程为:

1)先从技术系统本身出发,考虑可利用的资源;

2)考虑技术系统中的子系统和系统所在的超系统中的资源;

3)考虑系统的过去和未来,从中寻找可利用的资源;

4)考虑超系统和子系统的过去和未来。

(3)聪明小人法

聪明小人法是阿奇舒勒 20 世纪 60 年代提出的一种思维方法。该方法能帮助设计者理解物理的、化学的微观过程,并采用特殊方式克服思维惯性。

例如,用一串高举手臂的小人表示某种实体,如果小人之间距离拉大但是仍处于连接状态的话,则表示物质发生了热膨胀。一群奔跑的小人可以表示物质的运动状态,小人手拉手表示连接状态等。因此,聪明小人法的应用关键在于如何用小人去表达正确的功能含义以及建立正确的小人模型。

聪明小人法的应用流程为:先通过对工程问题进行描述以及系统分析,将原有系统转化为问题模型,再通过矛盾分析对能动小人重新组合形成方案模型,最后根据方案模型中小人的位置和状态还原成实际方案。

(4)STC 算子法

TRIZ 创新思维中将尺寸-时间-成本(size-time-cost,STC)称为 STC 算子法,将待改变的系统从尺寸、时间和成本上进行改变,打破人们的惯性思维。STC 算子法是一种让大脑进行有规律的、多维度思维的发散方法。它与一般的发散思维和头脑风暴相比,能更快地得到我们想要的结果。

STC 算子法的规则为:

1)将系统的尺寸从当前尺寸减少到 0,再将其增加到无穷大,观察系统的变化;

2)将系统的作用时间从当前值减少到 0,再将其增加到无穷大,观察系统的变化;

3)将系统的成本从当前值减少到 0,再将其增加到无穷大,观察系统的变化。

尺寸变化的过程反映系统功能的改变,时间变化的过程反映系统功能的性能水平,成本则与实现功能的系统直接相关。

STC 算子法不能给出一个精确的解决方案,应用 STC 算子法的目的是产生几个指向问题解的设想,帮助克服思维惯性。

(5)金鱼法

金鱼法是指从幻想式解决构想中区分现实和幻想的部分,然后再从解决方案构想的幻想部分分出现实与幻想两部分。通过这样不断地反复划分,直到确定问题的解决构想能够实现为止。金鱼法的实施步骤如下:

1)先把问题分为现实和幻想两部分;

2)提出问题 1:幻想部分为什么不现实?

3)提出问题 2:在什么样的情况和条件下,幻想部分可以变为现实;

4)列出子系统、当前系统、超系统中可以利用的资源;

5)利用系统资源,找出幻想构思可以变成现实构思的条件,并提出可能解决的方案;

6)若方案不可行,再将幻想构思部分进一步分解(回到第一步),这样反复进行,直至得到可行的方案。

金鱼法解决问题流程如图 4-9 所示。

4. 技术进化定律及进化路线

阿奇舒勒通过对世界专利库的分析,发现不同领域中技术进化过程的规律是相同的,并总结确认了技术进化定理及进化路线。

为适应复杂的外部环境,克服自身的矛盾与不足,更好地实现系统预设功能,技术系统始终是不断发展演变的,我们把技术系统的这种发展演变叫作技术系统进化。图 4-10 为一条典型的技术系统进化 S 曲线,横坐标代表技术系统的发展时期,纵坐标代表技术系统某个重要的性能参数。性能参数随时间的延续呈现出与人的生命周期相类似的 S 曲线,即所有技术系统的进化一般都要经历由婴儿期、成长期、成熟期、衰退期四个阶段组成的生命周期。

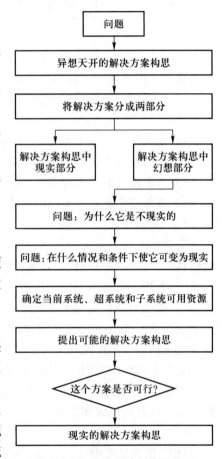

图 4-9 金鱼法解决问题的流程

阿奇舒勒把技术系统必然遵守的进化模式归结和定义为技术系统的八个进化法则,再加上技术系统的 S 曲线进化法则,形成了由九个技术系统进化法则所构成的经典 TRIZ 进化法则体系结构,如图 4-10 所示。在 S 曲线的不同阶段,八个进化法则的应用也有所不同。

(1)完备性法则

一个完整的技术系统必须包含以下四个基本部分:动力装置、传动装置、执行装置和控制装置。如图 4-11 所示,整个技术系统从能量源获得能量,经由动力装置将能量转换成技

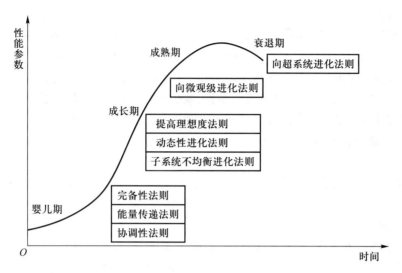

图 4-10　经典 TRIZ 进化法则

术系统所需要的使用形式,再通过传动装置将能量或场传输到执行装置,最后可按照执行装置的特性进行调整并最终作用于产品(对象)。控制装置用于控制技术系统和环境之间以及各子系统之间的相互作用的协同操作。完备性法则是指组成一个完整的技术系统,四个基本部分缺一不可,否则某种功能将不可实现。完备性法则的常见进化路线如图 4-12 所示。例如,汽车的驾驶系统就遵循了图 4-12 中所示减少人工动作的进化路线,无人驾驶技术将日趋成熟。

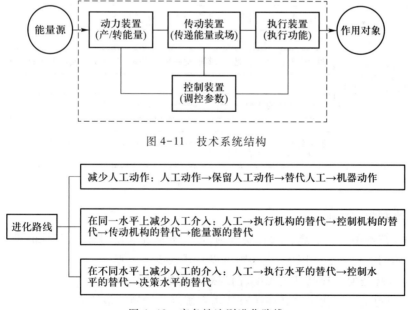

图 4-11　技术系统结构

图 4-12　完备性法则进化路线

（2）能量传递法则

在技术系统中,为实现功能,能量必须能够从能量源流经技术系统的所有元件。技术进化的趋势必定是朝着缩短能量流动路径的方向进行,进化趋势通常表现为减少能量损失、减少能量转换次数和实现能量的顺畅传递。例如,绞肉机用刀片旋转运动替代了传统菜刀的垂直运动,通过连续运动缩短了能量流动路径,减少了能量损失;电梯的驱动电动机现普遍采用永磁同步电动机直接驱动,与交流异步电动机相比去除了减速箱,减少了能量转换次数,代表了电梯驱动技术发展的趋势。

（3）协调性法则

技术系统存在的必要条件是系统中各个组成部分之间的韵律（结构、性能和频率等属性）要协调。

协调性法则指出:

① 技术系统朝着使多个子系统的参数之间彼此协调的方向进化;

② 技术系统朝着使当前系统参数与超系统参数之间更协调的方向进化;

③ 对于高度发达的技术系统,其进化特征是:通过在多个子系统的参数间实现有目的的、动态的协调或反协调（也称为"匹配-错配"）,从而使技术系统能够更加有效地发挥功能。

协调性法则的进化路线可以具体表现为以下两种方式:

① 形状协调。例如,几何尺寸、质量等。

② 频率协调。例如性能参效（电压、力、功率等）的协调,又如工作节奏、频率（转动速度、振动频率等）上的协调。

协调性法则的常见进化路线如图 4-13 所示。

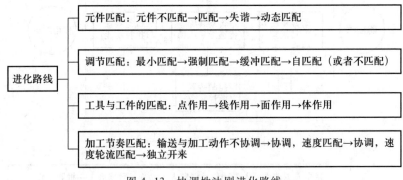

图 4-13　协调性法则进化路线

（4）提高理想度法则

本法则是技术系统发展进化的主要法则,是技术系统进化的总纲,其他的进化法则为本法则提供具体的实现方法。因此,本法则可以表述为以下两点:

① 技术系统是朝着提高其理想度,向理想系统的方向进化。

② 提高理想度法则代表着其他所有技术系统进化法则的最终方向。

提高理想度法则是 TRIZ 重要的组成部分之一,是八个进化法则中最基本的法则,而其他进化法则都是描述如何从不同的角度来提高技术系统的理想度。提高理想度的四个发展方向如图 4-14 所示。

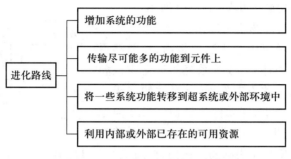

图 4-14　提高理想度发展方向

（5）动态性进化法则

动态性进化法则指出，技术系统的进化应该朝着柔性、可移动性、可控性增加的方向发展，以适应环境状况或执行方式的变化，指导人们以很小的代价获得高通用性、高适应性、高可控性的技术系统。例如，电话经历了电报机、有线电话、无绳电话（有机座）、手机的技术演变过程，其技术进化过程就遵循了提高可移动性法则。进化路线如图 4-15 所示。

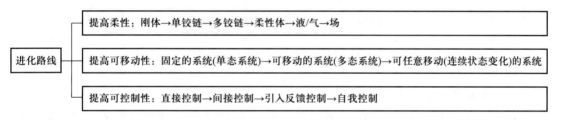

图 4-15　动态性法则进化路线

（6）子系统不均衡进化

子系统不均衡进化法则指出，系统中各个部分的进化是不均匀的。越是复杂的系统，其各个组成部分的进化越是不均衡。

子系统不均衡进化法则是指：

① 技术系统中的每个子系统都有自己的 S 曲线。

② 技术系统中的各个子系统是按照自己的进度来进化的，不同子系统的进化是不同步、不均衡的。

③ 技术系统中不同的子系统在不同的时刻到达自己的极限，率先到达自身极限的子系统将"抑制"整个技术系统的进化。这种不均衡的进化通常会导致子系统之间产生矛盾，只有解决了矛盾，技术系统才能继续进化。

④ 整个技术系统的进化速度取决于技术系统中进化最慢的那个子系统的进化速度。掌握子系统不均衡进化法则，可以帮助技术人员及时发现并改进系统中最不理想的子系统，从而使整个技术系统的性能得到大幅提升。

与木桶原理相似，改进控制部件、动力部件、传输部件、工具（执行部件）中进化最慢的子系统可有效提高理想度。子系统不均衡进化如图 4-16 所示。

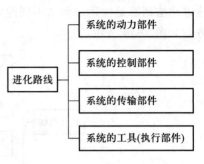

图 4-16　子系统不均衡进化

（7）向微观级和增加场应用进化

向微观级和增加场应用进化法则指出，在能够更好地实现原有功能的条件下，技术系统的进化应该朝着减小其组成元素尺寸的方向发展，其尺寸倾向于达到原子或基本粒子的大小，即元件从最初的尺寸向原子、基本粒子的尺寸进化。在极端情况下，技术系统的微型化意味着进化为相互作用的场。例如，机加工的刀具既有连续刚体做成的车刀，也有多刃组成的铣刀，还包括颗粒形成的磨刀、高压水流切削刀和激光切削刀，切削元件尺寸逐渐减小，最后转化为相互作用的场。进化路线如图 4-17 所示。

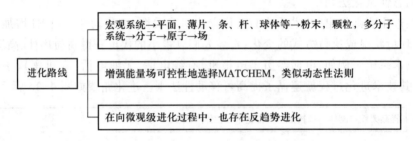

图 4-17　向微观级和增加场应用进化路线

（8）向超系统进化法则

向超系统进化法则指出，技术系统内部进化资源的有限性要求技术系统的进化应该朝着与超系统中的资源相结合的方向发展。技术系统与超系统结合后，原来的技术系统将作为超系统的一个子系统。

在进化过程中，当技术系统耗尽了系统中的资源之后，技术系统将作为超系统的一部分而被包含到超系统中，下一步的进化将在超系统级别上进行。例如，智能手机在原有电话技术系统的基础上集合了照相机、手表、游戏机、U 盘和电脑等超系统中的资源，形成了一个新的技术系统，今后智能手机还将会进一步与超系统中的资源结合，在超系统级别上继续进化，比如与衣物结合形成智能穿戴系统。进化路线如图 4-18 所示。

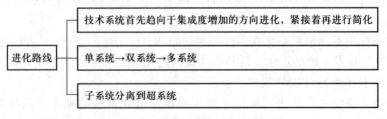

图 4-18　向超系统进化法则路线

5. 产品技术成熟度预测

确定产品在 S 曲线上的位置是产品进化理论研究的重要内容,称为产品技术的成熟度预测。产品技术的成熟度可以通过 S 曲线来直接预测,也可以在对专利进行分析与研究的基础上间接预测。

(1) S 曲线直接预测

产品技术在 S 曲线上各时期将呈现不同的特点。

1)婴儿期。效率低,可靠性差,缺乏人力、物力的投入,系统发展缓慢。

2)成长期。价值和潜力显现,大量的人力、物力、财力的投入,效率和性能得到提高,吸引更多的投资,系统高速发展。

3)成熟期。系统日趋完善,性能水平达到最佳,企业间竞争开始激烈,发明专利急剧增长,但发明等级下降,利润最大并有下降趋势。

4)衰退期。技术达到极限,很难有新突破,将被新的技术系统所替代,新的 S 曲线将开始。

当确定了产品技术在 S 曲线中的位置后,就可以进行下一步的创新,步骤如图 4-19 所示。其中,破坏性创新有其固定的创新方法;突破性创新的侧重点是系统的创新或者开发新产品、新系统;持续性创新的侧重点是产品局部创新。

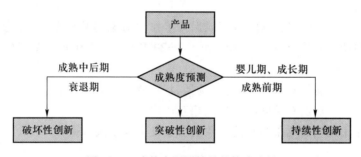

图 4-19　成熟度预测结果的策略选择

(2)专利分析预测

阿奇舒勒通过研究产品性能、专利等级、专利数量和获利能力之间的关系来预测产品技术的成熟度,并对专利进行了五个等级的划分:

1 级(level1):通常的设计问题,或对已有系统进行简单的改进。设计人员根据自身的经验即可解决,不需要创新。

2 级(level2):通过解决一个技术冲突,对已有系统进行少量的改进。采用行业中已有的方法即可完成。解决该类问题的传统方法是折中法。

3 级(level3):对已有系统有根本性的改进。要采用本行业以外已有的方法解决,设计过程中要解决冲突。

4 级(level4):采用全新的原理完成已有系统基本功能的新解。解的发现主要是从科学的角度而不是从工程的角度。

5 级(level5):罕见的科学原理导致一种新系统的发明。

从上述的描述可以看出,解的级别越高,获得该解时所需知识越多,这些知识所处的领域越宽,搜索有用知识的时间就越长。表 4-3 是原理解的级别。

表 4-3   原理解的级别

级别	创新的程度	百分比/%	知识来源	参考解的数目
1	显然的解	32	个人的知识	10
2	少量的改进	45	公司内的知识	100
3	根本性的改进	18	行业内的知识	1 000
4	全新的概念	4	行业以外的知识	10 000
5	发明	1	所有已知的知识	1 000 000

4.2   系统分析方法

4.2.1   功能分析

1. 功能定义

一个携能物质/组件发出动作,改变或保持了作用对象的某个参数,即为该组件所实现的功能。常见的功能表达:VO 或 VOP ,如图 4-20 和图 4-21 所示。基于组件的功能定义有三要素,缺一不可:

(1) 功能载体和功能对象都是组件(物质,场或物、质场组合);

(2) 功能载体与功能对象间必须发生相互作用;

(3) 相互作用产生的结果是功能对象的参数发生改变或者保持不变。

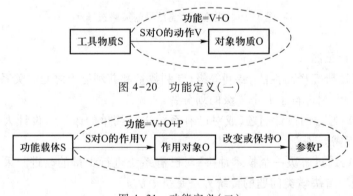

图 4-20   功能定义(一)

图 4-21   功能定义(二)

功能是对语义要素的逐级抽象(一般化),如图 4-22 所示。功能一般化处理是:将系统的关键功能按照“动词+名词”的方式做出一般化分析,禁止使用专业术语,避免对问题的理解出现较大的局限性,使分析者能够把握技术系统的关键功能,方便进一步明确问题。

对功能语义的每一次抽象,都是在扩大对领域解的搜索范围,更好地摆脱专业术语的束缚,逼近功能的实质,一直发展到寻找最基本的"功能单元"即效应。在多种功能定义的引导下,找到更多、更深入的功能解决方案。例如,用 35 个规范化功能动作来操作五类作用对象的 36 个属性参数,如表 4-4、表 4-5 所示。

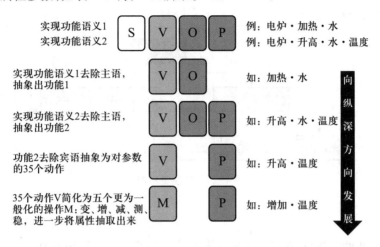

图 4-22　功能一般化过程

表 4-4　用 35 个规范化功能动作来操作五类作用对象

功能动词			
吸收	冷却	连接	旋转(转动)
积累	沉积	融化	分离
弯曲	破坏	混合	振动
分解	干燥	移动	抵制
相变	蒸发	定向	保持
清洁	扩张	产生	约束
压缩	提取	保护	消除
集中	冻结	提纯	加热
凝结			

作用对象
固体、粉末、气体、液体、场

表 4-5　作用对象的 36 个属性参数

亮度	电导率	均匀度	方向	形状	表面积	频率	功率	透明度
颜色	能量	湿度	偏振率	声音	表面粗糙度	摩擦	纯度	黏度
浓度	流量	长度	空隙率	速度	温度	硬度	压强	体积
密度	力	磁化率	位置	强度	时间	热传导	刚度	重量

2. 功能分类

TRIZ 理论中,功能定义为"功能载体改变或者保持功能对象的某个参数的行为",功能结果包括参数沿着期望的方向变化和背离了期望的方向变化,即功能是有用的还是有害的。功能类型如图 4-23 所示。

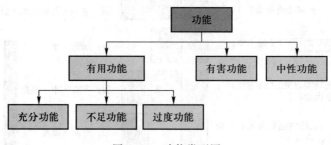

图 4-23　功能类型图

（1）有用功能

有用功能(useful function,UF)是指功能载体对功能对象的作用沿着期望的方向改变功能对象的参数,这种期望是改"善",是设计者、使用者希望达成的功能。根据功能对象在技术系统中所处的位置不同,有用功能可分为不同的等级。有用功能等级划分的依据是该功能离系统目标的位置,离系统目标越近,则功能等级越高,等级高低采用功能价值来表达。显然,某个组件提供的功能如果直接作用在系统目标上,则该功能等级是最高的,称为技术系统的基本(主要)功能(basic/main function,B)。基本功能的功能价值为 3 分。

基本功能是与技术系统的主要目的直接有关的功能,是技术系统存在的主要理由,它回答"该系统能做什么"的问题。如果功能对象为系统组件,那么该功能称为辅助功能(auxiliary function,Ax)。如果接受该辅助功能的功能对象是产生基本功能的功能载体,则该辅助功能的功能等级为 Ax_1,以此类推。辅助功能的功能价值为 1 分。因此,辅助功能是为了更好地执行一个基本功能所服务的功能,是支撑基本功能的功能。辅助功能占据了大部分成本,对于基本功能来说很可能是不必要的。

如果功能对象为超系统组件,那么该功能称为附加功能(additional function,Ad),它回答"该系统还有什么其他作用"的问题,附加功能的功能价值为 2 分。例如,洗衣机的基本功能是"分离脏物",目标是脏衣物。在洗衣机系统中,需要的另外几个超系统组件就是水、洗衣液和柔润剂等,洗衣机波轮的作用对象是水,它的功能是"搅动水",这是一个附加功能。

图 4-24 表示基本功能、辅助功能和附加功能的关系。系统组件 1 作为功能载体提供系统的基本功能 B 的功能价值为 3 分,同时作为功能对象又接受了组件 2 提供的辅助功能,则该辅助功能 Ax_1 的功能价值为 1 分,此外为超系统组件 1 提供了附加功能,该附加功能 Ad_2 的功能价值为 2 分。

此外,技术系统中的有用功能在实际过程中对功能对象参数的改变值可能和期望的改善值之间存在一定的差异,称为有用功能的"性能水平"。当实际的改善达到所期望的改善

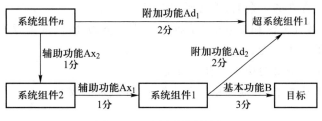

图 4-24　有用功能的等级

时,称为"正常功能";当实际的改善大于所期望的改善时,称为"功能过度";当实际的改善小于所期望的改善时,称为"功能不足"。

功能定义阶段需要确定各有用功能的性能水平,以便为后续功能分析和裁剪提供依据。功能的性能水平过度和不足都是技术系统的不利因素,除功能载体自身原因导致功能不足和功能过度外,多数情况下是由其他组件及组件间存在的根原因经由功能链的传导而产生的,因此,应用 TRIZ 的因果分析查找出产生问题的根原因并加以消除,那么经由功能链传导而产生的功能不足和功能过度可随之消失。

（2）有害功能

有害功能是指功能载体提供的功能不是按照期望的方向对功能对象的参数进行改善,而是恶化了该参数。有害功能是导致技术系统出现问题的主要原因。通过功能分析与因果分析,找出产生有害功能的根原因,通过裁剪等工具实现对系统进行较小的改变就能解决技术系统的问题,并最终实现技术系统理想度的提升。因此,对于有害功能不用确定其等级,也不用确定其性能水平。在 TRIZ 的功能分析中必须消除有害功能。

3. 功能分析与功能模型

功能分析分为三个步骤,依次为组件分析、组件相互作用分析、功能模型建立。功能分析的实质是对两组件之间的功能进行陈述。在系统组件的图示化表达上,系统组件用长方框表示,作用对象用长方圆框表示,超系统组件用菱形框表示,如图 4-25 所示。功能类型如图 4-26 所示。

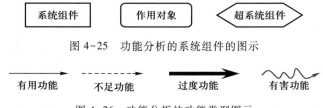

图 4-25　功能分析的系统组件的图示

图 4-26　功能分析的功能类型图示

确定工程问题后,从技术系统的基本功能入手,识别技术系统的主要功能以及系统和超系统,仔细、全面地分析技术系统的基本功能、辅助功能。精确描述最初模糊的问题,依次进行组件分析、组件相互作用分析,为进一步分析、描述、解决问题提供条件和依据。

功能分析的作用:

1）发现系统中存在的多余的、不必要的功能；

2）采用 TRIZ 其他方法和工具（如矛盾分析、物质-场分析、裁剪等），完善及替代系统中的不足功能，消除有害功能；

3）裁剪系统中不必要的功能及有害功能；

4）改进系统的功能结构，提高系统功能效率，降低系统成本。

（1）组件分析

组件分析是指识别技术系统的组件及其超系统组件，得到系统和超系统组件列表（见表 4-6），即技术系统是由哪些组件构成的，这是识别问题的第一步。组件列表中明确技术系统的名称、技术系统的主要（基本）功能以及系统组件和超系统组件。

表 4-6　组 件 列 表

技术系统	主要功能	系统组件	超系统组件
技术系统名称	to/动词/对象	组件 1 组件 2 … 组件 n	组件 1 组件 2 … 组件 m

（2）组件相互作用分析

组件相互作用分析用于识别技术系统以及超系统的组件间的相互作用，这是功能分析的第二步。相互作用分析的结果就是构造组件列表中的系统组件和超系统组件的相互作用矩阵，用以描述和识别系统组件及超系统组件之间的相互作用关系。

相互作用矩阵的第一行和第一列均为组件列表中的系统组件和超系统组件，如表 4-7 所示。如果组件 i 和组件 j 之间有相互作用关系，则在相互作用矩阵表中两组件交汇单元格中填写"+"，否则填写"-"。判断组件 i 和组件 j 存在相互作用的依据是组件 i 和组件 j 必须存在相互接触（包括场接触）。

表 4-7　相互作用矩阵

组件	组件 1	组件 2	组件 3	……
组件 1		-	+	-
组件 2	-		+	-
组件 3	+	+		+
⋮	-	-	+	

（3）建立功能模型

由设计的观点看，任何系统内的组件必有其存在的目的，即提供功能。运用功能分析，可以重新发现系统组件的目的和其表现，进而发现问题的症结，并运用其他方法进一步加以改进。功能分析为后续通过技术系统裁剪实现突破性创新提供了可能。功能分析的结果是功能模型，功能模型描述了技术系统和超系统组件的功能、功能等级、功能的性能水平及成本水平。

建立功能模型的流程为：

1）识别系统组件及超系统组件；

2）使用相互作用矩阵，识别及确定指定组件的所有功能；

3）确定并指出功能等级；

4）确定并指出功能的性能水平，可能的话，确定实现功能的成本水平；

5）对其他组件重复步骤 1）~4）。

功能模型采用图形、文字及图例综合的模式来进行表达，表 4-8 为功能模型的常用图例列表，表 4-9 为建立功能模型的模板。

建立功能模型时的注意事项：

（1）针对特定条件下的具体技术系统进行功能定义；

（2）组件之间只有相互作用才能体现出功能，所以在功能定义中必须有动词来表达该功能且采用本质表达方式，不建议使用否定动词；

（3）严格遵循功能定义三要素原则，缺一不可；

（4）功能对象是物质，不能仅仅使用物质的参数；

（5）如果不能确定使用何种动词来进行功能定义，请采用通用定义方式："X 更改（或保持）Z 的参数 Y"。

表 4-8　功能模型的常用图例

功能分类	功能等级	性能水平	成本水平
有用功能	基本功能 B 辅助功能 Ax 附加功能 Ad	正常 N 过度 E 不足 I	微不足道的 Ne（negligible） 可接受的 Ac（acceptable） 难以接受的 Ua（unacceptable）
有害功能	H		
图形	正常功能 过度功能 不足功能 有害功能	表达见图 4-26	

表 4-9　功能建模的模板

功能载体	功能名称	功能等级	性能水平	评价（成本）
功能载体 1	To/动词/对象 X	B，Ax，Ad 或 H	N，E，I	Ne，Ac，Ua
	To/动词/对象 Z	B，Ax，Ad 或 H	N，E，I	Ne，Ac，Ua
	......			
功能载体 n	To/动词/对象 X	B，Ax，Ad 或 H	N，E，I	Ne，Ac，Ua
	To/动词/对象 Z	B，Ax、Ad 或 H	N，E，I	Ne，Ac，Ua

4.2.2 因果链分析

因果链分析通过对问题产生的原因进行格式化表达并形成因果链,从因果链中找到目前需要解决的子问题。进行因果链分析时,从系统存在的问题入手,层层分析形成此现象的原因,直到不可再分解为止。分析目的是找到产生问题的最根本原因。在分析的过程中,可以朝着原因方向分析,也可以朝着结果方向分析。

因果链分析的过程如图 4-27 所示。

图 4-27 因果链分析过程

1. 缺点的种类

因果链可以用图 4-28 所示方式构建,图中方框表示的是缺点,用箭头将它们连接起来,箭头的起点是原因,终点指向结果。采用图形化表达后,因果链起始于初始缺点,终结于被发现的末端缺点,在初始缺点和末端缺点之间的是中间缺点。

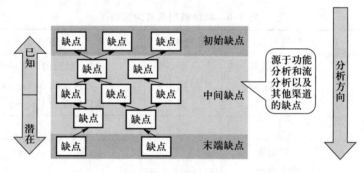

图 4-28 构建因果链图

(1)初始缺点

初始缺点是由项目的目标决定的,一般是项目目标的反面,例如,如果我们项目的目标是降低成本,那么初始缺点就是成本过高;如果我们的目标是提高效率,则初始缺点就是效率太低。

(2)中间缺点

中间缺点是指处于初始缺点和末端缺点之间的缺点,它既是上一层级缺点的原因,又是下一层级缺点造成的结果。在列出中间缺点的时候,需要注意以下几个问题。

1)需要明确上下层级的逻辑关系。在寻找下一层缺点的时候,需要找的是直接缺点,特别是在物理上直接接触的组件所引起的缺点,而不是间接缺点,避免跳跃。因果链分析中的缺点有可能被确定为需要解决的问题,即下文要谈的关键缺点,如果跳跃过大,就会可能丧失掉大量解决问题的机会。

2）需要明确同层级的逻辑关系。有时造成本层级缺点的下一层缺点可能不止一个，如果同一层级的缺点超过一个，则通常可以用 and 或者 or 运算符将若干个缺点连接起来。and 运算符是指上一层级的缺点是由下一层级的几个缺点共同作用的结果，即下一层级的几个缺点相互依赖，缺少任何一个缺点，上一层级的缺点都不会发生，这样只需要解决其中的任何一个缺点就可以将上一层级的缺点解决。中间运算符只要具备其中一个缺点就可导致该结果。

3）寻找中间缺点。寻找缺点的方法如下：

① 在功能分析、成本分析和流分析中发现的缺点列表中查找；

② 运用科学公式，比如，如果本层次的缺点是摩擦力，摩擦力的计算公式是"摩擦力＝施加的力×摩擦系数"，那么就应该在施加的力和摩擦系数两个方面找到下一层级的缺点；

③ 咨询领域专家；

④ 查阅文献。

（3）末端缺点

理论上说，因果链分析可以是无穷无尽的，但当在做具体项目的时候，无穷无尽地挖掘下去是没有意义的，因此需要有一个终点，这个终点也就是末端缺点。当达到以下情况时，就可以结束因果链分析。

1）达到物理、化学、生物或者几何等领域的极限时；

2）达到自然现象时；

3）达到法规、国家或行业标准等的限制时；

4）不能继续找到下一层原因时；

5）达到成本的极限或者人的本性时；

6）根据项目的具体情况，继续深挖下去就会变得与本项目无关时。

（4）关键缺点

经过因果链分析后得到的初始缺点、中间缺点以及末端缺点很多，但并不是每一个缺点都是可以解决的。从最底层的缺点入手来解决问题最为彻底，解决了最底层的缺点（末端缺点），则由它所引起的一系列问题都会迎刃而解。但有时候末端缺点并不一定很容易解决，则可以从选择关键缺点入手解决问题。前面找到的中间缺点和末端缺点越多，能够选择的关键缺点也会越多。如果用因果链分析得到的缺点只有一两个，那么能够被确定为关键缺点的也不会超过两个；而如果用因果链分析得到的缺点有 10 个，则能够被确定为关键缺点的就有可能是 4~5 个。

（5）关键问题

关键问题也称核心问题。通过因果链分析，可以得到产生问题的各种原因，对问题有影响的原因有很多，不需要每个问题都去解决，结合现有工作条件、技术背景以及工艺加工条件，确定对问题有较大影响的原因，并通过简化问题模型得到需要解决的核心问题。

2. 因果链分析的步骤

因果链分析的步骤如下：

（1）列出项目的反面或者根据项目的实际情况列出需要解决的初始缺点；

（2）根据寻找中间缺点的规则，对每一个缺点逐级列出造成本层缺点所有的直接原因；

（3）将同一层级的缺点用 and 或 or 运算符连接起来；

（4）重复第（2）、（3）步，依次继续查找造成本层缺点的下一层直接原因（中间缺点），直到末端缺点；

（5）检查前面分析问题的工具所寻找出来的功能缺点及流缺点是否全部包含在因果链中，如果有不在因果链中的，则有可能是被遗漏了，需要进一步判断是否需要添加，如果有必要，则添加，如果没必要，即与初始缺点不相关，则需有充分的理由；

（6）根据项目的实际情况确定关键缺点；

（7）将关键缺点转化为关键问题，然后寻找可能的解决方案；

（8）从各个关键问题出发挖掘可能存在的矛盾。

4.2.3　裁剪分析

1. 裁剪原理和过程

由功能分析得到的存在于已有产品中的问题可以通过裁剪来解决。通过裁剪，将问题功能所对应的元件删除，改善整个功能模型。元件被裁剪之后，该元件所需提供的功能可根据具体情况选择以下处理方式：

（1）由系统中其他元件或超系统实现；

（2）由受作用元件自己来实现；

（3）删除原来元件实现的功能；

（4）删除原来元件实现功能的作用对象。

从进化的角度分析，功能裁剪一般发生在由原产品功能模型导出的最终理想解模型不能转化为实际产品的时候。例如，用以下问题来描述裁剪的过程（表 4-10），将这些问题分别对应技术系统的不同的进化模式，从而定义产品功能的理想化程度，应用裁剪与预测技术寻找中间方案。

可以用描述功能裁剪的六个问题的具体过程（表 4-11）来考量功能模型中元件功能之间的关系，并在具体操作中规范裁剪的顺序与原则，指导裁剪动作的实施。

表 4-10　功能裁剪的问题对应于技术进化的模式

进化定律	对应的裁剪问题
技术系统进化的四阶段	是否有不必要的功能可以删除？
增加理想化水平	是否有操作元件可以由已有资源（免费、更好、现在）替换？
零部件的不均衡发展	是否有操作元件可以由其他元件（更高级）替换？
增加动态性及可控性	是否系统可以取代功能本身？
通过集成以增加系统功能	是否一些元件的功能或元件本身可以被替代？
交变运动和谐性发展	是否有不需要的功能可以由其他功能所排除？

续表

进化定律	对应的裁剪问题
由宏观系统向微观系统进化	是否有操作元件可以由其他元件(更小的)替换?
增加自动化程度,减少人的介入	是否有不需要的功能可以由其他功能(自动化控制的)所排除?

表 4-11　功能分析中裁剪的问句、顺序、原则

裁剪的问句	裁剪的顺序	裁剪的原则
此元件的功能是否是系统必需的?是否已有资源能完成此功能?是否存在低成本可选资源能完成此功能?是否此元件必须能与其他元件相对运动?是否此元件能从与它的匹配部件中分离出来或材料不同?是否此元件能从组件中方便地装配或拆卸?	Ⅰ.许多有害功能、过度功能或不足功能在系统内部或周围存在的其他无作用关联的元件应裁剪掉,那些带有最多这样功能(尤其是伴有输入箭头的,即元件是功能关系的对象)的元件是裁剪动作的首要选项。 Ⅱ.不同元件的相对价值(通常是价钱)不同,最高成本的元件代表着最大的裁剪的机会。 Ⅲ.元件在功能层级结构中所处的阶层越高,成功裁剪的概率就越大	A. 功能捕捉。 B. 系统完整性定律。 C. 耦合功能要求: ① 实现不同功能要求的独立性; ② 实现功能要求的复杂性最小

2. 裁剪对象选择

通过功能分析建立产品功能模型以后,对模型中的元件进行逐一分析,确定裁剪对象和顺序。多种方法可以帮助确定元件的删除顺序。从裁剪工具的角度来说,因果链分析、有害功能分析、成本分析为最重要的方法,因为这三种方法可以快速确定裁剪对象,其他方法可以作为辅助方法帮助确定裁剪顺序。其中优先删除的元件具有以下特性:

(1) 关键有害因素。由因果链分析可以得知有害因素,可直接删除系统最底层的根本有害因素,进而删除其他相关较高阶层的有害因素。

(2) 最低功能价值。经由功能价值分析,可删除功能价值最低的元件;元件的功能价值可以由元件价值分析进行评估。通常,评估功能元件价值的参数有三个:功能等级、问题严重性和成本。

(3) 最有害功能。对元件进行有害功能分析,删除系统中有害功能最多的那个元件,增加系统的运作效率。

(4) 最昂贵的元件。利用成本分析可删除成本最高而功能价值不大的元件,这样可以大幅降低系统的制造成本,成本越高其删除的优先级别就越高。

3. 基于裁剪的产品创新设计过程模型

裁剪是一种改进系统的方法,该方法研究每一个功能是否必需,如果必需,则研究系统中的其他元件是否可完成该功能,反之则去除不必要的功能及其元件。经过裁剪后的系统更为简化,成本更低,而同时性能保持不变或更好,裁剪使产品或工艺更趋向于理想解

（IFR）。

应用裁剪主要针对已有产品,通过功能分析,删除问题功能元件,以完善功能模型。裁剪的结果会得到更加理想的功能模型,也可能产生一些新的问题。对于产生的新问题,可以采用 TRIZ 其他工具来解决。基于裁剪的产品创新设计过程步骤如下：

1）选择已有产品;

2）对选定的产品进行功能分析,建立功能模型,确定其有害功能、不足功能及过度功能等问题;

3）运用裁剪规则进行分析,确定裁剪顺序,进行裁剪,删除该功能元件;

4）判断裁剪后会产生什么问题,若裁剪后没有产生问题,则接步骤 6）,否则接下一步;

5）分析裁剪后产生的问题,应用 TRIZ 其他工具（发明原理、效应、标准解等）解决问题,形成创新概念解;

6）判断新设计是否满足要求,若满足要求,则结束流程,否则返回步骤 2）,进行功能分析,并发现问题。

4.2.4 资源分析

资源分析就是系统化地考虑可用的资源,由此直接触发解决问题的创新灵感。系统资源包括内部资源和外部资源。内部资源是指在矛盾发生的时间、区域内存在的资源,是系统内部的组件及其属性。外部资源是指在矛盾发生的时间、区域外部存在的资源,包括从外部获得的资源及系统专有的超系统资源、廉价易得资源。这两大类资源又可分为直接应用资源、差动资源和导出资源。直接应用资源是指在当前状态下可被直接使用的资源,如物质资源、场资源、空间资源、时间资源、信息资源和功能资源等。差动资源则是指物质与场的不同特性形成的某种技术特征资源,如结构特性、材料特性、各种参数特性等。而导出资源则是指通过某种变换,使不可用资源得以利用或改变设计使之与设计相关从而可以利用的特性资源。

资源利用时,应该遵守一定的使用原则：

（1）尽可能消耗最小的资源量;

（2）按照"内部系统资源→外部系统资源→整个系统资源→进化资源"的顺序来利用;

（3）尽量扩大资源的搜索范围来解决问题,尽可能多地得到被选资源。

4.3 利用 TRIZ 解决问题的过程

4.3.1 TRIZ 解决问题的基本原理及其应用流程

利用 TRIZ 原理解决问题的方法如下：首先,将一个待解决的实际问题转化为问题模型;然后,针对不同的问题模型,应用不同的 TRIZ 工具得到解决方案模型;最后,将这些解决方案模型应用到具体的问题之中,得到问题的解决方案。TRIZ 理论提出了 39 个通用工程参数、40 条发明原理和冲突矩阵,冲突矩阵建立了 39 个工程参数与 40 条发明原理之间的对应关系。

当一个技术系统出现问题时,其表现形式是多种多样的,因此,解决问题的手段也是多种多样的,关键是要区分技术系统问题的属性和产生问题的根源。根据问题所表现出来的参数属性、结构属性和资源属性,TRIZ 的问题模型共有四种形式:技术矛盾、物理矛盾、知识使能问题、物质-场问题。与此相对应,TRIZ 的工具也有四种:矛盾矩阵、分离原理、知识与效应库和标准解法系统。针对每个问题所建立的问题模型不同,所使用的解题工具也不同,得到的解决方案模型也不相同。

图 4-29　TRIZ 发明问题的一般解题模式与流程

通过引入问题分析工具和基于知识的工具,将图 4-29 所示的 TRIZ 发明问题的一般解题模式与流程进行细化,得到图 4-30 所示的模型。

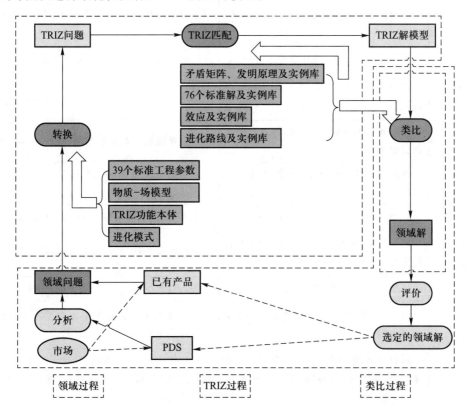

图 4-30　TRIZ 发明问题解决流程

4.3.2 发明原理

1. 40 个发明原理

40 个发明原理如表 4-12 所示,是 TRIZ 的精髓之一。

表 4-12 40 个发明原理与示例

原理	内容描述	应用实例简介
1. 分割	把一个物体分成相互独立的部分	高音、低音音箱;分类设置的垃圾回收箱
	将物体分成易于组装和拆卸的部分	打井钻杆;组合夹具;组合玩具;积木式手机
	提高物体的分割和分散程度	汽车 LED 尾灯;反装甲子母弹;加密云存储
2. 抽取	从系统中抽出产生负面影响的部分或属性	建筑避雷针;透视与 CT 检查;安检设备
	从系统中抽出必要的部分和属性	手机 SIM 卡;闪存盘;宽带网的 WIFI 发射器
3. 局部质量	把均匀的物体结构或外部环境变成不均匀的	轿车座位可分别设定空调温度;模具局部淬火
	让物体的各部分执行不同功能	电脑键盘上的每个键;软件交互操作菜单
	让物体的各部分处于各自动作的最佳状态	工具箱内的凹陷格子存放不同的工具;计算器
4. 不对称	如果是对称物体,让其变成不对称	USB 接口;三相电源插头;D 形插头等
	已经是不对称物体,进一步增加其不对称性	豆浆机的搅拌器刀片上下、左右都不对称
5. 组合	在空间上将相同或相近的物体或操作加以组合	多层玻璃组合在一起磨削;叶盘;坦克履带
	在时间上将物体或操作连续化或并列进行	用生物芯片可同时化验多项血液指标;并行工程
6. 多功能性	一物具有多用途的复合功能	瑞士军刀;水空两栖无人机;飞行汽车
7. 嵌套	把一个物体嵌入第二个中空的物体,然后再将这两个物体嵌入第三个中空物体……	可收缩旅行杯;套筒式起重机;拉杆式钓鱼竿
	让某物体穿过另一物体的空腔	嵌入桌面的电脑显示屏;飞机起落架
8. 重量补偿	将某一物体与另一能提供升力的物体组合,以补偿其重量	用直升机为地震灾区吊运大型工程机械;用氢气球送电缆过江
	通过与环境介质(利用空气动力、流体动力、浮力、弹力等)的相互作用实现重量补偿	各种航空器、航海器,在月球车轮胎里设置球形重物,以降低月球车的重心,保持其稳定性;赛车扰流板

续表

原理	内容描述	应用实例简介
9. 预先反作用	事先施加反作用,来消除事后可能出现的不利因素	高速路表面的提示语预先拉伸成"横粗竖细"的瘦长方字形;公路桥预留膨胀裕量;降低期望值
	如果一个物体处于或将处于受拉伸状态,预先施加压力	混凝预应力梁;矫牙器;涡轴发动机预先轴向锁紧
10. 预先作用	预置必要的功能、技能	有预先涂胶和预置撕扯带的快递信封
	在方便的位置预先安置物体,使其在最适当的时机发挥作用而不浪费时间	高速路收费站的电子缴费(ETC)系统;水、电、煤气预交费卡
11. 事先防范	针对物体低可靠部位(薄弱环节)设置应急措施加以补救	弹射座椅;建筑消防设施;汽车备胎;超市商品加装防盗磁扣或者做磁化处理
12. 等势	在势场中改变限制位置(即在重力场中改善运作状态),以减少物体提升或下降	叉车;换路灯的升降台;检修汽车的地道;利用船闸系统调整水位差,使船只顺利通过水坝
13. 反向作用	用相反的动作替代问题情境中规定的动作	冷却内置件使两个套紧工件分离,而不是加热外层件
	让物体可动部分不动,不动部分可动	加工中心将工具旋转改为工件旋转;机场步梯
	将物体上下颠倒或内外颠倒	伞骨在外的雨伞;倒置花盆的观赏花卉
14. 曲面化	将直线、平面变成曲线或曲面,将立体变成球形结构	飞机、汽车的流线型车身;建筑结构上大量采用的弧形、圆拱形、双曲面等形状
	使用柱状、球体、螺旋状的物体	圆珠笔和钢笔的球形笔尖;各种轮子;各式轴承
	利用离心力,改直线运动为回转运动	洗衣机;涡轴发动机螺旋形进气口;离心泵
15. 动态性	调整物体或环境的性能,使其在工作的各阶段达到最优状态	办公桌椅;形状记忆合金;垂直起降飞机;可调节位置的手术台和病床
	分割物体,使其各部分可以改变相对位置	可折叠自行车;军用桥梁;舰载机折叠翼
	使静止的物体可以移动或具有柔性	无绳电话;医用微型内窥摄影机;胃镜
16. 不足或过度作用	所期望的效果难以百分之百实现时,稍微超过或小于结果,可使问题大为简化	产品设计参数裕量;公差;打磨地面时,先在缝隙处抹上较多的填充物,然后打磨平整

续表

原理	内容描述	应用实例简介
17. 多维化	将物体从一维变到二维或三维结构	三维 CAD;五轴机床;螺旋楼梯
	用多层结构代替单层结构	双层巴士;多层集成电路;高层建筑;立交桥
	使物体倾斜或侧向放置	自卸式装载车;飞机发动机矢量喷嘴
	使用给定表面的另一面	地面铺镜子反射阳光到果树叶子背面,可以增产
18. 振动	使物体振动	电动牙刷;公路边缘"搓板"纹;砼振捣器
	提高物体振动频率	振动送料机,电动牙刷,电动剃须刀
	利用物体共振频率	核磁共振成像,超声波共振击碎体内结石
	利用压电振动代替机械振动	石英晶体振动驱动高精度钟表;压电电锤
	超声波与电磁场综合利用	在高频炉中混合合金,使得混合均匀;振动铸造
19. 周期性作用	以周期性或脉冲动作代替连续动作	硬盘定期杀毒;汽车 ABS 刹车;闪烁警灯
	如果动作已是周期性的,可改变其振动频率	变频空调;调频收音机;火警警笛
	利用脉冲间隙来执行另一个动作	在心肺呼吸中,每五次胸腔压缩后进行呼吸
20. 有效持续作用	持续运转,使物体的各部分能同时满载工作	在汽车暂停时飞轮储能;三班倒;连续浇铸
	消除工作中所有的空闲和间歇性中断	家用烤面包机;电脑后台杀毒;精益生产
21. 急速作用	快速完成危险或有害的作业	闪光灯;发动机快速跃过共振转速范围;高速牙钻
22. 分割	利用有害的因素,得到有益的结果	涡轮尾气增压;利用垃圾发热发电;再生纸
	将有害的要素相结合变为有益的要素	发电厂用炉灰生成的碱性废水中和酸性的废气
	增大有害因素的幅度直至有害性消失	通常风助火势,但是风力灭火机产生的高速气流可以迅速吹散可燃物,降低燃点,快速灭火
23. 反馈	引入反馈、提高性能	自动浇注电炉根据金属液温度确定电炉输入功率
	若引入反馈,改变其大小或作用	路灯可依据环境亮度调节照明功率;自寻目标导弹

续表

原理	内容描述	应用实例简介
24. 中介物	利用中介物实现所需操作	化学反应催化剂;钻套;中介公司;云盘
	把一个物体与另一个容易去除的物体暂时结合	熔模铸造中的蜡模;物流物资贴上 RFID 芯片
25. 自服务	使物体具有自补充、自恢复功能	有修复缸体磨损功能的发动机润滑油;自充气轮胎
	灵活运用废弃的材料、能量与物质	太阳能飞机;路面压电发电;风力发电;飞沙堰
26. 复制	用简单、廉价的复制品替代复杂、高价、易损、不易获得的物体	虚拟现实实验室;飞行模拟器;用于展览的复制品;沙盘模型;3D 打印
	用光学复制品(图像)替代实物,可以按一定比例放大或缩小图像	利用太空遥测摄影代替实地勘察绘制地图;虚拟太空游;照相;复印;CAX;电子地图
	如果已使用了可见光烤贝,用红外线或紫外线替代	用于制作超大规模集成电路的紫外掩膜照相机
27. 廉价替代品	利用廉价、易耗物品代替昂贵的耐用物品,在实现同样功能的前提下,降低质量要求	所有一次性的用品,如纸杯、打火机、针头、输液管、医用无纺布制成的工作服等;撞车实验假人,靶机
28. 替代机械系统	用视觉系统、听觉系统、味觉系统或嗅觉系统替代机械系统	在天然气中掺入难闻的气味警告用户有泄漏发生;石油钻井时用甲硫醇提示钻头断裂;导盲犬引路
	使用与物体相互作用的电场、磁场、电磁场	用电磁搅拌替代机械搅拌金属液;超市出口防盗门
	用可变场替代恒定场,随时间变化的可动场替代固定场,随机场替代恒定场	相阵雷达采用特殊发射的可变电磁波进行目标搜索;不再使用旋转的天线
	把场与场作用粒子组合使用	用不同的磁场加热含铁磁粒子的物质,当达到一定温度时,物质变成顺磁,不再吸收热量,以达到恒温功能
29. 气动与液压结构	使用气动或液压部件代替固体部件(利用液体、气体缓冲)	张力控气梁;机翼液压装置;航母弹射器;利用可伸缩液压支柱代替木材坑柱;气垫运动鞋
30. 柔性壳体和薄膜结构	利用薄片或薄膜取代三维结构	塑料大棚;隐形眼镜;水凝胶薄膜;防弹衣
	利用柔性薄片或薄膜隔绝物体和外部环境	化学铣保护膜;保鲜膜;真空铸造空腔造型时在模型和砂型间加一层柔性薄膜以保持铸型有足够的强度

原理	内容描述	应用实例简介
31. 多孔材料	使物体变为多孔或加入多孔性的物体（嵌入其中或涂敷于表面等）	在两层固定的铝合金板之间加入薄壁空心铝球,可大大提高结构刚性和隔热隔音能力;活性炭;气凝胶
	如果物体已是多孔结构,可事先在孔中填入有用物料	在多孔纳米管中存储氢;药棉;海绵存储液态氮
32. 改变颜色	改变物体及其周围环境的颜色	用石墨片或煤灰加速融冰;灯光秀;焰火
	改变物体及其周围环境的透明度或可视性	变色镜;化学试纸;跑道指示灯;夜视仪
	对难以看清的物体使用有色添加剂或发光物质	荧光油墨;生物标本染色剂;红点炒锅
	通过辐射加热改变物体的热辐射性	用抛物面集光镜提高太阳能电池板的能量收集
33. 同质性	把主要物体及与其相互作用的其他物体用同一材料或特性相近的材料制成	以金刚石粉作为切割金刚石的工具;回收余粉;用茶叶做茶叶罐;内含巧克力浆的巧克力;硬底登山鞋;相同或兼容血型输血
34. 抛弃与再生	采用溶解、蒸发等手段废弃已完成其功能的零部件或改造其功能	用冰块做模板夯土筑坝;药物胶囊;子弹抛壳;工艺刀片;火箭飞行中逐级分离用过的推进器
	在工作过程中迅速补充消耗或减少的部分	机枪弹仓;自来水;自动铅笔;饮料售卖机
35. 物理或化学参数改变	改变物体的状态	煤炭炼焦;液化气;热处理;镜面磨削
	改变物体的浓度或黏度	洗手皂液比肥皂块使用方便、卫生,用量易掌握
	改变物体的柔度	橡胶硫化;弹簧回火;建筑底座加橡胶垫
	改变物体的温度或体积	铁磁性物质升温至居里点以上变成顺磁性物质
36. 相变	利用物质相变时所发生的某种效应（如体积变化、放热或吸热等）	热泵采暖或制冷是利用工作介质通过蒸发、压缩或冷凝等过程产生的相变;热管;特殊工作服
37. 热膨胀	使用热膨胀（或收缩）材料	温度计;先烧石头再泼水,可导致石头崩裂
	使用不同热膨胀系数的复合材料	双金属片可在升温和冷却时分别向不同方向弯曲变形,用该效应制造温度计或热敏传感器

续表

原理	内容描述	应用实例简介
38. 强氧化作用	用富氧空气替代普通空气	高炉富氧送风以提高铁的产量;水下呼吸器
	用纯氧替代富氧空气	用纯氧-乙炔进行高温切割;高温纯氧杀灭伤口细菌
	用离子化氧气代替纯氧气	使用离子化氧气加速化学反应;负离子发生器
	使用臭氧替代离子化氧气	臭氧溶于水中去除船体上的有机污染物
39. 惰性环境	用惰性环境取代普通环境	用氩气等惰性气体填充灯泡,做成霓虹灯
	向物体投入中性或惰性添加剂	用氮气充轮胎;在炼钢炉中充氩气
	使用真空环境	真空离子镀;真空包装食品以延长食品存储期
40. 复合材料	用复合材料取代均质材料	用环氧树脂、碳纤维等复合材料制造飞机、汽车、自行车和赛艇;防弹衣;复合木地板

2. 发明原理与进化法则

现代 TRIZ 研究结果显示,40 个发明原理与技术系统的进化法则有着一定的对应关系。俄罗斯 TRIZ 专家龙里·萨拉马托夫(Yuri Salamatov)已经把发明原理与技术系统进化法则做了对应,其关系见表 4-13。

表 4-13　发明原理与进化法则对应关系

发明原理技术	系统进化法则
1、5、13、17	S-曲线模式法则
11、23、16	增加完备性法则
7、12、17、23、24、26	增加传导性(能量)法则
1、5、20、34	提高理想度法则
2、6、13、22、27、33、34	跃迁到超系统法则
15、18、37	增加动态性法则
8、28、29、32、35、36、38、39	MATCHEM 物场法则
1、28、30、31、34、40	宏观向微观转化法则
4、9、19、14、16、21、25	增强协调性法则

4.3.3　矛盾问题与解决方法

阿奇舒勒指出,发明问题中至少包含一个以上的矛盾,解决问题就是要消除矛盾。这是经典 TRIZ 具有划时代意义的一个重要结论。

1. 矛盾的基本形式

在经典 TRIZ 理论中矛盾划分为三种类型：管理矛盾、技术矛盾、物理矛盾。

（1）管理矛盾

管理矛盾是一个介于需求和满足需求的能力之间的矛盾。管理矛盾在某个领域长期存在，其表现为知道需要做什么去改善现状，但是不知道该如何去做。管理矛盾经过分析后可以转化成技术矛盾和物理矛盾。

（2）技术矛盾

两个参数（功能、属性、质量等）彼此之间的矛盾，即如果试图改进技术系统的某一个参数 A，就会引起系统另一个参数 B 不可接受地恶化，则说明系统内部存在着技术矛盾。技术矛盾产生的根源在于技术系统内部的参数不协调所形成的对立。

例如，在一个航空项目中，如果增加飞机机翼的尺寸，那么会提高飞机的升力，但是飞机的重量也增加了，为了改善飞机的升力参数，导致飞机的重量参数恶化了，这就是技术矛盾。技术矛盾一般来说用"如果……那么……但是……"的形式来描述，如表 4-14 所示。

表 4-14　描述技术矛盾

	技术矛盾 1	技术矛盾 2
如果	常规的工程解决方案（A）	常规的工程解决方案（$-A$）
那么	改善的参数（B）	改善的参数（C）
但是	恶化的参数（C）	恶化的参数（B）

（3）物理矛盾

两种截然不同的需求 A 和非 A 制约一个参数 P 的矛盾。即对技术系统中的某一个组件或元件的参数 P（或属性）提出了截然不同（包括完全相反）的需求 A 和非 A 时，该系统存在物理矛盾，产生的根源来自于技术系统外部对技术系统内部某元件的参数（或属性）的截然不同的对应需求。

通常将物理矛盾描述为：

参数 A 需要 B，因为 C；

但是，

参数 $\underline{A}$ 需要 $\underline{-B}$，因为 $\underline{D}$。

其中，A 表示单一参数；B 表示正向需求；$-B$ 表示相反的负向需求；C 表示在正向需求 B 满足的情况下，可以达到的效果；D 表示在负向需求 $-B$ 满足的情况下，可以达到的效果。

例如，希望手机的屏幕大，这样可以看得更加清楚；但又希望手机的屏幕小，这样携带起来比较方便，可以将其中的物理矛盾描述为：

手机<u>屏幕尺寸</u>需要<u>大</u>，因为<u>可以看得清楚</u>；

但是，

手机<u>屏幕尺寸</u>需要<u>小</u>，因为<u>携带起来方便</u>。

（4）三类矛盾之间的相互转化

管理矛盾可以转化为技术矛盾和物理矛盾，技术矛盾可以转化为物理矛盾。转化路径：管理矛盾→技术矛盾→物理矛盾。

2. 通用工程参数

工程参数是表述产品特性的通用语言，是作为产品设计指标的一种体现，它可以分为改善的参数和恶化的参数两大类。阿奇舒勒通过对大量发明专利的研究发现，它们的发明问题虽然来自不同的领域，但在解决发明问题的方案中，无论是改善的或恶化的工程参数总是频繁地出现在 39 个通用工程参数中。

改善的参数和恶化的参数构成了技术系统的内部矛盾，TRIZ 理论的核心就是解决矛盾。因此，通用工程参数成为人们解决发明问题的重要工具，推进技术系统向理想化方向发展，39 个通用工程参数如表 4-15 所示。

表 4-15　39 个通用工程参数

编号	参数名称	解释
1	运动物体的质量	物体的数量或质量可以快速地、容易地随自身位置的变化或外力影响而改变
2	静止物体的重量	物体的数量或质量无法快速地、容易地随自身位置的变化或外力影响而改变
3	运动物体的尺寸	物体的尺寸，如长度、宽度、高度等可以快速地、容易地随自身位置的变化或外力影响而改变
4	静止物体的尺寸	物体的尺寸，如长度、宽度、高度等无法快速地、容易地随自身位置的变化或外力影响而改变
5	运动物体的面积	物体的表面可以快速地、容易地随自身位置的变化或外力影响而改变
6	静止物体的面积	物体的表面无法快速地、容易地随自身位置的变化或外力影响而改变
7	运动物体的体积	物体所占有的空间体积可以快速地、容易地随自身位置的变化或外力影响而改变
8	静止物体的体积	物体所占有的空间体积无法快速地、容易地随自身位置的变化或外力影响而改变
9	速度	物体的运动距离、作用过程与时间之比
10	力	两个物体或系统之间的可以改变物体运动状态或形变的相互作用（完全或部分，永久或暂时的）
11	应力与压力	作用在系统上的力及其量的强度；单位面积上的力
12	形状	物体外部轮廓，或系统的外观
13	结构的稳定性	系统的完整性及系统组成部分之间的关系。可以是整体或部分，永久或暂时的

续表

编号	参数名称	解释
14	强度	系统或对象在一定条件下、一定范围内吸收各种作用而不被破坏的能力
15	运动物体的作用时间	对象的作用持续时间可以快速地、容易地随自身位置的变化或外力影响而改变
16	静止物体的作用时间	对象的作用持续时间无法随自身位置的变化或外力影响而改变
17	温度	物体或系统的冷热程度,通常用温度计测量
18	光照度	光的数量或光照的程度及其他系统的光照特性,如亮度,光线质量
19	运动物体消耗的能量	物体消耗的能量或资源的数量可以快速地、容易地随自身位置的变化或外力影响而改变
20	静止物体消耗的能量	物体消耗的能量或资源的数量无法快速地、容易地随自身位置的变化或外力影响而改变
21	功率	单位时间完成的工作
22	能量损失	系统的全部或部分、永久或临时的工作能力损失
23	物质损失	全部或部分、永久或临时的材料、部件或子系统等物质的损失
24	信息损失	系统周围部分或全部、永久或临时的数据或信息损失
25	时间损失	执行一个给定的动作(制造、修理、操作等)所需的时间(全部或部分、永久或临时)的增加
26	物质或事物的数量	材料、部件及子系统等的数目或数量部分或全部、临时或永久的被改变
27	可靠性	系统在一定的操作、维护、维修和运输条件下履行规定的功能的能力
28	测量精度	系统特征的测量值与真实值之间的误差
29	制造精度	系统实际制造性能与所需性能之间的误差
30	作用于物体的有害因素	降低物体或系统的效率或完成功能的质量的外部因素
31	物体产生的有害因素	降低物体或系统的效率或完成功能的质量的有害因素,这些有害因素是由系统结构或其固有属性所产生的
32	可制造性	物体或系统制造过程的简单、方便程度
33	可操作性	物体或系统操作的简单、方便程度
34	可维修性	物体或系统维修的简单、方便程度
35	适应性及多用性	物体或系统响应外部变化的能力,或应用于不同条件下的能力
36	设备的复杂性	组成系统组件的数量或种类及其之间的相互关系,或用户掌握设备的困难度
37	检测的复杂性	测量系统或物体属性的时间长、成本高、困难大

编号	参数名称	解释
38	自动化程度	系统或物体在无须人的干扰或帮助下完成任务的能力
39	生产率	系统单位时间执行的操作数或单一操作所用的时间

3. 技术矛盾与物理矛盾之间的对应关系

采用"如果……那么……但是……"的形式来描述问题,确定实际问题中对应的技术矛盾和物理矛盾。其中,"如果"后面对应的内容为物理矛盾,"那么"后面的内容分别对应为技术矛盾中改善的参数和恶化的参数。

在一个工程问题中,可能会同时包含多个矛盾。对于其中的某一个矛盾来说,它既可以被定义为技术矛盾,也可以被定义为物理矛盾。例如,为了提高子系统 Y 的效率,需要对子系统 Y 加热,但是加热会导致其邻近子系统 X 的降解,这是一对技术矛盾。同样,这样的问题可以用物理矛盾来描述,即温度要高又要低。高的温度提高 Y 的效率,但是恶化 X 的性能;而低的温度不会提高 Y 的效率,也不会恶化 X 的性能。所以技术矛盾与物理矛盾之间是可以相互转化的,利用它们之间的这种转化机制,可以将一个冲突程度较低的技术矛盾转化为一个冲突程度较高的物理矛盾,进而显著地缩小解决方案搜索的范围和候选方案的数目。

用于解决物理矛盾的分离原理与用于解决技术矛盾的发明原理之间存在一定的关系。如果能正确理解和使用这些关系,我们就可以把分离原理与发明原理做一些综合应用,这样可以开阔思路,为解决矛盾问题提供更多的方法与手段。对于每一种分离原理,可以有多个发明原理与之相对应,如表 4-16 所示。

表 4-16　分离原理与发明原理之间的关系

分离原理	发明原理			
空间分离原理	1. 分割原理	2. 抽取原理	3. 局部质量原理	17. 空间维数变化(一维变多维)原理
	13. 反向作用原理	14. 曲面化(曲率增加)原理	7. 嵌套原理	30. 柔性壳体或薄膜原理
	4. 增加不对称原理	24. 借助中介物原理	26. 复制原理	
时间分离原理	15. 动态特性原理	10. 预先作用原理	19. 周期性作用原理	11. 预补偿(事先防范)原理
	16. 未达到或过度作用原理	21. 减少有害作用的时间(快速通过)原理	26. 复制原理	18. 机械振动原理
	37. 热膨胀原理	34. 抛弃或再生原理	9. 预先反作用原理	20. 有益(效)作用的连续性原理

续表

分离原理		发明原理		
条件分离原理	35. 物理或化学参数改变原理	32. 颜色改变（改变颜色、拟态）原理	36. 相变原理	31. 多孔材料原理
	38. 强氧化剂（使用强氧化剂、加速氧化）原理	39. 惰性环境原理	28. 机械系统替代原理	29. 气动或液压结构原理
整体与部分分离原理 转换到子系统	1. 分割原理	25. 自服务原理	40. 复合材料原理	
转换到超系统	33. 均质性（同质性）原理	12. 等势原理	5. 组合（合并）原理	
转换到竞争性系统	6. 多用性（多功能性、广泛性）原理	23. 反馈原理	22. 变害为利原理	
转换到相反系统	27. 廉价代替品原理	13. 反向作用原理	8. 质量补偿原理	

4. 解决矛盾的方法流程

（1）解决技术矛盾的步骤

解决技术矛盾的步骤见表 4-17。

（2）解决物理矛盾的步骤

解决物理矛盾步骤是：描述关键问题→写出物理矛盾→加入导向关键词来描述物理矛盾→确定所适用的分离原理→选择对应的发明原理→产生具体的解决方案→尝试用其他导向关键词重复以上 4 步。基于分离原理解决物理矛盾的方法见表 4-18。

表 4-17 解决技术矛盾的步骤

序号	步骤		
1	问题	描述需要解决的关键问题	注释
2	技术矛盾	技术矛盾 1： 如果……那么……但是…… 技术矛盾 2： 如果……那么……但是……	
3	矛盾选择	技术矛盾 1 或 2	选择与项目目标一致的矛盾
4	有矛盾的参数	欲改善的工程参数，被恶化的工程参数	
5	典型矛盾	一般化为通用工程参数	一般化过程

续表

序号	步骤		
6	发明原理	原理 X、原理 Y	在矛盾矩阵中定位改善、恶化通用参数交叉单元,确定发明原理
7	具体的解决方案	方案描述	应用发明原理的提示,确定最适合解决技术矛盾的具体解决方案

表 4-18　基于分离原理解决物理矛盾的方法

分离方法	注释	导向关键词	发明原理
基于空间分离	基于空间分离是指物理矛盾两个相反的需求处于工程系统的不同地点,可以让工程系统在不同的地点具备特定的特征,从而满足相应的需求	在哪里	1、2、3、7、4、17
基于时间分离	如果在不同的时间段上有物理矛盾的相反需求,可以让工程系统在不同时间段具备特定的特征,从而满足相应的要求	在什么时候	9、10、11、15、34
基于关系分离	如果对于不同超系统的对象有物理矛盾的相反需求,可以让工程系统针对不同的对象具备特定的特征,从而满足相应的需求	对谁	3、17、19、31、32、40
基于方向分离	如果在不同的方向上有物理矛盾的相反需求,可以让工程系统在不同方向具备不同的特征,从而满足相应的需求	在什么方向上	1、40、35、14、17、32、7
基于系统级别分离	如果矛盾需求在子系统或超系统级别上有相反的需求,可以使用"系统级别分离"原理分离它们。对于这一分离原理,并没有导向关键司		1、5、12、33

4.3.4　物质-场模型与 76 个标准解

　　TRIZ 理论中的物质-场分析方法(substance-field analysis)是一个针对问题建模分析的工具。针对要解决的实际问题,可以先构建出问题的初始物质-场模型。然后,针对不同的问题,在标准解法系统中找到针对该问题的物质-场的标准解法。最后根据这些标准解法的建议,得到具体的解决方案。其中,关于物质-场的标准解法,阿奇舒勒提出了 76 种标准解。

　　1. 物质-场分析

　　(1) 物质

　　在 TRIZ 理论中,物质是指具有静质量的对象。广义的物质可以包括任何东西。对于"物质"应理解为,它是一种与任何结构、功能、形状、材质等复杂性无关的物体,例如汽车、钢笔等。

（2）场

在物质-场模型中,场是指物质与物质的相互作用。需要指出的是,这里的场也包括了我们熟悉的典型场(例如,磁场和电场),还包括其他类型的相互作用(例如,热场、声场、机械场、化学场等)。

（3）物质-场模型

将一个技术系统分成两个物质与一个场,用一个三角形来表示每个系统所实现的功能。如图 4-31 所示。

S1——物质 1,是一种需要改变、加工、移动、发现、控制、实现等的"目标";

S2——物质 2,是实现必要作用的"工具";

F——场,代表"能量""力",实现两个物质间的相互作用、联系和影响。

常用物质-场符号如图 4-32 所示。

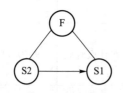

图 4-31　物质-场基本模型

图 4-32　常用物质-场符号

（4）有问题的物质-场模型

工程系统物质-场模型的工作状态并不一定是正常的,可能是有缺陷的。这些有缺陷的物质-场模型就是有问题的物质-场模型。包括以下三种类型:

1）不完整的物质-场模型

指物质-场模型中缺少某个要素。一般解法:对不完整模型,对所缺少的元素应给予引入,使其形成有效完整的物质-场模型,从而得以实现功能。

2）有害的物质-场模型

模型三个元素齐全,但产生了有害的效应。这些有害效应需要消除,一般解法为:

① 增加另一物质 S3 来阻止有害效应的产生,S3 可以是现成物质,也可以是 S1、S2 的变异,或是通过分解环境而获得的物质;

② 增加另一个场 F2 来平衡产生有害效应的场。

3）作用不足的物质-场模型

模型三个元素齐全,但功能未有效实现或实现的不足。一般解法为:

① 用另一个场 F2 代替原来的场 F1;

② 增加另外一个场 F2 来强化有用的效应;

③ 增加物质 S3 并加上另一个场 F2 来强化有用效应。

2. 76 个标准解

（1）标准解

阿奇舒勒把 76 个标准解,按所解决问题的类型分为五类,建立了标准解系统。

第一类标准解:建立与拆解物质-场模型的标准解,共有 13 条;

第二类标准解:增强物质-场模型的标准解,共有 23 条;

第三类标准解:向超系统或微观级转化的标准解,共有 6 条;

第四类标准解:检测与测量的标准解,共有 17 条;

第五类标准解:简化与改善策略的标准解,共有 17 条。

第一类到第四类标准解常常会使系统更复杂,这是由于这些解都需要引入新的物质或场。第五类标准解是简化系统的方法,使系统更理想化。当通过第一类到第四类标准解确定了一个解之后,可用第五类标准解来简化这个解。

第一类标准解:

NO.1 不完整但完善的物质-场模型　　　　NO.2 向内部复杂的物质-场转化

NO.3 向外部复杂的物质-场转化　　　　　NO.4 向环境物质-场转化

NO.5 通过改变环境向环境的物质-场转化　NO.6 向具有物质最小作用的物质-场转化

NO.7 向具有施加于物质最大作用的物质-场转化　　NO.8 引入保护性物质

NO.9 通过引入外部物质消除有害作用　　　NO.10 通过改变现有物质去除有害作用

NO.11 引入物质消除有害作用　　　　　　NO.12 用场 F2 抵消有害作用

NO.13 消除磁场的影响

第二类标准解:

NO.14 向链式物质-场转化　　　　　　　NO.15 向双物质-场转化

NO.16 增加场的可控性　　　　　　　　NO.17 增加物质的分割程度

NO.18 使用毛细管多孔物质　　　　　　NO.19 动态化(柔性)

NO.20 使用异构场　　　　　　　　　　NO.21 使用异构物质

NO.22 协调物质-场频率　　　　　　　NO.23 协调场-场频率

NO.24 在一个动作的间隙进行另一个动作　NO.25 加入铁磁物质和磁场

NO.26 向铁-磁场转化　　　　　　　　NO.27 运用磁流体

NO.28 向基于磁性多孔结构的铁-磁场转化　NO.29 引入添加物的外部复杂铁-磁场

NO.30 环境物质-磁场　　　　　　　　NO.31 应用自然现象和物理效应的铁-磁场

NO.32 动态化铁-磁场　　　　　　　　NO.33 物质-磁场结构化

NO.34 物质-磁场中频率协调　　　　　NO.35 应用电流产生磁场

NO.36 通过电场控制流变液态的黏度

第三类标准解:

NO.37 创建双系统或多系统　　　　　　NO.38 加强双系统或多系统之间的连接

NO.39 增加系统元素间的特性差异　　　NO.40 双系统或多系统的简化

NO.41 使系统部分或整体表现相反特性或功能　NO.42 向微观级转化

第四类标准解:

NO.43 以系统的变化替代检测或测量　　NO.44 利用被测系统的复制品

NO.45 利用两次间断测量代替连续测量   NO.46 构建测量的物质-场模型

NO.47 测量引入的附加物   NO.48 测量引入环境的附加物

NO.49 从环境中获得附加物   NO.50 应用自然现象和物理效应

NO.51 应用系统的共振   NO.52 应用超系统的共振

NO.53 构建原铁-磁场测量模型   NO.54 构建铁-磁场测量模型

NO.55 构建合成的铁-磁场测量模型   NO.56 构建与环境一起的铁-磁场模型

NO.57 利用与磁场有关的物理效应和自然现象   NO.58 向双系统或多系统转化

NO.59 测量衍生物

第五类标准解:

NO.60 应用"不存在的物质"替代引入新的物质   NO.61 将物质分割成更小的组成部分

NO.62 引入能"自消失"的物质   NO.63 用膨胀结构和泡沫使物质、场相
                                互作用正常化

NO.64 可用场的综合使用   NO.65 从环境中引入场

NO.66 利用能产生场的物质   NO.67 相变 1:改变状态

NO.68 相变 2:动态化相变   NO.69 相变 3:利用伴随相转移的现象

NO.70 相变 4:向双相态转变   NO.71 利用系统相位之间的交互作用

NO.72 状态的自我调节和转换   NO.73 增强输出场

NO.74 通过降解获得物质粒子   NO.75 通过合成获得物质粒子

NO.76 综合运用 NO.74 和 NO.75 获得物质粒子

(2)应用标准解的步骤

首先将具体的关键问题转换成为问题的模型,即问题的物质-场模型,然后运用 76 个标准解作为工具,找到相应解决方案的物质-场模型,最后将其转化为具体的解决方案。运用物质-场模型和标准解解决问题的模板见表 4-19。

表 4-19   运用物质-场模型和标准解解决问题的模板

关键问题	物质和场	问题的物质-场模型	确定标准解类型	确定具体的标准解	解决方案的物质-场模型	解决方案
第一列	第二列	第三列	第四列	第五列	第六列	第七列
	S1,S2,F	(物质-场模型图: F, S2→S1)	第二类标准解	链式物质-场模型	(物质-场模型图: F, F1, S2→S1→S3)	

具体步骤如下:

1)第一列,描述待解决的关键问题。

2)第二列,列出与工程问题相关的物质和场。

3)第三列,从第二列中挑选组件,创建工程问题的物质-场模型。

4)第四列,根据物质-场模型的类别找到相应的标准解的类别。

5)第五列,确定可以解决工程问题的标准解。

6)第六列,利用步骤5)中标准解的推荐方案,建立解决方案的物质-场模型。

7)第七列,根据步骤6)中物场模型的提示产生具体的解决方案,并进行描述。

8)重复第5)~7)步,找到尽可能多的解决方案。

9)对各个解决方案进行评估,确定最适用于本问题的解决方案。

4.3.5　科学效应与知识库

阿奇舒勒发现,高等级专利中经常采用的解决方案均应用了不同的科学效应。因此,在创新的过程中,运用物理、化学和几何效应解决问题非常简单、合理。但是对普通的技术人员而言,认识并掌握各个工程领域的效应是相当困难的,需要有一套既严谨又简单易用的科学效应使用与查找工具,即科学效应与知识库。

应用科学效应与知识库解决问题的过程中,主要包括两个关键环节:一是问题的分析,二是查找和匹配科学效应。其中,问题的分析可以采用的分析工具有功能模型分析、因果链分析,目的是确定技术系统的关键问题(key problem),并描述为"How to"模型。查找和匹配科学效应则需要确定选取什么样的效应,通过怎么样的转化来实现系统需求的功能。

1. 建立 How to 模型

How to 模型是指采用简单明了的短语词汇,深入浅出地描述系统所需功能的一种定义问题的方法。例如,一个盛满水的玻璃杯放置在桌面上,如图 4-33 所示,如何在不移动玻璃杯或移动桌子的情况下,将杯中水移除？可以采用表4-20所示模板来进行描述。

图 4-33　桌子上的水杯

表 4-20　How to 模型问题描述模板

问题/简单的问题 (problem/simple question)	系统所需的功能 (function)
如何移除杯中水？ (How to remove water from a glass?)	移动液体 (move a liquid)

化学专业人员可能会考虑化学反应改变水的方法;工程专业人士可能会考虑利用压力势差、温度变化(加热、常温挥发、冰冻成固体)等,各行各业的专业解决方案非常多,甚至是没有专业知识的孩子可能会考虑用吸管吸的方法。问题是,当碰到类似问题时,如何来获得

大量的各专业领域已有的解决方案呢?

显然,按照"如何移除玻璃杯中的水(How to remove water from a glass)"这种针对特定问题的特定描述问题的方法很难得到全面的解决方案,有必要对特定问题的特定描述进行一定意义上的转换。转换的基本要求是:功能描述一般化和物质(属性)描述通用化。将初始问题"如何移除玻璃杯中的水"一般化和通用化的处理如下:

移除→移动(remove→moving)

水→液体(water→liquid)

这样转换之后,初始问题"如何移除玻璃杯中的水"就变成了"如何移动液体(How to move a liquid)",系统功能是"移动液体",那么问题的解决方案就可以从"移动液体"的效应来获取,开发设计人员所需做的就是将这些"移动液体"的效应比对到初始系统问题的求解中。

2. 查找和匹配科学效应

TRIZ 效应搜索会给出 99 个从世界范围专利库中提取的关于"移动液体"相关创新概念(或概念设计,如吸收、蒸发、声波振动、阿基米德螺旋、阿基米德原理(浮力)、巴勒斯效应、伯努利效应、沸腾等),且大多数已公开并可免费使用。当然,高效和快速地使用这些效应,则需要一些相关专业知识的支撑。

参 考 文 献

[1]　成思源,周金平,郭钟宁. 技术创新方法:TRIZ 理论及应用[M].北京:清华大学出版社.2014.

[2]　孙永伟,谢尔盖·伊克万科.TRIZ:打开创新之门的金钥匙[M].北京:科学出版社.2015.

[3]　张换高.创新设计:TRIZ 系统化创新教程[M].北京:机械工业出版社.2017.

[4]　周苏.创新思维与 TRIZ 创新方法[M].北京:清华大学出版社.2015.

[5]　赵敏,张武城,王冠殊. TRIZ 进阶及实战:大道至简的发明方法[M].北京:机械工业出版社.2016.

[6]　李艳,施向东. 基于 TRIZ 理论的印刷装备创新设计案例[M].北京:文化发展出版社.2017.

[7]　李艳. 基于 TRIZ 的印刷机械创新设计理论和方法[M].北京:机械工业出版社.2014.

[8]　冯林. 大学生创新基础[M].北京:高等教育出版社.2017.

第 5 章　常用的创新技法

创新技法是解决创新设计问题的创意艺术,是人们对创造性思维和创造理论加以具体化应用的技巧。本章介绍常用的创新技法,以启迪创新设计者的思路,应用时要注意技法之间的配合及与机械设计知识的依存关系。

5.1　群体集智法

5.1.1　智力激励法

1. 智力激励法的四项原则

美国创造学家奥斯本提出的智力激励法是一种典型的群体集智法,是通过召开智力激励会来实施的。在智力激励会上应贯彻以下四条原则。

(1) 自由思考原则

这一原则要求与会者尽可能地解放思想,无拘无束地思考问题,不必顾虑自己的想法是否"离经叛道"或"荒唐可笑"。

(2) 延迟评判原则

在传统会议上,人们习惯于对自以为不正确、不可行的设想迫不及待地提出批评意见或作出结论,这实际上是压制不同的想法,甚至还会扼杀具有创造性的萌芽方案。美国一些心理学家在试验的基础上发现,推迟判断在集体思考问题时可多产生 70% 的新设想,在个人思考问题时可多产生 90% 的新设想。因此,奥斯本智力激励会特别强调,与会者在会上不要使用诸如"这根本行不通!""这个想法太荒唐了!""这个方案真是绝了!"之类的语句,以限制对提出的设想进行过早的评判。等到大家畅谈结束后,再组织有关人士进行分析,对会议中提出的各种设想进行评判。

(3) 以量求质原则

奥斯本认为,在设想问题时,越是增加设想的数量,就越有可能获得有价值的创意。通常,最初的设想不大可能是最佳的。有人曾用试验表明,一批设想的后半部分的价值要比前半部分高 78%。因此,奥斯本智力激励法强调与会者要在规定的时间内加快思维的流畅性、灵活性和求异性,尽可能多而广地提出有一定水平的新设想,以大量的设想来保证其质量。

(4) 综合改善原则

这是鼓励与会者积极参与知识互补、智力互激和信息增值的活动。俗话说:"三个臭皮匠,顶个诸葛亮"。几个人在一起商量或综合大家的想法,可以强化自己的思维能力和提高思考的水平。因此,奥斯本智力激励会要求与会者要仔细倾听他人的发言,注意在他人启发下及时修正自己不完善的设想,或将自己的想法与他人的想法加以综合,再提出更完善的创意或方案。在智力激励会上,任何一个人提出的新设想都构成对其他人的信息刺激,具有知识互补和互相诱发激励的作用。

我国于 1983 年在石家庄召开"转向架创新设计学术讨论会",头两天的中心发言虽然很热烈,但从汇报和讨论记录中可总结的创新设计方案并不多。后来,组织者试用智力激励会再次研讨,只用了 1 个小时就获得了 31 个很有价值的创新设计方案,收到了令人满意的效果。

例如,图 5-1a 所示的纸张分离,经过智力激励法可以得到图 5-1b 所示的八种分离方案。

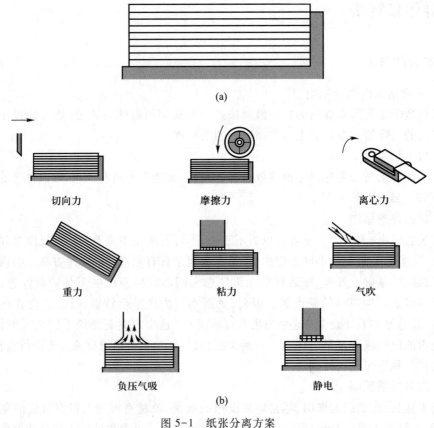

图 5-1　纸张分离方案

2. 智力激励法运用程序

(1) 智力激励会的准备

① 选择会议主持人。合适的会议主持人应熟悉智力激励法的基本原理和召开智力激励会的程序及方法,有一定的组织能力。

②　确定会议主题。由主持者与问题提出者一起分析研究,进一步明确本次会议所议论的主题。由于智力激励法适合解决比较单一的问题,因此对涉及面广或包含因素过多的复杂问题应进行分解,使会议主题目标明确,易于获得方向一致的众多设想。如以"电冰箱的新产品开发"为会议主题,可能设想过于分散,不如将此问题划分为若干子问题,如"电冰箱的功能扩展""电冰箱的结构异样化""电冰箱的外观艺术造型"等,分别召开智力激励会,往往可以达到较好的效果。

③　确定参加会议人选。会议人数以 5~15 人为宜,人员的专业构成要合理。应保证大多数与会者都是该议题的行家,但并非局限于同一专业,而是考虑全面多样的知识结构。尽量选择一些对问题有实践经验的人,这对提高会议的效果有利。

④　提前下达会议通知。

（2）热身活动

智力激励会应安排与会者"热身"活动,目的是使与会者尽快进入"角色"。热身活动所需的时间不长,可根据内容灵活确定。热身活动内容有多种形式,如看一段有关创造的录像,讲一个创造技法灵活运用的小故事,或出几道"脑筋急转弯"之类的题目请大家回答。

（3）明确问题

这个阶段的目的是使与会者对会议所要解决的问题有明确的、全面的了解,以便有的放矢地去创造性思考。这个阶段主要由主持人介绍问题,介绍问题时应注意掌握简明扼要原则和启发性原则。简明扼要原则要求主持人只向与会者提供有关问题的最低数量信息,切忌将背景材料介绍得过多,尤其不要将自己的初步设想也和盘托出;启发性原则指介绍问题时要选择有利于开拓大家思路的方式,例如针对革新一种加压工具的问题,如果采用"请大家考虑一种机械加压工具的改进方案"这种表述方式,就把大家局限在"机械加压"的技术领域,如果改为"请大家考虑一种提供压力的改革方案",则给与会者更广阔的思路。

（4）自由畅谈

这是智力激励会最重要的环节,是决定智力激励法成功与否的关键阶段。这一阶段的要点是想方设法造成一种高度激励的气氛,使与会者能突破种种思维障碍和心理约束,让思维自由驰骋,借助与会者之间的知识互补、信息刺激和情绪鼓励,提出若干有价值的设想。

对于智力激励会的这一实质阶段,与会者必须遵守智力激励法的四条原则。

（5）加工整理

畅谈结束后,会议主持者应组织专人对记录的所有设想进行分类整理,并进行去粗取精的提炼工作,如果能够获得解决问题的满意答案,智力激励会就达到了预期的目的。倘若在加工整理中还有悬而未决的事情,则可以考虑召开下一轮的智力激励会。

例 5-1　清除电线积雪问题的求解。

美国北方,冬季严寒,在大雪纷飞的日子里,电线上积满了冰雪,大跨度的电线常被积雪压断,造成事故。

过去,许多人试图解决这一问题,但都未能如愿。后来,某公司经理决定应用智力激励法寻求解决难题的办法。他在做了一定准备工作之后,召开了智力激励会,让与会者自由畅谈。

有人提出设计一种专用的电线清雪机,有人想到用电热来化解冰雪,也有人建议用振荡技术来清除积雪。后来有人提出能否带上几把大扫帚,乘坐直升机去扫电线上的积雪。对于这个想法,大家心里尽管觉得滑稽可笑,但在会上也无人提出批评。

有一位工程师在百思不得其解时,听到"用飞机扫雪"的想法后,大脑突然受到激励,一种简单可行且高效率的清雪方案冒了出来。他想,每当大雪过后,出动直升机沿积雪严重的电线飞行,依靠高速旋转的螺旋桨产生的气流即可将电线上的积雪迅速扇落。他马上提出用直升机扇雪的新设想,顿时又引起其他与会者的联想,有关"除雪飞机"、"特种螺旋桨"之类创意又被激励出来。

会后,公司组织专家对设想进行了分类论证。专家们从技术经济方面进行比较分析,最后选择了用改进后的直升机扇雪的方案。实践证明,这的确是个好办法。在此基础上,一种专门清除电线积雪的小型直升机也应运而生。

5.1.2　书面集智法

在推广应用智力激励法的过程中,人们发现经典的智力激励法虽然能造成自由探讨、得到互相启发激励的气氛,但也有一些局限性。如有的创造性强的人喜欢沉思,但会议无此条件;会上表现力和控制力强的人会影响他人提出设想;会议严禁批评,虽然保证了自由思考,但难以及时对众多的设想进行评价和集中。为了克服这些局限,许多人针对与会者的不同情况,先后对奥斯本技法进行了改进,形成了基本激励原理不变但操作形式和规则有异的改进型技法。其中最常用的是书面集智法,即以笔代口的默写式智力激励法。实施时人们又常采用"635 法"的模式,即每次会议请 6 人参加,每人在卡片上默写 3 个设想,每轮历时 5 min。

实施"635 法"模式的书面集智法,可采用以下程序:

① 会议的准备。选择对书面集智法基本原理和做法熟悉的会议主持者,确定会议的议题,并邀请 6 名与会者参加。

② 进行轮番默写激智。在会议主持人宣布议题(创造目标)并对与会者提出的疑问解释后,便可开始默写激智。组织者给每人发几张卡片,每张卡片上标上 1、2、3 号,在每两个设想之间留出一定空隙,供他人填写新设想。

在第一个 5 min 内,要求每个人针对议题在卡片上填写 3 个设想,然后将设想卡传递给右邻的与会者。在第二个 5 min 内,要求每个人参考他人的设想后,再在卡片上填写 3 个新的设想,这些设想可以是对自己原设想的修正和补充,也可以是对他人设想的完善,还允许将几种设想进行取长补短式的综合,填写好后再右传给他人。这样,半小时内传递 5 次,可产生 108 条设想。

③ 筛选有价值的新设想。从收集上来的设想卡片中,将各种设想,尤其是最后一轮填写的设想进行分类整理,然后根据一定的评判准则筛选出有价值的设想。

5.1.3　函询集智法

1. 函询集智的特点

函询集智法又称德尔菲法,其特点是借助信息反馈,反复征求专家书面意见来获得新的创意。其基本做法是:就某一课题选择若干名专家作为函询调查对象,以调查表形式将问题及要求寄给专家,限期索取书面回答。收到全部复函后,将所得设想或建议加以概括,整理成一份综合表。然后,将此表连同设想函询表再次寄给各位专家,使其在别人设想的激励启发下提出新的设想或对已有设想予以补充或修改。视情况需要,经过数轮函询,往往可以得到许多有价值的新设想。

例 5-2　家用电器新产品开发课题的策划。

某家用电器开发设计研究所为捕捉今后几年的家电新产品开发课题,采用了函询集智法。其具体实施过程大体如下:

① 根据开发要求,选聘了国内外 30 位专家担任函询对象。

② 制订"家用电器新产品开发课题函询表"。表中列出家用电器基本类别,划分出"重点考虑"、"一般考虑"和"暂不考虑"等级别,并对其含义作出相应的说明。

③ 进行轮间反馈。第一轮函询表寄发后,收到 150 个家电产品新设想,将经归纳整理成的 80 个新设想再次进行函询。第二轮函询表收回后,专家们将设想集中到重点考虑的45 个课题。经第三轮函询后,专家把急需开发的重点家用电器产品集中到以下 6 类 20 种。

a. 洗衣机类:模糊洗衣机(带测污传感器的自动洗衣机)、能自动缩短洗涤时间的洗衣机、轻便型洗衣机、超声波洗衣机。

b. 电冰箱类:能贮藏多种物品的电冰箱、贮藏药品和化妆品的电冰箱、间接用电的四门电冰箱。

c. 吸尘器类:无软线型吸尘器、自动行走型吸尘器、天棚用吸尘器、洗澡间用吸尘器。

d. 电熨斗类:无热电熨斗、无软线电熨斗、迅速冷却电熨斗。

e. 炊具类:多功能电饭锅、固体电路微波炉、自动调节功率的微波炉。

f. 保健美容类:微型按摩器、磁波褥、简易净水器。

最后,研究所根据专家反馈的设想,制定出家用电器产品重点研究开发计划。

通过实例可知,函询集智法具有两个特点,也是其优点。首先,它不是把专家召集起来开会讨论,而是用书信方式征询和回答,使整个提出设想的过程具有相对的匿名性;专家相互之间不见面,有利于克服一些心理障碍,便于充分发表新颖意见或独特看法。其次,轮间反馈保证了专家之间的信息交流和思维激励。

此法一般需要较长的时间,专家的设想多是建立在稳重思考的基础上的,因此提出的设想可信度和可行性较好。但由于没有奥斯本智力激励会所提供的那种自由奔放和激励创造的气氛,在设想的新颖性方面可能要逊色一些。

2. 函询集智法的运用程序

① 专家选聘。此项工作是运用这一技法成败的关键。专家类型要精博结合,一般可从部门或系统内外挑选。所选专家必须对函询活动和主题有兴趣,乐意承担任务并能坚持始终。专家人数要根据欲解决问题的性质、规模和要求而定,从几人到几十人不等。

② 函询调查表的编制。调查表是此法运用中的主要信息载体和通道,其质量对结果影响很大。编制调查表要以方便专家为原则。表上所列问题尽可能分门别类,要求明确;表要

简化,便于专家理解和填写;要确定专家应答方式;不要先入为主地诱导专家按自己的设想作答。

③ 函询调查的组织。此阶段是实施技法的实质阶段,函询过程中要创造条件让专家能够自由思考,独立判断,并应注意搞好信息反馈工作。为保证函询匿名的特点,只能将整理好的综合设想反馈给专家,同时允许专家在后一轮回答中修改前一轮回答的意见或设想。

④ 设想的加工整理。对专家提出的设想在每一轮之后都要进行加工整理,最后一轮结果的加工整理更需要认真进行。经过统计分类、归纳概括及发展完善,最后评选出可供采用的新设想。

5.2 系统分析法

5.2.1 设问探求法

1. 设问探求的工具和特点

提问能促使人们思考,提出一系列问题更能激发人们在脑海中推敲。大量的思考和系统的检查核对,有可能产生新的设想或创意。根据这种机理和事实,人们概括出设问探求法(或称检核表法)。

创造活动离不开提出问题,但大多数人往往不善于提出问题。有了设问探求法,人们就可以克服不愿提问或不善于提问的心理障碍,从而为进一步分析问题和解决问题奠定基础。能够提出富有新意的问题,其本身就是一种创造。

奥斯本在他的著作《发挥创造力》一书中介绍了为数众多的创意技巧。后来,美国创造工程研究所从这本书中选择 9 个项目,编制出"新创意检核用表",以此作为提示人们进行创造性设想的工具。借鉴这种工具,设问探求法也从以下 9 个方面进行分项检查核对,以促使设计者探求创意。

① 有无其他用途?

现有事物还有没有新的用途? 或稍加改进能扩大它的用途?

② 能否借用?

能否借用别的经验? 有无与过去相似的东西? 能否模仿什么?

③ 能否改变?

意义、颜色、活动、音响、气味、式样、形状等能否作其他改变?

④ 能否扩大?

能否增加什么? 时间、强度、高度、长度、厚度、附加价值、材料能否增加? 能否扩张?

⑤ 能否缩小?

能否减少什么? 再小点? 浓缩? 微型化? 再低些? 再短些? 再轻些? 省略? 能否分割化小? 能否采取内装?

⑥ 能否代用?

能否取而代之？其他材料？其他制造工艺？其他动力？其他场所？其他方法？

⑦ 能否重新调整？

可否更换条件？用其他的型号？用其他设计方案？用其他顺序？能否调整速度？能否调整程序？

⑧ 能否颠倒？

可否变换正负？颠倒方位？反向有何作用？

⑨ 能否组合？

混成品、成套东西是否统一协调？单位、部分能否组合？目的能否综合？创造设想能否综合？

设问探求法在创造学中被称为"创造技法之母"，因为它适合各种类型和场合的创造性思考。它具有以下特点：

① 设问探求是一种强制性思考，有利于突破不愿提问的心理障碍。提问，尤其是提出具有创意的新问题，本身就是一种创造。运用设问探求法的顺藤摸瓜式自问自答，比起随机地东想西想来要规范些，目的性更强些。

② 设问探求是一种多角度发散性思考，广思之后再深思和精思，是创造性思考的规律。由于习惯心理，人们很难对同一问题从不同方向和角度去思考。为了广而思之，固然可以进行非逻辑思考或使用别的创造技法，但是使用设问探求法，可以在一定程度上帮助人们克服广思障碍。因为设问探求特点之一是多向思维，用多条提示引导人们去发散思考。如果设问探求中有九个问题，就可以从九个角度帮助人们思考。人们可以把九个思考点都试一试，也可以从中挑选一两条集中精力深思。

③ 设问探求提供了创造活动最基本的思路。创造思路固然很多，但采用设问探求法这一工具可以使创造者尽快地集中精力朝提示的目标和方向思考。

2. 设问探求法运用要点

① 创造对象的分析。创造对象的分析是运用此法的基础。比如进行产品改进设计或新产品的系列开发，就应当分析产品的功能、性能及所处的市场环境。对产品的现状和发展趋势、消费者的愿望、同类产品的竞争情况等信息做到心中有数，以避免闭门造车式的设问思考。

② 探求思考的要求。探求思考是运用技法的核心。进行思考时要注意三个要点：其一，对每一条提问项目视为单独的一种创造技法，如"有无其他用途"可视为"用途扩展法"，"能否颠倒"可视为"逆反思考法"，并按照创造性思维方式进行广思深思；其二，结合其他创造技法运用，如"能否改变"一项，可结合缺点列举法改变事物的缺点，结合特性列举法将事物按特征分解后再思考如何改变；其三，要对设想进行可行性分析，尽可能地探求出有价值的新构思。

例 5-3　自行车的新创意。

以自行车为创新设计对象，运用设问探求法提出有关自行车的新产品概念。

运用设问探求法求解自行车的新概念，结果如表 5-1 所示。

表 5-1 自行车创新设计设问探求表

序号	设问项目	新概念名称	创意简要说明
1	有无其他用途	多功能保健自行车	将自行车改进设计,使之成为组合式多功能家用健身器
2	能否借用	助动自行车	借用机动车传动原理,使之成为助动车
3	能否改变	太空自行车	改变自行车的传统形态(如采用椭圆形链轮传动),设计出形态特殊的"太空自行车"
4	能否扩大	新型鞍座	扩大自行车鞍座,使之舒适,必要时还可贮存物品
5	能否缩小	可折叠自行车	设计各种可折叠的小型自行车
6	能否代用	新材料自行车	采用新型材料(如复合材料、工程塑料)代替钢材,制作轻便型高强度自行车
7	能否重新调整	长度可调自行车	设计前后轮距离可调的自行车,缩小占地空间
8	能否颠倒	可后退自行车	传统自行车只能前进,开发设计可后退的自行车,方便使用
9	能否组合	自行车水泵	将小型离心泵与自行车组合成自行车水泵,方便农村使用
		多人自行车	设计供两人或多人同乘的自行车

5.2.2 缺点列举法

1. 运用缺点列举法的基础

俗话说:"金无足赤,人无完人"。世界上任何事物不可能十全十美,总存在这样或那样的缺点。如果有意识地列举分析现有事物的缺点,并提出改进设想,便可能创造出新的事物,相应的创新技法就称为缺点列举法或改进缺点法。

任何事物总有缺点,而人们总是期望事物能至善至美。这种客观存在着的现实与愿望之间的矛盾,是推动人们进行创造的一种动力,也是运用缺点列举法创新的客观基础。

运用缺点列举法在于发现事物的缺点,挑出事物的毛病。尽管任何事物都有缺点,但是并不是所有的人都会去寻找缺点。人的惰性心理往往造成一种心理障碍,认为现在的事物能达到如此水平和完善程度已差不多了,用不着再去"吹毛求疵""鸡蛋里挑骨头"。既然对现有事物比较满意,也就不愿去发现缺点,更不用说通过改进去创造了。因此,应用缺点列举法时,要有追求卓越的心理基础。

在明确需要克服的缺点后,就要有的放矢地进行创造性思考,并通过改进设计去获得新的技术方案。因此,运用缺点列举法创造还应建立在改进设计的能力基础上。

2. 掌握系统列举缺点的方法

（1）用户意见法

如果列举现有产品的缺点,最好将产品投放市场试销,让用户这个"上帝"提意见,这样获得的缺点对于改进企业产品或提出新产品概念最有参考价值。例如,将普通单缸洗衣机投放市场试销并收集用户意见后,便可列举这种洗衣机的缺点:

① 功能单一,缺乏甩干功能。

② 使用不方便,需要人工进水、排水。

③ 洗净度不高,尤其是衣领、袖口等处不易洗净。

④ 混洗不同颜色的衣物容易造成互相染色。

⑤ 排水速度太慢,肥皂泡沫很难快速排出。

⑥ 衣物易纠结在一起,不易快速漂洗。

……

如果采用用户意见法,事先应设计好用户调查表,以便引导用户列举缺点,同时便于分类统计。

（2）对比分析法

有比较才有鉴别。在对比分析中,很容易看到事物的差距,从而列举出事物的缺点。应用对比分析,首先要确定具有可比性的参照物。比如列举电冰箱的缺点,则应将同类型的多种电冰箱拿来比较。在比较时,还应确定比较的项目。对一般产品来说,主要是功能、性能、质量及价格等方面的比较。

如果产品尚处于设计阶段,应注意与国内外先进技术标准相比较,以发现设计中的缺点,及早改进设计,确保产品的技术先进性。显然,收集和掌握有关技术情报资料是使用对比分析法的前提。

（3）缺点列举会法

召开缺点列举会是充分揭露事物缺点的有效方法。所谓缺点列举会,是一种专挑毛病的定向分析会。应用这种技法的一般步骤如下:

① 由会议主持者根据创造活动需要,确定列举缺点的对象和目标。

② 确定会议人员（一般为 5~10 人）,召开会议,发动与会者根据会议主题尽可能地列举缺点,并将缺点逐条写在预先准备好的小卡片上。

③ 对写在卡片上的缺点进行分类整理,确定主要的缺点。

④ 召开会议研讨克服缺点的办法。

召开缺点列举会时,应注意会议时间不宜太长,一般在一两个小时之内。会议研讨的主题宜小不宜大。可以结合 5.2.4 节介绍的特性列举法针对事物特性列举缺点。

3. 缺点的分析和鉴别

运用缺点列举法的目的不在列举,而在改进。因此,要善于从列举的缺点中分析和鉴别出有改进价值的主要缺点以作为创造的目标。

分析和鉴别主要缺点一般可从影响程度和表现方式两方面入手。

不同的缺点对事物特性或功能的影响程度不同,比如电动工具的绝缘性能差,较之其质量偏大、外观欠佳来说要影响大得多,因为前者涉及人身安全问题。分析鉴别缺点,首先要从产品功能、性能、质量等影响较大的缺点出发,使提出的新设想、新建议或新方案更有实用价值。

在缺点表现方面,既要列举那些显而易见的缺点,更要善于发现那些潜伏着的、不易被人觉察到的缺点。在某些情况下,发现潜在缺点比发现显在缺点更有创造价值。例如,有人发现洗衣机存在着病菌传染的缺点,提出了开发具有消毒功能的洗衣粉的新建议;针对普通洗衣机不能分类洗涤衣物的缺点,开发设计出具有分洗特点的三缸洗衣机。

例 5-4　试列举电冰箱的潜伏式缺点并提出若干创意。

(1) 列举潜伏式缺点

电冰箱的潜伏式缺点可以通过创造性观察和思考来列举,重点在使用电冰箱过程中产生的问题。比如:

① 使用氟利昂,产生环境污染。

② 冷冻生鲜食品带有李斯德氏菌,可引起人体血液中毒、孕妇流产等。

③ 给电冰箱除霜,冰水易使人手的毛细血管及动脉迅速收缩,使血压骤升,造成"寒冷加压"现象,影响健康。

(2) 提出改进缺点的新设想

① 针对上述第一个缺点,进行新的制冷原理研究,开发不用氟利昂的新型冰箱。如国外正研制一种"磁冰箱",这种电冰箱没有压缩机,采用磁热效应制冷,不用有污染的氟利昂介质。其工作原理:以镓等磁性材料制成小珠并填满一个空心圆环,当圆环旋转到冰箱外侧的半个环时受电磁场作用而放出热,转至冰箱内侧的半个环时则从冰箱内吸取热量,如此循环下去,即可保持冷冻状态。

② 针对冷冻食品带菌问题,除从食品加工本身采取措施外,还可研制一种能消灭李斯德氏菌及其他细菌的"冰箱灭菌器",作为冰箱附件使用。

③ 对于"寒冷加压"问题,一方面是告诫血压高的人不要轻率地用手去除霜;另一方面,从自动定时除霜、无霜和方便除霜等角度改进冰箱的性能。

5.2.3　希望点列举法

1. 希望点列举法的定义与特点

希望就是人们心理期待达到的某种目的或出现的某种情况,是人类需要心理的反映。设计者从社会需要或个人愿望出发,通过列举希望点来形成创造目标或课题,该创新技法称为希望点列举法。

例如,工业革命的飞速发展以及都市化进程的加快,在给人类带来高度发达的物质文明的同时,也使地球的资源迅速减少,环境污染日益严重。越来越多的人希望拥有既无污染又有益人体健康的新商品。在这种希望的驱动下,提出了"绿色商品"的新概念,并开发出众多的"绿色商品"以满足人们的"绿色消费"。

所谓"绿色商品",是指那些从生产到使用、回收处置的整个过程符合特定的环境保护要求,对生态环境无害或损害极小,并利于资源再生回收的产品。

根据"绿色消费"这一希望点,人们开发出多种多样的绿色食品和生态产品。

"绿色食品"是安全、营养、无公害食品的总称。罐装矿泉水、野生植物罐头、完全不使用任何除虫剂及化学肥料的蔬菜水果及其制品、纯净的氧气等,都是绿色食品家族中的佼佼者。

"生态产品"是有利于保护生态环境的产品。例如,"生态冰箱"不再使用破坏大气臭氧层的氟利昂,"生态汽车"不再使用污染环境的含铅汽油。

希望点列举法在形式上与缺点列举法相似,都是将思维收敛于某"点"而后又发散思考,最后又聚焦于某种创意。但是,希望点列举法的思维基点比缺点列举法要宽,涉及的目标更广。虽然二者都依靠联想法推动列举活动,但希望点列举法更侧重自由联想,这种技法是一种主动创造方式。

2. 社会需要分析

运用希望点列举法时,虽然只从某个信息基点出发去列举希望,但是这个信息基点的确定不应该孤立地思考,因为创造对象总要受到创造环境的制约和影响。也就是说,在运用该技法确定创造目标时,还应当审时度势,洞察社会希望的发展趋势。

社会需要是一种社会心理状态,是人们各种心理欲望的集合,是人们为了自身的生存和维持社会的发展而对政治、经济、教育、文化、科技等方面产生的追求。

(1) 社会需要的分类

社会需要涉及人类社会的每个角落,因此种类繁多。人们常常按照不同的标准对其分门别类。

① 按照社会需要的性质不同,可以分为物质需要和精神需要。

② 按照社会需要的用途差别,可以分为消费需要和生产需要。消费需要主要体现在人们对各种消费品及相关服务方面的追求;生产需要则指人们为了进行生产对各种产品及相关服务的需要。

③ 按照社会需要产生的时期不同,可以分为现实需要和潜在需要。现实需要是指当前显著存在的需要,而潜在需要是相对现实需要而言的一种未来的需要。潜在需要可能是一种客观存在的但人们尚未意识到的需要,也可能是一种人们已意识到但因种种原因暂不能满足的需要。满足一定的条件后,潜在需要会凸显为现实需要。

(2) 社会需求与创造活动的关系

需要是社会进步和发展的产物,必然随着社会的发展而发展。在人类社会早期,人们的需要比较简单,主要是生理需要和安全需要。随着社会生产力的发展,需要变得越来越复杂,除物质需要不断增长外,还产生了多种多样的精神需要。需要是无止境的,未来人的需要将越来越多。也正是需要的这种动态性,创造活动才随着历史的发展而不断地改变自己的创造对象和创造内容,以满足人类物质文明和精神文明建设的需要。

任何一种需要都不是孤立的,它与别的需要存在一定的关联关系。如果观察一下社会需要的成千上万种产品,对生活消费品的需要是最基本的,而且其产量品种的增加必然推动生产资料产品的改进和增加。例如,人们首先需要衣、食、住、行,就发展了纺织品、食品、住房及交通工具等,然后才考虑生产制造上述产品的纺织机械、食品机械、建筑机械、通用机械等工业设备。也就是说,对消费品的需要必然导致对工业品的需要,而工业品的发展反过来又会促进消费品的生产和开发。这两种需要之间存在着一定的内在联系,即构成"消费需要推动生产需要,生产需要刺激消费需要"的相互作用模式。

无论是对生活消费品,还是对工业品的需要,都存在着一种引申裂变的现象,即一种需要的产生必须导致另外几种需要的出现。

例如,人们对住宅和公共建筑的大量需求,受到城镇用地紧张的制约,于是高层建筑越来越多。高层建筑的出现,必须引申出许多相关产品的创新设计,如高层建筑施工机械的开发设计(塔吊、混凝土输送机等)、高层建筑生活服务设施的开发设计(快速电梯、高楼低压送水器、自动消防器、高楼清扫机等)。

无数的事例表明,只要存在着社会需要,就会驱使人们去进行创造,并用创造成果去满足这种需要。产生需要—创造—满足需要,是社会需要与创造之间最基本的联系,也是社会需要导致创造的动力学基本模式。

在运用希望点列举法时,设计者可以通过各种渠道了解社会需要信息,尤其是与创新设计方面相关的信息。

3. 希望的鉴别

由于多向思维的运用,人们总可以列举出多种希望,为了收敛成少数能形成创造课题的希望点,有必要对人们的希望进行分析鉴别。

(1) 表面希望和内心希望的鉴别

任何一位消费者都有其表面希望和内心希望。在分析关于消费希望的信息资料时,若仅以表面希望来构思课题或方案,容易造成失误。因此,必须谨慎地进行鉴别,以列举出人们心中真正的希望。

例如,有位在医疗技术部门工作的工程师,为了满足残肢人的希望,构思了一种具有套叠伸缩和连续旋转功能的假臂。他满怀信心地告诉残肢人说,戴上他设计的假臂可以伸到几米高的地方,还能以优越于天然手臂的方式使用螺丝刀。谁知残肢人看过他那先进的多功能假臂方案后,竟苦笑一声扬长而去。工程师的设计为什么失误?因为他只了解残肢人的表面希望,以为需要"技术先进的假臂",就在多功能和超人一等方面下功夫,殊不知残肢人内心的真正希望是过正常人的生活,他们需要的是看起来与正常人无异的假肢。

(2) 现实希望和潜在希望的鉴别

在列举的希望中,从时间上看可分为现实希望和未来的潜在希望,二者分别对应现实需求和潜在需求。比如家庭希望安全,汽车需要安全,对防盗产品有需求。因此,防盗锁、防盗门窗等产品大量进入千家万户,这是现实希望的产物。家用保险柜、电脑报警系统等创意或新产品,对普通家庭来说是今后的消费希望,当属潜在希望。

创新设计既可针对现实希望动脑筋,又可抓住潜在希望做文章。前者要审时度势,后者要高瞻远瞩。

(3) 一般希望和特殊希望的鉴别

一般希望是大多数人的希望,特殊希望是少数人的希望。例如,提出"超豪华总统轿车"的设计课题,显然是为了满足特殊希望;提出"小型家用轿车"的设计课题,则是为了满足 21 世纪大多数人的希望。列举希望点搞创造时,应着重考虑一般希望,因为由此形成的创造成果更容易得到社会的认可和接受,相应的市场容量也大一些。

4. 希望点列举会

列举希望可以自己去冥思苦想,也可以召开希望点列举会,发动群体多方面捕捉。有条件时尽可能开会列举,因为大家的聪明才智总比一个人的聪明才智高。

召开希望点列举会的一般步骤与缺点列举会基本相同,只是将思维由"缺点"换成"希望点"而已。

5.2.4　特性列举法

1. 事物的三种特性

特性列举法由美国创造学家克拉福德教授研究总结而成,是一种基于任何事物都有其若干特性,将问题加以化整为零,有利于产生创造性设想等基本原理而提出的创新技法。

比如想要创新一台电风扇,只是笼统地寻求创新整台电风扇的设想,很可能会不知从何下手。如果将电风扇分成各种要素(如电动机、扇叶、立柱、网罩、风量、外形和速度等),然后再逐个地研究改进办法,则是一种促进创造性思考的有效方法。

那么事物的特性怎样才能找到呢? 最基本的方法是将事物按以下三方面进行特性分解:

① 名词特性——整体、部分、材料、制造方法。

② 形容词特性——性质。

③ 动词特性——功能。

在此基础上,就可以对每类特性中的具体性质,或者加以改变,或者加以拓展,即通过创造性思维的作用去探索关于研究对象的一些新设想。

2. 特性列举法运用程序

见第 3 章 3.2 节。

5.2.5　形态分析法

1. 形态分析的特点

形态分析法是一种系统搜索和程式化求解的创新技法。

因素和形态是形态分析中的两个基本概念。所谓因素,是指构成某种事物的特性因子。如工业产品,可以用若干反映产品特定用途的功能作为基本因素,相应的实现各功能的技术手段称之为形态。例如,将"控制时间"作为某产品的一个基本因素,那么"手动控制""机械定时器控制"和"电脑控制"等技术手段,则为相应因素的表现形态。

形态分析是对创造对象进行因素分解和形态综合的过程。在这一过程中,发散思维和收敛思维起着重要的作用。

在创造过程中,应用形态分析法的基本途径是先将创造课题分解为若干相互独立的基本因素,找出实现每个因素要求的所有可能的技术手段(形态),然后加以系统综合而得到多种可行解,经筛选可获得最佳方案。

2. 形态分析法的运用程序

① 因素分析。因素分析就是确定创造对象的构成因素,它是应用形态分析法的首要环节,是确保获取创造性设想的基础。分析时,要使确定的因素满足三个基本要求:一是各因素在逻辑上彼此独立;二是在本质上是重要的;三是在数量上是全面的。要满足这些要求,一方面,要参考创造对象所属类别的技术系统,包含哪些共同的子系统或过程,哪些是可能影响最终方案的重要因素;另一方面,要与可能的方案联系起来理解因素的本质及重要性。这就要求必须预先在性质上能感觉到经过聚合所形成的全部方案的粗略结构,这需要丰富的经验和创造性的发挥。

如果确定的因素彼此包含或不重要,就会影响最终综合方案的质量,且使数量无谓增加,为评选工作带来困难。如果不全面,遗漏了某些重要因素,则会导致有价值的创造性设想的遗漏。

② 形态分析。即按照创造对象对因素所要求的功能属性列出多因素可能的全部形态(技术手段)。这一步需要发散思维,尽可能列出满足功能要求的多种技术手段,无论是本专业领域的还是其他专业领域的都需考虑。显然,情报检索工作是十分必要的。

③ 方案综合。在因素分析和形态分析的基础上,可以采取形态学矩阵综合表的形式进行方案综合。形态学矩阵综合表如表 5-2 所示,若因素为 A、B、C,对应的形态分别为 3、5、4 个,则理论上可综合出 $3×5×4＝60$ 个方案。如 A1-B2-C3 为一组方案。在全体方案中,既包含有意义的方案,也包含无意义或无法实现的方案。

④ 方案评选。由于系统综合所得的可行方案数往往很大,所以要进行评选,以找出最佳的可行方案。评选时先要制订选优标准,一般用新颖性、先进性和实用性三条标准进行初评,再用技术经济指标进行综合评价,好中选优。

表 5-2　形态学矩阵综合表

因素	形 态				
A	A1	A2	A3		
B	B1	B2	B3	B4	B5
C	C1	C2	C3	C4	

例 5-5　运用形态分析法探索新型单缸洗衣机的创意。

(1) 因素分析

从洗衣机的总体功能出发,分析实现"洗涤衣物"功能的手段,可得到"盛装衣物""分离脏物"和"控制洗涤"等基本分功能,以分功能作为形态分析的三个因素。

(2) 形态分析

对应分功能因素的形态是实现这些功能的各种技术手段或方法。为列举功能形态,应进行信息检索,密切注意各种可行的技术手段与方法。在考虑利用新方法时,可能还要进行必要的试验,以验证方法的可利用性和可靠性。在上述的三个分功能中,"分离脏物"是最关键的功能因素,列举其技术形态或功能载体时,要针对"分离"二字广思、深思和精思,从多个技术领域(机、电、热、声等)去发散思考。

(3) 列形态学矩阵综合表并进行方案综合

经过一系列分析和思考,在条件成熟时即可建立起如表 5-3 所示的洗衣机形态学矩阵综合表。

表 5-3　洗衣机形态学矩阵综合表

因素 (分功能)		形态(功能解)			
		1	2	3	4
A	盛装衣物	铝桶	塑料桶	玻璃钢桶	陶瓷桶
B	分离脏物	机械摩擦	电磁振荡	热胀	超声波
C	控制洗涤	人工手控	机械定时	电脑自控	

利用表 5-3,理论上可组合出 4×4×3＝48 种方案。

(4) 方案评选

方案 1:A1-B1-C1 是一种最原始的洗衣机。

方案 2:A1-B1-C2 是最简单的普及型单缸洗衣机。这种洗衣机通过电动机和 V 带传动使洗衣桶底部的波轮旋转,产生涡流并与衣物相互摩擦,再借助洗衣粉的化学作用达到洗净衣物的目的。

方案 3:A2-B3-C1 是一种结构简单的热胀增压式洗衣机。它在桶中装热水并加进洗衣粉,用手摇动使桶旋转增压,也可实现洗净衣物的目的。

方案 4:A1-B2-C2 所对应的方案,是一种利用电磁振荡原理进行分离脏物的洗衣机。这种洗衣机可以不用洗涤波轮,把水排干后还可利用电磁振荡使衣物脱水。

方案 5:A1-B4-C2 是超声波洗衣机,即考虑利用超声波产生很强的水压使衣物纤维振动,同时借助气泡上升的力使衣物运动而产生摩擦,达到洗涤去脏的目的。

其他方案的分析不再一一列举。

经过初步分析,便可挑选出少数方案作进一步研究。为了便于进行技术及经济分析,对选中的方案应设计出基本原理图。图 5-2 所示为超声波洗衣机的基本原理。工作时,先在洗衣桶 1 内放入要洗的衣物和洗衣粉,并注入适量的水。然后启动电磁式气泵 4,压力风经气泵送气管 5、风量调节器 7和送气管 6 到达桶底部的空气分散器 2,产生微细气泡,并在桶内上升。微细气泡相互碰撞,当逸出

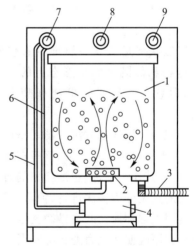

图 5-2　超声波洗衣机原理

1—洗衣桶;2—空气分散器;3—排水管;

4—电磁式气泵;5—气泵送气管;

6—送气管;7—风量调节器;

8—转换旋钮;9—定时器

水面时破裂。气泡破裂时产生 50～30 000 Hz 的超声波,尤其是20 000 Hz 以上的超声波可以产生很强的水压,使衣物纤维振动,产生洗涤作用,在超声波乳化作用的短时间内,衣物上的油脂或污垢被分离。同时,气泡上升的力将产生一个从中央向外侧的回水流使衣物相互摩擦,并加强衣物与洗涤剂接触,强化洗涤功效。风量调节器具有两个作用:一是根据洗涤衣物种类和数量调节风量,二是通过送气管控制洗衣桶内产生的气泡。转换旋钮 8 用来控制安装在排水管 3 内的阀门,进行洗涤和排水两个工作状态的转换。定时器 9 用以控制洗衣机工作时间。根据超声波洗衣机的工作原理可知,由于桶内没有转动部件,所以衣物磨损轻,工作时无噪声,节水节电,洗净度高。

5.3　联想类比法

5.3.1　联想法

联想是从一个概念想到其他概念,从一个事物想到其他事物的心理活动或思维方式。联想思维由此及彼、由表及里,形象生动、无穷无尽。

每个正常人都具有联想本能。世间万物或现象间存在着千丝万缕的联系,有联系就应有联想。联想犹如心理中介,通过事物之间的关联、比较、联系,逐步引导思维趋向广度和深度,从而产生思维突变,获得创造性联想。

联想不是想入非非,而是在已有的知识、经验之上产生的,它是对输入头脑中的各种信息进行加工、置换、连接、输出的思维活动,当然其中还包含着积极的创造性想象。联想是创造性思维的重要表现形式,许多创造发明均发端于人脑的联想。

1. 相似联想

相似联想是从某一思维对象想到与它具有某些相似特征的另一思维对象的联想思维。这种相似既可能是形态上的,也可能是空间、时间、功能等意义上的。把表面差别很大,但意义上相似的事物联想起来,更有助于将创造思路从某一领域引导到另一领域。

传统的金属轧制方法如图 5-3a 所示,两轧辊反向同速转动,板材一次成形。采用这种方法,由于一次压下量过大,钢板在轧制过程中极易产生裂纹。日本一技术员看到用擀面杖擀面时,由其连续渐进、逐渐擀薄的过程产生联想,从而发明了行星轧辊,如图 5-3b 所示,使金属的延展分为多次进行,消除了钢材裂纹现象,并获得专利。

美国工程师斯潘塞在做微波空间分布情况的试验时,发现衣兜内的巧克力被融化。常温下什么原因使巧克力融化呢? 斯潘塞分析是微波使巧克力内部分子发生振荡,从而产生热能。他由此联想到,微波能融化巧克力,一定也会使其他食品由于内部分子振荡而受热,通过联想发明了微波炉。

为提高汽油在气缸中的燃烧效率,必须使汽油与空气均匀混合。美国工程师道立安看到用喷雾器往身上喷洒香水形成均匀雾状的形态而联想到使空气和液体均匀混合的方法,从而发明了汽车化油器。

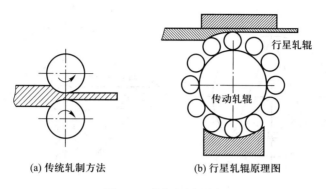

(a) 传统轧制方法　　　　　(b) 行星轧辊原理图

图 5-3　轧钢机原理图

　　绳梯扭曲能变短,根据这一现象,人们巧妙地将其简单的原理应用于实际机构中。图 5-4 所示就是一种利用纤维连杆将双向转动或摆动变换成直线往复运动的执行元件。当主动件双向转动时,通过齿轮 2、3 和 4,在使纤维连杆 5 缩短的同时,使连杆 6 伸长,从而带动从动件 7 作直线往复运动,件 8 起补偿作用。这种执行元件具有传递柔软运动的特征,将会有多种用途。

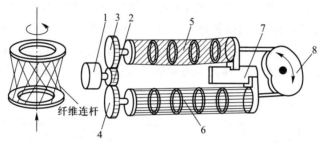

图 5-4　绳梯式柔软执行元件
1—动力源;2、3、4—齿轮;5、6—纤维连杆;7—从动件;8—补偿器

　　由"同弧所对圆周角等于圆心角的一半"这一数学定理,人们创造出倍角机构,如图 5-5 所示。此机构当输入杆 1 转过 β 角时,输出杆 2 便有 2β 角的运动输出。但需满足一定的几何条件,即 A、B 两点应位于以 O 为圆心、OC 为半径所确定的圆周上。该机构构造简单,制造容易,价格低廉,可广泛用于仪器仪表中这个机构所运用的定理可以说是人所共知,但能否将其灵活运用于机构运动学之中,发明出这种倍角机构,就需要人的创造性联想了。

　　图 5-6 所示为利用陀螺效应的磨削装置。装有工件 3 和飞轮 7 的轴 4 高速转动,且能绕一个定点旋转进给,相当于陀螺自转轴,与玩具陀螺极为相似。根据陀螺效应,这种在外力矩作用下高速转动的陀螺转子,必然有相应的进给角速度,并产生相应的陀螺力矩,作用在对陀螺转子施加外力的其他物体上。电动机 1 驱动旋转磨轮 2,磨轮 2 置于进给轴 OO 与轴 4 之间的适当位置上,且与安装在轴 4 端部的工件 3 接触。这样,工件 3 一方面在电动机 9 驱动下绕其自身的轴线(陀螺自转轴)转动,另一方面由于陀螺效应而产生的陀螺力矩致使工件与磨轮之间产生陀螺压力,使工件一边绕着磨轮 2 运动,一边跟踪并压向磨轮,从而实现自动磨削。该装置在使用中几乎不需要手工操作。夹角 θ 与飞轮自转速度及质量分布

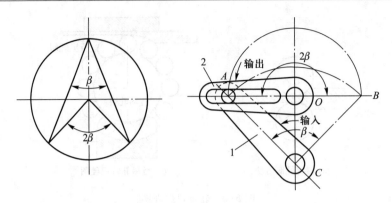

图 5-5　倍角机构

1—输入杆；2—输出杆

等因素有关。两台电动机同向运转可提高磨削速度。通过升高或降低轴 4 上飞轮 7 的位置以及改变电动机 9 的速度和飞轮的惯性矩均可调整工件压到磨轮上的压力。浸在稠油中的制动轮 5 用来防止轴 4 绕磨轮旋转进给过快。6 为容器，8 为同速联轴器。

　　图 5-7 所示为液面升降自动记录仪。它将重锤 2 与浮子 1 利用浮力的平衡原理以及将回转运动变换成直线运动的运动变换原理加以联想和扩展，并使两者巧妙组合，从而发明出简单可靠的记录仪。浮子 1 的升降转变为小齿轮 3 的转动，从而带动固接有记录笔的齿条 4 移动，在钟表发条机构 5 驱动下作匀速转动的卷筒纸上就可得到液位升降记录。

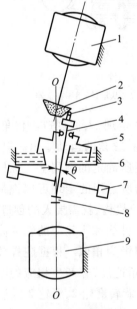

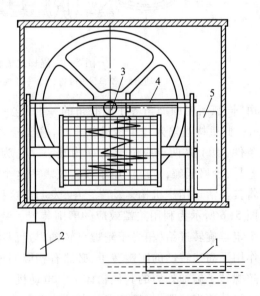

图 5-6　陀螺磨削装置　　　　　图 5-7　液面升降自动记录仪

1,9—电动机；2—磨轮；3—工件；　　　1—浮子；2—重锤；3—小齿轮；

4—轴；5—制动轮；6—容器；　　　　4—齿条；5—发条机构

7—飞轮；8—同速联轴器

2. 接近联想

接近联想是从某一思维对象想到与它有接近关系的思维对象的联想思维。这种接近关系可能是时间和空间上的,也可能是功能和用途上的,还可能是结构和形态上的等。

俄国化学家门捷列夫在 1869 年宣布的化学元素周期表仅有 63 个元素。他将其按质量排列后,看到了空间位置的空缺,其空间位置的接近性使他产生了联想,进而推断出空间位置有尚未被发现的新元素,并给出了基本化学元素属性。后来的发现证明,该联想给出的基本化学属性是正确的。

美国发明家威斯汀豪斯一直希望寻求一种同时作用于整列火车车轮的制动装置。当他看到挖掘隧道的驱动风钻的压缩空气是用橡胶软管从数百米之外的空气压缩站送来的现象时,运用接近联想,脑海里立刻涌现了气动刹车的创意,从而发明了现代火车的气动刹车装置。这种装置将压缩空气沿管道迅速送到各节车厢的气缸里,通过气缸的活塞将刹车闸瓦抱紧在车轮上,从而大大提高了火车运行的安全性,至今仍被广泛采用。

3. 对比联想

客观事物之间广泛存在着对立关系,诸如冷与热、白与黑、多与少、高与低、长与短、上与下、宽与窄、凸与凹、软与硬、干与湿、远与近、前与后、动与静等。对比联想就是由事物间的完全对立或存在的某些差异而引起的联想。

由于是从对立的、颠倒的角度去思考问题,因而具有悖逆性和批判性,常会产生转变思路、出奇制胜的良好效果。

1901 年的除尘器只能吹尘,飞扬的尘土令人窒息。英国人赫伯布斯运用对比联想,吹尘不好,吸尘如何? 最终,他发明了带有灰尘过滤装置的负压吸尘器。

一般的槽轮机构,其销子的运动轨迹为一个圆,因此在使用上有一定的局限性,即槽轮的运动时间和静止时间之比受到严格限制。如果销子不作圆周运动,其运动的局限性能否改变? 有人设计了一种销子不作圆周运动的装置。图 5-8 所示为这种特殊的槽轮机构,其销子沿着特定路线移动。链轮 1、2、3、4 由链条 7 驱动,链条 7 上装有销子 6,槽轮 5 上有两条相隔 180°的槽。在该机构中,槽数、销子数及链条长度均可改变,可适用于各种不同的目的,具有很大的灵活性。

众所周知,在曲柄摇杆机构中,即使曲柄匀速转动,摇杆摆动的角速度并不均匀。实际工程中,又常希望摇杆能获得近似均匀的角速度。曲柄摇杆机构是将主动件曲柄的匀速转动变成从动件的变速运动,那么反过来,让变速运动的摇杆作主动件,就可使曲柄作匀速运动,若不作整周转动,即可得匀速摆动。图 5-9a 所示为输出件近似匀速摆动的连杆机构。该连杆机构由两个曲柄摇杆机构对称串联而成,前一机构中变速摆动的摇杆 3 正是后一机构中的主动件。该机构中输出件 1′能够获得 120°～150°摆角的近似匀速摆动,其角速度曲线如图5-9b所示。

图 5-10 所示为旋转式真空泵示意图。当偏心转子按图示方向转动时,一端吸入空气,则成为旋转式真空泵;另一端排出空气,则成为旋转式压缩机。这就是利用进与出的对比联想。再进一步,改变其能量进出关系,即不驱动转子,而将气流作为动力源,则在转子上获得机械回转动能。

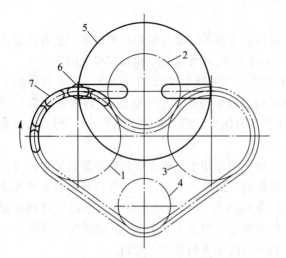

图 5-8　销子不作圆周运动的槽轮机构
1、2、3、4—链轮；5—槽轮；6—销子；7—链条

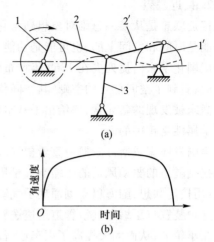

(a)

角速度

O　　　时间
(b)

图 5-9　从一个转动曲柄得到近似均匀
角速度的摆动机构
1、1′—输出件；2、2′—连杆；3—摇杆

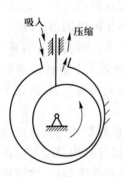

吸入　压缩

图 5-10　旋转式真空泵
示意图

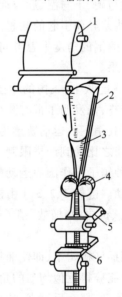

图 5-11　制袋充填
封口机示意图
1—卷筒薄膜；2—对折器；3—料斗；
4—纵封辊；5—横封机构；6—裁切机构

　　根据物理学中的相对运动原理,将"运动"与"静止"进行对比联想并相互转换,常能产生情理之中、意料之外的效果。在图 5-11 所示的制袋充填封口机中,卷筒薄膜 1 经导辊至薄膜对折器 2 后,被纵向对折,然后由等速回转的纵封辊 4 加压热合呈连续圆筒状,并被牵引连续向下。物料经料斗 3 进入已由横封机构 5 封底的筒状袋内。横封

机构 5 既可完成前一袋的封口,也可完成后一袋的封底。裁切机构 6 切开连续的物料袋,物料袋靠自重落入回收部。在此机构中,薄膜对折器固定不动,而卷筒薄膜连续运动,这种相对运动原理的应用使制袋机构大为简化,工作可靠性大大提高,已广泛用于包装机械中。

4. 强制联想

强制联想法是综合运用联想方法而形成的一种非逻辑型创造技法,是由完全无关或亲缘较远的多个事物牵强附会地找出其联系的方法。

强制联想有利于克服思维定式,特别是有利于发散思维,罗列众多事物,再通过收敛思维分析事物的属性、结构,将创造对象与众多事物的特点强行结合,能够产生众多奇妙的联想。例如,椅子和面包之间的强制联想,能引发出面包—软—软乎乎的沙发,面包—热—局部加热的保健椅(如按摩椅、远红外保健椅)等。

电子表的基本功能是计时,但和小学生强制联想后,则开发出小学生电子表,其功能也得到了开发和扩展,如当秒表用,当计步器用,节日查询、预告,课程表存储,特别日期特别提示等。

建筑师萨里受委托在纽约肯尼迪机场设计一座建筑。柚子那漂亮的外壳使他联想到了与之风马牛不相及的建筑,因而设计出了完全流线型式样的世界一流建筑。

5.3.2　类比法

比较分析两个对象之间某些相同或相似之点,从而认识事物或解决问题的方法,称为类比法。

类比法以比较为基础,将陌生与熟悉、未知与已知相对比,这样由此物及彼物,由此类及彼类,可以启发思路,提供线索,触类旁通。

采用类比法的关键是本质的类似,但是要注意在分析事物间本质的类似时,还要认识到它们之间的差别,避免生搬硬套,牵强附会。

类比法需借助原有知识,但又不能受之束缚,应善于异中求同、同中求异。

创造性的类比思维不是基于严密的推理,而是基于自由想象和构思。类比对象间的差异愈大,其创造设想才愈富新颖性。

1. 拟人类比

拟人类比是将人设想为创造对象的某个因素,设身处地想象,从而得到有益的启示。

拟人类比将自身思维与创造对象融为一体。在处理人与人的关系时,设身处地地为他人考虑问题;以物为创造对象时,则投入感情因素,将创造对象拟人化,把非生命对象生命化,体验问题,产生共鸣,从而激发出某些无法感知的设想。

例如,比利时布鲁塞尔的某公园,为保持洁净、优美的园内环境,采用拟人类比法对垃圾桶进行改进设计,当把废弃物"喂"入垃圾桶内时,让它道声"谢谢",由此使游人兴趣盎然,主动捡起垃圾放入桶内。

2. 直接类比

将创造对象直接与相类似的事物或现象作比较,称为直接类比。

直接类比简单、快速,可避开盲目思考。类比对象的本质特征愈接近,则成功率愈大。比如,由天文望远镜制成了航海、军事、观剧以及儿童望远镜,不论它们的外形及功能有何不同,其原理、结构完全一样。

物理学家欧姆将电与热的流动特征进行直接类比,把电势比作温度,把电流总量比作一定的热量,首先提出了著名的欧姆定律。

瑞士著名科学家皮卡尔本来是研究大气平流层的专家。在研究海洋深潜器的过程中,他分析海水和空气都是相似的流体,因而进行直接类比,借用具有浮力的平流层气球结构特点,在深潜器上加了一只浮筒,在其中充满质量轻于海水的汽油,使深潜器借助浮筒的浮力可以在任何深度的海洋中自由行动。

图 5-12 所示为一个简单的函数机构,由螺杆、螺母、滑块和滚子组成。螺母的外表是一个凸轮体。当螺杆转动时,装在螺杆上的凸轮块形螺母水平移动,从而迫使滚子及滑块在垂直方向移动。不同的凸轮曲线可得到不同规律的滑块运动。有人把螺杆变成车床上的丝杠,滑块部分变成车床的进刀架,此机构摇身一变成为仿形机床的主体机构。函数机构与仿形机床原来是毫不相干的两件事,运用直接类比就将它们联系起来了。

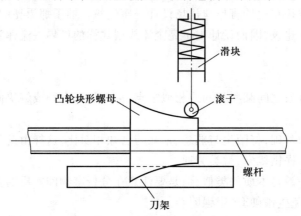

图 5-12 函数机构作为仿形机构

机械工程中,常需改变截面积。照相机中的光圈机构就是改变面积的机构,见图 5-13。与之相类比,可将其应用在有必要改变截面积的机械部分。此时,若使用呆板的机械零件组成放大或缩小机构就比较困难,而巧妙的照相机光圈机构简单、实用,令人感叹。

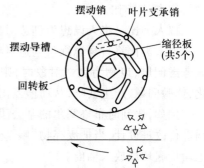

图 5-13 光圈的变径(面积可变机构)

现有阶梯面运行机构通常是绕一回转轴转动的两叉或三叉机构,且叉端各装有一自由转动的滚轮(图 5-14a)。通过推拉车架使分叉构件转动,从而使各滚轮交替在垂直面和水平面上接触滚动,以实现在阶梯面的上下运动。对机构进行运动和动力分析后发现,由

于叉架中心 O 的轨迹和拉力大小均呈周期性变化,因而现有阶梯面运行机构存在着运行不平稳、有冲击、推力较大且不稳定等问题,甚至还有可能跌落。

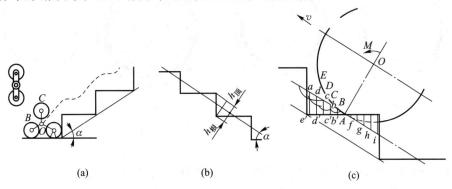

图 5-14　阶梯面运行装置的分析

　　同济大学机械与能源工程学院的教师运用直接类比法,将阶梯视为一种特殊参数的齿条,滚轮则视为能与之相啮合的齿轮。取阶梯的中部倾斜线作为齿轮与齿条相啮合的节线,为使齿形车轮结构紧凑,取齿数 $z=4$。根据阶梯的垂直面高度及水平面宽度确定齿形车轮的其他参数,如周节、齿顶高、齿根高、模数等(图 5-14b)。齿形车轮的轮廓曲线则根据瞬心包络线原理特殊绘制确定,并进行适当修正(图 5-14c)。这种具有特殊轮廓的四齿啮合式车轮阶梯面运行装置的运行轨迹基本上是一条倾斜直线,犹如在光滑斜面上运行,省力且推力恒定,运行平稳、可靠,噪声小。这种新型阶梯面运行装置结构简单(图5-15),可广泛用于自行车、童车、残疾人用车、货运车等。

　　我国定型生产的自行车涨闸因其制动效果差等因素,与国际名牌产品有一定差距。用较小的扩张力获得较大的制动摩擦力矩自然成为人们追求的目标。西南交通大学教师运用直接类比,借鉴汽车上使用的增力鼓式制动器的制动原理,使自行车涨闸的制动性能有了很大提高。

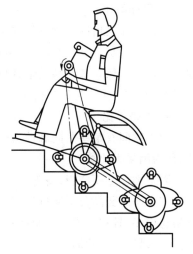

图 5-15　新型阶梯面运行装置

　　图 5-16a 所示为普通自行车涨闸结构简图。3 为闸壳,1 为紧蹄,2 为松蹄。紧蹄产生的摩擦力矩可使该蹄贴紧闸壳,松蹄产生的摩擦力矩又可使该蹄脱开闸壳。扩张凸轮 4 作用在紧蹄上的单位扩张力产生的摩擦力矩大于作用在松蹄上的单位扩张力产生的摩擦力矩。

　　图 5-16b 所示为汽车上使用的单向增力鼓式制动器结构简图,其左、右蹄均为紧蹄,左蹄的扩张依靠右蹄下端的推动,而推动力 F 一般是扩张力 F_P 的 2~3 倍,故左蹄的制动力矩是右蹄的 2~3 倍,从而产生"增力"效果。将这种原理引进到自行车涨闸中便形成了单向增力式涨闸。在最大制动力矩相同的条件下,比较两种类型涨闸手握制动力的大小,即可看出其制动性能提高的幅度。

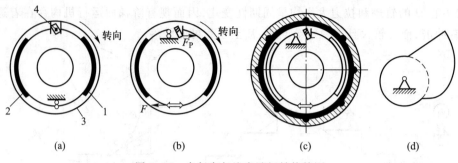

(a)　　　　　(b)　　　　　(c)　　　　　(d)

图 5-16　自行车与汽车涨闸结构简图

　　要创造性解决问题还需要人们运用所掌握的各种知识、技能,突破常规,以挑剔的目光寻找可以改进创造的地方。自行车涨闸的设计者利用系统工程思想,除引进增力制动原理外,又从结构方面对现有涨闸做了较大改进,即将摩擦片内置于制动鼓内(图 5-16c),这种方法基本解决了普通涨闸的摩擦片磨损过快而导致制动性能下降的问题;同时利用优化方法进一步设计了结构参数,即采用渐开线扩张凸轮(图 5-16d),明显改善了涨闸磨损后的可补偿性。新型涨闸在制动性能、寿命、磨损补偿性方面均有很大提高,明显优于国外同类产品,并荣获第四届全国发明展览会铜奖。

　　3. 象征类比

　　象征类比是借助事物形象和象征符号来表示某种抽象的概念或思维感情。

　　象征类比是直觉感知,并使事物的关键问题得以显现和简化。此法多用于文学作品和建筑设计中。像玫瑰花喻爱情,绿色喻春天,火炬喻光明,日出喻新生等;纪念碑、纪念馆要赋予"宏伟""庄严"的象征格调;音乐厅、舞厅则要赋予"艺术""幽雅"的象征格调。

　　4. 因果类比

　　两事物间有某些共同属性,根据一事物的因果关系推出另一事物的因果关系的思维方法,称为因果类比法。

　　因果类比需要联想,要善于寻找过去已确定的因果关系,善于发现事物的本质。

　　广东海康药品公司通过研究发现,牛黄生成的机理是因为混进胆囊内的异物刺激胆囊分泌物增多,日积月累形成胆结石。他们联想到河蚌育珠的过程,运用因果类比,在牛的胆囊内植入异物,果然形成胆结石——牛黄。

　　加入发泡剂的合成树脂,其中充满微小孔洞,具有省料、轻巧、隔热、隔声等良好性能。日本的铃木运用因果类比,联想到在水泥中加入发泡剂,结果发明了一种具有同样优良性能的新型建筑材料——充气混凝土。

5.3.3　仿生法

　　从自然界获得灵感,再将其应用于人造产品中的方法,称为仿生法。

　　自然界有形形色色的生物,漫长的进化使其具有复杂的结构和奇妙的功能。人类不断地从自然界得到启示,并将其原理应用于生活中。

　　仿生法具有启发、诱导、拓宽创造思路之功效。运用仿生法向自然界索取启迪,令人兴趣盎然,而且涉猎内容相当广泛。从鸟类想到飞机,从蝙蝠想到雷达,从锯齿状草叶想到锯子,千奇百态的生物,精妙绝伦的构造,赐予人类无穷无尽的创造思路和发明设想,吸引人们不断去研究、模仿,进行新的创造。自然界不愧为发明家的老师,探索者的课堂。

　　仿生法不是自然现象的简单再现,而是将模仿与现代科技手段相结合,设计出具有新功能的仿生系统。这种仿生存在于创造性思维的全过程中,它是对自然的一种超越。

　　1. 原理仿生

　　模仿生物的生理原理而创造新事物的方法称为原理仿生法。比如模仿鸟类飞翔原理的各式飞行器、按蜘蛛爬行原理设计的军用越野车等。

　　蝙蝠用超声波辨别物体位置的原理使人类大开眼界。经过研究发现,蝙蝠的喉内能发出十几万赫兹的超声波脉冲。这种声波发出后,遇到物体就会反射回来,产生报警回波。蝙蝠根据回波的时间长短确定距障碍物的距离,根据回波到达左、右耳的微小时间差确定障碍物的方位。人们利用这种超声波的探测原理制造了一系列仪器,用于测量海底地貌、探测鱼群、寻找潜艇、探测物体内部缺陷、为盲人指路等。

　　香蕉皮比梨皮、苹果皮等其他水果皮要滑。人们研究发现,香蕉皮由几百个薄层构成,且层间结构松弛、水分丰富,这就是香蕉皮比其他果皮要滑一些的原因。据此原理,人们发现并应用了具有层状结构的优良润滑材料——二硫化钼。

　　乌贼靠喷水而前进,且十分迅速、灵活。人们模仿这一原理,制成了靠喷水前进的"喷水船"。这种喷水船由柴油机带动轴流泵,轴流泵带动的叶轮先将水吸入,再从船尾的喷水口把水猛烈喷出,靠反作用力推动船体向前行驶。

　　南极终年冰天雪地,行走十分困难,汽车也很难通行。科学家们发现平时走路速度很慢的企鹅,在危急关头,一反常态,将其腹部紧贴在雪地上,双脚快速蹬动,在雪地上飞速前进。由此受到启发,仿效企鹅动作原理,设计了一种极地汽车,使其宽阔的底部贴在雪地上,用轮匀推动,这种汽车能在雪地上快速行驶,时速可达 50 多千米。

　　2. 结构仿生

　　模仿生物结构取得创新成果的方法称为结构仿生法。比如,从锯齿状草叶到锯子。

　　苍蝇和蜻蜓是复眼结构,即在每一个小六角形的单眼中,都有一小块可单独成像的角膜。在复眼前边,即使只放一个目标,但通过一块块小角膜,看到的却是许多个相同的影像。人们仿照这种结构,把许多光学小透镜排列组合起来,制成复眼透镜照相机,一次就可拍出许多张相同的影像。

　　法国园艺家莫尼埃看到盘根错节的植物根系结构使植物根下泥土坚实牢固,雨水都冲不走的自然现象,用铁丝做成类似植物根系的网状结构,用水泥、碎石浇制成了钢筋混凝土。

　　18 世纪初,蜂房独特、精确的结构形状引起人们的注意。每间巢房的体积几乎都是 $0.25\ \mathrm{cm^3}$,壁厚都精确保持在 $0.073\ \mathrm{mm} \pm 0.002\ \mathrm{mm}$ 范围内。如图 5-17 所示,蜂房正面均为正六边形,背面的尖顶处由三个完全相同的菱形拼接而成。经数学计算证明,蜂房的这一特殊的结构具有同样容积下最省料的特点。经研究,人们还发现蜂房单薄的结构具有很高的强度,若用几张一定厚度的纸按蜂窝结构做成拱形板,竟能承受一个成人的体重。据此,人们发明了各种质量小、强度高、隔声和隔热等性能良好的蜂窝结构材料,广泛用于飞机、火箭及建筑上。

船在水中航行时,船身附近的湍流形成巨大阻力,而海豚却能轻而易举地超过开足马力的船只,其奥妙何在? 经过分析发现,除海豚具有流线型体型外,其特殊的皮肤结构还具有优良的减小水的阻力的作用。海豚皮肤分内、外两层(图5-18a),外层薄且光滑柔软,内层为脂肪层,厚且富有弹性。当海豚游动时,在旋涡形成的压力和振动下,皮下脂肪层呈波

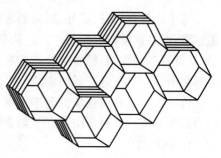

图 5-17 蜂房结构示意

浪式运动(图 5-18b),具有很好的消振作用,一定程度减少了高速运动时产生的旋涡。根据海豚皮肤结构的特点,制造了一种"人造海豚皮"(图 5-18c)。这种"人造海豚皮"厚3.5 mm,由三层橡胶组成。外层厚 0.5 mm,质地光滑柔软,好像海豚皮外层;中层厚 2.5 mm,有许多橡胶乳头,乳头之间充满黏滞硅树脂液体,富有弹性,好像吸振的脂肪层;里层厚0.5 mm,为支承层。将这种"人造海豚皮"覆盖在鱼雷或船体上,可减小 50% 的阻力,从而能使船速显著提高。

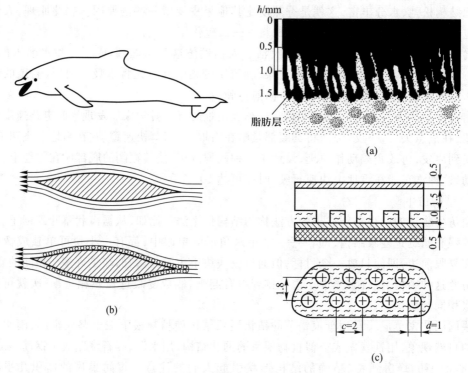

图 5-18 海豚皮肤仿生示意图

3. 外形仿生

研究模仿生物外部形状的创造方法称外形仿生法。例如,从猫、虎的爪子想到在奔跑中

急停的钉子鞋,从鲍鱼想到的吸盘等。

鲸鱼死后,仍保持浮游体态的现象令人百思不得其解。苏联科学家经研究发现,这正是鲸鱼身上的鳍在起作用。仿照其外形结构,他们在船的水下部位两侧各安装十个"船鳍",这些鳍和船体保持一定的角度,并可绕轴转动。当波浪致使船身左右摇摆时,水的冲击力就会在"船鳍"上分解为两个分力,其一可防摇扶正,其二可推动船舶前行。因此,"船鳍"不仅减少了船舶倾覆的危险,而且还具有降低驱动功率、提高航速的作用。

传统交通工具的滚动式结构难以穿越沙漠。苏联科学家模仿袋鼠行走方式,发明了跳跃运行的汽车,从而解决了用于沙漠运输的运载工具。

对爬越 45°以上的陡坡来说,坦克也只能望洋兴叹。美国科学家模仿蝗虫行走方式研制出六腿行走式机器人,它以六条腿代替传统的履带,可以轻松地行进在崎岖山路之中。

4. 信息仿生

通过研究、模拟生物的感觉(包括视觉、嗅觉、听觉、触觉等)、语言、智能等信息及其存储、提取、传输等方面的机理,构思和研制新的信息系统的仿生方法,称为信息仿生法。

狗鼻子的嗅觉异常灵敏,人们据此发明了电鼻子。这种电鼻子是集智能传感技术、人工智能专家系统技术及并行处理技术等高科技成果于一体的高自动化仿生系统。它由 20 种型号不同的嗅觉传感器、一个超薄型微处理芯片和用来分析气味信号并进行处理的智能软件包组成。它使用一个小泵把地面的空气抽上来,使之流过这 20 种传感器表面,传感器接收到微量气味后,形成相应的数字信号送入微处理器,微处理器中的专家系统对这些数字信号进行比较、分析和处理,将结果显示在屏幕上。电鼻子目前主要应用于军事领域,如利用电鼻子可寻找藏于地下的地雷、光缆、电缆及易燃易爆品和毒品等。电鼻子并不是狗鼻子的简单再现,其灵敏性、耐久性和抗干扰性远远超过狗鼻子,应用前景十分广阔。

响尾蛇的鼻和眼的凹部对温度极其敏感,能对千分之一度的温度变化作出反应,因此,响尾蛇能轻易觉察到身边其他事物的存在。据此原理,美国研制出对热辐射非常敏感的视觉系统,并将其应用于"响尾蛇"导弹的引导系统。

科学家们通过大量试验发现,青蛙只对运动的物体有反应,对静止的物体则视而不见。对于运动的物体,也只是对它喜欢吃的昆虫或者与要吃掉它的飞禽及其他天敌的形状相似的物体才起反应。这表明,青蛙对落在视网膜上的影像并不是全部向大脑反馈,而是集中注意那些具有特定形状而且相对于背景运动的物体。那么,青蛙的眼睛采用什么方法对视网膜图像进行分析呢? 研究表明,蛙眼视觉细胞的作用不尽相同,基本上可分为五类,每类细胞只对景物的某一特征起反应。因此,各类视觉细胞分别对视网膜图像进行严格分析,分别抽取出不同的特征,这样一个复杂的图像就分解成五种易于辨别的简单特征,使青蛙能够很快地发现和识别目标。

人们根据蛙眼的视觉原理,制成了"电子蛙眼"。这种电子蛙眼由电子元器件制成,可准确识别形状一定的物体。在雷达系统里,可提高雷达的抗干扰能力,有效地识别目标;在机场可监视飞机的起落;可根据导弹的飞行特性识别其真伪;在人造卫星发射系统内,可对信息进行识别抽取,既可减少信息发送量,又可削弱远距离信号传输的各种干扰等。

象鼻虫的复眼具有很高的时间分辨本领。每个小眼观察周围景物时,顺次得到自己的

"观测数据",并由此计算出自身相对于其他物体的速度。因此,象鼻虫总能自动控制飞行速度。据此原理,科学家们研制成功了一种电子测速仪器——飞机地速计。这种地速计由光电接收器、测高仪、计算机及显示装置等组成,主要模仿了两个小眼顺次接收信号的机能原理。

人们最初发现,有时尽管海上风平浪静,但浅水处的水母却突然纷纷游向深海,随之而来的便是狂风暴雨。科学家研究发现,水母"耳"腔内有一带小柄的球,在 8～13 Hz 风暴频率传来时,振动并刺激"耳"神经,于是它能比人类更早感受到即将来临的风暴。据此原理,人们发明了风暴预警器(图 5-19),它可提前 15 h 作出风暴预报。

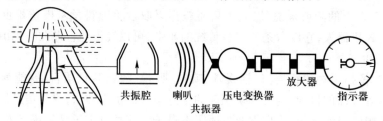

图 5-19　风暴预警器

5. 拟人仿生

通过模仿人体结构功能等进行创造的方法称为拟人仿生法。人体本身就是一架包罗万象的最精密的超级机器。人类对自身的研究深入且精细,对人体各部位、器官、组织的结构、机理、机能等都有较深刻的研究和了解。应该说,人类最了解的莫过于自身。所以,拟人仿生法具有素材丰富、潜力巨大、应用广泛的研究前景。

人脑头盖骨由八块骨片组成,形薄、体轻,却非常坚固。罗马体育馆的设计师将人脑头盖骨的结构、性能与体育馆的屋顶进行类比,成功地建造了著名的薄壳建筑——罗马体育馆。

例 5-6　仿生手指机构。

在仿生手指机构(图 5-20)的设计中,为模仿人的握拳运动,追求较好的仿生效果,保证握物的可靠性,要求各指节的运动姿态满足仿生要求。通过对正常人手动作的实地测量或利用高速摄影并仔细观察其动作过程可以看出:①指端点 S 呈现一定的运动轨迹;②在握拳过程中各指节间的角度按某种规律变化,如图 5-20a、b 所示。将其变化采集下来并将该变化关系以数学形式表示出来,作为机构设计的逼近目标。

根据对中等手型中指的实测结果的数据统计,所设计的手指机构应逼近的手指运动规律表达式如下:

① 各指节倾角 θ_i 之间的关系应满足仿生姿态要求,即

$$\begin{cases} \theta_2 = 2.45\theta_1 \\ \theta_3 = 3.35\theta_1 \end{cases} \quad (\theta_1 \leqslant 42.5°) \tag{5-1}$$

$$\begin{cases} \theta_2 = 2\theta_1 + 19.125° \\ \theta_3 = 3.35\theta_1 \end{cases} \quad (\theta_1 > 42.5°) \tag{5-2}$$

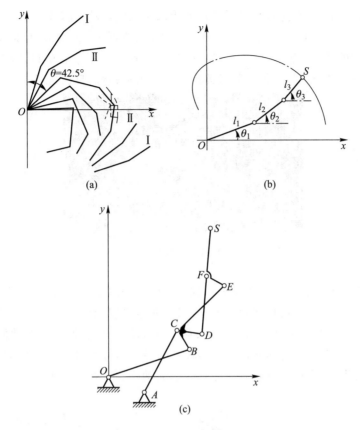

图 5-20　仿生手指机构

② 指端点 S 的运动轨迹应逼近

$$\begin{cases} x_S = 50\cos\theta_1 + 29\cos 2.45\theta_1 + 24\cos 3.35\theta_1 \\ y_S = 50\sin\theta_1 + 29\sin 2.45\theta_1 + 24\sin 3.35\theta_1 \end{cases} \quad (5° \leqslant \theta_1 \leqslant 42.5°) \tag{5-3}$$

$$\begin{cases} x_S = 50\cos\theta_1 + 29\cos(2\theta_1 + 19.125°) + 24\cos 3.35\theta_1 \\ y_S = 50\sin\theta_1 + 29\sin(2\theta_1 + 19.125°) + 24\sin 3.35\theta_1 \end{cases} \quad (42.5° < \theta_1 \leqslant 80°) \tag{5-4}$$

从以上分析可以看出,要再现人的握拳动作,应采用关节式的手指机构。利用四杆机构来实现多关节运动是很困难的,必须采用多杆机构,一般可选用六杆机构,如选用具有双交叉环的六杆机构作为手指机构,见图 5-20c。第一交叉环 $OACB$ 用以模拟手指的近节指骨,第二交叉环 $CDFE$ 用以模拟中节指骨,连杆的延长端 FS 用以模拟远节指骨,构成仿生关节式手指机构。该机构实为两个交叉摇杆机构,即可实现模拟指骨内曲姿态的仿生要求。根据对手指运动规律的设计要求可按机构综合的方法进行具体设计,并可通过优化设计方法逼近指端轨迹和指节的运动姿态。

随着科学技术的不断进步,具有各种功能的机器人逐渐进入了人们的生活。机器人的机体、信息处理部分、执行部分、传感部分、动力部分相当于人的骨骼、头脑、手足、五官、心脏。比如智能机器人,有进行记忆、计算、推理、思维、决策等的电脑,有感觉识别外界环境的视觉、听觉、触觉等系统,有能进行灵活操作的手以及完成运动的脚等。

如图 5-21 所示为 2017 年美国公布的波士顿动力机器狗 SpotMini,可以实现开门动作,伸出会上下扭动的手臂,抓住门把手下拉开门,并且这只有了手臂的机器狗不只是打开了门,而且还绅士一样扶着门,让另一只机器狗从门内出去,然后自己再过去。

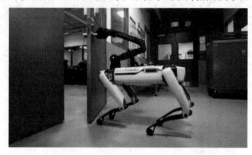

图 5-21　波士顿动力机器狗

又如图 5-22 所示为 2018 年美国公布的波士顿动力最新机器人,开始学会在凹凸不平的户外草地和荒地上奔跑,而且跑起来不仅快,还非常平稳(图 5-22a)。奔跑过程中,机器人遇到一段横在地上的木头,它可以跳过去(图 5-22b)。该机器人具有功能强大的感知、决策和导航系统,可有效应对和处理户外环境中的各种不可控因素。此外,波士顿动力的机器人还能够完成跳跃、旋转以及后空翻等一连串的动作,每次完成动作后还能站稳,宛如一名体操运动员。

(a) 奔跑　　　　　　　　　　　　　　(b) 跳跃

图 5-22　波士顿动力最新机器人

5.4　转向创新法

5.4.1　变换方向法

创新活动是探索性的实践活动,现代的创新活动通常是有计划、有目的的实践活动,在创新实践活动中,人们按照自己的计划去探索未知世界,按照预想的方法解决那些尚待解决的问题。在实践过程中,人们会发现某些计划、方法在实践中行不通,这时应根据在实践过程中获得的经验和教训及时修正计划、修改方法,继续有效地探索。

1. 变元法

人们在探索某些问题(函数)解的过程中,通常将一些因素固定,探索另外一些因素(变量)对所求解问题的影响,但有时求解的关键因素恰恰在被固定的那些因素当中;由于思考问题的习惯模式的限制,往往把某些影响因素看作是不变的(将变量看作常量),这就限制了求解区域。意识到这一点,在问题求解的过程中通过变换要求解的因素,常可获得意外的结果。这种方法称为变元法。

公元 2 世纪,托勒密提出关于天体运行的系统理论,称为"地心说"。地心说认为地球是宇宙的中心,包括太阳在内的所有星体都绕地球旋转,如图 5-23 所示。但是天文观测表明,行星相对于地球的速度忽快、忽慢、忽进、忽退,为解释行星的运动,托勒密使用了本轮加均轮的模型,即行星在一个较小的圆周(本轮)上运动,本轮的圆心又在较大的均轮上运动(这种模型很像机械中的行星轮系)。这种天体模型符合人们的日常观察习惯,在天文观测精度不高的情况下可以解释观测结果。随着观测精度的提高,人们发现观测数据与托勒密的体系不符,于是不断修正托勒密体系,在原来的体系上再增加新的本轮均轮。到 16 世纪时,经改进的托勒密体系已经拥有 79 个本轮和均轮,其复杂程度令人难以置信。

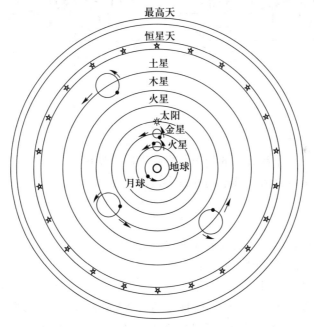

图 5-23　地心说示意图

哥白尼(1473-1543)认真研究了大量的天文观测资料,并进行了 30 多年的天文观测。他发现托勒密的体系太复杂,而且与观测结果不符。如果不是将地球放在宇宙的中心,而是将太阳放在宇宙的中心,则对许多问题的解释就简单多了,他突破了传统的"地心说"的束缚,创立了新的天体理论体系"日心说"。

普通水闸通常沿垂直方向开启与关闭,而英国泰晤士河防潮闸设计为图5-24所示的结构,闸门开启与关闭的操作是通过旋转运动实现的,水对闸的作用力合力通过旋转轴心,高潮位时下游的海水对水闸的作用不会影响水闸的阻水功能。

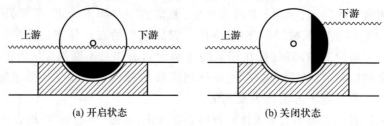

图 5-24　泰晤士河防潮闸结构

压路机通常依靠自身重量实现对路面的压实。图 5-25 所示的振荡式压路机除靠自身重量的作用外,还通过机身的振荡增强碾压效果。在图 5-25a 所示的方案中机身沿垂直方向振荡,振荡对驾驶员的影响较大;图 5-25b 所示方案将机身的振荡方向改在水平方向,既减小了振荡对驾驶员的影响,又增强了碾压效果,使用效果更好。

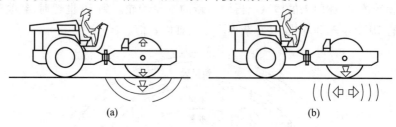

图 5-25　振荡压路机

例 5-7　多级火箭。

应用变元法的一个非常著名的例子是多级火箭的设计。

初速度为零的单级火箭能够达到的最大速度 v 为

$$v = u\ln\frac{m_0}{m}$$

式中,u——喷出的燃料相对于火箭的速度(喷气速度);

　　　m_0——火箭速度等于零时的质量;

　　　m——火箭燃料燃尽时的剩余质量。

目前化学燃料所能达到的最大喷气速度约为 2 500 m/s,这时的燃烧温度在 4 000 ℃ 以上,这为材料选择带来了很大困难,所以提高火箭速度的最有效途径就是提高质量比(m_0/m)。例如,要使火箭达到第一宇宙速度(7 900 m/s),假定燃料喷气速度为 2 000 m/s,则要求质量比约为 50,这在结构设计中很难实现。

科学家齐奥尔科夫斯基突破了火箭壳体的完整性假设,创造性地提出了多级火箭的设计思想。即在一部分燃料燃尽后将装载这部分燃料的壳体扔掉,从而提高了剩余部分的质量比,以此类推。假设原始质量比为 N_1,逐次扔掉壳体后的质量比为 N_2、N_3……,初速度为零的多级火箭能够达到的最大速度 v 为

$$v = u\ln(N_1 N_2 \cdots N_n)$$

如果采用三级火箭,每级的质量比均为 4,火箭即可达到第一宇宙速度。

2. 变理法

设计的目的是为了实现某种功能,而运用很多不同的作用原理可以实现相同或相似的功能,当采用某种作用原理得不到预期的效果时,可以探索其他的作用原理是否可行。

在机械表的设计中,通过擒纵调速机构调整表的走时速度,擒纵调速机构中摆轮的摆动频率成为机械表的时间基准,由于这一频率受到温度、重力、润滑条件等众多因素的影响,因此很难获得长时间稳定运转的时间基准。在人们寻求用其他的工作机理作为时间基准时,发现石英晶体振荡器电路以其极高的频率稳定性可以满足对计时精度的要求,石英电子表采用石英晶体元件作为新的时间基准元件,大幅度地提高了计时精度,同时简化了计时器的结构。

美国发明家卡尔森在从事律师工作中看到复制文件需要花费大量的人力劳动,萌生了发明复印机的设想,但多次试验均遭失败。他冷静地思考失败的原因,并通过查阅大量专利文献,发现以前所有关于复印机的研究都只是试图通过化学方法实现复印,于是他改变研究方向,探索用物理效应实现复印功能,最后应用光电效应发明了现在广泛使用的静电复印机。

远距离信息传递通常将信息转换为电信号,使用电缆作为媒介进行传递,信息传递容量小,抗干扰性差,铺设电缆需要消耗大量有色金属,价格昂贵。现在普遍采用的光缆通信方式以激光束作为信号载体,以光导纤维(玻璃纤维)作为传播媒介,克服了电缆信号传输的缺点,极大地提高了信息的传递能力。

以前的照相机是将光学影像信息记录在底片上,用光学方法进行处理,处理过程中的失真是不可避免的。现在使用的数码照相机是一种利用电子传感器把光学影像转换成电子数据的照相机,有别于传统照相机通过光线引起底片上的化学变化来记录图像。数码相机将图像信号转换为数据文件保存在存储介质上,存储介质既可以记载图像文件,又可以记载影像类文件。提高了图像信息处理的质量和图像信息传递的速度,扩大了照相技术的应用领域。常见的存储介质有 CF 卡、SD 卡、MMC 卡、SM 卡、记忆棒(Memory Stick)、xD 卡和小硬盘(MICRoDRIVE)等。

在平板玻璃的制造中,很长时期内一直采用"垂直引上法",这种方法是将处于半流体状态的玻璃从熔池中向上牵引,通过中间的轧辊间距控制玻璃厚度,玻璃经过轧辊后逐渐冷却凝固。用这种方法制造的平板玻璃不可避免地出现波纹和厚度不均的现象。英国的一家玻璃制造公司发明了一种新的平板玻璃制造工艺——"浮法",这种工艺是使熔融状态的玻璃漂浮在某种处于液态的低熔点金属的液面上,并使其在流动中逐渐凝固。用这种方法制造的平板玻璃不但厚度非常均匀,而且表面没有波纹。这种工艺方法现在被普遍采用。

5.4.2 逆向法

在问题求解的过程中,由于某种原因使人们习惯向某一个方向努力,但实际问题的解可能位于相反的方向上。意识到这种可能性,在求解问题时及时变换求解方向,有时可以使很困难的问题得到解决。

1. 反向探求法

圆珠笔发明以后曾风行一时,但不久就暴露出笔油泄漏的问题,虽几经改进,但这个问题始终没有得到解决。漏油的原因很简单,就是由于笔芯中的笔珠磨损造成间隙过大而引起泄漏。人们试验用各种不同材料组合以提高耐磨性,甚至使用了宝石等贵重材料制作笔珠,但是容纳笔珠的笔珠槽的磨损仍会引起泄漏。日本人中田藤三郎运用反向探求法成功地解决了这个问题。他发现圆珠笔不是一开始使用就有漏油的现象,而是通常在书写两万多字以后才由于磨损引起泄漏的,中田藤三郎没有像其他人那样设法提高笔珠的使用寿命,而是向相反的方向寻求问题的解。他创造性地提出,如果控制圆珠笔芯中油墨的量,使得所装油墨只能书写大约一万五千字左右,当漏油的问题还没有出现时笔芯就已被丢弃了。经过试验,效果良好,这个困扰人们多年的问题就这样巧妙地解决了。

在钨丝灯泡发明初期,为了避免钨丝在高温下的氧化,需要将灯泡内抽真空,但是使用后发现抽真空后的灯丝通电后会变脆。针对这一缺点,当时许多人认为应通过进一步提高灯泡内的真空度加以克服。美国科学家兰米尔却应用反向探求法提出一个新的解决问题的思路,他提出向灯泡内充气的方法,因为充气比抽真空在工艺上要容易得多。他分别将氢气、氧气、氮气、二氧化碳、水蒸气等充入灯泡,实验证明氮气有明显的减少钨蒸发的作用,可使钨丝长期工作,这样他发明了充气灯泡。

活塞式内燃机工作中活塞在气缸中作直线往复运动,往复运动中的惯性力成为提高内燃机转速的重要障碍。针对这一缺点,德国人汪克尔发明了旋转活塞式内燃机。1957 年在纳卡索尔姆发动机工厂首次运转成功。这种内燃机具有许多内在的优点:因为取消了曲柄滑块机构,易于实现高速化,零件数量比活塞内燃机减少了 40%,质量、体积也减小了。但是它也有一个致命的缺点:这种内燃机的活塞和气缸都不是圆形的,由于加工误差和工作中的非均匀磨损使得活塞和气缸之间的密封问题很难解决。由于活塞和气缸之间的泄漏使得内燃机的工作效率很低。日本东洋工业公司购买了这项专利,为了解决活塞和气缸之间的磨损问题,他们开始时也是采用人们所习惯的方法,尽可能选用较硬的材料制作有关零部件,但是气缸壁材料硬度的提高不可避免地加剧了活塞的磨损。这时,工程技术人员运用反向探求法,提出寻求用较软的耐磨材料作气缸衬里的思路,并选择了石墨材料,较好地解决了磨损的问题,使得这种发动机能够投入工业化生产。

在冲压加工中,冲裁是通过凸模与凹模的相对运动将板材沿特定曲线剪断的加工工艺过程。加工中冲裁阻力很大,因此模具很容易磨损。为提高模具的耐磨性,在模具制造中,人们总是设法提高模具材料的硬度,但是,材料硬度的提高给模具的加工工艺带来很多新的困难。为解决这种矛盾,有人发明了一种新的模具制造方法。在这种方法中,凸模仍采用较硬材料制造,而凹模则采用一种较软的特殊材料制造。在冲裁加工中,凸模与凹模都不可避免地会发生磨损,但是凹模材料在冲裁力的作用下还会发生塑性变形,这种塑性变形可以弥补由于磨损造成的模具的材料损失,并使凸模与凹模之间保持适当的间隙。这种方法虽然不能避免模具的磨损,但能使模具的磨损自动得到补偿,使冲裁模具的加工工艺较为简单,使用寿命得到提高,同时降低了对模具制造精度的要求,经济效益非常显著。

2. 因果颠倒法

在自然界中,很多自然现象之间是有联系的。在某个自然过程中,一种自然现象可以是另一种自然现象发生的原因,而在另一个自然过程中,这种因果关系可能会颠倒。探索这些自然现象之间的联系及其规律是自然科学研究的任务。

1799 年,意大利科学家伏打将锌片与铜片放在盛有盐水的容器中,发明了能够将化学能转变为电能,并能提供稳定电流的"伏打电池"。有一些科学家意识到这一过程的逆过程的重要科学意义,并开始进行将电能转变为化学能的实验。英国物理学家、化学家尼科尔森和英国解剖学家卡莱尔进行了电解水的实验,他们将连接电池两极的铜线浸入水中,使两线接近,这时一根铜线上产生氢气,另一根铜线被氧化。如果用黄金线代替铜线,则两根导线上分别析出氢气和氧气。1807 年英国化学家戴维应用电解法发现了金属元素钾和钠,1808 年又用同样的方法发现了钙、锶、铁、镁、硼等元素。

在 19 世纪以前,电与磁一直是被人们当作两种互不相干的现象进行研究的。丹麦物理学家奥斯特从 1807 年开始,对这两种自然现象的关系进行了长达 13 年的研究。1820 年 7 月 21 日,他正在为学生演示电学实验,当接通一根导线时,偶然发现桌上与导线平行放置的一个磁针发生偏转,而将导线两端对调后重新接通电路时,磁针则向相反的方向偏转。他将磁针与导线沿不同方向放置,发现当磁针与导线平行时偏转最大,垂直放置时基本不偏转。通过多组实验,他证明了电流的磁效应:通电导线会绕磁极旋转,磁铁也会绕固定的通电导线旋转。奥斯特的发现奠定了电动机的基本工作原理。

法拉第认为电现象与磁现象之间的关系是辩证的关系,既然电能够产生磁,那么磁也应能产生电。他从 1822 年开始寻找磁的电效应。经过长达 10 年的实验,法拉第终于在 1831 年 8 月 29 日发现了变化的磁场所引起的电磁感应现象。他将两个紧挨着的线圈用绝缘层隔开,其中一个线圈与电流表相连接,构成一个回路,同时为另一个线圈通以较强电流。他在实验中发现,当电流被接通时电流表指针有轻微的摆动,当电流被断开时电流表指针也同样有轻微的摆动,这一实验证明磁与电的关系是动态的关系,一个线圈中的感应电流是由另一个线圈中的变化电流感应生成的。他又设计了一系列的电磁感应实验,实验表明,无论用任何方法使通过闭合回路的磁通量发生变化时,都会使回路中产生感应电流,这就是电磁感应定律。这个发现奠定了发电机的基本工作原理。

爱迪生发明的留声机也是对声音能引起振动现象中的原因与结果的颠倒应用,而热机的发明则是将"作功可以产生热"的现象中的原因与结果颠倒,将热能转变为机械功。

3. 顺序、位置颠倒法

人们在长期从事某些活动的过程中,对解决某类问题的过程、过程中各种因素的顺序及事物中各要素之间的相对位置关系形成固定的认识,将某些已被人们普遍接受的事物顺序或事物中各要素之间的相对位置关系颠倒,有时可以收到意想不到的效果。在适当的条件下,这种新方法可能解决常规方法不能解决的问题。

人们用火加热食品时总是将食品放在火的上面,夏普公司生产的一种煎鱼锅开始也是这样设计的,但是在使用中发现,在鱼被加热的过程中,鱼体内的油滴到下面的热源后,会产生大量的烟雾。公司改用多种加热装置仍不能解决冒烟的问题。他们重新检查原有的设计思路,提出一个根本性的技术问题:为什么一定要把热源放到鱼的下方呢?如果改变热源和鱼的相对位置关系,下落的鱼油不接触热源,也就不会产生烟雾了。根据新的设计思路,他们将热源放到煎鱼锅的盖子上,采用上加热方式设计出一种新型无烟煎鱼锅。

有一位高尔夫球爱好者因为家中没有可供练习用的草坪,他只好买来长毛地毯代替草坪进行练习。但是地毯的尺寸毕竟太小,仍不能满足练习要求。他想,无论使用草坪还是使用长毛地毯,都是希望用来对球实施缓冲和增大摩擦力,如果将这种功能实施过程反过来,使长毛长在球上,而不是长在地上,是否可以起到同样的作用呢? 根据这种思路,他发明了训练用长毛高尔夫球,经使用证明在普通地面上使用时可获得与草坪上相似的效果,受到那些无力支付昂贵的草坪费用的高尔夫球爱好者的欢迎。

人们在使用基数词或是序数词时,总是习惯于按照从小到大的顺序使用。1927 年,德国某电影公司在拍摄科幻影片《月球少女》时,为了获得戏剧性的效果,导演提出了一个极具创造性的方法,他将火箭发射时的计时程序从人们所习惯的从小到大的顺计时程序改变为从大到小直到零的倒计时程序,这种倒计时方法使用简单、方便,使人们对最后的发射时间有明确的目标感,容易使人的注意力集中。这种方法现在不但被火箭发射过程所使用,而且也成为很多其他重要活动的计时方法。

在电动机中有定子和转子,在通常的设计中,都是将转子安排在中心,便于动力输出,将定子安排在电动机的外部,这样可以很容易地安排电动机的支承。但是在吊扇的设计中,根据安装和使用性能的要求,却需要将电动机定子固定于中心,而将转子安装在电动机外部,直接带动扇叶转动。

有一种防火材料,把这种材料附在蒙古包的表面,在外面架起大火烧,里面温度变化很小,实验证明防火性能良好。有人将这种材料的功能反过来加以利用,用它做冶炼炉的炉衬,既提高了燃烧的热效率,又提高了炉龄。将材料与火的位置加以颠倒,原来用于防火的材料成为保温材料。

有些产品在设计上使其在各个方向上对称,这种产品可在对称方向上任意放置。例如,无跟袜可在任意方向穿着;两面穿着的服装无内外之分;有些电冰箱将冷冻箱与冷藏箱设计成分体式结构,用户可根据需要按任意顺序组合放置或分体放置。

4. 巧用缺点法

人们在认识事物时,将事物中带来好结果的属性称为优点,将带来坏结果的属性称为缺点。人们通常较多地注意事物的优点,但是当应用条件发生变化时,可能人们需要的正是事物中原来被认为是缺点的某些属性。正确地认识事物的属性与应用条件的关系,善于利用通常被认为是缺点的属性,有时可以使人们得到创造性的成果。

例如,金属易受腐蚀是它的缺点,但是有人根据金属的腐蚀原理发明了蚀刻和电化学加工方法;机械结构的不平衡会引起转动时的振动,利用这一原理,有人发明了用于在建筑施工中夯实地基的机械夯(蛤蟆夯),如图 5-26 所示。一般机械需要对机构中的不平衡量加以平衡,而打夯机则是利用不平衡的惯性力来工作的。

在机械设计中,为了减小摩擦表面间的摩擦力,通常希望将有相互摩擦的表面加工得尽量光滑,但是提高零件表面的加工精度会增大加工费用。有人在摩擦表面上加工出一些孔,

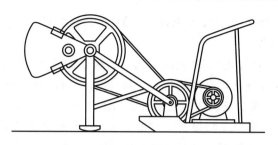

图 5-26　机械夯

实验证明在特定的条件下这样的表面的摩擦力反倒比光滑表面的摩擦力更小。有人将这一设计思路应用于飞机设计,降低了机身附近空气的紊流,减小了空气阻力,节油效果非常明显。

金属材料的氢脆性是影响材料性能的缺陷,在使用中会造成很大的危害,在冶炼中应尽量避免氢脆性。但是在某些情况下,金属材料的氢脆性也可以成为被利用的特性。例如,在制造铜粉的工艺中就可以利用铜的氢脆性,将废铜丝和铜屑放在氢气环境中,加热到 500~600 ℃ 并保温数小时,再放到球磨机中经过一段时间的研磨,就可制成质量很高的铜粉。

有一位德国的造纸技师,由于在造纸过程中的一道工序中忘记了放浆糊,致使所生产的纸张因为洇水而无法用于书写,造成大量产品即将报废,他也因此而面临被解雇,这时有人建议利用这种纸的易洇水的特点,将其作为吸墨水纸,使用效果非常好,工厂为此项技术申请了专利。

5.5　组合创新法

在发明创造活动中,按照所采用技术的来源可将其分为两类:一类是在发明中采用全新的技术原理,称为突破型发明;另一类是采用已有的技术并进行重新组合,从而形成新的发明。从人类技术的历史中可以看出,进入 19 世纪 50 年代以来突破型的发明在总发明数量中所占的比重在下降,而组合型发明的比重在增加。在组合中求发展,在组合中实现创新,这已经成为现代技术创新活动的一种趋势。

组合创新方法是指按照一定的技术原理,通过将两个或多个功能元素合并,从而形成一种具有新功能的新产品、新工艺、新材料的创新方法。

人类在数千年的发展历程中积累了大量的各种技术,这些技术在其所应用的领域中逐渐发展成熟,有些已经达到相当完善的程度,这是人类的巨大财富。为实现某种新的功能,将这些成熟的技术进行重新组合,形成新的功能元素,这样的创新活动如能满足某种社会需求,则将是一种成功率极高的创新方法。

由于形成组合的技术要素比较成熟,使得应用组合法从事创新活动一开始就处于一个比较高的起点上,不需要花费较多的时间、人力和物力去开发专门的新技术,不要求发明者对所应用的每一种技术要素都具有高深的专门知识,所以应用组合法从事创新活动的难度相对较低。这种方法的应用有利于群众性创造发明活动的广泛开展。

虽然组合创新法所使用的技术元素是已有的,如果组合适当,它所实现的功能是新的,同样可以做出重大的发明。

美国的"阿波罗"登月计划是 20 世纪最伟大的科学成就之一,但是"阿波罗"登月计划的负责人说,"阿波罗"宇宙飞船技术中没有一项是新的突破,都是现有技术的组合。

1979 年的诺贝尔生理学或医学奖获得者豪斯菲尔德是一位没有上过大学的普通技术工作者,他之所以能够发明"CT 扫描仪",并不是因为他对计算机技术和 X 射线照相术有很深的研究,而是因为他善于捕捉当时医学界对脑内疾病诊断手段的需求,通过将计算机技术和 X 射线照相术巧妙组合,实现了医学界一直梦寐以求的理想,并获得了崇高的荣誉。

每一项技术在其初始应用的领域内都有它的初始用途,通过将其与其他技术要素的重新组合,扩大了已有技术的应用范围,可以更充分地发挥了已有技术的作用,在推动已有技术进步的同时,也推动了社会的进步。

最早的蒸汽机是为煤矿排水而发明的,随着蒸汽机技术的不断改进,应用领域也不断扩大。1790 年人们将蒸汽机用于炼钢中进行鼓风,降低了冶炼过程的燃料消耗;1803 年美国发明家福尔顿将蒸汽机安装到船上,发明了以蒸汽机为动力的轮船;1914 年英国发明家史蒂芬逊在继承前人成果的基础上,将蒸汽机技术与铁轨马车进行组合,制造了第一台实用的蒸汽机车。蒸汽机的应用从矿山排水发展到交通运输、冶金、机械、化工、纺织等一系列工业领域,使社会生产力以前所未有的速度和规模发展,形成了以蒸汽机的广泛使用为主要标志的工业革命。

计算机最初是为了满足美国陆军军方计算炮弹弹道的需要而研制的。1945 年底,世界上第一台电子计算机"埃尼阿克"研制成功,它重达 30 多吨,共使用了 18 000 多个电子管,计算速度为每秒 5 000 次,将它用于弹道计算,运算速度是人的几千倍。但是人们还设想不出计算机的其他用途,当时一位计算机专家曾预言如果有四台计算机将能够满足全世界对计算机的需要。在其后的计算机发展过程中,人们不断地将计算机技术与其他科学及技术门类相结合,不但有力地促进了这些学科的发展与进步,而且也促进了计算机技术本身的不断进步。现在,计算机技术已经与人们工作、生活的各个方面发生着越来越多的联系,人们也越来越离不开计算机了。

组合创新方法有多种形式。从组合的内容区分,有功能组合、原理组合、结构组合及材料组合等;从组合的方法区分,有同类组合、异类组合等;从组合的手段区分,有技术组合、信息组合等。现将部分常用组合方法简介如下。

5.5.1　功能组合

有些商品的功能已被用户普遍接受,通过组合可以为其增加一些新的附加功能,适应更多用户的需求。

人们使用铅笔时难免写错字,一旦写了错字就需要使用橡皮进行擦除。为了适应人们的这种需要,有人设计出了带有橡皮的铅笔,它的主要功能仍是书写,由于添加了橡皮,使它除书写功能之外还具有一种附加功能。

自行车的主要功能是代步,通过在自行车上添加货架、车筐、里程表、车灯、后视镜等附件,使它同时具有载货、测速、照明、辅助观察等功能。

现在的汽车设计中人们不断地为其添加雨刷器、遮阳板、转向灯、打火机、车载电话、收音机、空调机等附加装置,使汽车的功能更加完善。

家用空调器的主要功能是制冷,现在生产厂在原有空调器制冷功能的基础上增加了暖风、换气、空气净化等功能,实现一机多用。

为婴儿喂奶时常需要判断奶水的温度,新生婴儿母亲因缺乏经验,判断奶水温度既费时又不准确。为满足大量婴儿母亲的这种需求,有人将温度计与婴儿奶瓶加以组合,生产出具有温度显示功能的婴儿奶瓶。

类似的应用还有添加治疗牙病药物的牙膏,添加维生素、微量元素和人体必需氨基酸的食品,加入多种特殊添加剂的润滑油等。

图 5-27 所示的多用工具将多种常用工具的功能集于一身,为旅游和出差人员带来了方便。

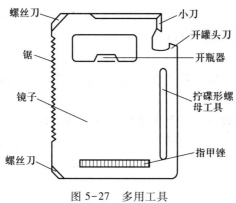

图 5-27 多用工具

5.5.2 材料组合

有些应用场合要求材料具有多种特征,而实际上很难找到一种同时具备这些特征的材料,通过某些特殊工艺将多种不同材料加以适当组合,可以制造出满足特殊需要的材料。

V 带传动要求制作 V 带的材料具有抗拉、耐磨、易弯、价廉的特性,使用单一材料很难同时满足这些要求,通过将化学纤维、橡胶和帆布的适当组合,人们设计出现在普遍采用的 V 带材料。

建筑施工中需要一种抗拉、抗压、抗弯、易施工且价格便宜的材料,钢筋、水泥和砂石的组合很好地满足了这种要求。

通过锡与铅的组合得到了比锡和铅熔点更低的低熔点合金。

通过将不同材料的适当组合,人们设计出满足各种特殊要求的特种材料。例如,具有特殊磁转变温度的铁磁材料,具有极高磁感应强度的永磁材料,具有高温超导特性的超导材料,耐腐蚀的不锈钢材料,具有多种优秀品质的轴承合金材料等。

供电中使用的导线要求具有导电性能好,机械强度高,容易焊接,耐腐蚀和成本相对较低的特点。铜具有良好的导电性、耐腐蚀性,并容易焊接,但是其力学性能较差,而铁具有力学性能好、价格便宜的优点。根据这些特点,人们设计出铁芯铜线,这种导线的芯部用铁材料制作,表面用铜材料制作。高频交流电流有集肤效应,电流主要经导线的表面流过,焊接性和耐腐蚀性也主要由表面材料表现,而处于表面的铜材料正好同时具有这方面的优点。通过这种组合,充分地利用了两种材料的优点,并巧妙地掩盖了各自的缺点,满足供电系统对电线的使用要求。

5.5.3 同类组合

将同一种功能或结构在一种产品上重复组合,满足人们更高的要求,这也是一种常用的创新方法。

日本松下电器公司申请的第一项专利就是带有两个相同插孔的电源插座,它是松下幸之助在家中与妻子同时需要使用电源插座的情况下受到启发而发明的。虽然发明原理非常简单,但是由于它满足了大量用户的需求,因而在商业上获得了巨大的成功。

双人自行车的设计使两个人可以同时骑行,在具体结构上还分为双人前后骑行自行车和双人左右骑行自行车。

双色或多色圆珠笔上可以安装多个不同颜色的笔芯,使得有特殊需要的人减少了必须携带多支笔的麻烦。

多面牙刷将多组毛刷设计在一个牙刷上,两侧的毛刷向中间弯曲,中间的一束毛刷顶部呈卷曲状,如图5-28所示。使用这种牙刷刷牙时两侧的毛刷可以包住牙的两个侧面,中间的短毛可以抵住牙齿的咬合面,可以同时将牙的内侧和外侧及咬合面刷干净,提高了工作效率。

机械传动中使用的万向联轴器可以在两个不平行的轴之间传递运动与动力,但是万向联轴器的瞬时传动比不恒定,会产生附加动载荷。将两个同样的单万向联器按一定方式连接,组成双万向联轴器(图5-29),既可实现在两个不平行轴之间的传动,又可实现瞬时传动比恒定。

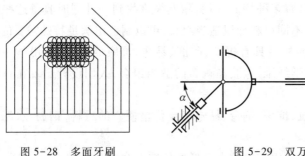

图 5-28 多面牙刷   图 5-29 双万向联轴器

在船舶制造中,瘦长的船身底部造型可以使船的行驶阻力减小,但同时也使船的稳定性和灵活性降低。双体船的造型将两个同样形状的瘦长的船体制成船的底部,既减小了行驶阻力,又保证了船的稳定性和灵活性。

V带传动可以通过增加带的根数提高其承载能力,如图5-30a所示,但是随着带的根数增加,由于多根带的带长不一致,带与带之间的载荷分布不均加剧,使多根带不能充分发挥作用。图 5-30b 所示的多楔带将多根带集成在一起,保证了带长的一致,提高了承载能力。

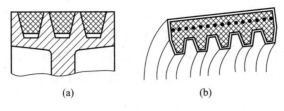

(a)　　　　　　　　(b)

图 5-30　多根 V 带与多楔带

图 5-31 所示为双蜗杆传动,用于传递动力时可以提高承载能力,用于传递运动时可以提高传动精度。

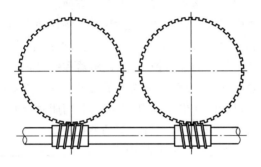

图 5-31　双蜗杆传动

具有多个 CPU 的计算机可以在一定的计算机制造水平下获得较高的运算速度;具有多个发动机的飞机不但可以获得更大的动力,而且具有更高的可靠度。

图 5-32 所示为组合螺钉结构,由于大尺寸螺钉的拧紧很困难,此结构在大螺钉的头部设置了几个较小的螺钉,通过逐个拧紧小螺钉可以使大螺钉产生预紧力,起到与拧紧大螺钉同样的效果。

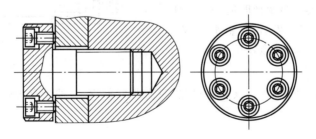

图 5-32　组合螺钉结构

5.5.4　异类组合

在商品生产领域中进行创新活动的目的是用新的商品满足用户的需求,从而获得最大的商业利益。

人们在从事某些活动时经常同时有多种需要,如果将能够满足这些需求的功能组合在一起,形成一种新的商品,使得人们在从事活动时不会因为缺少其中某一种功能而影响活动的进行,这将会使人们工作、学习、生活更加方便,同时商品生产者也将获得相应的利益。

例如,人们在使用螺丝刀时,因被拧的螺钉头部形状、尺寸的不同,常需要同时准备多种不同形状、尺寸的螺丝刀。根据这种需求,有人发明了多头螺丝刀,即为一把螺丝刀配备多个可方便更换的头部,使用者可根据所需要的形状和尺寸很方便地随时更换合适的螺丝刀头。

人们每天都需要刷牙,刷牙时总是同时需要使用牙刷和牙膏,根据这种需求,有人将牙膏与牙刷进行组合,设计出自带牙膏的牙刷。

有些不同的商品具有某些相同的成分,将这些不同的商品加以组合,使其共用这些相同成分,可以使总体结构更简单,价格更便宜,使用也更方便。

收音机与录音机有些电路及大的元器件是相同的,将这两者组合,生产出的收录机的体积远低于二者的体积之和,价格也便宜了许多,方便了人们的生活。

数字式电子表与电子计算器的晶体振荡器、显示器和键盘都可以共用,所以现在生产的很多计算器都具有电子表的功能,很多数字式电子表也具有计算器的功能。

将多种机械切削加工机床的功能加以组合,使其共用床身、动力、传动及电气部分功能。图 5-33 所示为将车床、铣床、钻床进行组合的多功能机床。

将冷冻箱与冷藏箱组合,使其共用制冷系统、温度控制系统及散热系统。

有些不同商品的功能人们不会同时使用,将这些不同时使用的商品功能组合在一起,通常可以起到节省空间、方便生活的作用。

夏季人们需要使用空调,冬季则需要使用取暖器,冷暖空调将这两种功能组合在一起,既可共用散热装置和温度控制装置,又可以节省空间和总费用,还可省去季节变换时的保存工作。

白天人们需要用沙发,晚上睡觉时又需要用床,沙发床的设计将这两种功能合二为一,节省了对室内空间的占用。

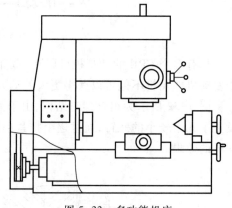

图 5-33 多功能机床

老年人外出行走时需要拐杖,坐下休息时需要凳子,有一种带有折叠凳子的拐杖使老年人外出很方便。

5.5.5 技术组合

技术组合方法是将现有的不同技术、工艺、设备等加以组合,形成解决新问题的新技术手段的发明方法。随着人类实践活动的发展,在生产、生活领域里的需求也越来越复杂,很多需求都远不是通过一种现有的技术手段所能够满足的,通常需要使用多种技术手段的组合来实现一种新的复杂技术功能。技术组合方法可分为聚焦组合方法和辐射组合方法。

1. 聚焦组合

聚焦组合方法是指以待解决的特定问题为中心,广泛地寻求与解决问题有关的各种已知的技术手段,最终形成一种或多种解决这一问题的综合方案,如图 5-34 所示。在应用这种方法的过程中,特别重要的问题是寻求技术手段的广泛性,要尽量将所有可能与所求解问题有关的技术手段包括在考察的范围内,只有通过广泛的考察,不漏掉每一种可能的选择,才可能组合出最佳的技术功能。

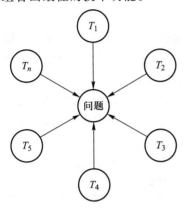

图 5-34　聚焦组合

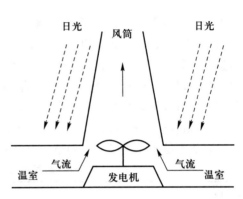

图 5-35　太阳能气流发电站

例 5-8　太阳能发电站。

前些年,西班牙要修建新的太阳能发电站,需要解决的最重要的技术问题是如何提高太阳能的利用效率。针对这一要求,他们广泛寻求与之有关的技术手段,经过对温室技术、风力发电技术、排烟技术、建筑技术等的认真分析,最后形成一种富于创造性的新的综合技术——太阳能气流发电技术。这种太阳能气流发电站如图 5-35 所示,它的结构非常简单。发电站的下部是一个宽大的太阳能温室,温室中间耸立着一个高大的风筒,风筒下安装风力发电机,这里应用的各个单项技术本身都是很成熟的,经过组合就形成了世界上最先进的太阳能发电技术。

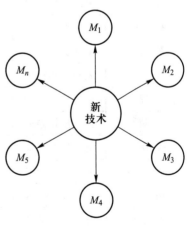

图 5-36　辐射组合

2. 辐射组合

辐射组合方法是从某种新技术、新工艺、新的自然效应出发,广泛地寻求各种可能的应用领域,将新的技术手段与这些领域内的现有技术相组合,可以形成很多新的应用技术,如图 5-36 所示。这种方法可以在一种新技术出现以后,迅速地扩大它的应用范围,世界发明历史上有很多重大的发明都经历过这样的组合过程。

例 5-9　超声波技术的应用。

超声波作为一种新技术出现以后,将其应用到切割加工领域就形成了超声波切割技术,将其应用到钎焊领域就形成了超声波钎焊技术,类似的技术还有超声波溶解技术、超声波研磨技术、超声波无损探伤技术、超声波厚度测量技术、超声波焊接技术、超声波烧结技术、超声波切削技术、超声波清洗技术等,如表5-4所示。

现代的激光技术、计算机技术、人造卫星遥感技术、计算机仿真技术等新技术出现以后,都通过与其他技术的组合发展成为一系列新的应用技术门类,这不但迅速扩大了这些新技术的应用范围,而且也促进了这些技术自身的进一步发展。

5.5.6 信息组合法

应用组合法从事创新活动的关键问题是合理地选择被组合的元素。为了解决这个问题,提高组合创新的效率,有人提出一种非常有效的组合方法——信息组合法。首先将有待组合的信息元素制成表格,表格的交叉点即为可供选择的组合方案。

例如,将现有的家具与家用电器进行组合,可以制成如表5-5所示的表格,通过组合可对新产品开发提供线索。列在表格中参与组合的元素不但可以是完整的商品,也可以是商品的属性;参与组合的因素可以是二维的,也可以是多维的。

信息组合法能够迅速提供大量的原始组合方案,作为进一步分析的基础。

表 5-4 超声波开发应用一览表

与超声波原理相结合的技术	发明成果	应 用
洗 涤	超声波洗涤器	洗涤精密零件,洁净度高
探 测	超声波鱼探仪	探测深海鱼群,提高捕鱼量
溶 解	超声波溶解术	可溶合铅-铝合金
焊 接	超声波焊接机	可焊接轻金属薄板,变形量小
钎 焊	超声波钎接机	可钎焊铝、钛等金属,工艺性好
切 割	超声波切割机	代替传统切割方式,振动小,精度高
探 伤	超声波探伤仪	可探测材料内部缺陷,不损伤被探测材料
诊 断	超声波诊断仪	可诊断某些疾病,提高诊断的准确性
钻 孔	超声波钻孔器	可在牙齿、钻石等坚硬材料上钻孔
测 量	超声波测量仪	可用于深海测量,测距深,精度高
检 验	超声波检验法	可检测材料的弹性模量,准确性高
烧 结	超声波烧结技术	烧结粉末金属,时间短,效率高
显 像	超声波显像法	显示颅内图像,帮助诊断病情
雾 化	超声波雾化法	将药液雾化后喷于患处,提高治愈率

表 5-5　家具与家用电器的组合

	床	沙发	桌子	衣柜	镜子	电视
床						
沙发	沙发床					
桌子	床头桌	沙发桌				
衣柜	床头柜	沙发柜	组合柜			
镜子	床头镜	沙发镜	镜桌	穿衣镜		
电视	电视床	电视沙发	电视桌	电视柜	反画面电视	
灯	床头灯	沙发灯	台灯	带灯衣柜	镜灯	电视灯

参 考 文 献

[1]　黄有直,肖云龙.创造工程学[M].长沙:湖南师范大学出版社,1995.

[2]　宋晋生.创造学与创造工程[M].西安:陕西师范大学出版社,1994.

[3]　姚文岭.发明妙思 36 计[M].北京:光明日报出版社,1994.

[4]　赵幼仪.趣谈发明方法 35 种[M].北京:国防工业出版社,1994.

[5]　杨德,袁伯伟,鲁克成.创造力开发实用教程[M].北京:宇航出版社,1992.

[6]　魏发辰.工程师实用创造学[M].北京:中国社会出版社,1992.

[7]　赵惠田,谢燮正.发明创造学教程[M].沈阳:东北工学院出版社,1987.

[8]　庄寿强,戎志毅.普通创造学[M].徐州:中国矿业大学出版社,1997.

[9]　陈东,蒋星五.思维技巧趣谈[M].北京:气象出版社,1991.

[10]　王加微,袁灿.创造与创造力开发[M].杭州:浙江大学出版社,1986.

[11]　商桥诚.创造技法手册[M].蔡林海,译.上海:上海科学普及出版社,1989.

[12]　胡金汛.关于阶梯面运行装置的分析与探讨[J].机械设计,1998,15(5):17-19.

[13]　黄纯颖.工程设计方法[M].北京:中国科学技术出版社,1987.

[14]　李学荣.新机器机构的创造发明:机构综合[M].重庆:重庆出版社,1988.

[15]　王玉新.机构创新设计方法学[M].天津:天津大学出版社,1996.

[16]　纽厄尔,霍顿.精巧机构设计实例[M].孔庆征,译.北京:中国铁道出版社,1987.

[17]　和田中太.机械设计的构思[M].毕传湖,姚可法,译.北京:机械工业出版社,1986.

[18]　藤森洋三.机构设计实用构思图册[M].贺相,译.北京:机械工业出版社,1990.

[19]　张济川.机械最优化设计及应用实例[M].北京:新时代出版社,1990.

[20]　于惠力,冯新敏.机械优化设计与实例[M].北京:机械工业出版社,2016.

[21]　彼得·科普.100 条数码摄影妙计:发挥数码相机和可拍照手机的最大潜力[M].丁剑,译.北京:北京美术摄影出版社,2014.

第6章　原理方案的创新设计

　　产品开发一般要经过产品规划、方案设计、技术设计、施工设计等几个阶段。

　　方案设计阶段针对产品的主要功能提出原理性的构思,探索解决问题的物理效应和工作原理,并用机构运动简图、液路图、电路图等表达构思的内容。

　　方案设计对产品的结构、工艺、成本、性能和使用维护等都有很大的影响。图 6-1 所示为通过对 18 种不同的自动煮咖啡机进行研究得出的设计对制造成本的影响。可以看出,方案设计是决定产品水平和竞争能力的关键环节,因此原理方案的创新设计有着举足轻重的作用。

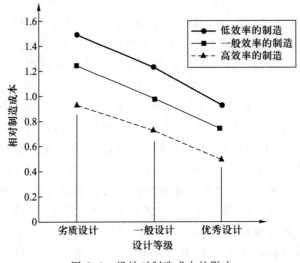

图 6-1　设计对制造成本的影响

　　工程设计的内容错综复杂,如果孤立静止地分析其某方面的问题,得出的结论往往是片面的、局限的。系统工程方法是将事物当作一个整体系统来研究,分析系统各组成部分之间的有机联系和系统与外界环境的关系,是较全面的综合研究方法。在原理方案设计过程中,往往利用系统工程的观点、方法解决复杂的问题。

　　原理方案的设计是"发散—收敛"的过程。从功能分析入手,通过创新构思探求多种方案,然后进行技术经济评价,经优化筛选,求得最佳原理方案。其步骤和各阶段应用的主要方法如图 6-2 所示。

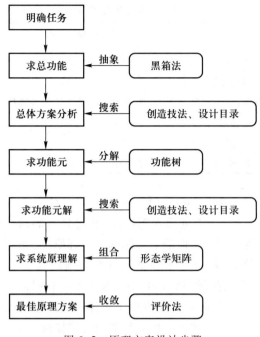

图 6-2 原理方案设计步骤

6.1 功能设计法

功能设计法的目的在于,按照能量流、物质流、信息流将产品开发的内容分解,从而在设计的初始阶段明确产品设计所要求的功能。用功能设计法进行原理方案设计是紧紧围绕功能的分析、求解和组合实施的。在新产品设计时,功能设计法非常有效。

6.1.1 功能的描述

20 世纪 40 年代,美国通用电气公司的工程师迈尔斯首先提出功能(function)的概念,并把它作为价值工程研究的核心问题。他认为,顾客购买的不是产品本身,而是产品的功能。在设计科学的研究过程中,人们也逐渐认识到产品机构或结构的设计往往首先由工作原理确定,而工作原理构思的关键是满足产品的功能要求。

功能是产品或技术系统特定工作能力抽象化的描述。它与产品的用途、能力、性能等概念不尽相同。例如,钢笔的用途是写字,而其功能是"存送墨水";电动机的用途是作原动机,具体用途可能是驱动水泵或搅拌机,而反映其特定工作能力的功能是能量转化——电能转化为机械能。

功能的描述要准确、简洁,合理地抽象,抓住其本质,避免带有倾向性的提法,这样能避免方案构思时形成种种框框,使思路更为开阔。

例如,解决取核桃仁的问题,在不同的功能描述下可能得到不同原理解法(表 6-1),而"壳仁分离"是其总功能较合理的描述。

表 6-1　取核桃仁问题

功能描述	原理解法
砸壳	外部加压:砸、夹、压、冲、射等
压壳	外部加压; 内部加压:内部加压力(如通入高压气体),整体加压,外压骤减,内压破壳
壳仁分离	外部加压; 内部加压; 去壳:培育薄壳核桃,用化学方法溶壳

　　系统工程学用"黑箱法(black box)"研究功能问题。对于复杂的未知系统,犹如不透明、不知其内部结构的"黑箱",可以利用外部观测,通过分析黑箱与周围环境的输入、输出以及其他联系,了解其功能、特性,从而进一步探求其内部原理和结构。在这里,可以用技术系统所具有的转化能量、物料、信息等物理量的特性来描述其功能。把待求系统看作"黑箱",分析比较系统输入输出的能量、物料和信号,输入、输出的转换关系即反映系统的总功能。如图 6-3 所示,可分析三个未知系统的总功能分别是液体增压(物料与能量结合)、物料分离和信号转换。一般情况下,都可以用名词加动词简捷地描述系统的总功能。

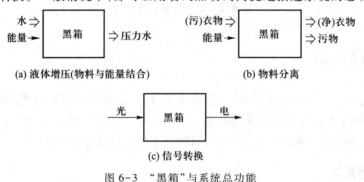

(a) 液体增压(物料与能量结合)　　　　　　(b) 物料分离

(c) 信号转换

图 6-3　"黑箱"与系统总功能

　　针对图 6-3a 的功能可以设计出各种液体增压装置,如不同原理的水泵;针对图 6-3b 的功能可设计出各种原理的净衣装置(包括洗衣机);针对图 6-3c 的功能可设计出光电转换装置。当系统原理方案完全确定时,"黑箱"即变为"玻璃箱(glass box)",从而解决了原理方案问题。

6.1.2　机电系统的基本功能

　　机电系统一般由驱动、传动、执行、测控四部分组成,如图 6-4 所示。各部分具有其相应的功能。

　　1. 驱动部分

　　驱动部分相当于人的心脏,为系统提供能量,其功能载体为各种形式的原动机。驱动部分接收测控部分发出的控制指令和信号,驱动执行部分工作。

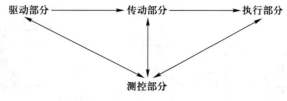

图 6-4　机电系统的组成

2. 传动部分

传动部分的功能是实现驱动部分和执行部分之间运动和动力的传递,包括运动形式、方向、大小、性质的变化及动力的变化。它的功能载体是电力、液力、气动或机械式的。

3. 执行部分

执行部分相当于人的手和足,各种机器以不同的执行元件完成执行功能,达到它的工作目的。如压力机的加压功能、机床刀具对工件的切削功能、汽车车轮的行走功能等。

简单的执行功能用简单构件实现特定的动作,如拉链的连接功能。复杂系统有多个执行部分,其间往往有动作协调和配合关系。

4. 测控部分

测控部分具有传感和控制功能。传感部分相当于人的眼、耳、鼻等感觉器官。它把机器工作过程中各种参数和状况检测出来,变成可测定和控制的物理量,传送到信息处理部分。信息处理部分相当于人的大脑,经过信息处理,发出对各部分的工作指令和控制信号。

在功能分析基础上可以获得不同的原理方案,而不同的原理方案决定了可能采用的不同加工工艺及执行元件。

例 6-1　螺纹加工原理方案的分析。

根据"形成螺纹"的总功能要求,在机械加工的范围内可能形成五种方案,如图 6-5 所示。其中图 6-5a、图 6-5b 为切削加工,但车削、铣削时刀具和工件运动都不同;图 6-5c、图 6-5d、图 6-5e 为无切屑加工,利用滚压加工进行搓丝。由于执行元件不同,会有不同的搓丝机方案。根据螺纹的特定加工要求(强度、批量、成本等)选定总体方案,然后才能进行机器的具体设计。

复杂系统往往有多个执行功能,在总体方案阶段要求对各执行件间的关系配合和动作协调进行规划,以便指导下一步的设计。

6.1.3　功能设计法的一般步骤

功能设计法一般包括总功能描述、分功能描述、分功能排序、功能元求解、系统求解、优化系统解。

1. 总功能描述

总功能描述的目的是将设计问题中最重要的功能提炼成简单的条款,放入图 6-3 所示的黑箱中。黑箱的输入为流入系统的全部能量流、物质流和信息流,输出为流出系统的能量流、物质流和信息流。

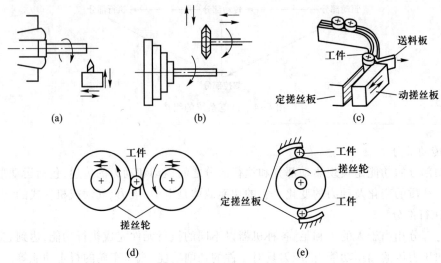

图 6-5　螺纹加工工作原理

总功能描述时需要遵循以下一些基本原则：

① 能量守恒原则,即任何流入系统的能量等于系统流出和存储的能量。

② 物质守恒原则,即任何流入系统的质量等于系统流出和存储的质量。

③ 列出所有与系统相互作用的对象或系统界面。

④ 用动词来表达总功能中的能量流、物质流或信息流。表 6-2 给出了一些可以用来描述机械系统功能的动词。

表 6-2　典型的描述机械系统功能的动词

吸收/放出	驱散	释放
开动	驱动	调整
扩大	保持或固定	旋转
装配/拆卸	增加/减少	关紧
改变	阻碍	屏蔽
引导	结合/分离	开始/停止
清除	抬高	指向
集合	限制	存储
传导	定位	输送
控制	移动	支撑
转换	定向	变换
连接/断开	定位	转化
对准	保护	核定

2. 分功能描述

一般技术系统都比较复杂,难以直接求得满足总功能的原理解。可利用系统工程方法通过分解功能元解的有机组合求得技术系统解。

功能分解可表示为树状的功能结构,称为功能树。功能树始于总功能,按分功能、二级分功能……进行分解,其末端为功能元。功能元是可以直接求解的功能系统最小组成单元。利用功能树进行功能分解和分功能描述的方法见例6-2。

3. 分功能排序

分功能排序常常和功能分解与描述同时进行。对于一些加工系统的分功能描述,这个步骤是非常重要的。分功能排序时需要遵循以下基本原则:

① 系统中功能的流动必须按照逻辑或时间顺序进行,这种顺序可以通过重新安排分功能来确定。首先将分功能分成独立的组(如准备、使用、结束),然后在各组内将其排列成"一个分功能的输出是另一个分功能的输入"的顺序。这有助于理解系统内的"功能流",并有助于发现丢失的功能。

② 识别相似的功能并进行合并。同样的功能可以用不同的方式表达。在设计过程中,不同的设计人员对同一功能的表达可能采用了不同的表达方式,通过功能排序将每个人的功能分解结果展示出来,并按相似性进行分组或合并。

③ 排除不在系统边界内的功能。这有助于参与设计的所有人员对设计系统边界达成共识。

④ 保证系统中的能量流和物质流守恒。在功能分解中,输入与输出的能量流、物质流要匹配,在功能间无变化(或转化)。

例 6-2　激光分层实体制造设备的功能分析。

激光分层实体制造设备用激光对箔材(涂覆纸)进行切割,获得一个层面的形状,将层面叠加胶接起来获得三维实体。

经过广泛的方案调研和分析,最终确定采用激光束聚焦的能量气化切割,从而得到一定精度轮廓的纸型,并用压辊加热,逐层粘合各层纸,原理如图 6-6 所示。

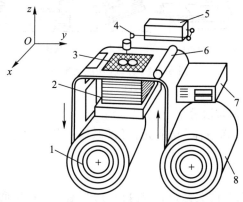

图 6-6　激光分层实体制造原理图

1—收纸卷;2—块体;3—层框和正交小块;4—透镜系统;5—激光器;
6—热压辊;7—计算机;8—供纸卷

根据激光分层实体总功能要求——型层叠合,按照功能流动的时间顺序可以将总功能分解成四个分功能,即形成纸型、纸型叠合、排烟和测控。根据功能设计法要求,进一步对分功能进行运动分解,为功能元求解作准备。具体功能分解形成的功能树如图 6-7 所示。

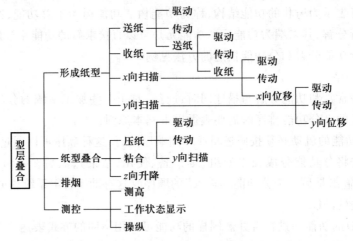

图 6-7 激光分层实体制造设备功能分析

4. 功能元求解

功能元求解是原理方案设计中的重要阶段。一般可通过以下几种方法求解:

① 参考借鉴有关产品资料或专利。

② 利用"设计目录"(详见 6.2 节)。

③ 运用各种创造技法探索新解法。

例如,印刷机、点钞机、包装机等都有从成叠纸中"分纸"的功能元,其功能元解如图6-8所示。

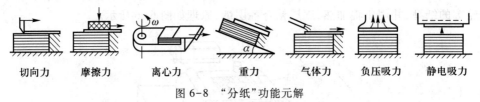

图 6-8 "分纸"功能元解

例 6-3 输送液体原理解法分析。

对于生产中常见的"输送液体"功能元,可以通过对各种物理效应和工作原理的探索,求得多种解法。

(1) 负压效应

① 根据压力 p 与容积 V 的关系(pV=常数)可知,增大容积空间形成负压,吸入液体;减小容积空间形成高压,输出液体。所有的容积泵如柱塞泵、偏心转子泵等都是应用这种原理,其最简单的结构是如图 6-9 所示的波纹管水泵。波纹管水泵的工作原理:拉压塑料波纹管 1 改变其容积,液体从单向阀 2 吸入,从单向阀 3 压出,水头可达 3m 多。

② 根据流速与压力的关系即文丘里管原理,使流体(液体或气体)流经变截面喉管,在狭窄处流速增大,形成负压,被输送液体就可从小孔 M 抽进喉管(图 6-10),当流速达到 600~700m/s 时,水头可达 5~6m。

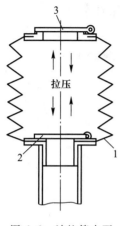

图 6-9 波纹管水泵

1—波纹管;2、3—单向阀

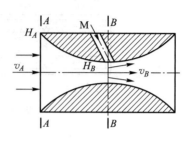

图 6-10 喉管原理

(2)惯性力效应

① 利用离心惯性力将水引出。一般的离心泵都是应用这种原理。

② 利用往复运动的惯性力。图 6-11 所示为惯性泵,将管子 1 置于水中,在 A、B 方向往复运动,水即通过单向阀 2、3 由管 4 输出。

③ 虹吸原理。图 6-12 所示为吸液器虹吸原理图。将软管 1 插入盛液桶 2 中,反举吸液器缸套使活塞到 A 位置,放下缸套使其位置比液面低,活塞由位置 A 落至 B,上部形成真空,盛液桶中的液体在大气压作用下进入软管并到达吸液器底部而流出,形成虹吸流。

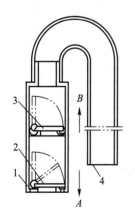

图 6-11 惯性泵

1—管子;2、3—单向阀;4—管子

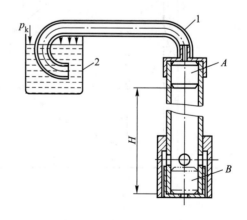

图 6-12 虹吸原理

1—软管;2—盛液桶

（3）毛细管效应

高性能的轻质热管为两端封闭的管子,衬里为数层金属丝网,管内封装液体,如图 6-13 所示。在高温端液体吸热蒸发,蒸汽流至低温端放热,冷凝后的液体由毛细管效应通过金属丝网流回热端。此种热管可用于人造卫星和冻土层输油管的保温等。

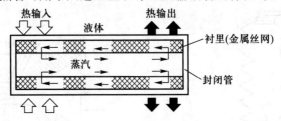

图 6-13　热管原理图

5. 系统求解

将各功能元解合理组合可以得到多个系统原理解。

一般采用形态综合法进行组合,将技术系统的功能元和相应的功能元解分别作为纵、横坐标列为系统解的形态学矩阵综合表,如表 6-3 所示。将每个功能元的一种功能元解进行有机组合即构成一个系统解。若系统具有的功能元为 F_1、F_2、$\cdots$、F_m,各功能元的解分别为 n_1、n_2、$\cdots$、n_m 个时,最多可以组合出 N 种方案:

$$N = n_1 n_2 \cdots n_j \cdots n_m$$

表 6-3　系统解的形态学矩阵综合表

功能元	功能元解					
	1	2	3	$\cdots$	j	$\cdots$
F_1	L_{11}	L_{12}	$\cdots$		L_{1n_1}	
F_2	L_{21}	L_{22}			L_{1n_2}	
$\vdots$	$\vdots$	$\vdots$				
F_i	L_{i1}	L_{i2}	$\cdots$		L_{ij} $\cdots$	
$\vdots$	$\vdots$					
F_m	L_{m1}	L_{m2}	$\cdots$		L_{mn_n}	
	L_{I}	L_{II}	$\cdots$		L_N	

例 6-4　行走式挖掘机的原理方案分析。

（1）功能分析

（2）求功能元解

探索功能元解并列出形态学矩阵综合表，如表 6-4 所示。

表 6-4　挖掘机的形态学矩阵综合表

功能元		功 能 元 解					
		1	2	3	4	5	6
A	动力源	电动机	汽油机	柴油机	蒸汽透平	液动机	气动马达
B	移物传动	齿轮传动	蜗杆传动	带传动	链传动	液力耦合器	
C	移位	轨道及车轮	轮胎	履带	气垫		
D	取放物传动	拉杆	绳传动	气压传动	液压传动		
E	取放	挖斗	抓斗	钳式斗			

（3）方案组合

可能组合的方案数 N 为

$$N = 6 \times 5 \times 4 \times 4 \times 3 = 1\ 440$$

例如，A1-B4-C3-D2-E1 组合为履带式挖掘机，A5-B5-C2-D4-E2 组合为液压轮胎式挖掘机。

6. 优化系统解

在多个系统解中，首先根据不相容性和设计边界条件的限制删去不可行的方案和明显不理想的方案，选择较好的几个方案通过定量的评价方法评比、优化，最后求得最佳原理方案（详见 6.3 节）。

例 6-5　手动剃须刀原理方案设计。

设计便携式手动微型剃须刀，要求体积小，使用方便，价格低廉。

（1）功能分析

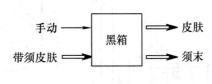

总功能:须肤分离

（2）工作原理分析

须肤分离与草地去草（叶茎分离）或切削工件（切屑与坯件分离）有些类似，但皮肤需要更好的保护。

机械式去须可用拔须、剪须、剃须等。剃须又可采取移动刀剃削或回转刀剃削。要求刀具运动均匀,以提高去须效果并保护皮肤。

现以往复手动的回转刀剃削为例进行下一步分析。

（3）功能分解

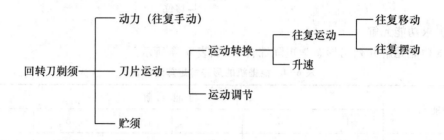

（4）功能求解

探求各功能元解并列出形态学矩阵综合表,如表 6-5 所示。

表 6-5　手动剃须刀的形态学矩阵综合表

功能元		功能元解		
		1	2	3
A	手动（方式）	往复移动	往复摆动	
B	往复移动—连续回转	齿条-齿轮	滑块曲柄	
C	往复摆动—连续回转	扇形齿轮	摇杆曲柄	
D	升速	定轴轮系	周转轮系	摩擦轮系
E	运动调节	离心调速	飞轮	
F	贮须	盒式	袋式	

由此可组成手动往复移动或往复摆动各 48 种方案供选择。

（5）原理方案

图 6-14 所示为一种较好的手动剃须刀原理方案,即采用往复移动（A1）-齿条-齿轮（B1）-定轴轮系（D1）-飞轮（E2）-盒式贮须（F1）组合。该设计已形成专利产品。

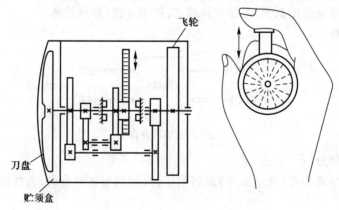

图 6-14　手动剃须刀原理方案图

6.2　设计目录

设计是获取信息和处理信息的过程。如何合理地存储信息及更快捷地提供信息,是提高设计效率的有效措施。

设计目录是一种设计信息库。它把设计过程中所需的大量信息有规律地加以分类、排列、储存,以便于设计者查找和调用。在计算机辅助自动化设计的专家系统和智能系统中,科学、完备的设计信息库是解决问题的重要基本条件。

设计目录不同于一般手册和资料,它密切结合设计的过程和需要编制,每个目录的目的明确,提供信息面广,内容清晰有条理,提取方便。为达到这样的要求,必须采用系统工程方法建立目录,针对有关对象进行系统分析和系统搜索。

6.2.1　原理解法的设计目录

用功能设计法进行原理方案设计,功能元解是组合原理方案的基础。工程系统的基本功能元可归结为逻辑功能元、数学功能元和物理功能元三类。

1. 逻辑功能元

逻辑功能元为"与""或""非"三元,主要用于控制功能。基本逻辑关系如表 6-6 所示。由机械、强电、电子、射流、气体、液体等领域可寻找相应的"与""或""非"逻辑动作的各种解法,其部分解法目录列于表 6-7。

2. 数学功能元

数学功能元分为加减、乘除、乘方和开方、积分和微分四组,也可按机械、强电、电子各领域列出有关解法目录。

表 6-6　基本逻辑关系

功能元	关系	符号	逻辑方程	真值表 $\left(\begin{array}{c}0\text{—无信号}\\1\text{—有信号}\end{array}\right)$
与	若 A 与 B 有 则 C 有	$\dfrac{A}{B}\!\!\supset\!\!- C$	$C = A \wedge B$	A　0　1　0　1 B　0　0　1　1 C　0　0　0　1
或	若 A 或 B 有 则 C 有	$\dfrac{A}{B}\!\!\supset\!\!- C$	$C = A \vee B$	A　0　1　0　1 B　0　0　1　1 C　0　1　1　1
非	若 A 有则 C 无	$A\!\!-\!\!\supset\!\!o\!\!- C$	$C = \bar{A}$	A　0　1 C　1　0

表 6-7 逻辑功能的解法目录

系统类别		"与"元	"或"元	"非"元
机械系统		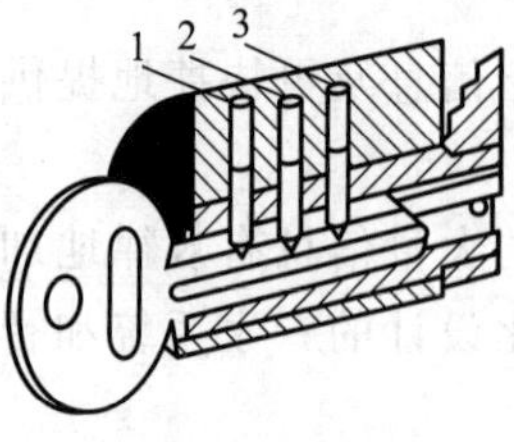	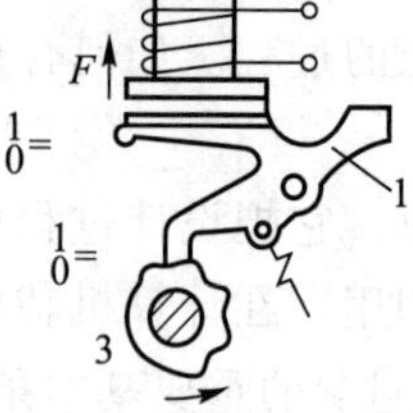	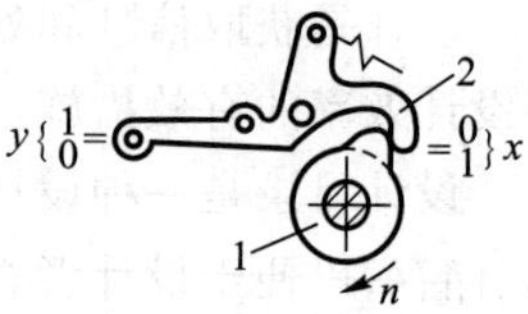
强电系统		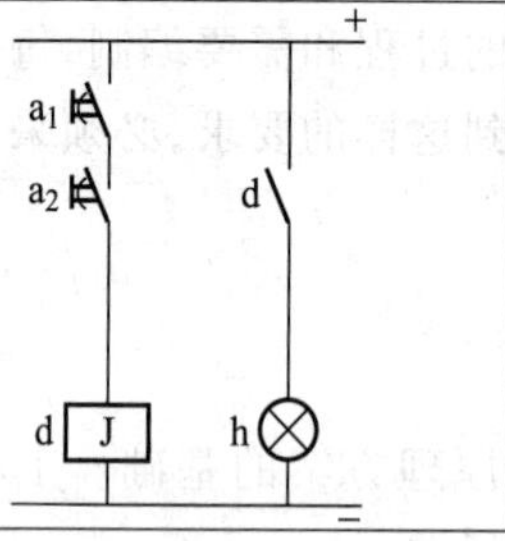	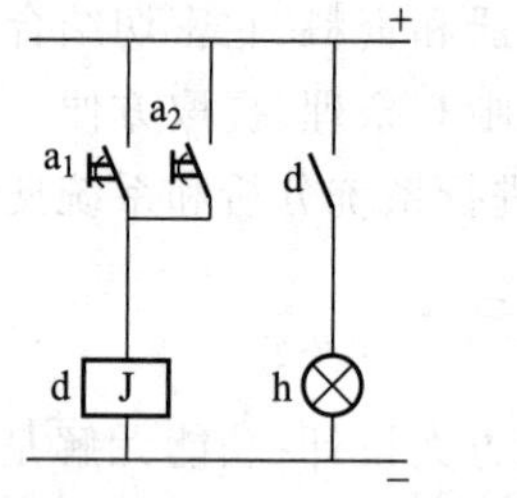	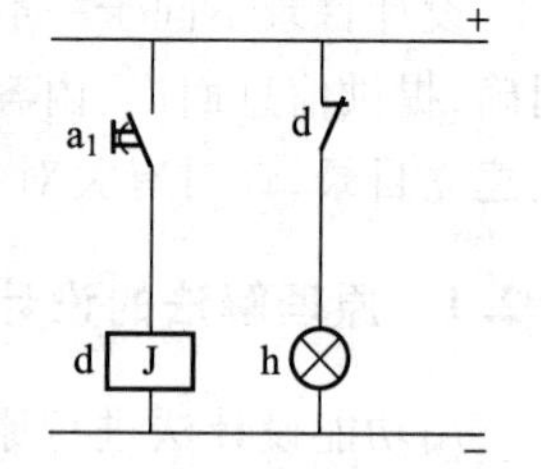
电子系统		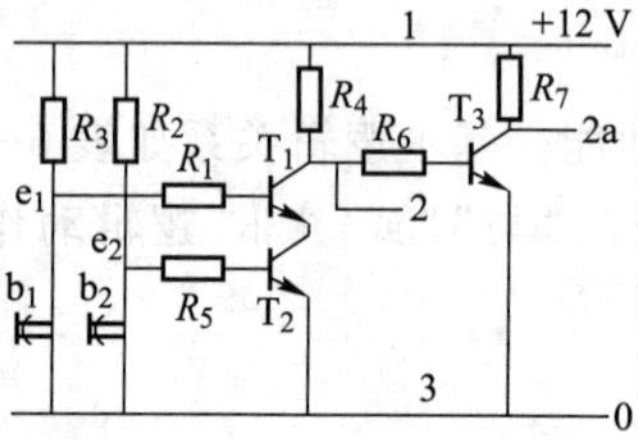	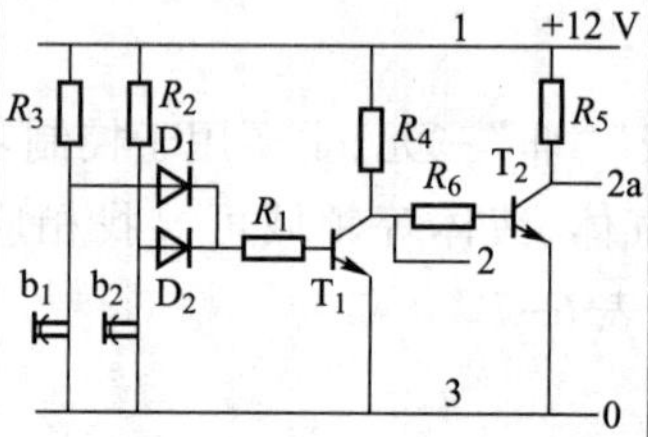	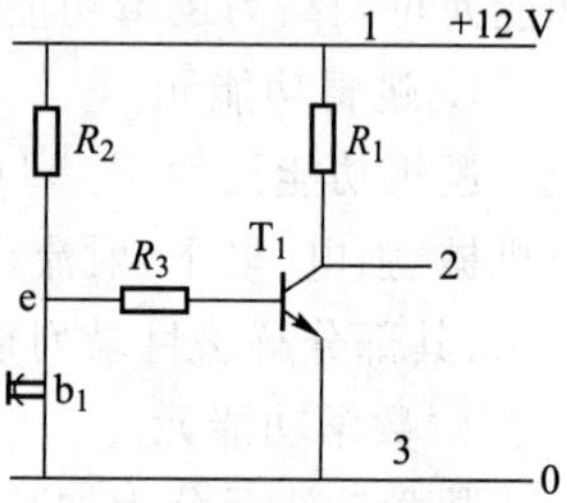
射流系统	气动元件	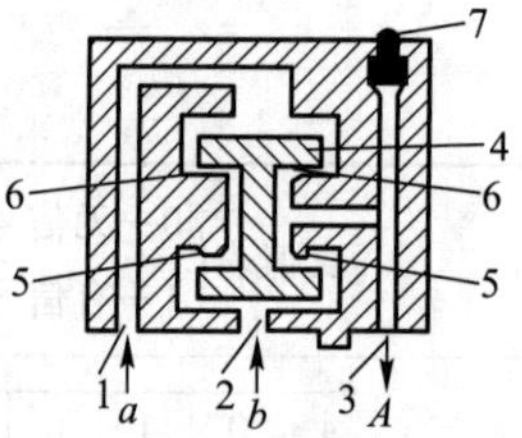	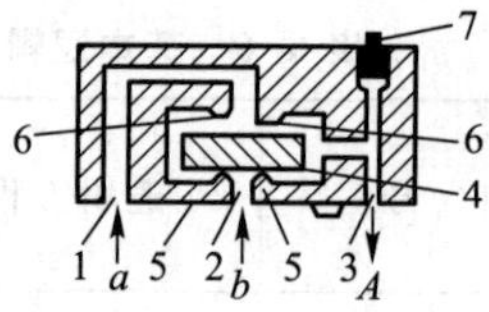	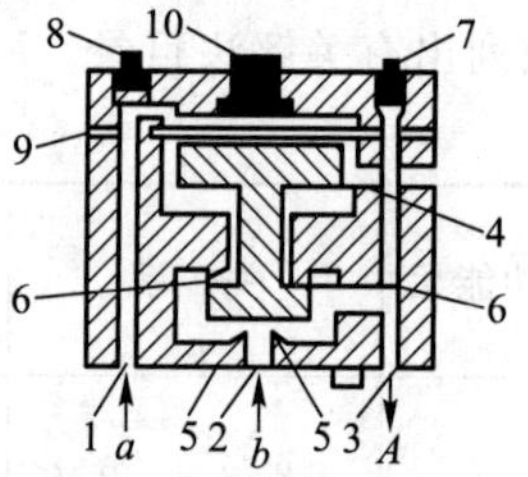
	射流元件	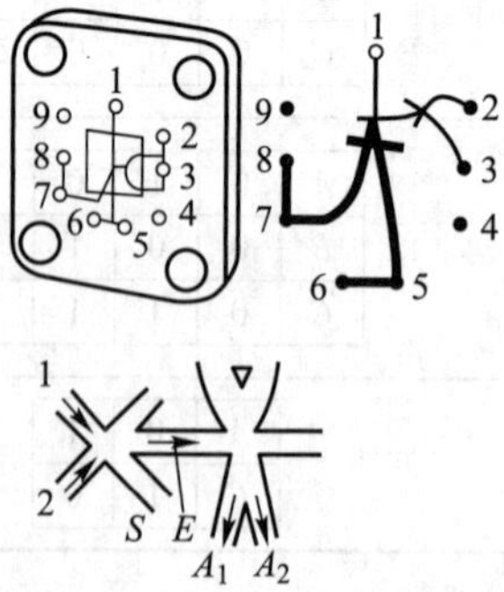	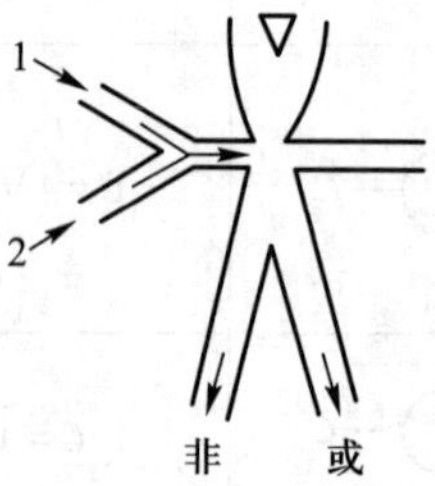	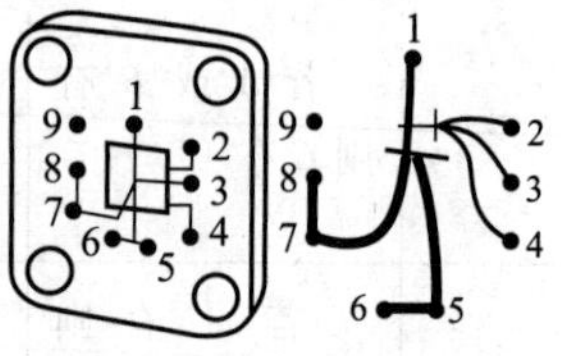

续表

系统类别	"与"元	"或"元	"非"元
气液系统	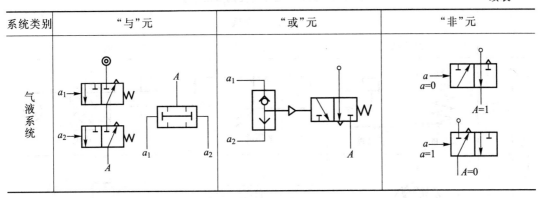		

3. 物理功能元

物理功能元反映系统中能量、物料及信号变化的物理基本作用。

（1）物理功能元的分类

常用的基本物理功能元有变换、缩放、连接与分离、传导、离合、储存六类。

① 功能元"变换"包括各种类型能量或信号形式的转变、运动形式的转变及物态的转变等。

② 功能元"缩放"指各种能量、信号向量（力、速度等）或物理量的缩小和放大。

③ 功能元"连接与分离"包括能量、物料、信号、同质或不同质数量上的结合和分离。

④ 功能元"传导"和"离合"反映能量、物料、信号的位置变化。

⑤ 功能元"储存"体现一定时间范围内对能量、物料、信号保存的功能。

（2）物理功能元求解方法

物理功能元用物理效应求解。工程系统中常用的物理效应有：

① 力学效应：重力、弹性力、惯性力、离心力和摩擦力等。

② 液气效应：流体静压、流体动压、毛细管效应、帕斯卡效应、虹吸效应和负压效应等。

③ 电力效应：静电、压电效应及电动力学等。

④ 磁效应：电磁效应及永磁效应等。

⑤ 光学效应：反射、折射、衍射、光干涉、偏振及激光效应等。

⑥ 热力学效应：膨胀、热传导、热存储及绝热效应等。

⑦ 核效应：辐射及同位素效应等。

同一物理效应能完成不同功能，如物体回转的离心效应可以产生离心力（能量转换）、分离不同液体（物料分离）或测转速（信号转换）。

功能元可通过多种物理效应搜索求解，表 6-8 所示为部分物理功能元的解法目录。

表 6-8 部分物理功能元的解法目录

功能元		解法		
		力学机械	液 气	电 磁
力的产生	静力	弹性能 位能	液压能	静电 压电效应
	动力	离心力	液体压力效应	电流磁效应
摩擦阻力的产生		机械摩擦	毛细管	电阻
力-距离关系		片簧	气垫	电容
固体的分离		$\mu_2 > \mu_1$ 摩擦分离	$\gamma_{k1} < \gamma_F < \gamma_{k2}$ 浮力	磁性 非磁性 磁分离
长度距离的放大		$s_2 = s_1 \dfrac{l_2}{l_1}$ 杠杆作用	$s_1 = \dfrac{A_2}{A_1} s_2$ 流体作用	

续表

功能元	解法		
	力学机械	液　气	电　磁
长度距离的放大	 $s_2=s_1\tan\alpha$ 楔作用	 $\Delta h=h_1-h_2$　$\Delta r=r_1-r_2$ $\Delta h=-\dfrac{\Delta r}{r_2^2-r_1\Delta r}-\dfrac{2\sigma\cos\varphi}{\rho g}$ 毛细管作用	

在一定的物理效应下进一步采用多种机构求解,如力的放大,功能元解可用表 6-9 所示的基本增力机构和表 6-10 所示的二次增力机构来表达。

表 6-9　基本增力机构

机构	杠　杆		曲杆(肘杆)	楔	斜面	螺旋	滑　轮
简图							
公式	$F_2=F_1\dfrac{l_1}{l_2}$ $(l_1>l_2)$	$F_2=F_1\dfrac{l_1}{l_2}$	$F_2=\dfrac{F_1}{2}\tan\alpha$ $(\alpha>45°)$	$F_2=\dfrac{F_1}{2\sin\dfrac{\alpha}{2}}$	$F_2=\dfrac{F_1}{\tan\alpha}$	$F=\dfrac{2T}{d_2\tan(\lambda+\rho)}$ d_2——螺杆中径; λ——螺杆升角; ρ——当量摩擦角	$F_1=\dfrac{F_2}{2}$

表 6-10　二次增力机构

输入	输出		
	斜面		肘杆
	No	1	2
斜面(螺旋)	1		

续表

输入		输出	
		斜面	肘杆
	No	1	2
肘杆	2	F_1　F_2	F_2　F_1
杠杆	3	F_2　F_1	F_2　F_1
滑轮	4	F_1　F_2	F_1　F_2

输入		输出	
		杠杆	滑轮
	No	3	4
斜面（螺旋）	1	F_1　F_2	$F_1=M/r$　F_2

输入		输出	
		杠杆	滑轮
	No	3	4
肘杆	2	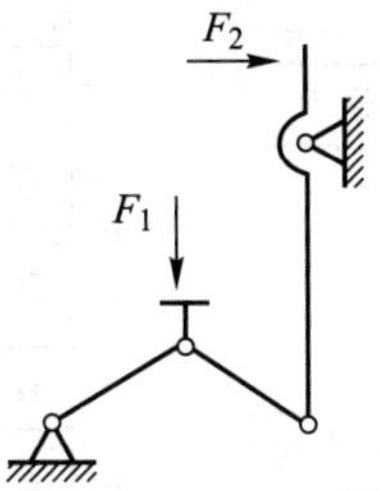	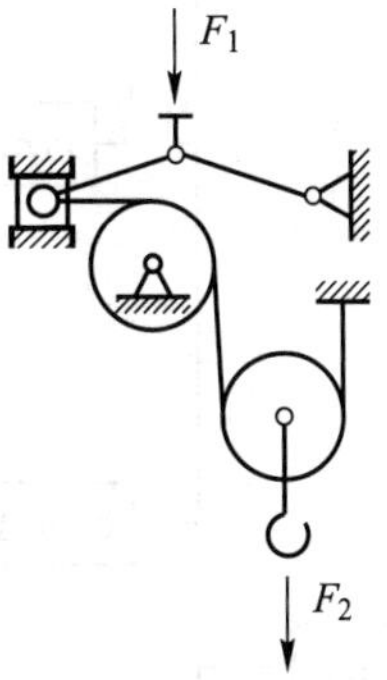
杠杆	3	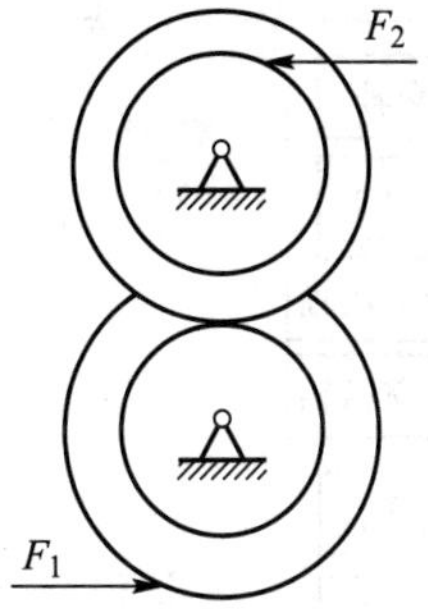	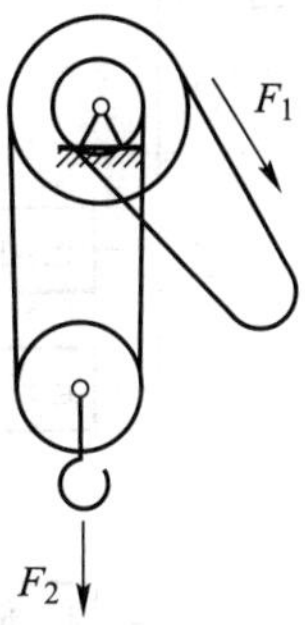
滑轮	4	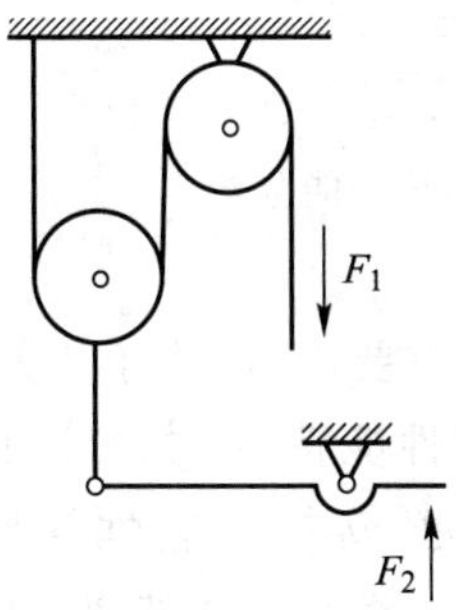	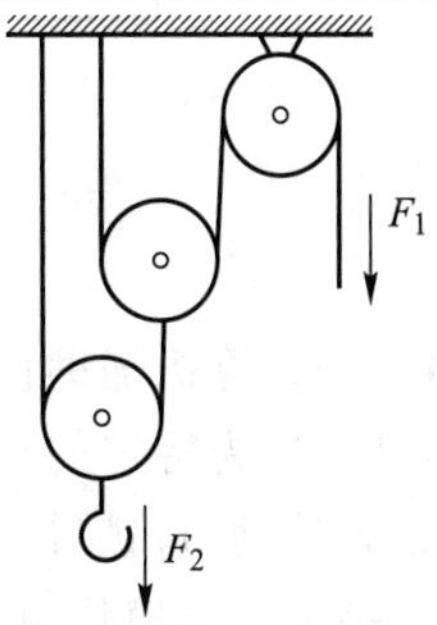

6.2.2　设计目录的编制

设计目录的编制也是采用系统工程分析的方法和系统搜索的思路,下面以机械传动系统的设计目录编制为例加以说明。

机械传动系统的功能分析如图 6-15 所示。

针对每项功能元去搜索尽可能多的解,如运动方向变化和运动形式变化可列出如表 6-11 和表 6-12 所示的基本机构,通过基本机构的组合还可得到更多的解。

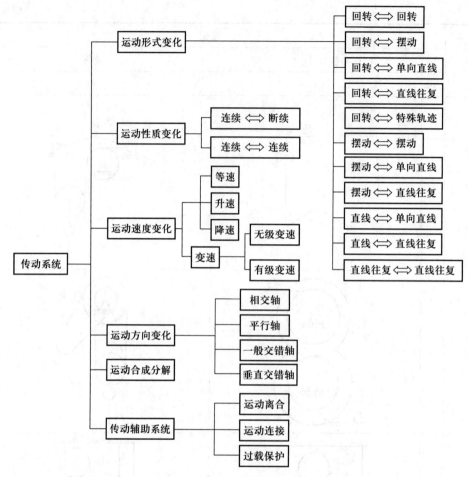

图 6-15 机械传动系统功能分析

　　设计目录是计算机辅助设计系统中知识库的重要内容,为了更好地描述知识还有必要将每个基本机构作为特定的功能模块列出其基本性能特点(如传动比、功率范围等)、特殊性能(如远距离传动、自锁等)、评价数据(如对性能、成本、工艺性等基本评价目标的评分或隶属度)等。每个功能模块也列为一个基本目录,这将是具体选择并确定方案的依据。

表 6-11 运动方向变化的基本机构

功　能		基　本　机　构
运动方向变化	平行轴　同向	圆柱齿轮传动(内啮合)、圆柱摩擦轮传动(内啮合)、带传动、链传动、同步带传动等
	反向	圆柱齿轮传动(外啮合)、圆柱摩擦轮传动(外啮合)、交叉带传动等

续表

功能		基本机构
运动方向变化	相交轴	锥齿轮传动、圆锥摩擦轮传动等
	交错轴　轴错角不等于90°	交错轴斜齿轮传动
	交错轴　轴错角=90°	蜗杆传动、交错轴斜齿轮传动、摩擦轮传动等

表 6-12　运动形式变化的基本机构

运动形式变化				基本机构	其他机构
原动运动	从动运动			基本机构	其他机构
连续回转	连续回转	变向	平行轴　同向	圆柱齿轮机构(内啮合) 带传动机构 链传动机构 圆柱摩擦轮(内啮合)	双曲柄机构 回转导杆机构
			平行轴　反向	圆柱齿轮机构(外啮合)	圆柱摩擦轮机构(外啮合) 交叉带(或绳、线)传动机构 反平行四边形机构(两长杆交叉)
			相交轴	锥齿轮机构	圆锥摩擦轮机构
			交错轴	蜗杆机构 交错轴斜齿轮机构	双曲柱面摩擦轮机构 半交叉带(或绳、线)传动机构
		变速	减速增速	齿轮机构 蜗杆机构 带传动机构 链传动机构	摩擦轮机构 绳、线传动机构
			变速	齿轮机构 无级变速机构	塔轮带传动机构 塔轮链传动机构
	间歇回转			槽轮机构	非完全齿轮机构
	摆动	无急回性质		摆动从动件凸轮机构	曲柄摇杆机构 (行程传动比系数 $K=1$)
		有急回性质		曲柄摇杆机构 摆动导杆机构	摆动从动件凸轮机构

续表

运动形式变化			基本机构	其他机构
原动运动	从动运动			
连续回转	移动	连续移动	螺旋机构 齿轮齿条机构	带、绳、线及链传动 机构中的挠性件
		往复移动 无急回性质	对心曲柄滑块机构 移动从动件凸轮机构	正弦机构 不完全齿轮(上下)齿条机构
		往复移动 有急回性质	偏置曲柄滑块机构 移动从动件凸轮机构	
		间歇移动	不完全齿轮齿条机构	移动从动件凸轮机构
	平面复杂运动特定运动轨迹		连杆机构(连杆运动) 连杆上特定点的运动轨迹	
摆动	摆动		双摇杆机构	摩擦轮机构 齿轮机构
	移动		摆杆滑块机构 摇块机构	齿轮齿条机构
	间歇回转		棘轮机构	

利用机械传动设计目录求解见例 6-6。

例 6-6 设计化工厂双杆搅拌器的机械传动装置。

对于该传动装置,已知电动机转速 $n = 960$ r/min,要求两搅拌杆以 240 次/min 的速度同步往复摆动(摆动方向不限)。

(1)功能分析

$$双杆搅拌 \begin{cases} 降速(传动比\ i=4) \\ 回转 \rightarrow 摆动 \\ 两杆同摆 \end{cases}$$

(2)机械传动方案综合

各分功能解形态学矩阵综合表如表 6-13 所示。

表 6-13 传动方案的形态学矩阵综合表

分功能		分功能解			
		1	2	3	4
A	降速($i=4$)	齿轮传动	带传动	链传动	摩擦轮传动
B	回转→摆动	曲柄摇杆机构	摆动导杆机构	凸轮机构 (摆动从动件)	

续表

分功能		分功能解			
		1	2	3	4
C	双杆同摆	平行四边形机构	对称凸轮 （摆动从动件）		

各取三种分功能的一种解法组合得到传动装置的一种方案,可组合的最多方案数 N 为

$$N = 4 \times 3 \times 2 = 24$$

（3）方案评选

考虑化工厂工作环境恶劣且摩擦传动体积相对较大,故选用啮合传动,图6-16所示两方案可供进一步选择。

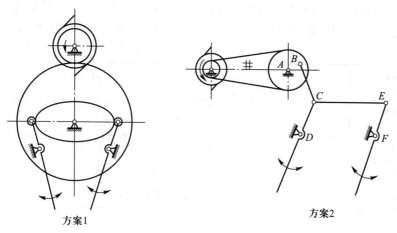

图 6-16　双杆搅拌器原理方案

1）方案 1

电动机-齿轮传动（A1）-凸轮机构（B3）-对称凸轮（C2）。

特点:结构紧凑。

2）方案 2

电动机-滚子链传动（A3）-曲柄摇杆机构（B1）-平行四边形机构（C1）

特点:可远距离传动,成本较低。

6.3　评价系统

工程设计要解决的是复杂、多解的问题。获得尽可能多的方案,然后通过评价从中选择最佳方案,在发散-收敛的过程中创新,这是合理设计的重要思路。在设计各阶段,确定工作原理方案、机构方案、结构方案的过程中,都要进行搜索和筛选,通过逐段评价才能得到价值优化的合理方案。评价不仅要对方案进行科学分析和评定,还应针对方案在技术、经济方

面的弱点加以改进和完善。广义的评价实质上是产品开发的优化过程。

6.3.1　评价目标

对一个产品或技术方案进行科学的评价,首先应确定其评价目标以作为评价的依据,然后再针对评价目标给予定性或定量的评价。在总评价目标的分解和各分目标评价值的组合过程中,仍然采用系统工程分析方法。

1. 评价目标的内容

作为产品或技术方案评价依据的评价目标(评价准则)一般包含以下三个方面的内容:

① 技术评价目标:工作性能指标、加工装配工艺性、使用维护性、技术上的先进性等。

② 经济评价目标:成本、利润、投资回收期等。

③ 社会评价目标:方案实施的社会影响、市场效应、节能、环境保护、可持续发展等。

通过分析,选择主要的要求和约束条件作为实际评价目标,一般不要超过6~8项,项目过多容易掩盖主要影响因素,不利于方案的选出。表 6-14 为行星齿轮减速器的评价目标。

表 6-14　行星齿轮减速器的评价目标

性能参数	传动比,单位重量输出扭矩,效率
加工工艺性	工艺性,装配合理性,零件加工精度;标准件比例,系列产品通用件比例
运行参数	寿命,运行可靠性,可维护性
经济性	制造成本,运行成本
社会性	噪声,振动,漏油程度,外观造型

2. 加权系数

定量评价时需根据各目标的重要程度设置加权系数。

加权系数是反映目标重要程度的量化系数,加权系数大意味着重要程度高。为便于分析计算,取各评价目标加权系数 $g_i < 1$,且 $\sum g_i = 1$。

加权系数值一般由经验确定或采用强制判定法(forced decision,简称 FD 法)计算。FD 法操作时将评价目标和比较目标分别列于判别表的纵、横坐标上,如表 6-15 所示。根据评价目标的重要程度两两加以比较,并在相应格中给出评分。两目标同等重要各给 2 分;某项比另一项重要分别给 3 分和 1 分;某项比另一项重要得多则分别给 4 分和 0 分。最后通过计算求出各加权系数 g_i。

$$g_i = \frac{k_i}{\sum_{i=1}^{n} k_i} \tag{6-1}$$

式中,k_i——各评价目标的总分;

n——评价目标数。

例 6-7　确定洗衣机评价目标的加权系数

洗衣机 6 个评价目标的重要程度顺序为价格、洗净度、维修性、寿命、外观、耗水量(其中维修性与寿命同等重要)。

按 FD 法确定加权系数,列出判别表并计算各评价目标加权系数,如表 6-15 所示。

表 6-15　加权系数的判别表

评价目标	比较目标							
	价格	洗净度	维修性	寿命	外观	耗水量	k_i	加权系数 $g_i = \dfrac{k_i}{\sum\limits_{i=1}^{n} k_i}$
价格	×	3	4	4	4	4	19	0.31
洗净度	1	×	3	3	4	4	15	0.25
维修性	0	1	×	2	3	4	10	0.17
寿命	0	1	2	×	3	4	10	0.17
外观	0	0	1	1	×	3	5	0.08
耗水量	0	0	0	0	1	×	1	0.02
							$\sum k_i = 60$	$\sum g_i = 1$

3. 评价目标树

目标树是分析表达评价目标的一种有效手段。

为便于定性或定量评价,用系统分析方法对目标系统进行分解并图示,将总目标具体化为目标元,从而形成目标树。图 6-17 所示为一目标树的示意图。z 为总目标,z_1、z_2 为子目标,z_{11}、z_{12} 为 z_1 的二级子目标。目标树的最后分枝为总目标的各具体评价目标元。图中 g 为加权系数,子目标加权系数之和为上级目标的加权系数。

洗衣机的评价目标树如图 6-18 所示。

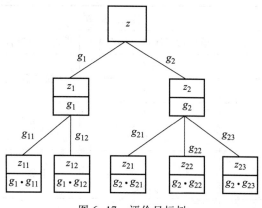

图 6-17　评价目标树

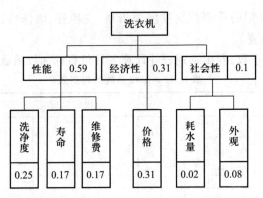

图 6-18 洗衣机的评价目标树

6.3.2 评分法

评分法用分值作为衡量方案优劣的定量评价。对于多个评价目标的系统,首先分别取各目标的分值,再求总分。

1. 评分

一般采用集体评分法,以减少由于个人主观因素对分值的影响。对几个评分者所评的分数取平均值或去除最大、最小值后的平均值作为有效分值。

评分标准多采用10分制,"理想状态"取为10分,"不能用"取为0分,分数可参考表6-16。

表 6-16 评分标准(10分制)

0	1	2	3	4	5	6	7	8	9	10
不能用	差	较差	勉强可用	可用	中	良	较好	好	优	理想

对于某些产品若能根据工作要求定出具体评分值所对应的量化指标则更便于操作。表6-17所示为某单位对内燃机发动机的特性参数进行评价的分值表。

表 6-17 发动机评价分值表

评价分值	特性参数			
	燃料消耗/[g/(kW·h)]	单位功率质量/(kg/kW)	铸件的复杂性	寿命/km
0	400	3.5	极复杂	20×10^3
1	380	3.3		30×10^3
2	360	3.1	复杂	40×10^3
3	340	2.9		60×10^3
4	320	2.7	中等	80×10^3
5	300	2.5		100×10^3
6	280	2.3	简单	120×10^3
7	260	2.1		140×10^3

续表

评价 分值	特 性 参 数			
	燃料消耗/[g/(kW·h)]	单位功率质量/(kg/kW)	铸件的复杂性	寿命/km
8	240	1.9	极简单	200×10^3
9	220	1.7		300×10^3
10	200	1.5	理想	500×10^3

2. 加权计分法

对于多评价目标的方案,常按加权计分法求其总分,其评分计分过程如下:

① 确定评价目标 $u = \{u_1, u_2, \cdots, u_n\}$。

② 确定各评价目标的加权系数,用矩阵表示为

$$\boldsymbol{G} = [g_1\ g_2 \cdots\ g_n]$$

其中, $g_i < 1$, $\sum g_i = 1$。

③ 按评分制式(如 10 分制)列出评分标准。

④ 对各评价目标评分,用矩阵列出 m 个方案对 n 个评价目标的评分值,即

$$\boldsymbol{P} = \begin{bmatrix} P_1 \\ P_2 \\ \vdots \\ P_j \\ \vdots \\ P_m \end{bmatrix} = \begin{bmatrix} P_{11} & P_{12} & \cdots & P_{1n} \\ P_{21} & P_{22} & \cdots & P_{2n} \\ \vdots & & & \\ P_{j1} & P_{j2} & \cdots & P_{jn} \\ \vdots & & & \\ P_{m1} & P_{m2} & \cdots & P_{mn} \end{bmatrix}$$

⑤ 求各方案总分 N_j 并作比较,分值高者为优。

m 个方案的总分矩阵 N 为

$$\boldsymbol{N} = \boldsymbol{GP}^{\mathrm{T}} = [N_1\ N_2 \cdots\ N_j \cdots\ N_m] \tag{6-2}$$

式中,第 j 个方案的总分值 N_j 为

$$N_j = \boldsymbol{GP}_j^{\mathrm{T}} = g_1 P_{j1} + g_2 P_{j2} + \cdots + g_n P_{jn} \tag{6-3}$$

例 6-8 用评分法对 A、B、C 三种汽车发动机进行性能方案比较。

三种汽车发动机的三种基本性能及加权系数如表 6-18 所示。

表 6-18 发动机基本性能及加权系数比较

性能		燃料消耗/[g/(kW·h)]	单位功率质量/(kg/kW)	寿命/km
加权系数		0.5	0.2	0.3
方案	A	340	2.4	120×10^3
	B	280	2.2	100×10^3
	C	220	1.9	80×10^3

（1）对各评价目标评分

参考表 6-17 对三种方案各项性能进行评分，如表 6-19 所示。

表 6-19　三种方案的性能评分

方　案	分项评分		
	燃料消耗 P_1	单位功率质量 P_2	寿命 P_3
A	3	5.5	6
B	6	6.5	5
C	9	8	4

（2）按加权计分法求各方案总分

由式（6-3）

$$N_A = g_1 P_{A1} + g_2 P_{A2} + g_3 P_{A3}$$
$$= 0.5 \times 3 + 0.2 \times 5.5 + 0.3 \times 6 = 4.4$$
$$N_B = g_1 P_{B1} + g_2 P_{B2} + g_3 P_{B3}$$
$$= 0.5 \times 6 + 0.2 \times 6.5 + 0.3 \times 5 = 5.8$$
$$N_C = g_1 P_{1C} + g_2 P_{2C} + g_3 P_{3C}$$
$$= 0.5 \times 9 + 0.2 \times 8 + 0.3 \times 4 = 7.3$$

因为 $N_C > N_B > N_A$，所以方案 C 为最佳方案。

参 考 文 献

[1]　黄纯颖. 工程设计方法[M]. 北京:中国科学技术出版社,1989.

[2]　黄纯颖. 设计方法学[M]. 北京:机械工业出版社,1992.

[3]　Pahl G,Beitz W.Konstruktionslehre[M]. 2 Aufl. Berlin：Springer Verlag, 1986.

[4]　颜永年,张晓萍,冯常学. 机械电子工程[M]. 北京:化学工业出版社,1998.

[5]　欧阳富. 物场全息发明法及其应用[J]. 发明与革新,1999(4):12-13.

[6]　Ullman D G. 机械设计过程[M].3 版.黄靖远,刘莹,等,译. 北京:机械工业出版社,2006.

[7]　Ullman D G. 机械设计过程[M].4 版. 刘莹,郝智秀,等,译. 北京:机械工业出版社,2015.

第7章 机构创新设计

一个好的机械原理方案能否实现,机构设计是关键。机构设计中最富有创造性、最关键的环节是机构形式的设计。常用的机构形式设计方法有两大类,即机构的选型和机构的构型。本章从这两方面介绍机构创新设计的方法。

7.1 机构形式设计的原则

机构形式设计具有多样性和复杂性,满足同一原理方案的要求可采用或创造不同的机构类型。在进行机构形式设计时,除满足运动形式、运动规律或运动轨迹要求外,还应遵循以下几项原则。

7.1.1 机构尽可能简化

1. 机构运动链尽量简短

完成同样的运动要求,应优先选用构件数和运动副数较少的机构,这样可以简化机器的构造,从而减小质量、降低成本;同时也可减少由于零件的制造误差而形成的运动链的累积误差,提高零件加工工艺性,增强机构工作可靠性。运动链简短还有利于提高机构的刚度,减少产生振动的环节。考虑以上因素,在机构选型时,有时宁可采用有较小设计误差的简单近似机构,也不采用理论上无误差但结构复杂的机构。图 7-1 所示为两个直线轨迹机构,其中图 7-1a 所示为 E 点有近似直线轨迹的四杆机构,图 7-1b 所示为理论上 E 点有精确直线轨迹的八杆机构。但是,实际分析结果表明,在保证同一制造精度条件下,后者的实际传动误差为前者的 2~3 倍,其主要原因在于运动副数目较多而造成运动累积误差增大的缘故。

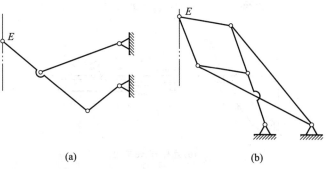

(a)   (b)

图 7-1 直线轨迹机构

2. 适当选择运动副

在基本机构中,高副机构只有 3 个构件和 3 个运动副,低副机构则至少有 4 个构件和 4 个运动副。因此,从减少构件数和运动副数及简化设计等方面考虑,应优先采用高副机构;但从低副机构的运动副元素加工方便、容易保证配合精度以及有较高的承载能力等方面考虑,应优先采用低副机构。究竟选择何种机构,应根据具体设计要求全面衡量得失,尽可能做到"扬长避短"。在一般情况下,应先考虑低副机构,而且尽量少采用移动副(制造中不易保证高精度,运动中易出现自锁)。在执行构件的运动规律要求复杂,采用连杆机构很难完成精确设计时,应考虑采用高副机构,如凸轮机构或连杆-凸轮组合机构。

3. 适当选择原动机

执行机构的形式与原动机的形式密切相关,不要仅局限于选择电动机驱动形式。在只要求执行构件实现简单的工作位置变换的机构中,采用图7-2所示的气压或液压缸作为原动机比较方便,同采用电动机驱动相比,可省去一些减速传动机构和运动变换机构,从而可缩短运动链,简化结构,且具有传动平稳、操作方便、易于调速等优点。

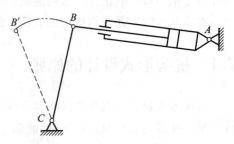

图 7-2　实现位置变换的机构

再如,图 7-3 所示的钢板叠放机构的动作要求是将轨道上钢板顺滑到叠放槽中(图中右侧未示出)。图 7-3a 所示为六杆机构,采用电动机作为原动机,带动机构中的曲柄转动(未画出减速装置);图 7-3b 所示为连杆-凸轮(固定件)机构,采用液压缸作为主动件直接带动执行构件运动。可看出后者比前者要简单。以上两例说明,改变主动件的驱动方式有可能使机构结构简化。

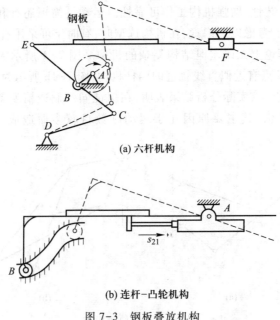

(a) 六杆机构

(b) 连杆-凸轮机构

图 7-3　钢板叠放机构

此外,改变原动机的传输方式也可能使结构简化。在多个执行构件运动的复杂机器中,若由单机统一驱动改成多机分别驱动,虽然增加了原动机的数目和电控部分的要求,但传动部分的运动链却可大为简化,功率损耗也可减少。因此,在一台机器中只采用一个原动机驱动不一定就是最简方案。

4. 选用广义机构

不要仅限于刚性机构,还可选用柔性机构和利用光、电、磁以及摩擦、重力、惯性等原理的机构,许多场合选用此类机构可使机构更加简单、实用。

7.1.2　尽量缩小机构尺寸

机械的尺寸和质量随所选用的机构类型不同而有很大差别。众所周知,在相同的传动比情况下,周转轮系减速器的尺寸和质量比普通定轴轮系减速器要小得多。在连杆机构和齿轮机构中,可利用齿轮传动时节圆作纯滚动的原理及杠杆放大或缩小的原理等来缩小机构尺寸。在图 7-4 所示的连杆-齿轮机构中,小齿轮 3 的节圆与活动齿条 5 在 E 点相切作纯滚动,而与固定齿条 4 相切在 D 点,且为绝对瞬心。因此,E 点的位移是 C 点位移的两倍,是曲柄长的 4 倍。显然,在输出位移相同的前提下,其曲柄比一般对心曲柄滑块机构的曲柄长可缩小一半,从而可缩小整个机构的尺寸。

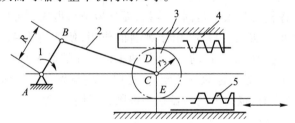

图 7-4　位移增加的连杆-齿轮机构

1—曲柄;2—连杆;3—小齿轮;4—固定齿条;5—活动齿条

一般说来,圆柱凸轮机构尺寸比较紧凑,尤其在从动件行程较大的情况下。盘状凸轮机构的尺寸可借助杠杆原理相应缩小。图 7-5 所示的凸轮-连杆机构,利用一个输出端半径 r_2 大于输入端半径 r_1 的摇杆 BAC,使 C 点的位移大于 B 点的位移,从而可在凸轮尺寸较小的情况下,使滑块获得较大行程。

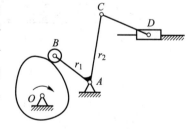

图 7-5　位移增加的凸轮-连杆机构

7.1.3　应使机构具有较好的动力学特性

机构在机械系统中不仅起到传递运动的作用,而且还要起到传递和承受力或力矩的作用,因此要选择有较好的动力学特性的机构。

1. 采用传动角较大的机构

要尽可能选择传动角较大的机构,以提高机器的传力效率,减少功耗,对于传递动力较大的机构,这一点更为重要。如在执行构件为往复摆动的连杆机构中,摆动导杆机构最为理想,其压力角始终为零。从减小运动副摩擦、防止机构出现自锁现象考虑,则尽可能采用全由转动副组成的连杆机构,因为转动副制造方便,摩擦小,机构传动灵活。

2. 采用增力机构

对于执行构件行程不大,而短时克服工作阻力很大的机构(如冲压机械中的主体机构),应采用"增力"的方法,即瞬时有较大机械增益的机构。图7-6所示为某压力机的主操作机构,曲柄1为主动件,滑块5为冲头。当冲压工件时,机构所处位置的 α 和 θ 角都很小。通过分析可知,虽然冲头受到较大的冲压力 F,但曲柄传给连杆2的驱动力 F_{12} 很小。当 $\theta \approx 0°$、$\alpha = 2°$ 时,F_{12} 仅为 F 的7%左右。由此可知,采用这种增力方法后,即使瞬时需要克服的工作阻力很大,但电动机的功率不需要很大。

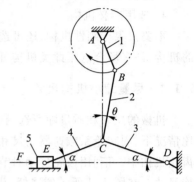

图7-6　压力机主操作机构
1—曲柄；2、4—连杆；3—摇杆；
5—滑块

再如图7-7所示的新型大力钳机构。图7-7a所示为大力钳的结构示意图,图7-7b所示为其机构运动简图。机构由手柄1、撑杆2、齿条(连杆)3和活钳头4组成铰链四杆机构。由于撑杆与齿条不是固定连接,而且齿条与齿块5可以相对运动,所以齿条(连杆)的长度是变动的。夹紧工件时,由于弹簧的作用,使活钳头4轻夹工件。当继续合拢两手柄时,撑杆2会随着齿条3移动,移动量随工件尺寸的增大而增大。当撑杆2与齿条3所成夹角为5°~35°时,齿条与齿块开始咬合,此时齿块与齿条为一体。当继续合拢大、小手柄,直至机构死点位置时,机构力的增益达到极限,工件被夹紧。

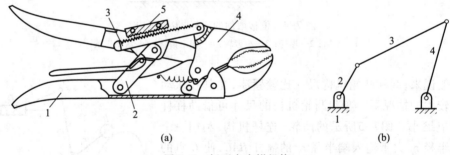

(a)　　　　　　　　　　　　　　(b)

图7-7　新型大力钳机构
1—手柄；2—撑杆；3—齿条(连杆)；4—活钳头；5—齿块

3. 采用对称布置的机构

对于高速运转的机构,不论是往复运动和平面一般运动的构件,还是偏心的回转构件,它们的惯性力和惯性力矩较大,在选择机构时应尽可能考虑机构的对称性,以减小运转过程中的动负荷和振动。图7-8所示为摩托车发动机对称布置的连杆机构,由于两个共曲柄的曲柄滑块机构以点 A 对称,所以在每一瞬间其所有惯性力抵消,达到了惯性力的平衡,从而减小了运转过程中的动负荷和振动。

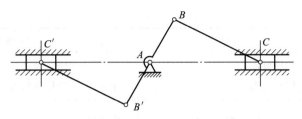

图 7-8　对称布置的连杆机构

7.2　机构的选型

　　所谓机构的选型是指利用发散思维的方法,将前人创造发明的各种机构按照运动特性或可实现的功能进行分类,然后根据原理方案确定的执行构件所需要的运动特性或将要实现的功能进行搜索、选择、比较和评价,选出合适的机构形式。

7.2.1　按运动形式要求选择机构

　　机构选型一般先按执行构件的运动形式要求选择机构,同时还应考虑机构的特点和原动机的形式。本节以原动机采用电动机为例,说明机构选型的基本方法。

　　机械系统中,电动机输出轴的运动为转动,经过速度变换后,执行机构主动件的运动形式亦为转动,而完成各分功能的执行构件的运动形式却是各种各样的。表 7-1 给出了当机构的主动件为转动时,各种执行构件的运动形式、机构类型及应用举例,供机构选型时参考。

表 7-1　执行构件运动形式、机构类型及应用举例

执行构件运动形式	机构类型	应用实例
匀速转动	平行四边形机构; 双转块机构; 齿轮机构; 摆线针轮机构; 谐波传动机构; 周转轮系; 摩擦轮机构	机车车轮连动机构、联轴器; 联轴器; 减速、增速、变速装置; 减速、增速、变速装置; 减速装置; 减速、增速、运动合成与分解装置; 无级变速装置
非匀速转动	双曲柄机构; 转动导杆机构; 滑块曲柄机构; 非圆齿轮机构	惯性振动筛; 小型刨床; 内燃机; 自动化仪表、解算装置、印刷机械等
往复移动	曲柄滑块机构; 移动导杆机构; 齿轮齿条机构; 移动凸轮机构;	锻压机、冲床; 缝纫机挑针机构、手压抽水机; 印刷机构; 配气机构;

续表

执行构件运动形式	机构类型	应用实例
往复移动	楔块机构； 螺旋机构	压力机、夹紧装置； 千斤顶、车床传动机构
往复摆动	曲柄摇杆机构； 滑块摇杆机构； 摆动导杆机构； 曲柄摇块机构； 摆动凸轮机构； 齿条齿轮机构	破碎机； 车门启闭机构； 牛头刨床； 装卸机构； 印刷机构； 机床进刀机构
间歇运动	棘轮机构； 槽轮机构； 凸轮机构； 不完全齿轮机构	机床进给、转位、分度等； 转位装置、电影放映机； 分度装置、移动工作台； 间歇回转、移动工作台
特定运动轨迹	铰链四杆机构； 双滑块机构； 行星轮系	鹤式起重机、搅拌机构； 椭圆仪； 研磨机构、搅拌机构

实现同一功能或运动形式要求的机构可以有多种类型,选型时应尽可能搜索到现有的各种机构,以便选出最优方案。如牛头刨床刨刀机构的选型,刨刀的运动为连续的往复移动,能够实现连续往复移动的机构有很多,如曲柄滑块机构、移动导杆机构、正弦机构、移动凸轮机构、齿轮齿条机构、螺旋机构、凸轮-连杆组合机构、齿轮-连杆组合机构等;同时还应考虑既要保证切削质量,又要提高生产率,即应保证牛头刨床的执行构件具有急回特性。表7-2所示的九种方案均可实现具有急回特性的连续往复移动,可对这些方案进行分析、评价,最终选出理想方案。

表7-2 牛头刨床实现刨刀急回特性功能的可能解

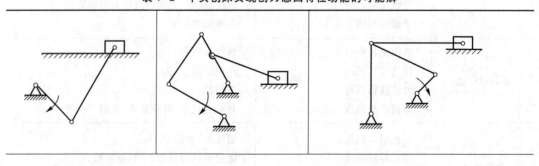

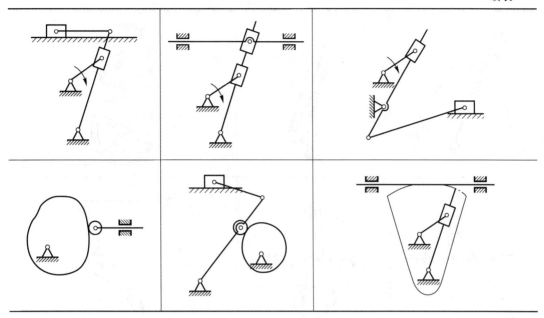

7.2.2　按机构特定功能进行选型

当机器执行动作的功能(如夹紧、分度、定位、制动、导向等)很明确时,设计者可按照其功能要求查阅有关手册,分析具有相应功能的各类机构,进行选择。

如飞剪机剪切机构的选型。飞剪机的功能是能够横向剪切运行中的轧件,将飞剪机安装在连续轧制线上,用于剪切轧件的头、尾或将轧件切成规定的尺寸。飞剪机的设计应满足的基本要求是剪刀在剪切轧件时要随着轧件一起运动,即剪刀应同时完成剪切与移动两个动作,且剪刃在轧件运行方向的瞬时分速度应与轧件运行速度相等。

满足上述运动要求的飞剪机有很多,表 7-3 所示为工程中常用的飞剪机实例。方案设计时应根据具体的设计要求进行选型,并进行综合评价(详见案例 6 飞剪机剪切机构的运动设计)。

表 7-3　常用飞剪机实例

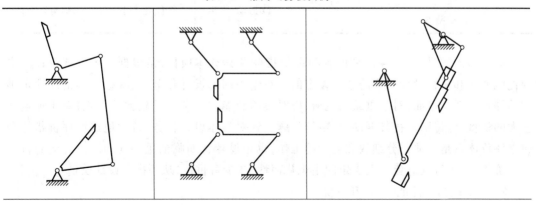

续表

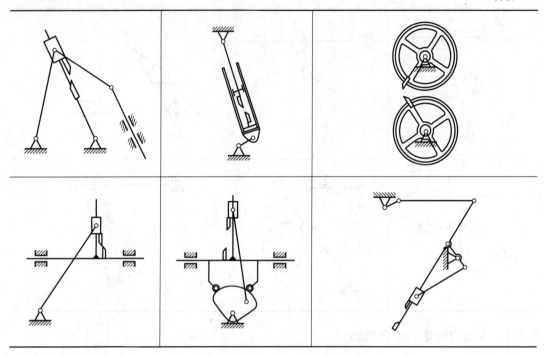

7.2.3　机构方案评价

1. 评价指标和评价体系

满足同一运动形式或功能要求的机构方案有很多,对这些方案应从运动性能、工作性能及动力性能方面进行综合评价。表 7-4 列出了机构方案评价指标及其具体项目。

表 7-4　机构方案评价指标及其具体项目

评价指标	运动性能 A	工作性能 B	动力性能 C	经济性 D	结构紧凑 E
具体项目	①运动规律、运动轨迹; ②运转速度、运动精度	①效率高低; ②使用范围	①承载能力; ②传力特性; ③振动、噪声	①加工难易; ②维护方便性; ③能耗大小	①尺寸; ②质量; ③结构复杂性

需要指出的是,表 7-4 所列的各项评价指标及其具体项目,是根据机械系统设计的主要性能要求和机械设计专家的意见设定的。对于不同的设计任务,应根据具体情况拟定不同的评价体系。例如,对于重载的机械,应对其承载能力一项给予较大的重视;对于加速度较大的机械,应特别重视其振动、噪声等问题。针对具体设计任务,科学地选取评价指标和建立评价体系是一项十分细致和复杂的工作,也是设计者面临的重要问题。只有建立科学的评价体系,才可以避免个人决定的主观片面性,减少盲目性,从而提高设计质量。

2. 典型机构的性能、特点和评价

　　连杆机构、凸轮机构和齿轮机构是最常用的机构,它们具有结构简单,易于应用等特点,其设计方法已为广大设计人员所熟悉,成为首选机构。下面对它们的性能作初步的评价(表 7-5),供初学者参考。

表 7-5　典型机构的性能和评价

性能指标	具体项目	评价		
		连杆机构	凸轮机构	齿轮机构
运动性能 A	① 运动规律、运动轨迹; ② 运转速度、运动精度	只能达到有限精确位置 较低	能达到任意精确位置 较高	一般作定传动比转动或移动 高
工作性能 B	① 效率高低; ② 使用范围	一般 较大	一般 较小	高 较小
动力性能 C	① 承载能力; ② 传力特性; ③ 振动、噪声	较大 一般 较大	较小 较小 较小	较大 较好 较小
经济性 D	① 加工难易; ② 维护方便性; ③ 能耗大小	易 较方便 一般	难 较麻烦 一般	较难 方便 一般
结构紧凑 E	① 尺寸; ② 质量; ③ 结构复杂性	较大 较小 复杂	较小 较大 一般	较小 一般 简单

7.3　机构的构型

　　当初步选出的机构形式不能满足预期的功能要求,或虽能满足功能要求但存在结构复杂、运动精度低、动力性能欠佳等缺点时,可以采用构型的方法重新构筑机构形式。

　　机构构型的基本思路:以通过选型初步确定的机构方案为雏形,通过组合、变异、再生等方法进行突破,获得新的机构。机构构型的方法很多,本节介绍几种常用的方法。

7.3.1　利用组合原理构型新机构

　　机器的执行机构用来实现人们在劳动中所需要的各种动作,如转动、移动、摆动、间歇运动以及预期的轨迹等。随着生产的发展以及机械化、自动化程度的提高,对机器的运动规律和动力特性都提出了更高的要求。简单的齿轮、连杆和凸轮等机构往往不能满足上述要求,如连杆机构难以实现一些特殊的运动规律;凸轮机构虽然可以实现任意运动规律,但行程不可调,也不能太大;齿轮机构虽然具有良好的运动和动力特性,但运动形式简单;棘轮机构、槽轮机构等间歇运动机构运动和动力特性均不理想,具有不可避免的速度、加速度波动,必然引起冲击和振动。为了解决这些问题,可以将两种以上的基本机构进行组合,充分利用各自的良好性能,改善其不足,创造出能够满足原理方案要求的、具有良好运动和动力特性的新型机构。

1. 机构的组合方式

常用的机构组合方式主要有以下几种。

(1) 串联式组合

若干个基本机构顺序连接,且每一个前置机构的输出构件与后一个机构的输入构件为同一个构件,这种组合方式称为串联式组合。图 7-9a 所示机构由凸轮机构和连杆机构串联组合而成,图中构件 1、2、5 组成凸轮机构,构件 2′、3、4、5 组成曲柄滑块机构,构件 2 与 2′为同一构件,即凸轮机构的从动件也是曲柄滑块机构的主动件。该机构只要适当设计凸轮的轮廓,则输出构件 4 便可具有急回运动特性,且可实现工作行程的匀速运动。图 7-9b 所示为该组合机构的组合框图。

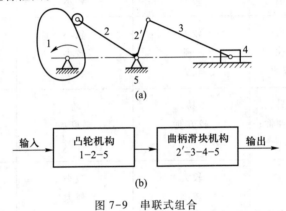

图 7-9 串联式组合

(2) 并联式组合

若几个单自由度基本机构的输入运动为同一构件,而其输出运动又同时输入给一个多自由度的子机构,再合成为一个输出运动,这种组合方式称为并联式组合。图 7-10a 所示为胶版印刷机中的接纸机构,凸轮 1 和 1′为同一构件,同时带动四杆机构 2-3-4-10 和四杆机构 6-7-8-10 运动,而这两个四杆机构的输出运动又同时传给五杆机构 4-5-8-9-10,从而使连杆 9 上的 P 点实现所要求的轨迹。图 7-10b 所示为该组合机构的组合框图。

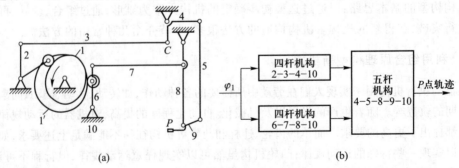

图 7-10 并联式组合方式

（3）复合式组合

由一个或几个串联的基本机构去封闭一个具有两个或多个自由度的基本机构的组合方式,称为复合式组合。这种组合方式与串联式组合相比,相同之处为两个基本机构也是串联关系,不同之处是后一个基本机构的输入运动不完全是前一个机构的输出运动。与并联式组合相比,相同之处为主动件的运动也是分成两路传给两自由度基本机构后,再合成一个输出运动,不同之处则是结构上少了一个并列的单自由度基本机构。图 7-11a 所示为复合式组合的例子,构件 1′、4、5 组成自由度为 1 的凸轮机构,构件 1、2、3、4、5 组成自由度为 2 的五杆机构,主动凸轮 1′ 与曲柄 1 为同一构件,构件 4 是两个基本机构的公共构件。当主动凸轮转动时,从动件 4 移动,同时给五杆机构输入一个转动 φ_1 和一个位移 S_4,故五杆机构具有确定的运动。此时构件 2 和构件 3 上任一点（如 P 点）能实现比四杆机构连杆曲线更为复杂的轨迹曲线。图 7-11b 所示为该组合机构的组合框图。

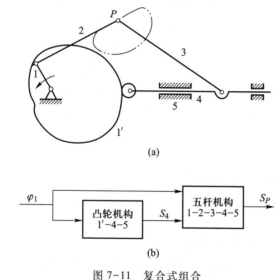

(a)

(b)

图 7-11　复合式组合

（4）反馈式组合

由一个双自由度的基本机构作为基础机构,一个单自由度的机构作为附加机构,基础机构的输出运动经附加机构转换后,再反馈给基础机构,这种组合方式称为反馈式组合。图 7-12a 所示的精密滚齿机中的分度校正机构就是这种组合方式的实例,其由直动从动件槽形凸轮机构 2′-3-4 和蜗轮蜗杆机构 1-2-4 组合而成。蜗杆 1 除了可以绕自身轴线转动外,还可以沿轴向移动,故自由度为 2。蜗杆 1 为主动件,凸轮 2′ 和蜗轮 2 为一个构件。蜗杆 1 的一个输入运动（沿轴线方向的移动）是通过凸轮机构从蜗轮 2 回馈的。图 7-12b 所示为该组合机构的组合框图。

2. 组合机构

组合机构的类型很多,它们具有各自独特的类型组合、尺寸综合及分析设计方法。以下介绍几种常用组合机构的性能特点和应用实例。

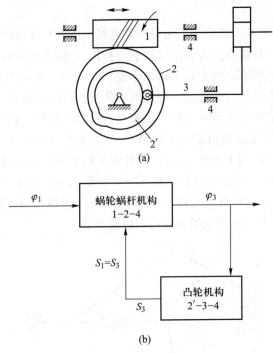

(b)

图 7-12　反馈式组合

（1）同类机构的组合

将两个同类机构组合在一起,可以提高基本机构的运动性能或动力性能。

图 7-13 所示机构由两个四杆机构串联组合而成,铰链四杆机构为前置机构,摇杆滑块机构为后置机构。前置机构中的输出构件 3 与后置机构的输入构件 3′固定连接,使对心的滑块机构可以得到急回等特定的运动规律。

图 7-14 所示为多缸发动机运动简图,它由 6 个曲柄滑块机构组成,6 个活塞的往复运动同时通过连杆传递给曲柄。与单缸发动机相比,它的输出扭矩波动小,还可部分或全部消除惯性力,大大提高了动力学特性。

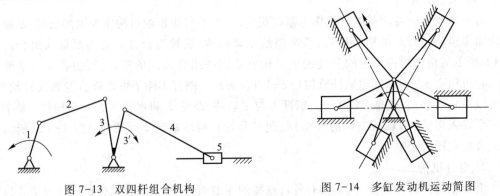

图 7-13　双四杆组合机构　　　　　　　图 7-14　多缸发动机运动简图

图 7-15 所示的压床由两个曲柄驱动两套相同的六连杆机构并联组合而成,使机构的

受力状况大大改善。

图 7-16 所示的液压挖掘机作业机构,其挖掘动作由 3 个带液压缸的连杆机构组合而成。挖掘机臂 4 和 5 的摆动与升降,以及铲斗 6 的摆动分别由 3 个液压缸驱动,它们分别或协调动作,完成挖土、提升和倒土等动作。

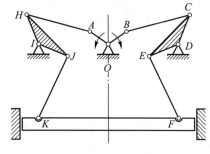 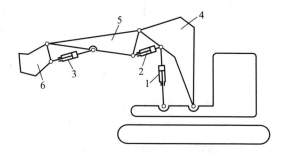

图 7-15　压床机构　　　　　　　　　图 7-16　液压挖掘机作业机构

1、2、3—液压缸;4、5—挖掘机臂;6—铲斗

(2) 齿轮机构与连杆机构的组合

1) 实现间歇传送运动

图 7-17 所示为齿轮-连杆间歇传送机构,一对曲柄 3 与 3′由齿轮 1 经两个齿轮 2 与 2′推动同步回转,曲柄使连杆 4(送料动梁)作平动。图中 5 为工作滑轨,6 为被推送的工件。该机构常用于自动机的物料间歇送进,如冲床的间歇送料机构、轧钢厂成品冷却车间的钢材送进机构、糖果包装机的送纸和送糖条等机构。此例采用齿轮-连杆组合机构使送料动梁作平动,实现间歇送料。

2) 实现大摆角、大行程往复运动

设计曲柄摇杆机构时,为了满足许用传动角的要求,摇杆的摆角常受到限制。如果采用图 7-18a 所示的曲柄摇杆机构和齿轮机构构成的组合机构,

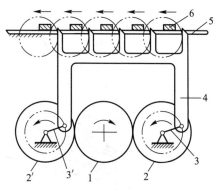

图 7-17　齿轮-连杆间歇传送机构

1、2、2′—齿轮;3、3′—曲柄;4—连杆;
5—工作滑轨;6—工件

则可增大从动件的输出摆角。该机构常用于仪表中将敏感元件的微小位移放大后送到指示机构(指针、刻度盘)或输出装置(电位计)等场合。图 7-18b 所示为飞机上使用的高度表,飞机飞行高度不同时,大气压力将发生变化,使膜盒 1 与连杆 2 的铰链点 C 右移,通过连杆 2 使摆杆 3 绕轴心 A 摆动,与摆杆 3 相固接的扇形齿轮 4 带动齿轮放大装置 5、6,使指针在刻度盘 7 上指出相应的飞机高度。

图 7-19 所示为一种用于线材连续轧制生产线上的飞剪机剪切机构运动简图,它由电动机驱动,通过减速器的输出轴(以上部分未画出)带动曲柄 1 作连续回转运动,再通过连杆 2 带动齿轮齿条倍速机构,使活动齿条(即下刀台)的速度比 D 点的速度提高一倍,该机构适用于轧制速度较高的在线剪切。

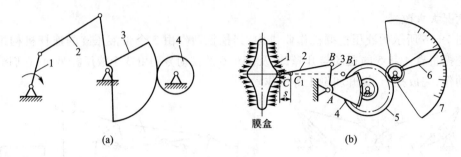

图 7-18　可以扩大摆角的连杆-齿轮组合机构

3）较精确地实现给定的运动轨迹

图 7-20 所示机构为振摆式轧钢机轧辊驱动装置中所使用的齿轮-连杆组合机构。主动齿轮 1 转动时,带动齿轮 2 和 3 转动,通过五杆机构 *ABCDE* 使连杆上的 *M* 点实现符合轧制工艺要求的轨迹。调节两曲柄 *AB* 和 *DE* 的相位角,可方便地改变 *M* 点的轨迹,以满足轧制生产中的不同工艺要求。

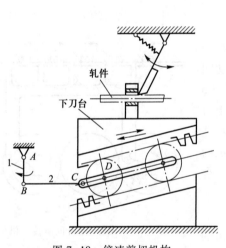

图 7-19　倍速剪切机构
1—曲柄；2—连杆

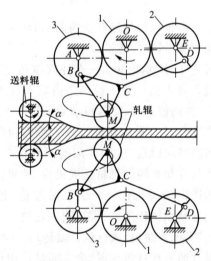

图 7-20　振摆式轧钢机轧辊驱动装置示意图

4）实现同步运动

图 7-21 所示为机械手夹持机构,它由曲柄摇块机构 1-2-3-4 与齿轮机构 5、6 组合而成。齿轮机构的传动比等于 1,活塞 2 为主动件,当液压缸驱动活塞时,驱动摇杆 3 摆动,齿轮 5 与摇杆 3 固接,并驱使齿轮 6 同步运动,机械手 7、8 分别与齿轮 5、6 固接,可以实现夹持和松开的动作。

图 7-22 所示为穿孔机构,它由非圆齿轮与

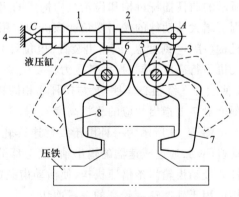

图 7-21　机械手夹持机构

连杆机构组合而成。构件 1、2 为非圆不完全齿轮,构件 1 与手柄相固接,当操纵手柄时,通过非圆齿轮驱使连杆 3、4 分别绕 D、A 摆动,使 E、F 点移近或移开,实现穿孔动作。

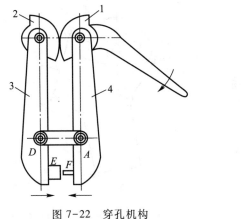 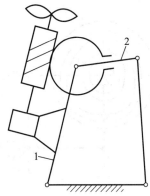

图 7-22　穿孔机构　　　　　　　　图 7-23　电扇摇头机构

1、2—非圆不完全齿轮;3、4—连杆　　　1—摇杆;2—连杆

图 7-23 所示为电扇摇头机构示意图。蜗杆机构安装在双摇杆机构的摇杆 1 上,蜗轮与双摇杆机构中的连杆 2 固定连接。当电动机带动电扇转动时,同时通过蜗轮蜗杆机构使摇杆 1 摆动,实现了电扇的摇头。

图 7-24 所示为由齿轮机构和连杆机构串联而成的组合机构,前置机构为平行四边形机构,后置机构为构件 1、2 组成的内啮合齿轮机构,齿轮机构的内齿轮与作平动的连杆固定连接,圆心位于连杆的轴线上,且位于曲柄的平行线上,满足 $O_1O_2 = AB = CD$。

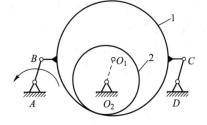

图 7-24　齿轮-连杆平动机构

(3) 凸轮机构与连杆机构的组合

凸轮-连杆机构较齿轮-连杆机构更能精确实现给定的复杂运动规律和轨迹。凸轮机构虽然也可以实现任意给定运动规律的往复运动,但在从动件作往复摆动时,受压力角的限制,其摆角不能太大。采取连杆机构与凸轮机构组合,可以克服上述缺点,达到很好的效果。

1) 实现复杂运动轨迹

图 7-25 所示为刻字机构的运动简图。它是由自由度为 2 的四杆四移动副机构(由推杆 2、3、十字滑块 4 和机架 5 组成)作为基础机构,由两个自由度为 1 的凸轮机构(分别由槽凸轮 1、推杆 2、机架 5 及槽凸轮 1′、推杆 3、机架 5 组成)作为附加机构,经并联组合而形成的凸轮与连杆组合机构。槽凸轮 1 和 1′固接在同一转轴上。当凸轮转动时,其上的曲线凹槽将通过滚子推动从动件 2 和 3 分别在 x 和 y 方向上移动,从而使与 2 和 3 组成移动副的十字滑块 4 上的 M 点实现一条复杂的轨迹。

图 7-26 所示为平板印刷机上吸纸机构的运动简图。该机构由自由度为 2 的五杆机构和两个自由度为 1 的摆动从动件凸轮机构所组成。两个盘形凸轮 1、1′固接在同一转轴上,工作时要求吸纸盘 P 按图 7-26 中虚线所示轨迹运动。当凸轮转动时,推动从动件 2、3 分

别按要求的运动规律运动,并带动五杆机构的两个连架杆,使固接在连杆 5 上的吸纸盘 P 按要求的矩形轨迹运动,以完成吸纸和送进等动作。

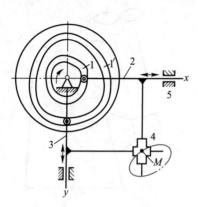

图 7-25　刻字机构运动简图

1、1′—槽凸轮;2、3—推杆;

4—十字滑块;5—机架

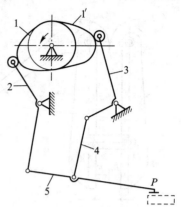

图 7-26　凸轮-连杆吸纸机构

1、1′—盘形凸轮;2、3—从动

件;4、5—连杆

2)实现复杂的运动规律

图 7-27 所示为印刷机械中常用的凸轮-连杆齐纸机构,凸轮 1 为主动件,从动件 5 为齐纸块。当递纸吸嘴(图中未画出)向前递纸时,摆杆 3 上的滚子与凸轮小面接触,在弹簧 2 的作用下,摆杆 3 逆时针摆动,通过连杆 4 带动摆杆 6 和齐纸块 5 绕 O_1 点逆时针摆动让纸。当递纸吸嘴放下纸张、压纸吸嘴离开纸堆、固定吹嘴吹风时,凸轮 1 大面与滚子接触,摆杆 3 顺时针摆动,推动连杆 4 使摆杆 6 和齐纸块 5 顺时针摆动靠向纸堆,把纸张理齐。

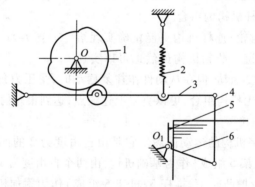

图 7-27　凸轮-连杆齐纸机构

1—凸轮;2—弹簧;3—摆杆;4—连杆;5—齐纸块;6—摆杆

图 7-28 所示为糖果包装机剪切机构,它采用了凸轮-连杆组合机构,槽凸轮 1 绕定轴 B 转动,摇杆 2 与机架铰接于 A。连杆 5、6 与摇杆 2 组成转动副 D 和 C,与 3 和 4(剪刀)组成转动副 E 和 F。3 和 4 绕定轴 K 转动。构件尺寸满足条件:$ED=FC$ 和 $KE=KF$。当槽凸轮 1

转动时,通过构件 2、5 和 6 使剪刀 3、4 打开和关闭,实现剪切动作。

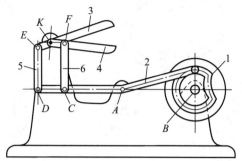

图 7-28　糖果包装机凸轮-连杆剪切机构
1—槽凸轮；2—摇杆；3、4—剪刀；5、6—连杆

图 7-29 所示为一种能实现复杂运动规律的凸轮-连杆组合机构。其基础机构为自由度为 2 的五杆机构(由构件 1、2,滑块 3、4 和机架 5 组成),其附加机构为槽凸轮机构(其中槽凸轮 6 固定)。只要凸轮廓线设计适当,就能使从动滑块 3 按照预定的复杂规律运动。图 7-30 所示为另一种形式的凸轮-连杆组合机构,其基础机构为连杆长度可变的双自由度五杆机构,而附加机构同样为槽凸轮机构。

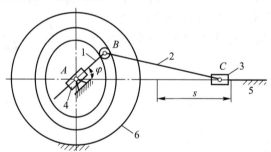

图 7-29　实现复杂运动规律的凸轮-连杆组合机构

（4）齿轮机构与凸轮机构组合

齿轮-凸轮机构常以自由度为 2 的差动轮系为基础机构,并用凸轮机构为附加机构。后者使差动轮系中的两构件有一定的运动联系,约束其中的一个自由度,组成自由度为 1 的封闭式组合机构。齿轮-凸轮组合机构主要应用于以下场合。

1）实现给定运动规律的变速回转运动

齿轮、双曲柄和转动导杆机构虽能传递匀速和变速转动,但无法实现任意给定的运动规律的转动,而图 7-31 所示的由齿轮和凸轮组合而成的组合机构,则能实现这一要求。图中系杆 3 为主动件,中心轮 1 为输出件,由于固定凸轮的作用,行星轮 2 相对系杆 3 产生往复摆动,使中心轮 1 得到预期的变速转动。

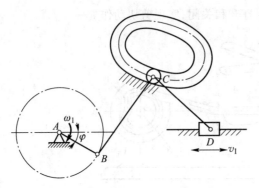

图 7-30　变连杆长度的
凸轮-连杆组合机构

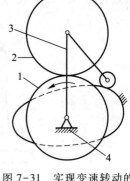

图 7-31　实现变速转动的
齿轮-凸轮机构
1—中心轮；2—行星轮；
3—系杆；4—机架

　　图 7-32 所示的蜗杆蜗轮-圆柱凸轮机构,常用于
机床的分度补偿机构中。圆柱凸轮与蜗杆固接,圆柱
凸轮将蜗杆的转动和移动联系起来,组成自由度为 1
的蜗杆蜗轮-圆柱凸轮机构。凸轮为主动件,输出蜗
轮的角位移由两部分组成,一部分由蜗杆的转动而产
生,另一部分由蜗杆的轴向移动而产生,分别表示为
φ_{21}、φ_{22},其中

$$\varphi_{21} = \varphi_1 \frac{z_1}{z_2}$$

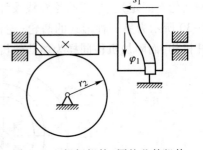

图 7-32　蜗杆蜗轮-圆柱凸轮机构

式中,φ_1——蜗杆的角位移;
　　　z_1——蜗杆的齿数;
　　　z_2——蜗轮的齿数。

$$\varphi_{22} = \frac{s_1}{r_2}$$

式中,s_1——蜗杆轴向位移;
　　　r_2——蜗轮节圆半径。
　　则蜗轮的角位移 φ_2 为

$$\varphi_2 = \varphi_1 \frac{z_1}{z_2} \pm \frac{s_1}{r_2}$$

　　若蜗杆移动所产生的蜗轮转动与蜗杆转动所产生的蜗轮转动方向相同,取"+"号,反之
取"-"号。
　　图 7-33 所示为具有任意停歇功能的凸轮-齿轮机构,其基础机构是由齿轮 1、行星轮 2
(扇形齿轮)和系杆 H 所组成的简单差动轮系,其附加机构为一摆动从动件凸轮机构,且凸
轮 4 固定不动。当主动件系杆 H 转动时,带动行星轮 2 作周转运动,由于行星轮 2 上的滚子

3 置于固定凸轮 4 的槽中,凸轮廓线将迫使行星轮 2 相对于系杆 H 转动,从动轮 1 的输出运动是系杆 H 的运动与行星轮相对于系杆运动的合成。

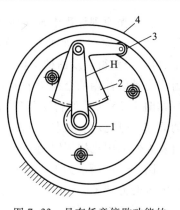

由于
$$i_{12}^{H} = \frac{\omega_1 - \omega_H}{\omega_2 - \omega_H} = -\frac{z_2}{z_1}$$

故
$$\omega_1 = -\frac{z_2}{z_1}(\omega_2 - \omega_H) + \omega_H$$

式中,ω_2——行星轮的角速度;

ω_H——系杆 H 的角速度。

在主动构件 H 的角速度一定的情况下,改变凸轮 4 的廓线形状,也就改变了行星轮 2 相对于系杆的运动,即构件 1 可得到不同规律的输出运动。当凸轮廓线满足关系式

图 7-33　具有任意停歇功能的
凸轮-齿轮机构
1—中心齿轮; 2—行星轮; 3—滚子;
4—凸轮; H—系杆

$$\omega_H = \frac{z_2}{z_1}(\omega_2 - \omega_H)$$

时,从动件 1 在这段时间内将处于停歇状态。因此,利用该组合机构可以实现具有任意停歇时间的间歇运动。

2）实现给定运动轨迹

图 7-34 所示的齿轮-凸轮机构可用来实现给定的运动轨迹。主动件是速比为 1 的齿轮 1 或 2,摆杆 3 与齿轮 1 以转动副 A 相铰接,齿轮 2 上 B 点的滚子在摆杆 3 的曲线槽中,使摆杆 3 上的 P 点实现给定的轨迹。

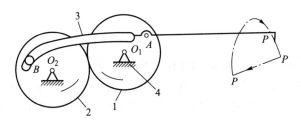

图 7-34　实现给定运动轨迹的齿轮-凸轮机构
1、2—齿轮; 3—摆杆; 4—机架

7.3.2　利用机构变异构型的新机构

为了实现一定的工艺动作要求或为了使机构具有某些特殊的性能而改变机构的结构,演变发展出新机构的设计,称为机构变异构型。机构变异构型的方法很多,以下介绍几种常用的变异构型的方法。

1. 机构的倒置

机构的运动构件与机架的转换,称为机构的倒置。按照运动相对性原理,机构倒置后各构件间的相对运动关系不变,但可以得到不同特性的机构。

在机械原理课程中曾介绍过机构倒置的典型实例,例如铰链四杆机构在满足曲柄存在的条件下,取不同构件为机架,可以分别得到双曲柄机构、曲柄摇杆机构及双摇杆机构。若将定轴圆柱内啮合齿轮机构的内齿轮 2 作为机架,则可得到如图 7-35 所示的行星齿轮机构。由此可见,用机构倒置的原理去研究现有机构,可以发现它们的内在联系,并可以启发人们采用机构倒置的变异构型方法设计出新的机构。

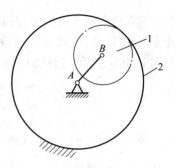

图 7-35　内啮合齿轮机构倒置而成的行星轮系

图 7-36a 所示为卡当机构。若令杆 OO_1 为机架,则原机构的机架为转子 1(图 7-36b),曲柄每转一周,转子 1 亦同步转动一周,同时两滑块 2 及 3 在转子 1 的十字槽内往复运动,将流体从入口 A 送往出口 B,得到一种新型泵机构。

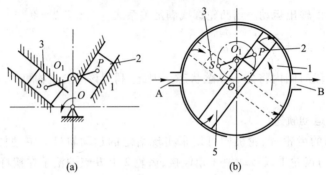

(a)　　　　　　　　(b)

图 7-36　卡当机构及其倒置变换机构

2. 机构的扩展

以原有机构作为基础,增加新的构件而构成一个新机构,称为机构扩展。机构扩展后,原有各构件间的相对运动关系不变,但所构成的新机构的某些性能与原机构有很大差别。

图 7-37 所示的机构是由图 7-36a 所示的卡当机构扩展得到的。因为两导轨为直角,故点 O_1 与线段 PS 的中点重合,且 PS 中点至中心 O 的距离 r 恒为 $PS/2$。由于这一特殊的几何关系,曲柄 OO_1 与构件 PS 所构成的转动副 O_1 的约束为虚约束,于是曲柄 OO_1 可以省略。若改变图 7-36a 所示机构的机架,令十字槽 1 为主动件,并使它绕固定铰链中心 O 转动,连杆 4 延伸到点 W,驱动滑块 5 往复运动,就得到如图 7-37 所示的机构。它是在卡当机构的基础上,增加滑块 5 扩展得到的。此机构的主要特点是,机构的十字槽每转 1/4 周,点 O_1 在半径为 r 的圆周上转过 1/2 周,如图 7-37a、b 所示;十字槽每转动 1 周,点 O_1 转过 2 周,滑块输出两次往复行程。

图 7-38 所示为手动插秧机的分秧、插秧机构。当用手往复摆动摇杆 1 时,连杆 5 上的滚子 7 将沿着机架上的凹槽 2(即凸轮廓线)运动,迫使连杆 5 上 M 点沿着图示轨迹运动。装于 M 点处的插秧爪,先在秧箱 4 中取出一小撮秧苗,并带着秧苗沿铅垂路线向下运动,将秧苗插于泥土中,然后沿另一条路线返回。

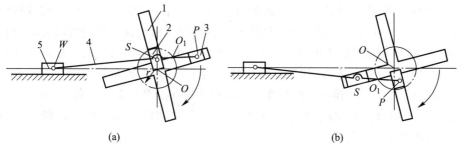

(a)　　　　　　　　　　　　　(b)

图 7-37　机构扩展实例

1—十字槽；2、3、5—滑块；4—连杆

　　为保证秧爪运行的正反路线不同，在凸轮机构中附加了一个辅助构件——活动舌 3。当滚子 7 沿左侧凸轮廓线向下运动时，滚子压开活动舌左端而向下运动，当滚子离开活动舌后，活动舌在弹簧 6 的作用下恢复原位，使滚子向上运动时只能沿右侧凸轮廓线返回。在通过活动舌的右端时，又将其压开而向上运动，待其通过以后，活动舌在弹簧 6 的作用下又恢复原位，使滚子只能继续向前（即向左下方）运动，从而实现预期的运动。

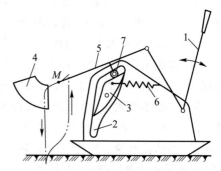

图 7-38　手动插秧机分秧、插秧机构

1—摇杆；2—凸轮廓线；3—活动舌；4—秧箱；

5—连杆；6—弹簧；7—滚子

　　3. 机构局部结构的改变

　　改变机构局部结构，可以获得有特殊运动特性的机构。图 7-39 所示为一种左边极限位置附近有停歇的导杆机构。此机构之所以有停歇的运动性能，是因为将导杆槽做成了具有一部分圆弧形的形状，且圆弧半径等于曲柄的长度。

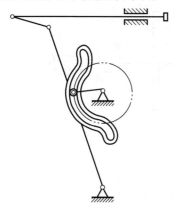

图 7-39　有停歇特征的导杆机构

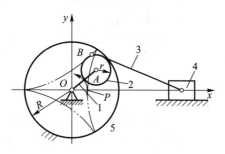

图 7-40　有停歇特征的行星
轮系-连杆机构

1—转臂；2—行星齿轮；3—连杆；

4—滑块；5—中心轮

　　改变机构局部结构常见的情况是,机构的主动件被另一自由度为 1 的机构或构件组合所置换。图 7-40 所示为以行星轮系替代曲柄滑块机构的曲柄而得到的滑块右极限位置有停歇的机构。该机构以转臂 1 带动行星齿轮 2 在固定中心轮 5 上滚动,行星齿轮和连杆之间的运动副 B 作摆线轨迹运动(如图中双点画线所示)。其中行星齿轮的节圆半径 r 等于内齿轮节圆半径 R 的 1/3,连杆 3 的长度等于摆线轨迹在点 P 的曲率半径,其值为 7r。因运动副 B 在近似于圆弧的摆线线段上运动,滑块与连杆之间的运动副位于近似圆弧的圆心处,故有近似停歇的运动特性。

　　图 7-41 所示为以倒置后的凸轮机构取代曲柄的情形。因为凸轮 4 的沟槽有一段凹圆弧 ab,其半径等于连杆 3 的长度,故主动件 1 在转过 α 角的过程中,滑块处于停歇状态。

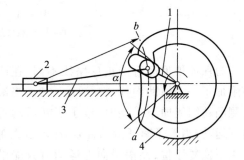

图 7-41　有停歇特征的凸轮-连杆机构
1—主动件；2—滑块；3—连杆；4—凸轮

　　图 7-42a 所示为传统的摆动从动件圆柱凸轮机构,理论上除了两个特殊点之外,摆杆的运动规律只能是近似的。摆角越大,准确程度越差,并且摆角不能太大,否则滚子可能与圆柱脱开。图 7-42b 所示为经过局部改进的方案。由图可见,当圆柱凸轮 2 以角速度 ω 转动时,导杆 3 随着滚子 4 沿着导路上、下移动。滚子 4 又带动摆杆 5 以角速度 ω_0 上、下摆动；与此同时,摆杆 5 与摇块 6 作相对移动,摇块 6 与机架 1 作相对转动,从而实现了运动过程的自适应。该机构克服传统机构的不足,突破其对摆角的局限,并且在每一瞬时都能逐点连续地按照给定的运动规律精确地摆动。

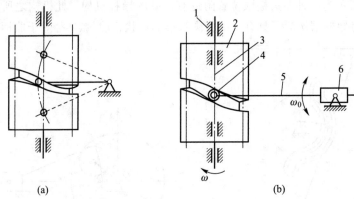

(a)　　　　　　　　　(b)

图 7-42　摆动从动件圆柱凸轮机构的改进
1—机架；2—圆柱凸轮；3—导杆；4—滚子；5—摆杆；6—摇块

　　图 7-43 所示为速度可变的双摇杆机构。当主动件向右摆动时,沿从动件滑槽移动的铰链点 A 沿下方弧形槽运动,带动从动杆作变速摆动；当主动件向左摆动时,铰链点 A 沿上方弧形槽运动,带动从动件向左作匀速摆动。图中 1、2 为转向导块。

　　4. 机构结构的移植与模仿

将一机构中的某种结构应用于另一种机构中的设计方法,称为结构的移植。利用某一结构特点设计新机构,称为结构的模仿。

要有效地利用结构的移植与模仿构型出新的机构,必须注意了解并掌握一些机构之间的共同点,以便在不同条件下灵活运用。例如,圆柱齿轮的半径无限增大时,齿轮演变为齿条,运动形式由转动演变为直线移动。运动形式虽然改变了,但齿廓啮合的工作原理没有改变,这种变异方式可视为移植中的变异。掌握了机构之间的这一共同点,可以开拓直线移动机构的设计途径。

图 7-44 所示的不完全齿轮齿条机构,可视为由不完全

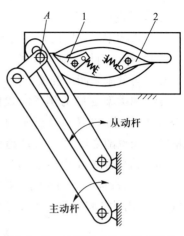

图 7-43　速度可变的双摇杆机构

齿轮机构移植变异而成。此机构的主动齿条 1 作往复直线运动,使不完全齿轮 2 在摆动的中间位置有停歇。图 7-45 所示机构中的构件 2 可视为将槽轮展直而成,此机构的主动件 1 连续转动,从动件 2 间歇直线移动,锁止方式也与槽轮机构相同。

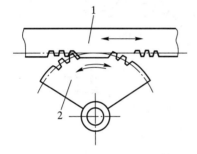

图 7-44　不完全齿轮齿条机构

1—齿条;2—不完全齿轮

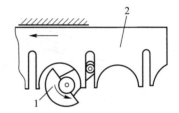

图 7-45　槽轮展直得到的机构

1—主动件;2—从动件

图 7-46 所示为凸轮-滑块机构,它是模仿了凸轮与曲柄滑块两种机构的结构特点创新设计而成的。该机构用在泵上,其蚕状凸轮 1 推动四个滚子,从而推动四个活塞作往复移动。若选取适当的凸轮廓线,则该机构的动力性能会比共曲柄的多滑块机构(图 7-47)优越。

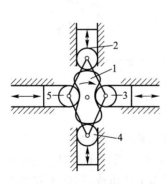

图 7-46　凸轮-滑块机构

1—蚕状凸轮;2、3、4、5—滚子

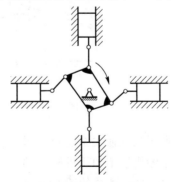

图 7-47　共曲柄的多滑块机构

5. 运动副的变异

改变机构中运动副的形式可构型出不同运动性能的机构。运动副的变换方式有很多种,常用的有高副与低副之间的变换、运动副尺寸的变换和运动副类型的变换。

高副与低副之间的变换方法在机械原理课程中有详细的介绍。图 7-48 所示为运动副尺寸变换和类型变换的例子。铰链四杆机构(图 7-48a)通过运动副 D 尺寸的变化(图7-48b)并切割成图 7-48c 所示的滑块形状,然后再使构件 3 的尺寸变长,即 CD 变长,则圆弧槽的半径也随之增大,当 CD 趋近于无穷大时,圆弧槽演变为直槽,如图 7-48d 所示。若图 7-48c 的构件 3 改成滚子,它与圆弧槽形成滚滑副(图 7-48e),则构件 2 的运动与图7-48a、c所示机构的运动相同。若将圆弧槽变为曲线槽(图 7-48f),形成以凸轮为机架的凸轮机构,则构件 2 将得到更为复杂的运动。

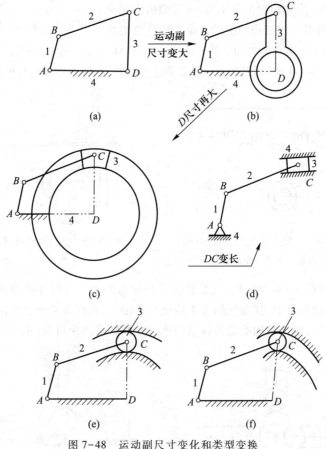

图 7-48　运动副尺寸变化和类型变换

图 7-48 所示的变换关系也可反过来进行,即滚滑副的机构可以变换成连杆机构。图7-49a所示为细纱机摇架加压机构,摇架 3 分别与机架 6 上的固定销 O、E 组成平面滚滑副,前者由圆和圆弧组成,圆槽的圆心在 D 点,后者由圆和平面组成;构件 1 和机架上的固定销 O 组成转动副,和摇架 3 组成滚滑副,滚滑副的圆销 A 在构件 1 上,圆弧槽在摇架 3 上,其圆

心为 B。因为图中的滚滑副是由圆和平面构成的,以 3 和 6 组成的滚滑副为例,先加一个圆弧滑块 4,它和机架 6 组成转动副 O_{64},4 和 3 也组成运动副(图 7-49b),其实质为扩大尺寸的转动副,转动副中心为 D_{43},即构件 3 的运动关系是绕 D_{43} 的相对转动,亦原机构构件 3 相对于机架 6 的运动也是绕 D_{43} 的转动。同理可得另两个滚滑副的变换关系,最后得到如图 7-49c 所示的机构。它与图 7-49a 所示机构具有完全相同的运动特性,但构件数目和运动副类型已不相同了。

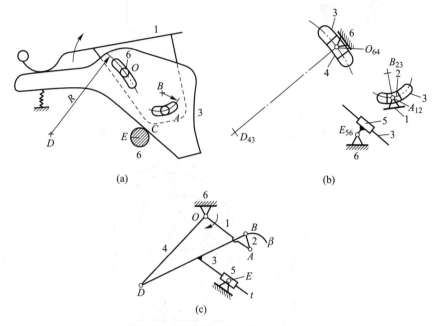

(a)　　　　　　　　　　　　　　(b)

(c)

图 7-49　滚滑副机构变换为连杆机构

图 7-50a 所示的平面六杆机构用于手套自动加工机的传动装置。机构由主动件 1、Ⅱ级杆组 2-3、4-5 及机架 6 组成,故为Ⅱ级机构。当主动件曲柄 1 连续回转时,可使输出件 5 实现大行程的往复移动。在该机构中,滑块 4 与导杆 3 组成的移动副位于上方,不仅润滑困难,且易污染产品。为了改善这一条件,将有关运动副变异,所得机构如图 7-49b 所示。该机构由主动件 1、Ⅲ级杆组2-3-4-5 及机架 6 组成,为Ⅲ级机构。

图 7-51 所示为转动副扩大的曲柄摇杆机构,将转动副 B 扩大,其销轴直径增大到包括了转动副 A,曲柄 1 变为偏心盘,连杆 2 变为圆环状构件,原始机构演化成一个旋转泵。该泵的工作原理是,偏心盘 1 为主动件,绕固定铰链 A 作定轴转动,环状连杆 2 沿机壳内表面作无间隙的平面运动,它们之间形成了变换的空间,用于流体的吸入与压出;摇杆 3 绕固定铰链 D 作摆动,同时也作为隔板将泵体内的输入腔与输出腔隔开。由于转动副的扩大而产生了具有新功能的机构。

图 7-52 所示为移动副扩大的曲柄滑块机构。通过移动副的扩大,将转动副 A、B、C 均包含其中,并且连杆 2 的端部圆柱面 $a—a$ 与滑块 3 上的圆柱孔 $b—b$ 相配合,它们的公共圆心为 C 点。当曲柄 1 绕 A 轴回转时,通过连杆 2 使滑块 3 在固定导槽内作往复移动。因滑块质量较大,连杆的刚度也较大,将会产生很大的冲击力。

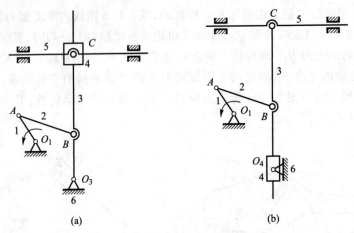

(a)　　　　　(b)

图 7-50　手套自动加工机传动装置
1—曲柄；2—连杆；3—导杆；4—滑块；5—输出件；6—机架

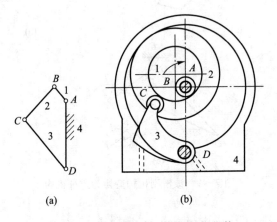

(a)　　　　　(b)

图 7-51　转动副扩大的曲柄摇杆机构
1—偏心盘；2—环状连杆；3—摇杆；4—机架

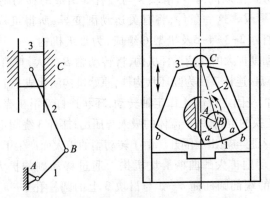

图 7-52　移动副扩大的曲柄滑块机构
1—曲柄；2—连杆；3—滑块

7.3.3　利用再生运动链法构型新机构

在设计一个新机构时,要构想出能达到预期动作要求的机构往往非常困难。如果借鉴现有机构的运动链形式进行类型创新和变异,可得到新的机构类型,这种设计方法称为再生运动链法。

1. 再生运动链法创新设计流程

再生运动链法基于机构的杆组组成原理,将一个具体的机构抽象为一般化运动链,然后按该机构的功能所赋予的约束条件,演化出众多的再生运动链与相应的新机构。这种机构创新设计方法的流程如图 7-53 所示。根据这一流程,可推导出许多和原始机构具有相同功能的新机构。

2. 一般化原则

将原始机构运动简图抽象为一般化运动链的原则为:

① 将非刚性构件转化为刚性构件。

② 将非连杆形状的构件转化为连杆。

③ 将非转动副转化为转动副。

④ 解除固定杆的约束,机构成为运动链。

⑤ 运动链自由度应保持不变。

常用的弹簧、滚动副、高副和移动副的一般化图例见表 7-6。

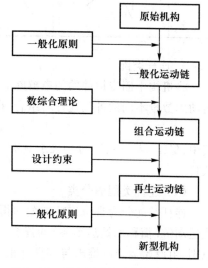

图 7-53　再生运动链法创新设计流程

表 7-6　弹簧、滚动副、高副和移动副的一般化图例

名称	图例	一般化	说明
弹簧		S	两构件之间的弹簧连接用 Ⅱ 级杆组(A 型)代替,并在中间铰链点表示为"S"
滚动副		R	两构件之间纯滚动接触,形成滚动副,用滚动副 R 代替
高副		HS	构件 1 和 2 组成高副,O_1 和 O_2 分别为该高副元素在接触点的曲率中心,以一杆(HS)两转动副(O_1、O_2)代替

续表

名称	图例	一般化	说明
移动副			移动副用转动副代替，表示为"P"

3. 连杆类配

将机构中固定构件的约束解除后，该机构转化为运动链。每一个运动链中包含的带有运动副数量不同的各类连杆的组合，称为连杆类配。运动链中的连杆类配可以表示为

$$L_A(L_2/L_3/L_4/\cdots/L_n) \tag{7-1}$$

其中，L_2、L_3、L_4、$\cdots$、L_n 分别表示具有二副元素、三副元素、四副元素、$\cdots$、n 副元素的连杆的数目。

（1）连杆类配的分类

连杆类配分为自身连杆类配和相关连杆类配两类。自身连杆类配是按原始机构的一般化运动链（简称原始运动链）的连杆类配。而相关连杆类配是指按照运动链自由度不变的原则，由原始运动链推出与其具有相同连杆数和运动副数的连杆类配。按此，相关连杆类配应满足下面两式

$$L_2+L_3+L_4+\cdots+L_n=N \tag{7-2}$$

式中，N——运动链中连杆总数。

$$2L_2+3L_3+4L_4+\cdots+nL_n=2J \tag{7-3}$$

式中，J——运动链中运动副总数。

将式（7-2）、式（7-3）代入平面连杆机构自由度公式

$$F=3(N-1)-2J$$

得
$$F=L_2-L_4-2L_5-\cdots-(n-3)L_n-3 \tag{7-4}$$

式（7-2）与式（7-4）相减可得

$$L_3+2L_4+3L_5+\cdots+(n-2)L_n=N-(F+3) \tag{7-5}$$

下面仅讨论由单自由度机构转化而成的六杆一般化运动链的连杆类配。

（2）六杆运动链的连杆类配

在六杆运动链中，$N=6$，$J=7$。由式（7-2）和式（7-3）可知，该运动链中不可能具有五副以上（含五副）的连杆，则由式（7-2）和式（7-5）可得

$$L_2 + L_3 + L_4 = N = 6$$
$$L_3 + 2L_4 = N - (F + 3) = 2$$

按此，六杆运动链连杆类配共有两种方案，见表 7-7。

表 7-7　六杆运动链连杆类配方案

类配方案	L_2	L_3	L_4	$L_2+L_3+L_4$	L_3+2L_4
Ⅰ	4	2	0	6	2
Ⅱ	5	0	1	6	2

六杆运动链连杆类配的方案 Ⅰ 可表示为 $L_A(4/2/0)$,其图解表示见图7-54。

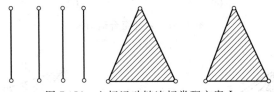

图 7-54　六杆运动链连杆类配方案 Ⅰ

六杆运动链连杆类配的方案 Ⅱ 可表示为 $L_A(5/0/1)$,其图解表示见图7-55。由此组成的运动链见图 7-56 ,其左面三杆之间无相对运动,实际上形成一个刚体,在该运动链中固定一杆后将成为一个自由度的四杆机构,已不符合六杆运动链的要求。所以,六杆运动链连杆类配仅有一种方案,即表 7-7 中的方案 Ⅰ , $L_A(4/2/0)$ 。

4. 六杆组合运动链

（1）基本型组合运动链

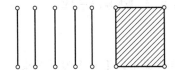

图 7-55　六杆运动链连杆类配方案 Ⅱ

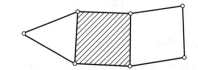

图 7-56　连杆类配方案 Ⅱ 组成的运动链

由上所述,六杆运动链的连杆类配仅有一种方案,即 $L_A(4/2/0)$,其中根据两个三副杆是否直接铰接可形成两种基本型组合运动链,如图 7-57a、b 所示。

① NO.1 型　又称斯蒂芬逊型,两个三副杆非直接铰接。

② NO.2 型　又称瓦特型,两个三副杆直接铰接。

（2）带复合铰链的组合运动链

在上述两种基本型的基础上采用局部收缩法,可衍生出下列两种组合运动链,如图 7-57c、d 所示。

① NO.3 型　在 NO.1 型或 NO.2 型的基础上,使连杆 1、4、5 构成复合铰链。

② NO.4 型　在 NO.3 型的基础上,使连杆 2、3 和 6 构成复合铰链。

5. 再生运动链法创新设计实例

下面以越野摩托车尾部悬挂装置的创新设计为例,来说明再生运动链法的基本思路。

（1）原始机构

图 7-58 所示为越野摩托车尾部悬挂装置的原始机构,图 7-58a 所示为结构图,图 7-58b 所示为机构运动简图。

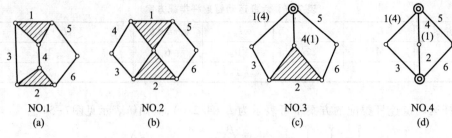

图 7-57　六杆组合运动链

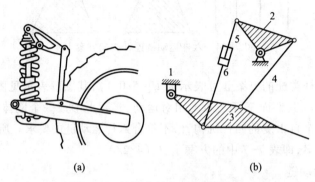

图 7-58　越野摩托车尾挂原始机构

1—机架；2—支撑臂；3—摆动杆；4—浮动杆；5—吸振器；6—气缸

（2）设计约束

为了给新机构类型创新提供依据,对尾部悬挂装置提出以下几个设计约束：

① 必须有一固定杆作为机架。

② 必须有吸振器。

③ 必须有一安装后轮的摆动杆。

④ 固定杆、吸振器和摆动杆必须是不同的构件。

（3）一般化运动链

一般化运动链是只有连杆和转动副的运动链,根据原始机构一般化运动链原则,该机构的一般化运动链可表示为图 7-59 所示的形式。

本例有两种具有六杆、七个运动副的一般化运动链,如图 7-60 所示。

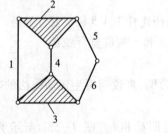

图 7-59　一般化运动链

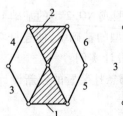

图 7-60　六杆、七个运动副一般化运动链

（4）具有固定杆的特殊运动链

将固定杆表示为 G_r，吸振器表示为 S_s-S_s，摆动杆表示为 S_w。图 7-61 所示为具有固定杆的特殊运动链的 10 种类型，从这 10 种类型中，根据设计约束可以寻求合适的新机构。

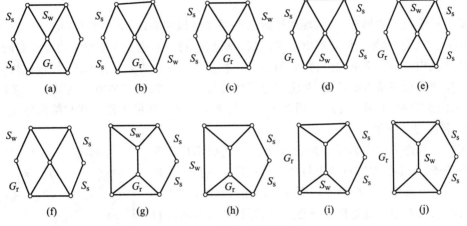

图 7-61 特殊运动链类型

（5）可行机构的筛选

图 7-61 所示的特殊运动链的 10 种类型对于该悬挂机构，如果没有其他实际约束，10 种机构类型都是可行的。若再增加约束条件，如要求摆杆与固定杆相连，则满足此约束条件的可行机构只有 6 个，即图 7-61a、b、d、f、h、i 所示的机构，这些可行机构类型对应的实际机构运动简图如图 7-62 所示。

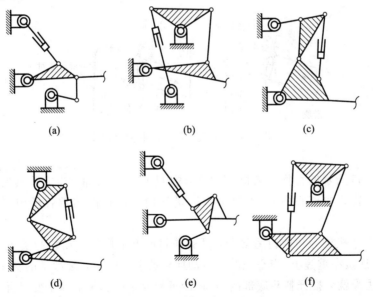

图 7-62 运动链对应的实际机构

上述 6 种机构形式,均能满足越野摩托车尾部悬挂装置的运动要求,可根据结构、强度、精度等要求进行综合评价,决策出最佳方案。

7.3.4 广义机构创新设计

随着科学技术的迅速发展,现代机械已不再是纯机械系统,而是集机、电、液为一体,充分利用力、声、光、磁等工作原理驱动或控制的机械。利用上述工作原理驱动或控制的机构,称为广义机构。在广义机构中,由于利用了一些新的工作介质和工作原理,较传统机构更能方便地实现运动和动力的转换,并能实现某些传统机构难以完成的复杂运动。广义机构种类繁多,限于篇幅,本节仅介绍应用较为广泛的部分广义机构的工作原理和结构特点。

1. 利用力学原理

实际中有许多利用力学原理创新出的简便而实用的机构。图 7-63 所示的螺钉自动上料整列机构广泛应用于标准件的生产中。未加工的螺钉无规则地盛放在料盘中(图中未画出料盘),当左边的输送槽上下运动时,螺钉通过物料的自重进行整列(未进入运动料槽的螺钉掉入料盘中)。螺钉在左侧槽中上升至与右侧盛料槽并齐时,因槽身具有斜度使被整列了的螺钉自动移向右侧贮料槽以备加工。这种机构利用了物料自重原理达到所需运动。

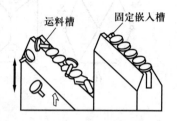

图 7-63 螺钉自动上料整列机构

再如图 7-64 所示的胶丸(或子弹)整列机构,从图中所示的胶丸或子弹的构造形状可见,它的重心在圆柱形部分,当滑块左右移动推动物料到达右方槽内尖角时,便可以由物料的重心自行整列,使圆柱体朝下,尖端朝上。

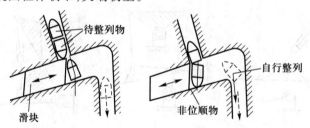

图 7-64 胶丸(或子弹)整列机构

又如图 7-65 所示的谷物分离机,在圆桶的内周有一些嵌槽,当它旋转时,由于谷粒的单位质量较大,得到的离心力大,谷物进入嵌槽被抛入圆桶内的承谷槽中,使谷粒与草秆分离。

图 7-66 所示机构为巧妙利用重力设计的在斜坡上工作的自动装卸矿车。这种矿车通过滑轮用绳索连接在重锤上,当空载时被自动拽到坡上。坡上有装沙子的料斗,矿车爬到坡的上端,车的边缘就会推开料斗底部的门,将沙子装入车中。装上沙子变得沉重的矿车克服重锤的拽力,从坡上降下来。在坡的下端导轨面推动车上的销子,靠它将车斗反倒卸沙,车子空载时又重新向上爬去。

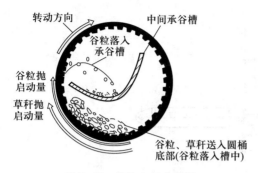

图 7-65　谷物自行分离机

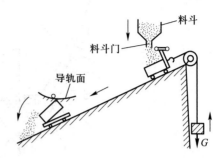

图 7-66　自动装卸矿车

对于一个多自由度的机构,当给定的主动件数小于机构的自由度数时,机构的运动是不确定的。但这时机构的运动受最小阻力定律的支配,即当机构的自由度大于机构的主动件数时,机构将优先沿着阻力最小的方向运动。在设计时有意识地利用这一规律,往往可以使机构大为简化,达到事半功倍的目的。图 7-67 所示即为利用这一原理设计的送料机构,它由曲柄 1、连杆 2、摇杆 3、滑块 4 和机架 5 等组成。机构的自由度为 2,但主动件只有一个(曲柄 1),故其运动不确定,但根据最小阻力定律可知,机构将沿阻力最小的方向运动。因此,推程时,摇杆 3 将首先沿逆时针方向转动,直到推爪 7 碰上挡销 a′为止,这一过程使推爪向下运动,并插入工件 6 的凹槽中。此后,摇杆 3 与滑块 4 成为一体,一起向左推送工件。在回程时,摇杆 3 要先沿顺时针方向转动,直到推爪 7 碰上挡销 a″为止,这一过程使推爪向上抬起脱离工件。此后,摇杆 3 又与滑块 4 成为一体,一起返回。如此连续运动将工件一个个地推送向前。此机构适用于推送轻、小的物品,机构简单、紧凑。

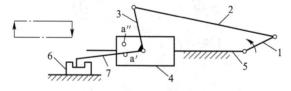

图 7-67　送料机构

1—曲柄;2—连杆;3—摇杆;4—滑块;5—机架;6—工件;7—推爪

图 7-68 所示为应用平衡重锤作用的平移机构,气缸驱动摆杆 3 摆动,摆杆上铰接一带平衡重锤 4 的工件座。图中 A 所示为放入工件 1 时的状态,工件座 2 因挡块 5 的作用而倾斜,这样便于工件放入。在工件放入后的搬运途中,工件座离开挡块,由于平衡重锤作用而水平移动到达取出位置 B。同样,若取出工件时也希望倾斜,则可设置挡块来实现。若设置缓冲装置,则可提高移动速度。

图 7-69 所示为一简单而有效的工件转移机构,上送料板 1 上的工件 2 及 3 被逐个移至下送料板 7。机构没有专用的动力源,仅靠工件的重力位能进行工作。图 7-69a、b、c 表示工件转移的过程,工件的重力使摆杆 4 摆动。工件离开摆杆 4 后,配重 5 使摆杆 4 复位。摆杆 4 摆动一次只送出一个工件。杆的摆动周期主要取决于工件重力 G_1 对支点 6 的力矩,摆杆 4(包括配重)的重力 G 对支点 6 的力矩和工件及杆对支点的惯性矩。

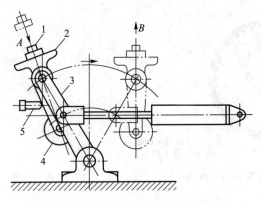

图 7-68　应用平衡重锤作用的平移机构
1—工件；2—工件座；3—摆杆；4—平衡重锤；5—挡块

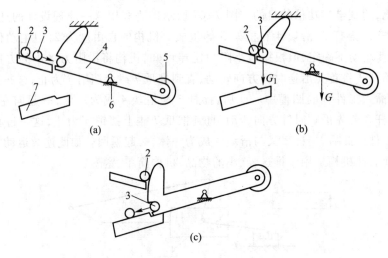

图 7-69　工件转移机构
1—上送料板；2、3—工件；4—摆杆；5—配重；6—支点；7—下送料板

图 7-70 所示为刨肉机，其目的是将冻肉块切成均匀且极薄的肉片。如果仿照手工切法，则要有刀片往复切片的动作、刀片横向往复拉动的动作以及肉块间歇推进的动作。若采用图 7-70 所示的刨切形式，刨台面作往复移动，肉块靠重力压在台面上兼起送进作用，则机构的结构就很简单，而且容易实现刨切薄片的要求。

图 7-71 所示为液体（或散状固体）装卸装置。盛液体的容器 1（可绕轴 5 自由回转）上设置挡块 6，使其保持在作业位置上。当液体填满时，在重力作用下容器 1 下降，柱销 2 抵到挡板 3，容器翻转并倾泻出液体，倾泻出液体的质量由配重 4 决定。

2. 利用液、气体物理效应

利用液、气体作为工作介质，实现能量传递与运动转换的机构，分别称为液动机构和气动机构，广泛应用于矿山、冶金、建筑和交通运输等行业。

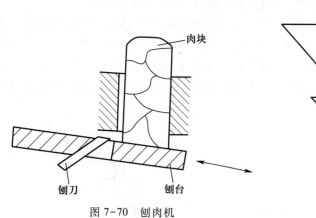

图 7-70　刨肉机

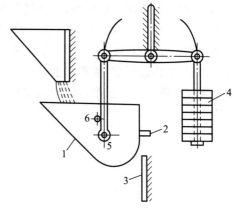

图 7-71　液体装卸装置

1—容器；2—柱销；3—挡板；4—配重；5—轴；6—挡块

（1）液动机构

液动机构与机械传动机构相比较,具有以下优点:易于实现无级调速,调速范围大;体积、质量小,输出功率大;工作平稳,易于实现快速启动、制动、换向等操作,控制方便;易于实现过载保护;由于液压元件具有自润滑特性,机构磨损小,寿命长;液压元件易于标准化、系列化。

图 7-72 所示为摆动液压缸驱动的升降机构,可实现较大的行程和增速,常用于高低位升降台等机械中。图 7-73 所示为液压夹紧机构,由摆动液压缸驱动连杆机构。这种液压机构可用较小的液压缸实现较大的压紧力,同时还具有锁紧作用。图 7-74 所示为铸锭供料机构,它由液压缸 5 通过连杆 4 驱动双摇杆机构 1-2-3-6,将加热炉中出来的铸锭 8 送到升降台 7 上,完成送料动作。图 7-16 所示的挖掘机由三个液压缸驱动三个基本的连杆机构,三个液压缸可同时工作,也可单独工作。从以上实例可以看出,采用液动机构的机械系统常常比电动机驱动的机械系统要简单得多。

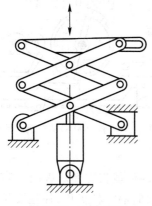

图 7-72　升降机构

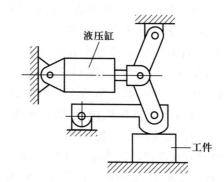

图 7-73　液压夹紧机构

（2）气动机构

气动机构与液动机构相比,由于工作介质为空气,故易于获取和排放,不污染环境。另外,气动机构还具有压力损失小,易于过载保护,易于标准化、系列化等优点。

图 7-75 所示为一种比较简单的可移动式气动通用机械手的结构示意图,其由真空吸头 1、水平气缸 2、垂直气缸 3、齿轮齿条副 4、回转缸 5 及小车等组成。该机械手可在三个坐标内工作,其工作过程是,垂直缸上升→水平缸伸出→回转缸转位→回转缸复位→回转缸退回→垂直缸下降。该机械手可用于装卸轻质、薄片工件,只要更换适当的手指部件,还可完成其他工作。

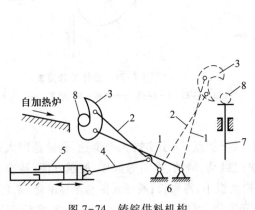

图 7-74　铸锭供料机构

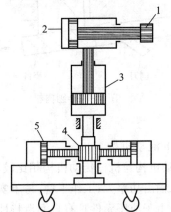

图 7-75　气动通用机械手
结构示意图
1—真空吸头;2—水平气缸;3—垂直
气缸;4—齿轮齿条副;5—回转缸

图 7-76 所示为商标自动粘贴机示意图,该机构使用了一种吹吸气泵,这种吹吸气泵集吹气与吸气功能于一体,吸气头朝向堆叠着的商标纸下方,吹气头朝着商标纸压向方形盒产品的上方。当转动鼓吸气端吸取一张商标纸后,顺时针转动至粘胶滚子,随即滚上胶水(依靠右边上胶滚上胶),当转动轮带着已上胶的商标纸转到下面由传送带送过来方形盒产品之上时,即被压向产品。当传送带带动它至最左端时,商标纸被压刷压贴于方盒上。由此例可以看出,如果局限于刚体机构的范围,不加入气动机构,则很难实现这样复杂的工艺动作。

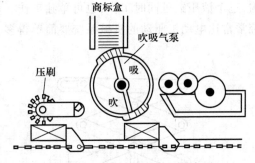

图 7-76　商标自动粘贴机示意图

若只要求实现简单的工作位置变换,利用气缸作主动件就很方便。以图7-77所示机构为例,要求摇杆实现Ⅰ、Ⅱ两个工作位置的变换。如利用曲柄摇杆机构,往往要用电动机带动一套减速装置驱动曲柄,如图 7-77a 所示,为了使曲柄能停在要求的位置,还要有制动装置。如果改用图 7-77b 所示的气缸驱动,则结构大为简化。

图 7-78 所示为工作台送进机构,液压缸(或气缸)驱动的两盘形凸轮分别与工作台形

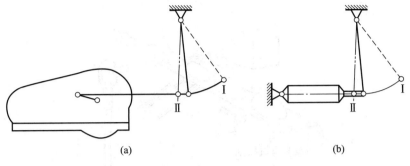

图 7-77　摆动机构比较

成高副接触,当活塞往复移动时,带动两盘形凸轮绕各自的转轴转动,从而使工作台上下往复移动。

3. 利用光电、电磁物理效应

图 7-79 所示为光电动机的原理图,其受光面是太阳能电池,三只太阳能电池组成三角形,与电动机的转子结合起来。太阳能电池提供电动机转动所需的能量,当电动机转动时,太阳能电池也跟着旋转,动力由电动机轴输出。由于受光面连成一个三角形,即使光的入射方向改变,也不影响正常工作。这样光电动机可将光能转变成了机械能。

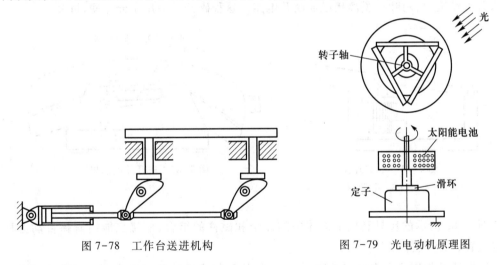

图 7-78　工作台送进机构　　　　　　图 7-79　光电动机原理图

图 7-80 所示为具有光电管的杠杆式蛋品分选机构。当蛋品 7 沿传动带 1 在光电管附近通过时,受到来自光源 3 的光线照射;当蛋品内部呈现混浊现象时,光电管 2 发出电脉冲,通过电磁装置 4 使拨盘 8 产生运动,将蛋品推至导槽 9。电磁装置 4 的电枢 6 同杠杆 5 组成球面副 A,杠杆 5 上装有拨盘 8,杠杆 5 同机架组成圆柱副 B。

利用电与磁相互作用的物理效应来完成所需动作的机构,称为电磁机构。电磁机构可用于开关及电磁振动等电动机械中,如电动按摩器、电动理发器和电动剃须刀等。电磁机构的种类很多,但都是利用电磁转换产生机械运动的。图 7-81 所示的电磁开关,电磁铁 1 通

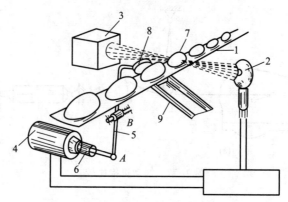

图 7-80   光电管杠杆式蛋品分选机构

1—传动带；2—光电管；3—光源；4—电磁装置；5—杠杆；6—电枢；

7—蛋品；8—拨盘；9—导槽；A—球面副；B—圆柱副

电后吸合杆 2,接通电路 3;断电后,杆 2 在复位弹簧 4 的作用下脱离电磁铁,电路断开。

图 7-82 所示的电话机利用了磁开关。当受话器提起时,上叶片开关(由板簧构成)复位使两叶片接触而接通电路,即可进行通话。当受话器放在原位后,上叶片开关被受话筒上的永久磁铁吸引,两叶片脱离接触而断开电路。这种磁开关使用十分方便、可靠。

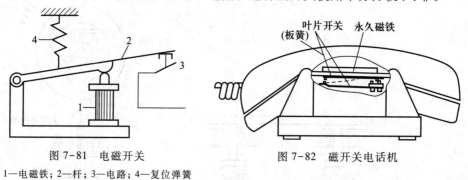

图 7-81   电磁开关

1—电磁铁；2—杆；3—电路；4—复位弹簧

图 7-82   磁开关电话机

图 7-83 所示的玩具利用了液体中的浮子和磁铁的组合,使瓢虫能沿着棒自动上移至一定位置,而不会掉下来。

继电器的作用是实现电路的闭合与断开,从而起到可控开关的作用。继电器可以是电磁式的,也可以是气、液式的或温控式的。图 7-84 所示为杠杆式温度继电器,双金属片 2 的一端固定在刀口 3 所支持的杠杆 1 上。当周围的温度较低时,杠杆 1 位于图示位置,与隔点 4 接触。如果温度升高,由于双金属片的变形,杠杆 1 将回转,与触点 5 接触,开关被切换。刀口 3 保证开关切换准确。

图 7-85 所示为检测产品用电磁回转机构。当电磁铁 1 绕定轴 6 转动时,被检测的金属零件 2 中感应出涡流,它和电磁场相互作用,电磁铁 1 产生的转动力矩驱动被测工件反向转动。被测工件支承在固定钳牙 4 上并用可动钳牙 5 压住,可动钳牙 5 和测量器的心轴 3 固

接。此回转机构可用于工件圆柱度检查的测量仪器中。

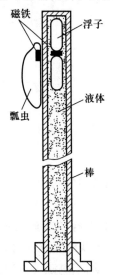

图 7-83 顺棒上爬的玩具

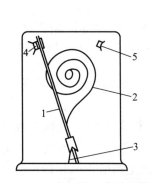

图 7-84 杠杆式温度继电器
1—杠杆；2—双金属片；3—刀口；
4—隔点；5—触点

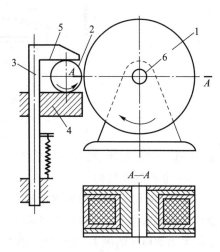

图 7-85 电磁回转机构
1—电磁铁；2—金属零件；3—心轴；
4—固定钳牙；5—可动钳牙；6—定轴

图 7-86 为计算机输出设备之一的针式打印机打印头的示意图,图中仅示出了打印头的一部分。每根打印针对应一个电磁铁,每接到一个电脉冲信号,电磁铁吸合一次,其衔铁便打击打印针的尾部,打印针头就在打印纸上打出一个点,而字符由一系列点阵组成。

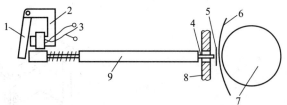

图 7-86 针式打印机打印头示意图
1—衔铁；2—铁心；3—线圈；4—打印针；5—色带；
6—打印纸；7—滚筒；8—导板；9—针管

图 7-87 所示为剪发器中的减振机构,借助电磁铁 1 和弹簧压紧的摆杆 2 使刀刃 3 振动。为使壳体的重心和主惯性轴不动,壳体应反向振动,这就给理发师手上造成不舒适的感觉。将动力减振器 4 的振动频率调整到与刀刃的振动频率一致,可部分地消除壳体在装设减振器处的振动。全部消除振动需要安装两个减振器,以使两个减振器重心连线垂直刀刃运动方向,而参振(振动由惯性力、反作用力和惯性力矩激发)质量使摆杆 2 和剪刀振动。

4. 利用振动及惯性作用

（1）振动机构

利用振动产生运动和动力的机构称为振动机构。其广泛用于散状物料的捣实、装卸、输

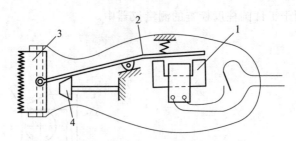

图 7-87　剪发器减振机构

1—电磁铁；2—摆杆；3—刀刃；4—减振器

送、筛选、研磨、粉碎、混合等工艺中。振动机构的种类有很多,以下介绍常用的两种。

1) 电磁振动机构

图 7-88 所示为直槽型振动送料机构,其由槽体 1、激振板簧 2、底座 3、橡胶减振弹簧 4 及激振电磁装置(由铁磁线圈 5 和衔铁 6 所构成)等组成。当交流电输入铁磁线圈 5 时,产生频率为 50 Hz 的磁力,吸引固定在料道上的衔铁 6,使槽体向左下方运动;当电磁力迅速减小并趋近零时,槽体在板簧 2 的作用下,向右上方作复位运动,如此周而复始便使槽体产生微小的振动。当槽体在板簧的作用下向右上方运动时,由于工件 7 与槽体之间存在摩擦力,工件被槽体带动,并逐渐被加速;当槽体在电磁铁作用下向左下方运动时,由于惯性力的作用,工件将按原来的运动方向向前抛射(或称为跳跃),工件在空中微量跳跃后,又落到槽体上。这样,槽体经过一次振动后,在槽体上的工件就向上移动一定的距离,直至出料口,从而达到供料的目的。显然,在工件与槽体的摩擦系数一定时,工件的运动状态与槽体的加速度有关。

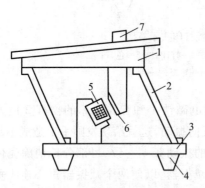

图 7-88　直槽型振动送料机构

1—槽体；2—激振板簧；3—底座；
4—橡胶减振弹簧；5—铁磁线圈；
6—衔铁；7—工件

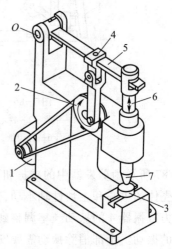

图 7-89　振动式锚头安装机

1—电动机；2—带轮；3—砧座；4—螺钉；
5—板簧；6—锤杆；7—锤头

2）机械振动机构

图 7-89 所示为利用机械振动的锚头安装机,其用于预应力混凝土制品的锚头安装。电动机 1 通过皮带使带轮 2 转动。带轮 2 兼作曲柄摇杆机构的曲柄,摇杆是绕支点 O 转动的板簧 5。板簧 5 的一端插入锤杆 6 的槽中,两面垫以橡胶块。锤杆 6 在基座孔中上下移动。锤头 7 和砧座 3 可以更换,以适应各种工件。摇杆的长度可用螺钉 4 调节,以防止共振。

（2）惯性机构

利用物体的惯性进行工作的机构称为惯性机构,如建筑机械中的夯土机、打桩机等。许多情况下,惯性与振动在这类机构中同时被利用。

图 7-90 所示为惯性垂直振动提升机,这种机器通常在共振状态下工作,结构较复杂,一般为较大型的振动提升机。当对基础的隔振要求十分严格时,可将底盘的振幅设计得很小,在这种情况下传给基础的动载荷可以明显减小。图中惯性激振器 4 安装在底盘 5 上,在惯性激振器 4 的箱体内设有一对速比为 1 的齿轮,使激振器的两根主轴作等速反向旋转。齿轮轴的两端分别装有偏心块,在它们之间有一定的相位角。电动机 7 装在电动机架 6 上,而电动机架 6 则安装在底盘 5 上,螺旋槽体 1 与上圆盘 2 用螺栓紧固在一起,上圆盘 2 与底盘 5 用板簧 3 连接在一起,板簧 3 为提升机的主振弹簧（也称共振弹簧）,整个机器支承在隔振弹簧上。当电机经 V 带带动惯性激振器的两根主轴作等速反向旋转时,便可产生垂直方向的激振力和绕垂直轴的激振力矩,使该提升机的槽体产生垂直振动和绕垂直轴的扭转振动。通常采用的激振频率为 700~1 000 次/min,振幅为 3~8 mm,个别情况下达 10 mm。

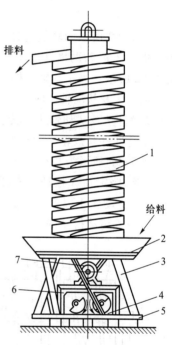

图 7-90　惯性垂直振动提升机
1—螺旋槽体；2—上圆盘；3—板簧；
4—惯性激振器；5—底盘；6—电
动机架；7—电动机

图 7-91 所示为惯性激振蛙式夯土机,由电动机 3 通过两级皮带 4、2 使带有偏心块 6 的带轮 5 回转。当偏心块 6 回转至某一角度时,夯头 1 被抬起,在离心力的作用下,夯头被提升到一定高度,同时整台机器向前移动一定距离;当偏心块 6 转到一定位置后,夯头 1 开始下落,下落速度逐渐增大,并以较大的冲击力夯实土壤。该机用于建筑工程中夯实地基以及场地的平整等。

7.3.5　挠性机构和弹性机构

1. 挠性机构

主、从动轴之间用挠性件作为中间构件,通过拉力或摩擦力传递运动的机构,称为挠性机构。挠性件有带、链、绳等,挠性机构具有吸收振动、机构简单等特点,常用于两轴间距离较大的场合。

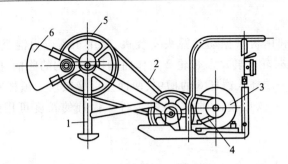

图 7-91 惯性激振蛙式夯土机
1—夯头；2—皮带；3—电动机；4—皮带；5—带轮；6—偏心块

图 7-92 所示同轴线挠性机构,在主动轴 1 和从动轴 8 上分别活套鼓轮 6 和 4,并各固接一横杆 2 和 7;两横杆之间用分别绕在鼓轮 6 和 4 上的挠性件 5 和 3 连接,其卷绕方式如图 7-92 所示。当主动轴 1 按图示方向回转时,通过与该轴固接的横杆 2、挠性件 3 与鼓轮 4 带动横杆 7 及从动轴 8 回转;当主动轴 1 向相反方向转动时,则通过横杆 2、挠性件 5 与鼓轮 6 带动横杆 7 及从动轴 8 回转。当主动轴 1 改变转动方向时,从动轴 8 具有短暂的停歇,这是由于挠性件与鼓轮之间存在间隙等因素引起的。由此引起的空行程可用专门机构补偿。

图 7-93 所示为具有挠性构件的摆锯杠杆机构。主动轮 1 以顺时针方向转动时,平衡重 2 向下落,绕定轴 A 摆动的杠杆 3 的右臂向上升起,驱使带有盘锯 4 的左臂向下降,引向工件 5。当主动轮 1 以逆时针方向回转时,盘锯 4 离开工件。盘锯 4 绕轴 B 的转动是由电动机经皮带 6 传动得到的。

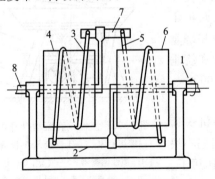

图 7-92 同轴线挠性机构
1—主动轴；2、7—横杆；3、5—挠性件；
4、6—鼓轮；8—从动轴

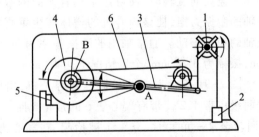

图 7-93 具有挠性构件的摆锯杠杆机构
1—主动轮；2—平衡重；3—杠杆；
4—盘锯；5—工件；6—皮带

利用挠性机构可以实现大行程的移动,如图 7-94 所示。当轮 1 绕 B 轴转动时,通过挠性构件 2 上的销 6 带动导杆 4 在固定导槽 5 内移动。当轮 1 作等角速度转动并且销 6 位于直线移动区间范围时,导杆作匀速直线运动。

2. 弹性机构

加入弹性构件的机构称为弹性机构。弹性机构利用其弹性构件的变形可以产生一些特殊的作用,如谐波传动就是利用弹性齿圈的变形实现大传动比传动的。由于弹性构件具有较大的弹性变形和弹性复形能力,并且力和变形之间有定量关系,把它作为机构中的某个构件可以简化机构的结构,改善机构的动力特性,增加机构的功能。

图 7-95 所示为快速动作机构。当主动件 1 摆动时,滑块 2 使连杆 3 摆动并压缩弹簧 5 储能,当 *EF* 转到与 *BF* 重合时,弹簧 5 达到最大储能位置;当 *EF* 越过 *BF* 线时,弹簧 5 迅速释放能量推动摆杆 4 逆时针方向转动到与挡块 6 接触,实现快速转换开关的动作。

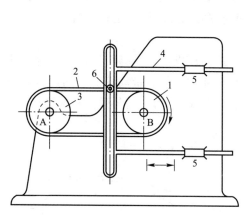

图 7-94　实现大行程的挠性构件机构

1、3—轮;2—挠性构件;4—导杆;5—导槽;6—销

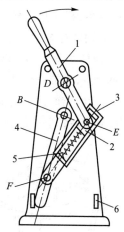

图 7-95　快速动作机构

1—主动件;2—滑块;3—连杆;

4—摆杆;5—弹簧;6—挡块

图 7-96 所示机构利用弹性元件的弹性变形实现间歇运动。构件 1 的两端与输出轴构成转动副,构件 1 的两臂间装有扭簧 3,扭簧的一端固定在构件 1 上,并与轴 2 之间有配合。当构件 1 逆时针转动时,扭簧 3 被放松,轴 2 不受影响而保持静止状态;当构件 1 顺时针转动时,扭簧 3 被拧紧并紧固在轴 2 上,使轴 2 转动。该机构可以视为棘轮机构的等效机构,结构简单且没有噪声。

图 7-97 所示为机械装配过程示意图。当夹抓 2 夹持杆状工件 3 插入座孔 4 中时,夹抓 2 与工件 3 的相对位置误差常常超过工件与孔的间隙允许范围,为了顺利完成机械的装配操作,需要采用顺应机构 1 使夹抓 2 的插入运动顺应杆状工件 3 进入座孔 4 的要求。

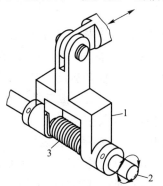

图 7-96　弹性间歇机构

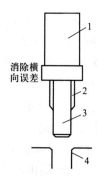

消除横
向误差

图 7-97　机械装配过程示意图

1—顺应机构;2—夹抓;3—杆状工件;4—座孔

顺应机构的种类很多。图 7-98 所示的顺应机构采用了弹性构件,由于其顺应中心 C 远离顺应机构本体,被称为远心顺应机构。机构中有两组弹性材料制成的构件,一组为倾斜杆 1、2 及 3,另一组为辐射状布置的杆 4、5 及 6,后者连成整体。构件 7 为机架,与机械手臂相连,杆 8 为夹抓。当横向力 F 作用于杆 8 下端顺应中心 C 时,弹性构件的变形使顺应中心 C 横向移动,这时两组弹性杆的变形分别使杆 8 产生大小相同方向相反的角位移,因而综合角位移为零,杆 8 只作横向平移。当力偶矩 M 作用于杆 8 时,杆 8 发生角位移,这时两组杆的变形分别使杆 8 的 C 点产生大小相同方向相反的横向位移,因而 C 点的综合横向位移为零,C 点为杆 8 角位移的转动中心。

图 7-99 所示为带挠性件与弹性件的脚踏摇杆机构。当脚踏摇杆 1 通过挠性件 2 使轮 3 回转一个角度时,弹性杆 4 随之变形,弹性杆 4 的回复力带动轮 3 反向回转。挠性件 2 在轮 3 上卷绕 360° 后,其一端与脚踏摇杆 1 连接于 A 点,另一端与弹性杆 4 连接于 B 点。

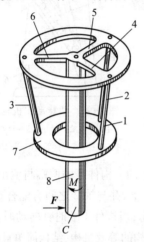

图 7-98　弹性构件式远心顺应机构
1、2、3—倾斜杆;4、5、6—辐射杆;7—机架;8—杆

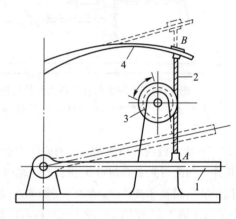

图 7-99　带挠性件与弹性件的脚踏摇杆机构
1—脚踏摇杆;2—挠性件;3—轮;4—弹性杆

7.3.6　柔性机构设计

现代机构学与多种学科交叉、融合,形成多种新的学科分支,为机构学发展提供了强大的生命力,也为机构学的创新方法开阔了思路。现代机械装备向"重大精尖"或"微小精密"等方向发展的趋势,要求机构简单紧凑、成本低廉且能完成复杂运动。其一,应用尽可能少的构件实现复杂动作过程,即可采用非刚性机构(柔顺机构)来完成某些动作,这是一种有效的机构创新方法;其二,应用尽可能小的占用空间实现复杂精密的运动,因为空间成本也成为机构创新设计要考虑的重要因素之一,可用柔顺机构中的平面折展机构来实现。

柔顺机构,有时也称为柔性机构(compliant mechanism,简称 CM),是指在设计中采用大变形柔性元素,而非全部采用刚性元件的一类机构,即能通过其部分或全部具有柔性的构件变形而产生位移、传递运动或力的机械结构。传统意义上,工程上的装置都设计成刚而强的,系统也通常由不同的部件组合而成。而自然界中的设计却是刚柔并济的,系统浑然一体。如人体的心脏就是一个了不起的柔顺机构,在一个人出生前就开始工作,在有生之年一刻也不停歇。再如蜜蜂的翅膀、大象的鼻子、鳗鱼、海带、脊柱、盛开的鲜花等(图 7-100),它们都是柔顺的。我们还发现,自然界中的"机器"结构十分紧凑,如图 7-100 所示的蚊子,它的身体具备导航、控制、能量收集、再生等诸多系统仍能自由飞行。我们可以从自然中得到启示,依靠柔性变形获取运动,以此来创新设计并改善产品的性能。

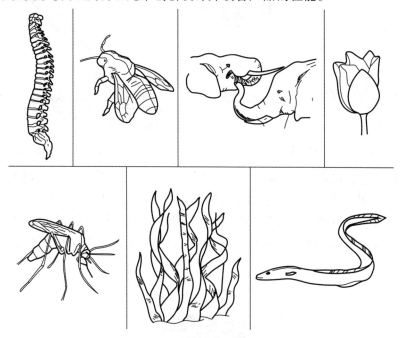

图 7-100　自然界中柔顺性的例子

柔顺机构的利与弊都在于它把不同的功能集成到少数几个零件上。柔顺机构可以用很少的零件(甚至一个零件)实现复杂的任务,但其设计难度也更大。利用柔顺机构传递运动具有如下优点:(1)零件少,甚至仅一件,便于制造;(2)无须铰链或轴承等运动副,运动和力的传递是利用组成它的某些或全部构件的弹性变形来实现;(3)无摩擦、磨损及传动间隙,无效行程小,且不需润滑;(4)可存储弹性能,自身具有回程反力。

柔顺机构的一个典型例子是有着几千年历史的弓(图 7-101)。但柔顺机构的设计并非易事,而随着人类的认知能力飞速增长,发明了许多新材料,计算能力得到极大提升,对复杂装置的设计能力也有所扩展。同时,某些新的需求难以依靠传统机构来满足。也就是说,设计柔顺机构的能力和动力都大大增强。

图 7-101　古代的弓

生活中也有很多柔顺机构的例子,如图 7-102 所示可折叠汤匙,利用一个柔性铰链来实现折叠和完全展开之间的转换。限位槽 3 用于将可折叠汤匙卡在合适的位置。柔性铰链 1 允许汤匙柄 2 转动并脱离将其锁定在折叠位置的限位槽 3,如图 7-102a 所示。完全展开状态下的可折叠汤匙如图 7-102b 所示。

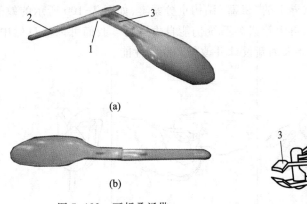

(a)

(b)

图 7-102　可折叠汤匙

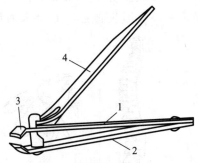

图 7-103　普通指甲剪

图 7-103 所示普通指甲剪,利用柔性梁实现运动并提供回弹,指甲剪利用固连的两段柔性梁 1、2 形成钳口 3。钳口位于柔性梁的末端。在按动杠杆 4 时,两柔性梁发生变形。又如图 7-104 所示可折叠水桶由多个双稳态结构串联而成,可呈现出多稳态特性。可折叠水桶处于完全展开的状态如图 7-104a 所示。可折叠水桶处于收起来的状态如图 7-104b 所示。

(a)

(b)

图 7-104　可折叠水桶

参 考 文 献

[1]　申永胜.机械原理教程[M].2 版.北京:清华大学出版社,2005.

[2]　吴克坚,于晓红,钱瑞明.机械设计[M].北京:高等教育出版社,2003.

［3］　陈国华．机械机构及应用［M］.北京:机械工业出版社,2008.

［4］　孟宪源,姜琪．机构构型与应用［M］.北京:机械工业出版社,2004.

［5］　张美麟．机械创新设计［M］.北京:化学工业出版社,2005.

［6］　张春林．机械创新设计［M］.北京:机械工业出版社,2007.

［7］　邹慧君．机械系统设计原理［M］.北京:科学技术出版社,2003.

［8］　Howell, L L, Magleby S P, Olsen B M.柔顺机构设计理论与实例［M］.陈贵敏,于靖军,马洪波,等,译.北京:高等教育出版社,2015.

第 8 章　结构创新设计

机械结构设计的任务是在原理方案设计和机构设计的基础上,确定满足功能要求的结构方案,其内容包括结构的类型和组成,结构中所有零部件的形状、尺寸、位置、数量、材料、热处理方式和表面状况等,所确定的结构方案除应能够实现原理方案所规定的动作要求外,还应能满足设计对结构的强度、刚度、精度、稳定性、工艺性、寿命、可靠性等方面的要求。结构设计是机械设计中涉及问题最多、最具体、工作量最大的工作阶段。

机械结构设计的重要特征之一是设计问题的多解性,即满足同一原理方案要求的机械结构并不是唯一的,通过结构设计得到一个可行的结构方案一般并不难,而机械结构设计的任务是在众多的可行结构方案中寻求最优方案。现有的数学方法能够根据完整的数学模型从一个可行方案出发,在一个单峰区间内寻求到局部最优解,但是无法保证遍历全部的可行区域,找出所有的局部最优解,并从中找出全局最优解。要得到最好的设计方案,就需要发挥创造性思维方法的作用。

8.1　结构方案的变异设计

机械结构方案的变异设计是创造性思维和技法的重要应用。所谓变异设计就是从一个已知的、可行的结构方案出发,通过变换得到大量的可行方案。通过对这些方案中参数的优化,可以得到多个局部最优解,再通过对这些局部最优解的分析和比较,就可以得到较优解或全局最优解。变异设计的目的是尽可能多地寻求满足设计要求的独立设计方案,以便对其进行参数优化设计。通过变异设计得到的独立设计方案数量越多,覆盖范围越广,通过优化得到全局最优解的可能性就越大。

变异设计的基本方法:首先通过对已有结构设计方案的分析,得出一般结构设计方案中所包含的技术要素构成,然后再分析每一个技术要素的合理取值范围,通过对这些技术要素在各自的合理取值范围内的充分组合,就可以得到足够多的独立结构设计方案。

变异设计的目的是为设计提供大量的可供选择的设计方案,使设计者可以对其进行评价和决策,并进行参数优化。

一般机械结构的技术要素包括零件的几何形状、零件之间的连接、零件的材料及热处理方式。下面分别介绍这几类技术要素的变异设计方法。

8.1.1　工作表面的变异

机械结构的功能主要靠机械零部件的几何形状及各个零部件之间的相对位置关系来实

现连接或运动控制。

零件的几何形状由它的表面所构成,一个零件通常有多个表面,在这些表面中与其他零部件相接触的表面及与工作介质或被加工物体相接触的表面称为工作表面。

零件的工作表面是决定机械功能的重要因素,工作表面的设计是零部件设计的核心问题。通过对工作表面的变异设计,可以得到实现同一技术功能的多种结构方案。

描述工作表面的主要几何参数有表面的形状、尺寸、表面数量、位置、顺序等。通过对这几种参数的变异,可以得到多组构型方案。

例如,要实现由弹簧产生的压紧力压紧某零件,使其保持确定位置,设计时可以选择的弹簧类型有拉簧、压簧、扭簧、板簧,被压紧的零件表面形状可以是平面、圆柱面、球面、螺旋面等,通过对这些因素的组合可以得到如表 8-1 所示的多种设计方案。其中压簧的压缩距离不应过大,否则容易引起弹簧的失稳,如果必须使用较大的压缩距离,应设置导向结构;拉簧因无失稳问题在设计中受空间约束较少,既可单独使用,也可与摇杆及绳索等配合使用;板簧通常刚度较大,可在较小的变形条件下产生较大的压紧力。

螺钉(栓)用于连接时需要通过螺钉头部对其进行拧紧,而变换旋拧工作表面的形状、数量和位置(内、外)可以得到螺钉头的多种设计方案。图 8-1 所示的 12 种方案,其中前面 3 种头部形状使用一般扳手拧紧,即可获得较大的预紧力,但不同的头部形状所需的最小工作空间(扳手空间)不同;滚花形和蝶形钉头用于手工拧紧,不需专门工具,使用方便;第 6、7、8 种方案的扳手作用在螺钉头的内表面,可使螺纹连接表面整齐美观;最后 4 种分别是用"十字"形螺丝刀和"一字"形螺丝刀拧紧的螺钉头部形状,所需的扳手空间小,但拧紧力矩也小。可以想象,还有许多可以作为螺钉头部形状的设计方案,实际上所有的可加工表面都是可选方案,只是不同的头部形状需要用不同的专用工具拧紧,在设计新的螺钉头部形状方案时要同时考虑拧紧工具的形状、操作方法和扳手空间。

机器上的按键外形通常为方形或圆形,这些形状的按键在控制面板上占用较大的面积。为减小手机的体积,有人做出如图 8-2 所示的手机面板设计,面板上每个按键的宽度为 10 mm,相邻两键的间距为 2 mm,如采用方形或圆形按键则每行按键所占用的最小面板宽度为 34 mm,采用三角形按键使最小宽度缩小为 24 mm,比原方案减小 29%。

在包含中间齿轮的直齿圆柱齿轮传动中,中间轴所受合力的大小与三轴的相对位置有关。用中间轴与其他两轴连线的夹角 φ 表示中间轴的位置,用 F_R 表示中间轴所受合力的大小,用 F_n 表示齿轮啮合点处的法向力大小,用 α 表示齿轮的压力角,则中间轴所受的合力为

$$F_R = 2F_n \sin\left(\frac{\varphi}{2} - \alpha\right)$$

中间齿轮轴受力与中间齿轮位置的关系曲线如图 8-3 所示。通过合理地选择中间齿轮的位置,可以使中间轴及其轴承的受力减小,甚至使其所受合力为零。

表 8−1　工作表面变异设计

弹簧类型				表面形状
板簧	扭簧	拉簧	压簧	

续表

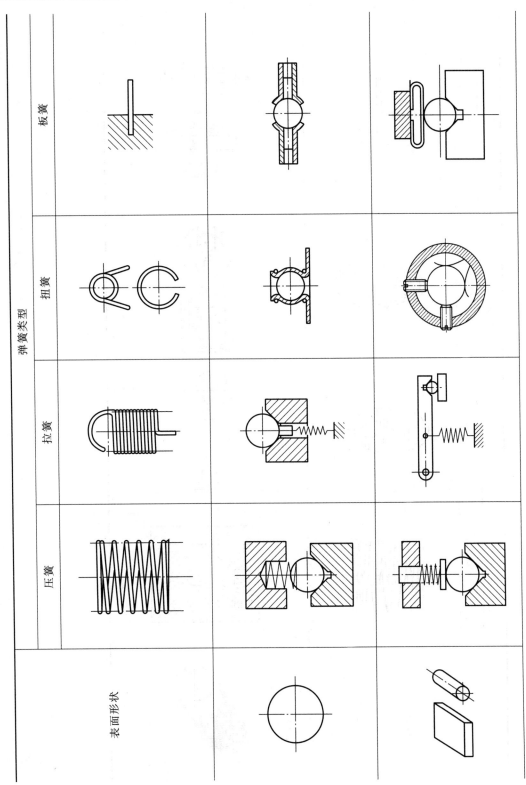

表面形状	压簧	拉簧	扭簧	板簧

弹簧类型

续表

弹簧类型	板簧		
	扭簧		
	拉簧		
	压簧		
表面形状			

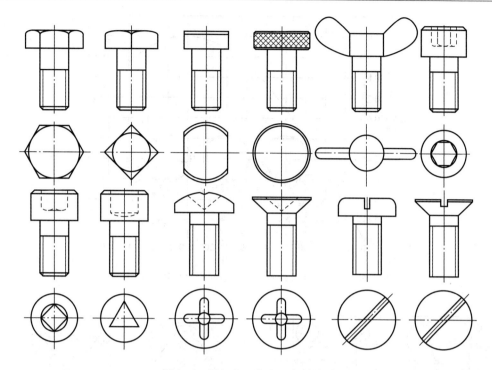

图 8-1 螺钉头工作表面变异设计

在图 8-4a 所示的结构中,挺杆 2 与摇杆 1 通过一球面相接触,球面在挺杆上。当摇杆的位置变化时,摇杆端面与挺杆球面接触点的法线方向随之变化,由于法线方向与挺杆的轴线方向不平行,挺杆与摇杆间作用力的压力角不等于零,会产生横向推力,这种横向推力需要挺杆与导轨之间的摩擦力与之平衡。当挺杆的垂直位置较高时,摩擦力的数值会超过球面接触点的有效轴向推力,因而造成挺杆运动卡死。如果将球面改在摇杆上,如图 8-4b 所示,则接触面的法线方向始终平行于挺杆轴线方向,不产生横向推力。

图 8-2 三角按键手机

在图 8-5a 所示的 V 形导轨结构中,上方零件为凹形,下方零件为凸形,在重力作用下摩擦表面上的润滑剂会自然流失,如果改变凸、凹零件的位置,使上方零件为凸形,下方零件为凹形,如图 8-5b 所示,则可以有效地改善导轨的润滑状况。

图 8-6a 所示为曲柄连杆机构,若改变机构中的销孔尺寸,则图 8-6a 所示的曲柄连杆机构将演变为图 8-6b 所示的偏心轮机构。

普通电动机中转子与定子的布置方式如图 8-7a 所示。若将沿圆周布置的转子与定子改变为沿直线方向布置(图 8-7b),则旋转电动机演变为直线电动机;若将沿直线方向布置的转子与定子再沿另一轴线(与旋转电动机轴线方向相垂直)旋转,则直线电动机又演变为圆筒形直线电动机(电动炮),如图 8-7c 所示。

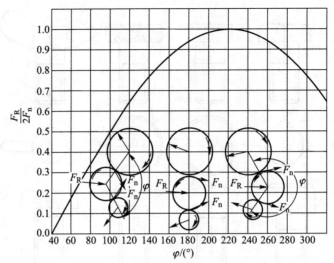

图 8-3　中间齿轮轴受力与中间齿轮位置的关系

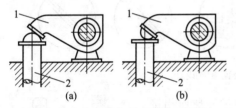

图 8-4　摆杆与推杆的球面位置变换

1—摇杆；2—挺杆

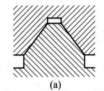 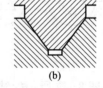

图 8-5　滑动导轨位置变换

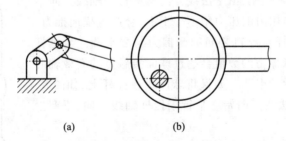

图 8-6　曲柄连杆机构的尺寸变换

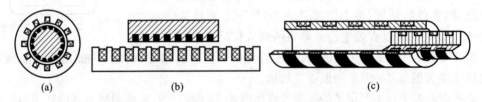

图 8-7　电动机转子与定子形状的变异设计

8.1.2　连接的变异

机器中的零部件通过各种各样的连接组成完整的机器。

机器由零件组成,一个不与其他零部件相接触的零件具有 6 个运动自由度。机械设计中通过规定零件之间适当的连接方式限制零件的某些运动自由度,保留机器功能所必需的运动自由度,使机器在工作中能够实现确定形式的运动关系。

连接的作用是通过零件间工作表面的互相接触实现的,不同形式的连接由于相接触的工作表面形状及表面间所施加的紧固力不同,会对零件的自由度形成不同的约束。

以轴毂连接为例,按照设计要求,轴与轮毂的连接对相对运动自由度的限制可能有以下几种情况:

① 固定连接。连接后轴与轮毂完全固定,不具有相对运动自由度,通常的轴毂连接多为这种情况。这种轴毂连接需要限制轴与轮毂之间的 6 个相对运动自由度。

② 滑动连接。连接后轮毂可在轴上滑动,其他相对运动自由度被限制。例如,齿轮变速机构中的滑移齿轮与轴的连接就属于这种连接,这种轴毂连接需要限制轴与轮毂之间的 5 个相对运动自由度。

③ 转动连接。连接后轮毂可在轴上绕轴心转动,其他相对运动自由度被限制。例如,齿轮箱中为解决润滑问题设置的甩油轮与轴的连接属于这种情况。这种轴毂连接也需要限制轴与轮毂之间的 5 个相对运动自由度。

④ 移动、转动连接。连接后轮毂既可以在轴上移动,又可以绕轴心转动,其他相对运动自由度被限制。这种连接应用较少,有些汽车变速箱中的倒挡齿轮与轴的连接属于这种情况。这种轴毂连接需要限制轴与轮毂之间的 4 个相对运动自由度。

在第③种情况和第④种情况的连接中,由于需要轮毂相对于轴转动,所以连接中轴的截面形状必须是圆形;第④种情况由于需要轮毂相对于轴移动,所以连接中轴的表面形状必须是柱面(不能是锥面);第③种情况考虑加工方便和避免产生附加轴向力,通常也采用柱面。综合这两点分析,这两种连接中的轴表面形状为圆柱面。

第②种情况由于需要轮毂相对于轴滑动,所以轴表面必须是除完整圆柱面以外的其他柱面,通过改变轴的断面形状可以形成不同的连接形式,常用的有滑键连接、导向键连接、花键连接和型面连接(如方形轴连接)等。

第①种情况为固定式连接,限制条件少,所有满足可加工性和可装配性条件的表面形状都可以作为轴毂连接的表面形状。通过变换用以限制零件间相对运动自由度的方法和结构要素,可以得到多种轴毂连接方式。

按照连接中形成锁合力的条件可将固定式轴毂连接分为形锁合连接和力锁合连接。形锁合连接通过接触面间的法向力传递转矩,要求被连接表面为非圆形,可以是如图 8-8 所示的三角形、正方形、六边形或其他特殊形状表面,但是由于非圆截面加工困难,特别是非圆截面孔加工更困难,所以这些形状的截面实际应用较少。由于圆形截面加工较容易,所以非圆截面通常通过在圆形截面上铣平面、铣槽或钻孔等方法产生,通过变换这些平面、槽或孔的尺寸、数量、位置和方向就形成不同形式的轴毂连接。以在圆轴上钻孔为例,孔的方向可以垂直于轴线,也可以平行于轴线;孔的位置可以通过轴心,也可以通过轴外表面;孔的深度可以是通孔,也可以是盲孔;孔的形状可以是圆柱孔,也可以是圆锥孔、台阶孔或螺纹孔;孔的数量可以是单个的,也可以是多个的。常用的形锁合连接有销连接、平键连接、半圆键连接、花键连接、成形连接和切向键连接。

图 8-8　非圆形轴截面

力锁合连接依靠被连接件表面间的压力所派生的摩擦力传递转矩和轴向力,表面间压力的产生可以依靠多种不同的结构措施。过盈配合是一种常用的结构措施,它以最简单的结构形状获得足够的压力,使连接具有较大的承载能力,但是圆柱面过盈连接的装配和拆卸都很不方便,并易引起较大的应力集中,而圆锥面过盈连接的轴向定位精度差。为构造装拆方便的力锁合连接结构,必须使连接装配时表面间无过盈,装配后通过其他调整措施使表面间产生过盈,拆卸过程则相反。基于这一目的的不同调整结构,派生出不同的力锁合轴毂连接形式。常用的力锁合连接有楔键连接、胀紧连接、圆柱面过盈连接、圆锥面过盈连接、顶丝连接、容差环连接、星盘连接、压套连接及液压胀套连接等。其中有些是通过在连接面间楔入其他零件(楔键、顶丝)或介质(液体)使其产生过盈的,有些则是通过调整使零件变形(胀紧套、星盘、压套)从而产生过盈。

常用于静连接的轴毂连接变异设计如图 8-9 所示。通过变异设计方法开发新型连接结构时应遵循的原则:连接结构中的工作表面多为容易加工的圆柱面、圆锥面和平面,其余为可采用批量加工方法加工的专用零件(如螺纹连接件、星盘、压套和胀紧套等)。否则,即使结构在其他方面的特性再好也难于推广使用。在以上各种连接结构中,每一种结构都在某一方面或某些方面具有其他结构所没有的优越性,使其具有各自的应用范围和不可替代的作用。在设计新型连接结构时,要注意新结构应具有优于其他结构的突出特性才可能被采用。由于机械产品生产领域竞争的加剧,要求机械产品的开发周期尽量缩短,因此,各种通用性好、装拆方便、适宜大批量生产的连接结构更受欢迎。

8.1.3　支承的变异

旋转轴至少需要两个相距一定距离的支点支承,支承的变异设计包括支点位置变异和支点轴承的种类及其组合的变异。

以锥齿轮传动(两轴夹角为 90°)为例分析支点位置变异问题(以下假设为滚动轴承轴系),锥齿轮传动的两轴各有两个支点,每个支点相对于传动零件的位置可以在左侧,也可以在右侧,两个支点的位置可能有三种组合方式,如图8-10 所示。

将两轴的支点位置进行组合可以得到九种结构方案,如图 8-11 所示。

在这九种方案中除最后一种方案在结构安排上有困难以外,其余八种均在不同场合被

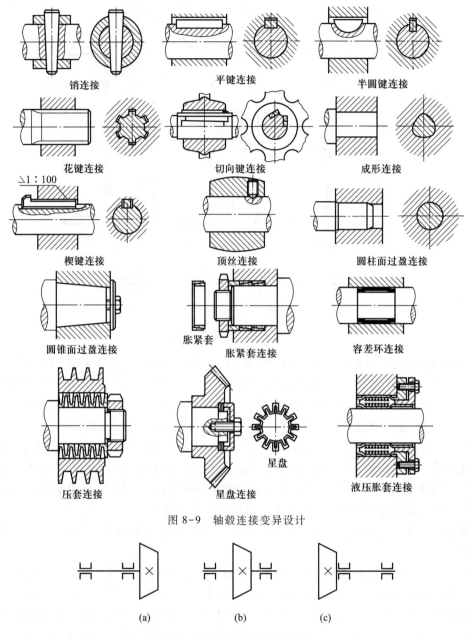

销连接　　　　平键连接　　　　半圆键连接

花键连接　　　　切向键连接　　　　成形连接

楔键连接　　　　顶丝连接　　　　圆柱面过盈连接

圆锥面过盈连接　　胀紧套　　容差环连接
　　　　　　　　胀紧套连接

压套连接　　　　星盘　　　液压胀套连接
　　　　　　　星盘连接

图 8-9　轴毂连接变异设计

(a)　　　　　(b)　　　　　(c)

图 8-10　单轴支点位置变异

采用。

　　轴上的每个支点除承受径向载荷以外,还可能同时承受单向或双向轴向载荷,每个支点承受轴向载荷的方式有四种可能,如图 8-12 所示。

　　在单个支点的四种受力情况中,每一种都可以通过多种不同类型的轴承或轴承组合来实现。如图 8-12a 所示的情况为承受纯径向载荷的支点,可以选用圆柱滚子轴承、滚针轴

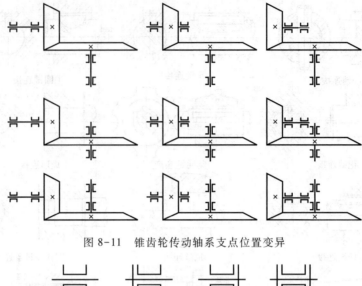

图 8-11 锥齿轮传动轴系支点位置变异

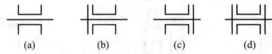

图 8-12 单一支点承受轴向载荷情况

承、深沟球轴承、调心球轴承或调心滚子轴承；对于图8-12b、c 所示的情况可以选用向心推力轴承，如圆锥滚子轴承或角接触球轴承，当轴向力较小时也可以选用深沟球轴承、调心球轴承或调心滚子轴承等向心轴承，还可以采用向心轴承与专门承受轴向载荷的推力轴承（如推力球轴承、推力滚子轴承）的组合；对于图 8-12d 所示的情况可以采用一对向心推力轴承面对面或背对背组合使用，也可以使用专门型号的双列向心推力轴承。当轴向载荷较小时可以采用有一定轴向承载能力的向心轴承，如深沟球轴承、调心球轴承或调心滚子轴承，也可以采用向心轴承与专门承受双向轴向载荷的推力轴承的组合；当转速较高时也可以选用具有较高极限转速的深沟球轴承取代双向推力轴承使用。

将轴系中两个支点的这四种情况进行组合，可得到两支点轴系承受轴向载荷情况的 16 种方案，如图 8-13 所示。

其中图 8-13g、h、j、l、n、o、p 所示的方案为过定位方案，实际并不被采用，其余的九种方案中图 8-13b、e，图 8-13i、c，图 8-13d、m 所示方案分别为对称方案，余下的六种方案均在不同场合被采用。在这六种方案中，图 8-13d、f 及 k 所示方案使轴系在两个方向上实现完全定位，在结构设计中应用最普遍，图 8-13d 所示方案称为单支点双向固定结构，图 8-13f、k 所示方案称为双支点单向固定结构；图 8-13a 所示方案使轴系在两个方向上都不定位，称为两端游动轴系结构，这种轴系结构适用于轴系可以通过传动件实现双向轴向定位的场合（如人字齿轮或双斜齿轮传动）；图 8-13b、c 所示方案都使轴系单方向定位，这种轴系结构应用较少，只用于轴系只可能承受单方向轴向载荷的场合（如重力载荷，在这种应用场合中通常也要求轴系双向定位）。

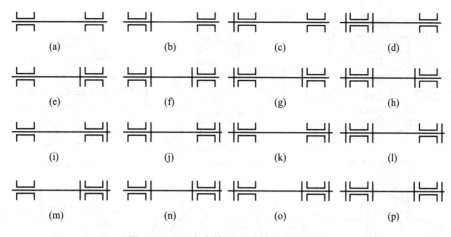

图 8-13　两支点轴系承受轴向载荷方案

8.1.4　材料的变异

机械设计中可以选择的材料种类很多,不同的材料具有不同的性能,不同的材料对应不同的加工工艺,在选择时既要根据功能的要求合理地选择材料,又要根据材料的种类确定合适的加工工艺,并根据加工工艺的要求确定适当的结构,只有通过适当的结构设计才能使所选择的材料最充分地发挥优势。

设计者要做到能够正确地选择结构材料,就必须充分地了解所选材料的力学性能、加工性能、使用成本等信息。

例如,在弹性元件挠性联轴器的设计中,需要选择弹性元件的材料,由于所选弹性元件材料的不同会使联轴器的结构变化很大,对联轴器的工作性能也有很大的影响。可以选择的弹性元件材料有金属、橡胶、尼龙、胶木等。金属材料具有较高的强度和疲劳寿命,所以常用在要求承载能力大的场合;橡胶材料的弹性变形范围大,变形曲线呈非线性,可用简单的形状实现大变形量、综合可移性的要求,但是橡胶材料的强度差、疲劳寿命短,常用在承载能力要求较小的场合。由于弹性元件的寿命短,使用中需多次更换,在结构设计中应为更换弹性元件提供可能和方便,并为更换弹性元件留有必要的操作空间,应使更换弹性元件所必须拆卸、移动的零件数量尽量少。在结构设计中,应根据所选弹性元件材料的不同而采用不同的结构设计原则。图 8-14 表示了使用不同弹性元件材料的常用有弹性元件挠性联轴器的结构。

结构设计中,应根据所选材料的特性及其所对应的加工工艺而遵循不同的设计原则。

钢材受拉与受压时的力学性能基本相同,因此,钢梁结构的截面多为对称形状。铸铁材料的抗压强度远大于抗拉强度,因此,承受弯矩的铸铁结构截面多为非对称形状,以使承载时最大压应力大于最大拉应力。图 8-15 所示为两种铸铁支架结构的比较,图 8-15b 方案的最大压应力大于最大拉应力,符合铸铁材料的强度特点,是较好的结构方案。塑料结构的强度较差,螺纹连接件产生的装配力很容易使塑料零件损坏。图 8-16 所示为一种塑料零件装配结构,它充分利用塑料加工工艺的特点,在两个被连接件上分别做出形状简单的搭钩

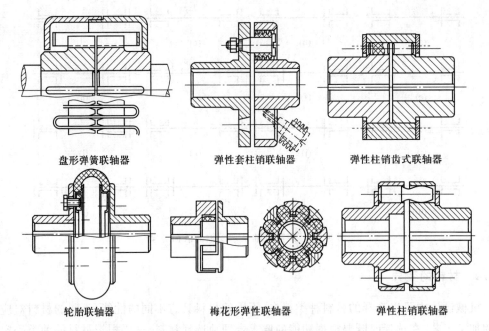

盘形弹簧联轴器　　　　弹性套柱销联轴器　　　　弹性柱销齿式联轴器

轮胎联轴器　　　　梅花形弹性联轴器　　　　弹性柱销联轴器

图 8-14　有弹性元件挠性联轴器结构方案

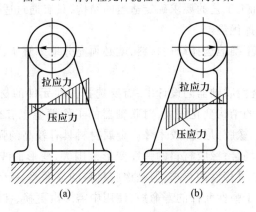

(a)　　　　　　　　(b)

图 8-15　两种铸铁支架结构比较

与凹槽,装配时利用塑料零件弹性变形量大的特点使搭钩与凹槽互相咬合实现连接,使装配过程简单准确,便于操作。

　　设计的结果要通过制造和装配实现,结构设计中如果能根据所选材料的工艺特点合理地确定结构形式,会为制造过程创造方便条件。

　　钢结构设计中通常通过加大截面尺寸的方法增大结构的强度和刚度,但是铸造结构中如果壁厚过大则很难保证铸造质量,所以铸造结构通常通过加肋板和隔板的方法加强结构的刚度和强度。工程塑料由于刚度差,铸造后的

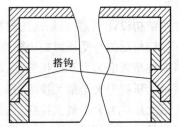

图 8-16　塑料搭钩结构

冷却不均匀造成的内应力极易引起结构翘曲,所以塑料结构的肋板应与壁厚相近并均匀对称。陶瓷结构的模具成本和烧结工艺成本远大于材料成本,所以陶瓷结构设计中为使结构简单,通常不考虑节省材料的原则。

例 8-1　棘轮机构的变异设计分析。

棘轮机构如图 8-17 所示,棘爪头部的平面与棘轮齿形平面互相接触,是棘轮机构的工作表面。通过变换工作表面的形状可得到图 8-18 所示的多种结构方案,其中图 8-18a、c 所示方案用于单向传动,图 8-18b 所示方案的棘轮可用于双向传动,图 8-18c 所示方案功能面能承担较大的载荷,应用较普遍,但承载能力对制造误差较敏感。通过变换工作表面的数量可得到如图 8-19 所示的多种结构方案,图 8-19a 所示方案通过减小轮齿尺寸使轮齿的齿数增多,由于齿数增加使传动的最小

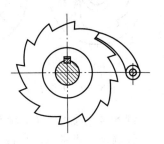

图 8-17　棘轮机构

反应角减小,传动精度提高;图 8-19b 所示方案不改变棘轮的形状,而通过增加棘爪数量的方法在不降低承载能力的前提下提高传动精度;图 8-19c、d 所示方案通过两个棘爪同时受力的方法提高了承载能力。图 8-20 所示为通过变换工作表面的位置得到的多种结构方案,图 8-20a 所示方案为内棘轮结构,通过将棘爪设置在棘轮内的方法减小了结构尺寸;图 8-20b所示方案为轴向棘轮结构,这两种结构只有在空间条件允许的条件下才能应用。图 8-21 所示为通过变换工作表面的尺寸得到的多种结构方案。将以上这些要素进行交叉组合变换可以得到更多的结构方案,这些方案各有其优缺点,通过对这些方案各自特点的分析并结合具体的应用条件,可以从中确定较好的结构方案。

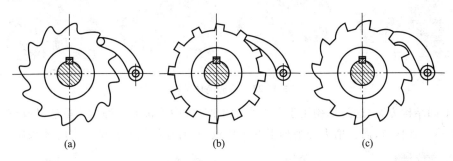

(a)　　　　　　　(b)　　　　　　　(c)

图 8-18　工作表面的形状变换

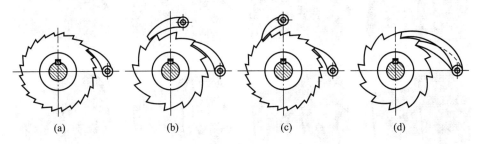

(a)　　　　　(b)　　　　　(c)　　　　　(d)

图 8-19　工作表面的数量变换

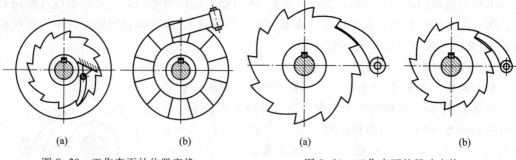

图 8-20 工作表面的位置变换   图 8-21 工作表面的尺寸变换

例 8-2 铰链节叉的结构变异。

铰链是一类常见的机械结构,图 8-22 所示为铰链的一种装配结构,下面以其中的铰链节叉为例,分析当采用不同的毛坯形式时结构的变异设计。

图 8-23 所示为当采用铸造毛坯时的不同结构方案,其中图 8-23a、b 所示方案的外形简单,容易造型;图 8-23c、d 所示方案的外形结构较复杂,但较省材料,而且各部分壁厚较均匀,容易保证铸造质量。

图 8-24 表示了当采用整体材料以切削方法成

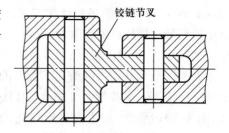

图 8-22 铰链节叉装配图

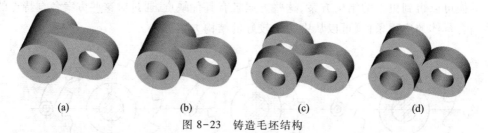

(a)   (b)   (c)   (d)

图 8-23 铸造毛坯结构

形时的不同结构方案,这类结构用于单件小批生产,其中下排的几种结构虽然具有较小的质量,但并不节省材料,而且增大切削加工的工作量,只有在结构有特殊要求时才采用。

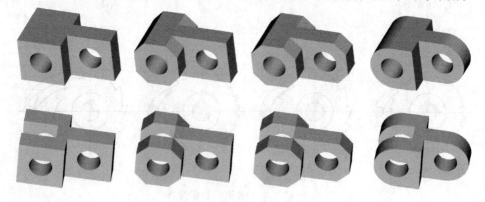

图 8-24 整体材料切削成形

　　图 8-25 表示了使用薄板冲压毛坯的不同结构方案,冲压结构具有质量小、节省材料和大批量生产成本低的优点,特别适合于生产批量较大的场合。图8-25a、b 和 d 所示的方案中都包含较小的弯曲半径,容易引起裂纹和褶皱,在条件允许时应尽量采用较大的弯曲半径,如图 8-25c 方案所示的结构。

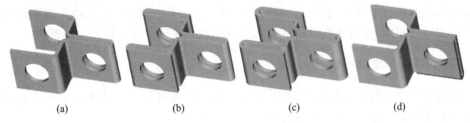

(a)　　　　　(b)　　　　　(c)　　　　　(d)

图 8-25　薄板冲压毛坯结构

　　图 8-26 表示了使用板材经焊接成形的结构,这类结构适用于结构尺寸较大而且批量较小的情况。图 8-26a 所示方案的焊口只起连接作用,基本不承受载荷,其余几种结构的焊口都要承受工作载荷,因此对焊接质量要求较高;图8-26c 所示方案的焊口较长,焊接成本高;图 8-26d 所示方案中的底板在焊接中容易翘曲,影响焊接质量。

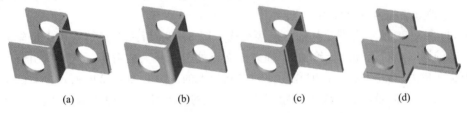

(a)　　　　　(b)　　　　　(c)　　　　　(d)

图 8-26　板材焊接结构

　　图 8-27 表示了使用型材并经焊接成形的结构,由于使用了槽钢、角钢、带钢等型材,使焊接工作量比图 8-26 所示的结构更少。图 8-27c 所示方案的焊口承受较大的弯矩,影响其承载能力。

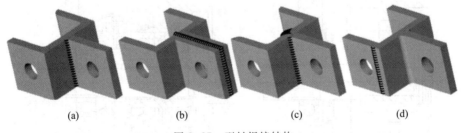

(a)　　　　　(b)　　　　　(c)　　　　　(d)

图 8-27　型材焊接结构

　　图 8-28 表示了使用整体材料与板材经焊接成形的结构。

图 8-28　整体材料与板材焊接结构

8.2　提高性能的结构创新设计方法

机械产品的性能不但与原理设计有关,结构设计的质量也直接影响产品的性能,甚至影响产品的功能实现。下面分别分析为提高结构的强度、刚度、精度、工艺性等常采用的创新设计方法和设计原则,通过这些分析可以对结构的创新设计提供可供借鉴的思路。

8.2.1　提高强度与刚度的设计

强度与刚度是结构设计的基本问题,通过正确的结构设计可以减小单位载荷所引起的材料应力和变形量,提高结构的承载能力。

强度和刚度都与结构受力有关,在外载荷不变的情况下降低结构受力是提高强度与刚度的有效措施。

1. 载荷分担

载荷引起结构受力,如果多种载荷作用在同一结构上就可能引起局部应力过大,结构设计中可将载荷由多个结构分别承担,这样有利于降低危险结构处的应力,从而提高结构的承载能力,这种方法称为载荷分担。

例如,图 8-29 所示为带轮与轴的连接结构。图 8-29a 所示方案结构在将带轮的扭矩传递给轴的同时也将压轴力传给轴,压轴力在支点处引起很大的弯矩。弯矩所引起的弯曲应力为交变应力,弯矩和扭矩同时作用使轴受到较大的应力。图 8-29b 所示方案的结构中增加了一个支承套,带轮通过端盖将扭矩传给轴,通过轴承将压轴力传给支承套,支承套的直径较大,而且所承受的弯曲应力是静应力,通过这种结构将弯矩和扭矩分别由不同零件承担,提高了结构整体的承载能力。

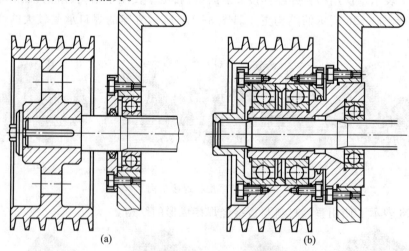

(a)　　　　　　　　　(b)

图 8-29　带轮与轴的连接

图 8-30a 所示为蜗杆轴系结构,蜗杆传动产生的轴向力较大,使得轴承在承受径向载

荷的同时承受较大的轴向载荷;在图 8-30b 所示的结构中增加了专门承担轴向载荷的双向
推力球轴承,使得各轴承分别发挥各自承载能力的优势。

2. 载荷平衡

在机械传动中作功的力必须使其沿传动链传递,
而对有些不作功的力应尽可能使其传递路线变短,
如果使其在同一零件内与其他力构成平衡力系,其
他零件不受这些载荷的影响,会有利于提高结构的
承载能力。

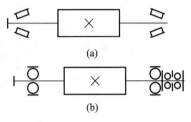

图 8-30　蜗杆轴系结构

图 8-31a 所示的行星轮系机构中,齿轮啮合使中心
轮和系杆受力;在图8-31b 所示结构中,对称布置的三个行星轮使行星轮传动受力在中心轮
和系杆上合成为力偶,减小了有害力的传播范围,有利于相关结构的设计。

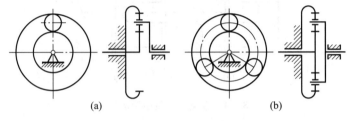

图 8-31　行星轮系机构

3. 减小应力集中

应力集中是影响结构承受交变应力的能力的重
要因素,结构设计应设法缓解应力集中。在零件的截
面形状发生变化处,力流会发生变化,如图 8-32 所
示。局部力流密度的增加引起应力集中,零件截面形
状的变化越突然,应力集中就越严重,结构设计中应
尽力避免结构受力较大处的零件形状发生突然变化,
以减小应力集中对强度的影响。零件受力变形时不
同位置的变形阻力(刚度)不相同也会引起应力集中,
设计中通过降低应力集中处附近的局部刚度可以有
效地降低应力集中。

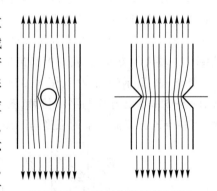

图 8-32　力流变化引起应力集中

图 8-33a 所示的过盈配合连接结构在轮毂端部应力集中严重,图 8-33b、c、d 所示结构
通过降低轴或轮毂相应部位的局部刚度使应力集中得到有效缓解。

由于结构定位等功能的需要,在绝大部分结构中,不可避免地会出现结构尺寸及形状的
变化,这些变化都会引起应力集中,如果多种形状变化出现在同一截面处,将引起严重的应
力集中,所以在结构设计中应尽力避免这种情况。

图 8-34 所示的轴结构中台阶和键槽端部都会引起轴在弯矩作用下的应力集中。图 8-
34a 所示的结构将两个应力集中源设计到同一截面处,加剧了局部的应力集中;图 8-34b 所
示的结构使键槽不加工到轴段根部,避免了应力集中源的集中。

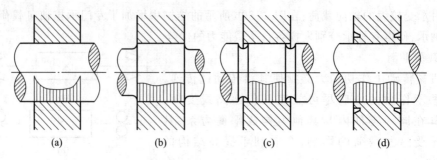

图 8-33　减小应力集中的过盈配合连接结构

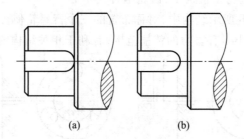

图 8-34　避免应力集中源的集中

4. 减小接触应力

高副接触零件的接触强度和接触刚度都与接触点的综合曲率半径有关,设法增大接触点的综合曲率半径是提高这类零件工作能力的重要措施。

渐开线齿轮在齿面上不同位置处的曲率半径不同,采用正变位可使齿面的工作位置向曲率半径较大的方向移动,对提高齿轮的接触强度和弯曲强度都非常有利。

图 8-35 所示的结构中,图 8-35a 两个凸球面接触传力,综合曲率半径较小,接触应力大,图 8-35b 为凸球面与平面接触,图 8-35c 为凸球面与凹球面接触,综合曲率半径依次增大,有利于改善球面支承的强度与刚度。

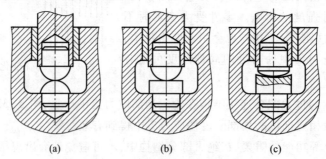

图 8-35　改善球面支承强度与刚度的结构设计

8.2.2　提高精度的设计

现代设计对精度提出越来越高的要求,通过合理的结构设计可以减小由于制造、安装等原因产生的原始误差,也可以减小由于温度、磨损、构件变形等原因产生的工作误差,还可以减小执行机构对各项误差的敏感程度,从而提高结构的工作精度。

1. 误差均化

制造和安装过程中产生的误差是不可避免的,通过适当的结构设计可以在原始误差不变的情况下使执行机构的误差较小。

实验表明,螺旋传动的误差可以小于螺纹本身的螺距误差。图 8-36 所示为千分尺的累积测量误差与其螺距累积误差的对比图,图 8-36a 所示为千分尺的累积测量误差,图 8-36b 所示为通过万能工具显微镜测得的该千分尺螺纹的螺距累积误差。这一实验说明了机械精度的均化原理,即在机构中,如果有多个连接点同时对一种运动起限制作用,则运动件的运动误差取决于各连接点的综合影响,其运动精度高于一个连接点的限制作用。在一定条件下增加螺旋传动中起作用的螺纹圈数,使多圈螺纹同时起作用,不但可以提高螺旋传动的承载能力和耐磨性,而且可以提高传动精度。

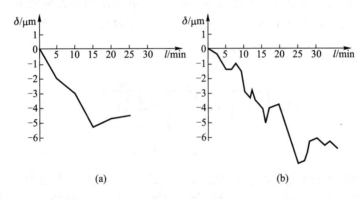

图 8-36　千分尺累积测量误差与其螺距累积误差的对比

2. 误差合理配置

机械系统的总体精度由系统内各环节精度所构成,不同环节的精度对系统总体精度的影响程度不相同,在结构设计中应为不同环节设置不同的精度,对敏感环节设置较高精度,这样可以通过较经济的方法获得较高的总体工作精度。

在机床主轴结构设计中,提高主轴前端(工作端)的旋转精度是很重要的设计目标,主轴前支点轴承和主轴后支点轴承的旋转精度都会影响主轴前端的旋转精度,但是影响的程度不相同。通过图 8-37 可知,前支点误差 δ_A 所引起的主轴前端误差 δ 为

$$\delta = \delta_A \frac{L+a}{L}$$

后支点误差 δ_B 所引起的主轴前端误差 δ' 为

$$\delta' = \delta_B \frac{a}{L}$$

显然,前支点的误差对主轴前端的精度影响较大,所以在主轴结构设计中通常将前支点的轴承精度选择得比后支点高一个等级。

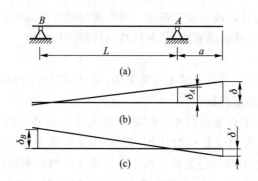

图 8-37　轴承精度对主轴精度的影响

3. 误差传递

在多级机械传动系统中,各级传动件都会产生运动误差,传动件在传递必要运动的同时也不可避免地将误差传递给下一级传动件。在图 8-38 所示的多级机械传动系统中,假设各级传动的运动误差分别为 δ_1、δ_2、δ_3,输入运动为 ω_1,则输出运动 ω_4 为

$$\omega_4 = \frac{\omega_1}{i_1 i_2 i_3} + \frac{\delta_1}{i_2 i_3} + \frac{\delta_2}{i_3} + \delta_3$$

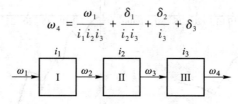

图 8-38　多级机械传动系统

式中第一项是传动系统需要获得的运动,其余三项为运动误差,通过对误差项的分析可知,各级传动所产生的误差项对总误差的影响程度不同。对于减速传动系统($i>1$),最后一级传动所产生的运动误差对总误差影响最大,所以在以传递运动为主要目的的减速传动系统设计中,通常将最后一级传动件的精度设计得较高,同时为最后一级传动选择较大的传动比;反之在加速传动系统($i<1$)中,第一级传动所产生的传动误差对总误差影响最大,在这样的传动系统中,通常将第一级传动件的精度设计得较高。

4. 误差补偿

在机械结构工作过程中,由于温度变化、受力、磨损等因素会使零部件的形状及相对位置关系发生变化,这些变化常常是影响机械结构工作精度的原因。温度变化、受力后的变形和磨损等过程都是不可避免的,但是合理的结构设计可以减小由于这些因素对工作精度造成的影响。图 8-39 所示凸轮机构的两种结构位置设计中,凸轮与摇杆、从动件与摇杆的两个接触点上都会不可避免地发生磨损,图 8-39a 所示的结构使得这两处磨损对从动件的运动误差的影响互相叠加,而图 8-39b 所示的结构则使得这两处磨损对从动件的运动误差的影响互相抵消,从

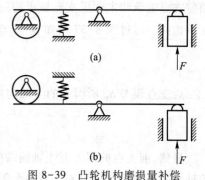

图 8-39　凸轮机构磨损量补偿

而提高了机构的工作精度。

5. 采用原理误差较小的近似机构

有些设计为简化机构而采用某些近似机构,这会引入原理误差,在条件允许的情况下应优先采用原理误差较小的近似机构。图 8-40 所示的两种凸轮近似机构都可以得到手轮的旋转运动与摆杆摆动角之间的近似线性关系。图 8-40a 所示为正切机构,这种机构中手轮的旋转角 φ 与摆杆摆角 θ 之间的关系为

$$\varphi \propto \tan \theta \approx \theta + \frac{\theta^3}{3}$$

图 8-40b 所示为正弦机构,这种机构中手轮的旋转角 φ 与摆杆摆角 θ 之间的关系为

$$\varphi \propto \sin \theta \approx \theta - \frac{\theta^3}{6}$$

从式中可以明显看到,正弦机构的原理误差比正切机构的原理误差小一半,而且螺纹间隙引起的螺杆摆动基本不影响摆杆的运动,说明采用正弦机构将比采用正切机构获得更高的传动精度。

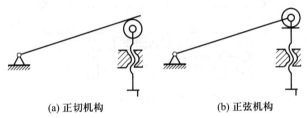

(a) 正切机构　　　　　　　　(b) 正弦机构

图 8-40　凸轮近似机构

6. 零件分割

为保证运动副正常工作,很多运动副(如齿轮、螺旋等)工作表面间需要必要的间隙,但是由于间隙的存在,当运动方向改变时,因工作表面的变换,使得被动零件运动方向的改变滞后于主动零件,产生了回程误差。

回程误差是由于间隙引起的,而间隙是运动副正常工作的必要条件,间隙会随着磨损而增大,减小(或消除)运动副的间隙可以减小(或消除)回程误差。

图 8-41 所示为车床托板箱进给螺旋传动间隙调整结构。在结构中将螺母沿长度方向分割为两部分,当由于磨损使螺纹间隙增大时,可以通过调整两部分螺母之间的轴向距离使其恢复正常的间隙。调整时首先松开图中左侧固定螺钉,拧紧中间的调整螺钉,拉动楔块上移,同时通过斜面推动左侧螺母左移,使螺纹间隙减小,从而减小回程误差。图 8-42 所示的螺旋传动间隙弹性调整结构将楔块改为压缩弹簧,可以实时地消除螺纹间隙的作用,消除回程误差。将一个零件分割为两部分,通过两部分之间的相对位移可以减小或消除啮合间隙,从而减小或消除回程误差。

图 8-43 所示为消除齿轮啮合间隙的齿轮结构。结构中将原有齿轮沿齿宽方向分割成两个齿轮,两半齿轮可相对转动,两半齿轮通过弹簧连接,由于弹簧的作用,使得两半齿轮分别与相啮合的齿轮的不同齿侧相啮合,弹簧的作用是消除啮合间隙,并可以及时补偿由于磨

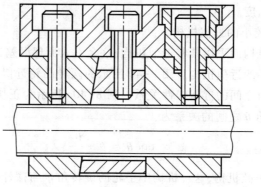

图 8-41   螺旋传动间隙调整结构

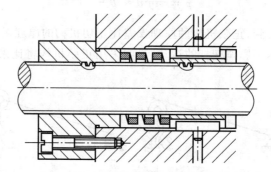

图 8-42   螺旋传动间隙弹性调整结构

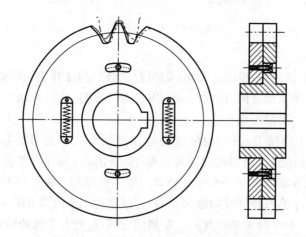

图 8-43   消除齿轮啮合间隙的齿轮结构

损造成的齿厚变化。这种齿轮传动机构由于实际作用齿宽较小,承载能力较小,通常用于以传递运动为主要设计目标的齿轮传动装置中。

8.2.3   提高工艺性的设计

设计的产品要经过制造、安装、运输等过程,机械设备使用过程中还要多次对其进行维修、调整等操作,好的结构设计应保证这些过程方便、顺利地进行。以下分析方便工艺过程实施的结构设计原则。

1. 方便装夹

大量的零件要经过机械切削加工工艺过程,多数机械切削加工过程首先要对零件进行装夹,结构设计要根据机械切削加工机床的设备特点,为装夹过程提供必要的夹持面。夹持面的形状和位置应使零件在切削力的作用下具有足够的刚度,零件上的被加工面应能够通过尽量少的装夹次数得以完成,如果能够通过一次装夹对零件上的多个相关表面进行加工,这将有效地提高加工效率和质量。

图 8-44 所示的顶尖结构中,图 8-44a 所示结构只有两个圆锥表面,用卡盘无法装夹,在图 8-44b 所示的结构中增加了一个圆柱形表面,这个表面在零件工作中不起作用,只是为了加工中的装夹而设置的,这种表面称为工艺表面。

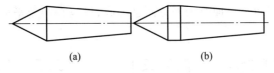

(a)　　　　　　　　　　　(b)

图 8-44　顶尖结构

图 8-45 所示的轴结构中,图 8-45a 所示的结构中将轴上的两个键槽沿周向呈 90° 布置,这两个键槽必须经过两次装夹才能完成加工,图 8-45b 所示的结构中将两个键槽布置在同一周向位置,可以通过一次装夹完成加工,方便了装夹,提高了加工效率。

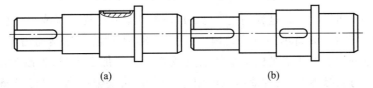

(a)　　　　　　　　　　　(b)

图 8-45　减少装夹次数的设计

图 8-46 所示为立式钻床的床身结构,床身左侧为导轨,需要精加工,床身右侧没有工作表面,不需要切削加工。在图 8-46a 所示的结构中没有可供加工导轨工作表面使用的装夹定位表面;在图 8-46b 所示的结构中虽然设置了装夹定位表面,但是由于表面过小,用它定位装夹在加工中不能保证零件获得足够的刚度;在图 8-46c 所示的结构中增大了定位面

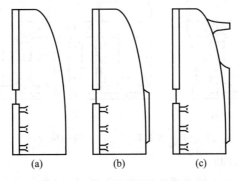

(a)　　　　　(b)　　　　　(c)

图 8-46　立式钻床的工艺脐结构

的面积,并在上部增加了工艺脐作为定位装夹的辅助支撑。由于工艺脐在钻床工作中没有任何作用,通常在加工完成后将其去除。

2. 方便加工

切削加工所要形成的几何表面的数量、种类越多,加工所需的工作量就越大,结构设计中尽量减少加工表面的数量和种类是一条重要的设计原则。

如齿轮箱中同一轴系的两个轴承孔尺寸和精度相同,可以一次加工完成,加工效率高,加工精度容易保证。为此通常将轴系两端轴承选为相同型号,如果必须选为不同尺寸的轴承时,可在尺寸较小的轴承外径处加装套杯。

图 8-47a 所示的箱形结构顶面有两个不平行平面,要通过两次装夹才能完成加工;在功能允许的条件下,图 8-47b 所示的结构将其改为两个平行平面,可以一次装夹完成加工;图 8-47c 所示的结构将两个平面改为平行而且等高,可以将两个平面作为一个几何要素进行加工。

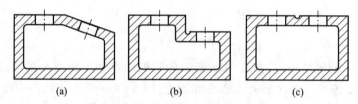

(a)　　　　　　　(b)　　　　　　　(c)

图 8-47　箱形结构减少加工面的种类和数量的结构设计

结构设计中,如果为加工过程创造条件,使得某些加工过程可以成组进行,将会明显地提高加工效率。图 8-48 所示的齿轮结构中,图 8-48a 所示的齿轮结构由于轮毂与轮缘不等宽,如果成组进行滚齿加工则由于零件刚度较差而影响加工质量,如改为图 8-48b 所示的结构,使轮毂与轮缘等宽,则为成组滚齿创造了条件,可明显提高滚齿工作效率。

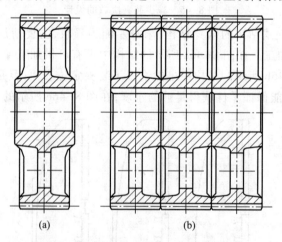

(a)　　　　　　　　　(b)

图 8-48　使齿轮成组加工的结构设计

3. 简化装配、调整和拆卸

加工好的零部件要经过装配才能成为完整的机器,装配的质量直接影响机器设备的运行质量,设计中是否考虑过装配过程的需要将直接影响装配工作的难度。

　　图 8-49a 所示的滑动轴承右侧有一个与箱体连通的注油孔,如果装配中将滑动轴承的方向装错将会使滑动轴承和与之配合的轴得不到润滑。由于装配中有方向要求,装配人员就必须首先辨别装配方向,然后进行装配,这就增加了装配工作的工作量和难度。如改为图 8-49b 所示的结构则零件成为对称结构,虽然不会发生装配错误,但是总有一个孔实际并不起润滑作用;如改为图 8-49c 所示的结构,增加环状储油区,则使所有的油孔都能发挥润滑作用;如果改为图 8-49d 所示的非对称结构,使得轴承无法反向装配,也可以避免发生装配错误。

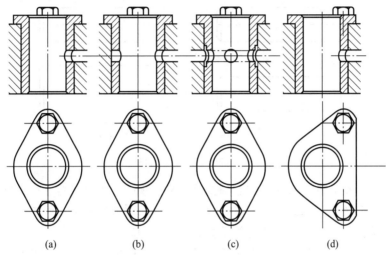

(a)　　　　　　(b)　　　　　　(c)　　　　　　(d)

图 8-49　降低装配难度的结构设计

　　图 8-50 所示为采用双螺母防松的普通螺栓连接结构,结构中下面的螺母受力较小,可采用较薄的螺母,上面螺母受力较大,应采用较厚的螺母,如图 8-50a 所示。但是,实践表明这样的设计常被使用者误解,该连接结构在经过维修后两个螺母常被反装,影响防松效果。为了避免发生此类装配错误,现在的机械设计中普遍采用两个厚度相同的螺母构造双

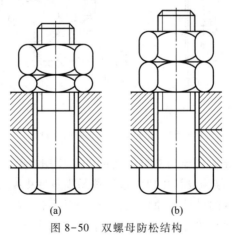

(a)　　　　　　(b)

图 8-50　双螺母防松结构

螺母防松结构,如图 8-50b 所示。

随着装配过程自动化程度的提高,越来越多的装配工作应用了装配自动线或装配机器人,这些自动化设备具有很高的工作速度,但是对零件上微小差别的分辨能力比人差很多,这就要求设计人员应减少那些具有微小差别的零件种类,增加容易识别的明显标志,或将相似的零件在可能的情况下消除差别,合并为同一种零件。

例如,图 8-51a 所示的两个圆柱销的外形尺寸完全相同,只是材料及热处理方式不同,这在装配过程中无论是人或是自动化的机器都很难区别,装错的可能性极大;如果改为图 8-51b 所示的结构,使两个零件的外形尺寸有明显的差别,则可避免发生装配错误。

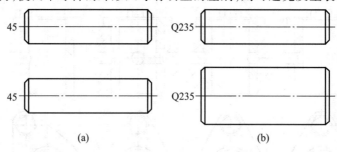

图 8-51   相似零件具有明显差别

在机械设计中很多设计参数是依靠调整过程来实现的。当对机器进行维修时要破坏某些经过调整的装配关系,维修后需要重新调整这些参数,这就增加了维修工作的难度。结构设计中应减少维修工作中对已有装配关系的破坏,使维修更容易进行。

图 8-52a 所示轴承座结构的装配关系不独立,更换轴承时不但需要破坏轴承盖与轴承座的装配关系,而且需要破坏轴承座与机体的装配关系。图 8-52b 所示的结构中,轴承座与机体的装配关系和轴承盖与轴承座的装配关系互相独立,更换轴承时不需要破坏轴承座与机体的装配关系,因为轴承盖与轴承座之间有止口定位,装配后不需要调整,便于维修。

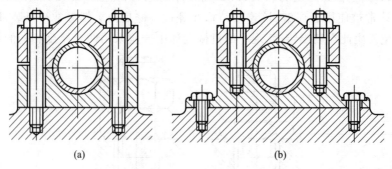

图 8-52   装配关系独立的结构设计

机械设备中的某些零部件由于材料或结构的关系使用寿命较低,这些零部件在设备的使用周期内需要多次更换,结构设计中要考虑这些易损零件更换的可能性和方便程度。

例如,V 带传动中 V 带的设计寿命较低,需要经常更换,V 带是无端带,如果将带轮设置在两固定支点间,则每次更换带时都需要拆卸并移动支点,为此应将带轮设置在轴的悬臂端。图 8-53 所示的弹性套柱销联轴器的弹性元件为橡胶材料,使用寿命较低,联轴器两端通常连接较大设备,更换弹性元件时很难移动这些设备,在进行结构设计时,应为弹性元件的拆卸和装配留有必要的空间。

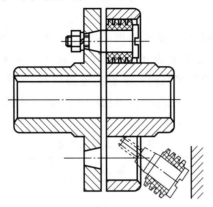

图 8-53　弹性套柱销联轴器

8.3　结构的宜人化设计

大多数机器设备是由人来操作的。在早期的机械设计中,设计者认为通过选拔和训练可以使人适应任何复杂的机器设备的操作要求。随着设计和制造水平的提高,机器的复杂程度、工作速度及其对操作人员的知识和技能水平的要求越来越高,人已经很难适应这样的机器,由于操作不当造成的事故越来越多。据统计,在第二次世界大战期间,美国战斗机所发生的飞行事故中有 90% 是由于人为操作失误造成的。这些事实使人们认识到,不应无限制地要求操作者适应机器的要求,而应使机器的操作方法适应人的生理和心理特点,只有这样才能使操作者在最佳的生理及心理状态下工作,使人和机器所组成的人-机系统发挥最佳效能。

以下分别分析机械设计中考虑操作者的生理和心理特点应遵循的基本原则,它不但是进行结构创新设计的原则,同时也可为结构创新设计提供启示,对现有机械设备及工具进行宜人化设计是结构创新设计的一种有效途径。

8.3.1　适合人的生理特点的结构设计

人在对机械的操作中通过肌肉发力对机械作功,通过正确的结构设计使操作者在操作中不容易疲劳,这是保证连续正确操作的重要前提条件。

1. 减少疲劳的设计

人体在操作中靠肌肉的收缩对外作功,作功所需的能量物质(糖和氧)要依靠血液输送到肌肉,如果血液不能输送充足的氧,则糖会在缺氧的状态下进行不完全分解,不但释放出的能量很少,而且会产生代谢的中间产物——乳酸,乳酸不易排泄,乳酸在肌肉中的不断积累会引起肌肉疲劳、疼痛、反应迟钝,长期处于这种工作状态,会对肌肉、肌腱、关节及相邻组织造成永久性损害,机械设计应避免使操作者长时间在这样的状态下工作。

当操作人员长时间保持某一种姿势时,身体的某些肌肉长期处于紧张收缩状态,肌肉压迫血管,使血液流通受阻,血液不能为肌肉输送足够的氧,肌肉的这种工作状态称为静态肌肉施力状态。

设计与操作有关的结构时应考虑操作者的肌肉受力状态,尽力避免使肌肉处于静态肌肉施力状态或减轻肌肉处于静态发力状态的程度。表 8-2 所示为几种常用工具的改进设计,改进前的形状使操作者的某些肌肉处于静态施力状态,不适宜长时间使用,改进后使操作者的手更趋于自然状态,减少或消除了肌肉的静态施力状况,使得长时间使用后也不易疲劳。

表 8-2　工具的改进

工具名称	改　进　前	改　进　后
夹钳	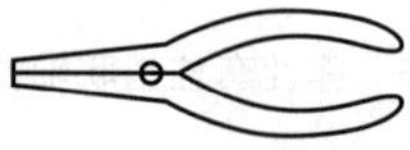	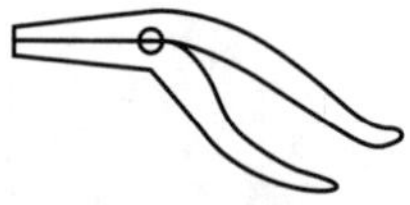
锤子	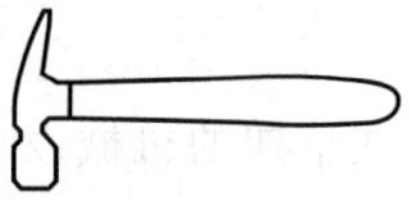	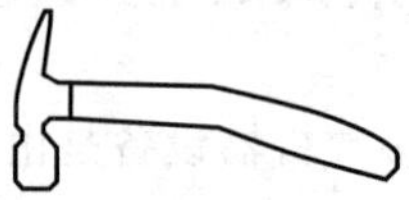
手锯	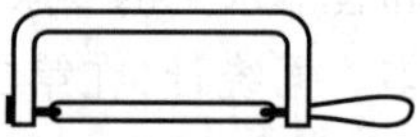	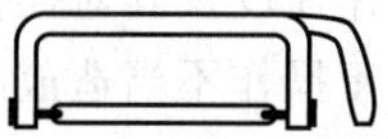
螺丝刀	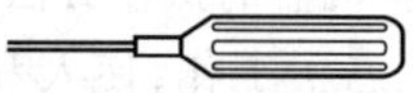	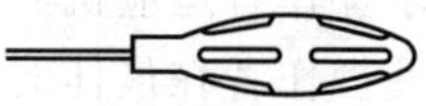
键盘	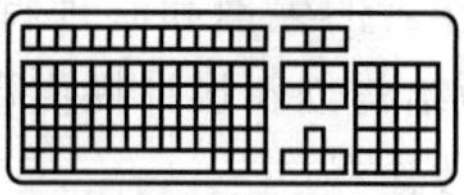	

有人对表中所示的两种钳子对操作者造成的疲劳程度做过对比试验。试验中两组各 40 人分别使用两种钳子进行为期 12 周的操作,试验结果表明:使用直把钳的一组先后有 25 人出现腱鞘炎等症状,而使用弯把钳的一组中只有 4 人出现类似症状,试验结果如图 8-54 所示。

试验证明,人在静态施力状态下能够持续工作的时间与施力大小有关,当以最大能力施力时肌肉的供血几乎中断,施力只能持续几秒钟,随着施力的减小能够持续工作的时间加长,当施力大小等于最大施力值约 15% 时血液流通基本正常,施力时间可持续很长而不疲

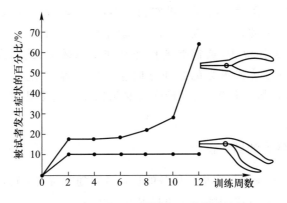

图 8-54　使用不同钳子的试验结果

劳。施力大小等于最大施力值的 15% 称为静态施力极限,如图 8-55 所示。当某些操作中静态施力状态不可避免时,应限制静态施力值不超过静态施力极限。

2. 容易发力的设计

在操作机器时,操作者需要施力,人在处于不同姿势、向不同方向用力时发力能力差别很大。试验表明,手臂发力能力的一般规律是右手发力大于左手,向下发力大于向上发力,向内发力大于向外发力,拉力大于推力,沿手臂方向发力大于垂直于手臂方向发力。

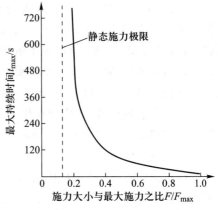

图 8-55　施力大小与持续时间的关系

人以站立姿势操作时手臂所能施加的操纵力明显大于坐姿,但是长时间站立容易疲劳,站立操作的动作精度比坐姿操作的精度低。

图 8-56 显示了人脚在不同方向上的操纵力分布,脚能提供的操纵力远大于手臂的操纵力,脚所能产生的最大操纵力与脚的位置、姿势和施力方向有关,脚的施力方向通常为压力,故脚不适于进行频率高或精度高的操作。

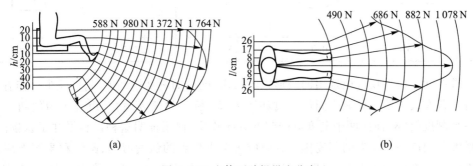

(a)　　　　　　　　　　　　　　　(b)

图 8-56　人体下肢操纵力分布

综合以上分析可知,在设计需要人操作的机器时,首先要选择操作者的操作姿势,一般优先选择坐姿,特别是动作频率高、精度高、动作幅度小的操作,或需要手脚并用的操作。当需要施加较大的操纵力,或需要的操作动作范围较大,或因操作空间狭小而无容膝空间时,可以选择立姿。操纵力的施加方向应选择人容易发力的方向,施力的方式应避免使操作者长时间保持一种姿势,当操作者必须以不平衡姿势进行操作时应为操作者设置辅助支撑物。

8.3.2 适合人心理特点的结构设计

对复杂的机械设备,操作者要根据设备的运行状况随时对其进行调整,操作者对设备工作情况的正确判断是进行正确调整操作的基本条件之一。

1. 减少观察错误的设计

在由人和机器组成的系统中,人起着对系统的工作状况进行调节的"调节器"的作用,人的正确调节有赖于人对机器工作情况正确、全面的了解和判断,所以在人-机系统设计中使操作者能够及时、正确、全面地了解机器的工作状况是非常重要的。

操作者了解机器的工作情况主要通过机器上设置的各种显示装置(显示器),使用最多的是视觉显示器,其中又以显示仪表应用最为广泛。

在显示仪表的设计中,应使操作者观察方便,观察后容易正确地理解仪表显示的内容,这要通过正确地选择仪表的显示形式、仪表的刻度分布、仪表的摆放位置以及多个仪表的组合方式来实现。

选择显示器的形式主要应依据显示器的功能特点和人的视觉特性,试验表明人在认读不同形式的显示器时正确认读的概率差别较大,试验结果见表8-3。

表8-3 不同形式刻度盘的误读率比较

	开窗式	圆 形	半圆形	水平直线	垂直直线
刻度盘 形式					
误读率	0.5%	10.9%	16.6%	27.5%	35.5%

通常在同一应用场合应选用同一形式的仪表,同样的刻度排列方向,以减少操作者的认读障碍。曾有人为节省仪表空间设计过如图8-57所示的仪表组合,组合中为使两个仪表共用一个刻度值"8"而使两个刻度盘的刻度方向相反,使用证明这种组合增加了认读困难,因而增大了误读率。仪表的刻度排列方向应符合操作者的认读习惯,圆形和半圆形应以顺时针方向为刻度值增大方向,水平直线式应以从左到右的方向为刻度值增大方向,垂直直线式应以从下到上的方向为刻度值增大方向。

仪表摆放位置的选择应以方便认读为标准。试验证明,当视距为 80 cm 时,水平方向的最佳认读区域在±20°范围内,超过±24°后正确认读时间显著增大;垂直方向的最佳认读区域为水平线以下15°范围内。重要的仪表应摆放在视区中心,相关的仪表应分组集中摆放,有固定使用顺序的仪表应按使用顺序摆放。

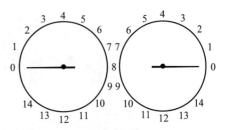

图 8-57　不同刻度方向的刻度盘组合

2. 减少操作错误的设计

操作者在了解机器工作状况的前提下,通过操作对机器的工作状况进行必要的调整,使其在更符合操作者意图的状态下工作。人通过控制器对机器进行调整,通过显示器反馈的信息了解调整的效果。控制器的设计应使操作者在较少视觉帮助,或无视觉帮助的条件下能够迅速、准确地分辨出所需的控制器,在正确了解机器工作状况的基础上对机器进行适当的调整。

首先应使操作者分辨出需要操作的控制器。在机器拥有多个控制器时要使操作者迅速准确地分辨出不同的控制器,就要使不同的控制器的某些属性具有明显的差别。常被用来区别不同控制器的属性有形状、尺寸、位置和质地等。

控制器手柄的不同形状常被用来区别不同的控制器,由于触觉的分辨能力差,不易分辨细微差别,所以形状编码应使不同形状的差别足够明显,各种形状不宜过于复杂。人们通过试验筛选出图 8-58 所示的 16 种仅凭触觉可以分辨的控制器手柄形状,以及图 8-59 所示的 16 种(分三组)应用于不同场合的旋钮形状。图 8-59 中的第一排应用于可作 360°连续旋转的旋钮,旋钮的旋转角度不具有重要的意义;第二排用于调节范围不超过 360°的旋钮,旋钮的旋转角度也不具有重要的意义;第三排用于调节范围不宜超过 360°的旋钮,旋钮的偏转位置可向操作者提供重要信息。

图 8-58　凭触觉可分辨的手柄形状

通过控制器的大小来分辨不同的控制器也是一种常用的方法,为能准确地分辨出不同的控制器,应使不同的控制器之间的尺寸差别足够明显。试验表明,旋钮直径差为12.5 mm、厚度差为 10 mm 时,人能够通过触觉准确地分辨。

通过控制器所在的位置分辨不同控制器的方法是一种非常有效的方法。试验表明,人在不同方向上对位置的敏感程度不同,图 8-60 表示这种试验的结果,沿垂直方向布置开

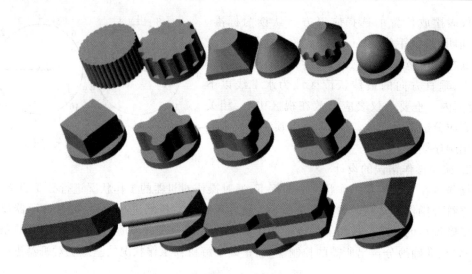

图 8-59　凭触觉可分辨的旋钮形状

关,当间距大于 130 mm 时,摸错概率很低,水平方向布置间距应大于 200 mm。

　　控制器的操作应有一定的阻力,操作阻力可以为操作者提供反馈信息,提高操作过程的稳定性和准确性,并可防止因无意碰撞引起的错误操作,操作阻力的大小应根据控制器的类型、位置、施力方向及使用频率等因素合理选择。

　　为减少操作错误,控制器的设计还要考虑与显示器的关系。通常控制器与显示器配合使用,控制器与所对应的显示器的位置关系应使操作者容易辨认。有人进行过这样的试验,在灶台上放置四副灶具,在控制面板上并排放置四个灶具开关,当灶具与开关以不同方式摆放时使用者出现操作错误的次数有明显差别。试验方法如图 8-61 所示,在每种方案各进行

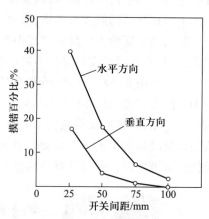

图 8-60　盲操作开关的准确性

的 1 200 次试验中,图 8-61a 所示方案的误操作次数为零,其余三种方案的误操作次数分别为:图 8-61b 方案 76 次,图 8-61c 方案 116 次,图 8-61d 方案 129 次。试验同时还显示了操作者的平均反应时间与错误操作次数具有同样的顺序关系。

　　根据控制器与显示器位置一致的原则,控制器应与相应的显示器尽量靠近,并将控制器放置在显示器的下方或右方。控制器的运动方向与相对应的显示器的指针运动方向的关系应符合人的习惯,通常旋钮以顺时针方向调整操作,并应使仪表向数字增大方向变化。

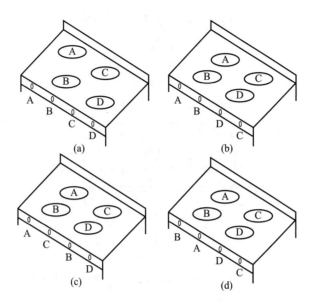

图 8-61　控制器与控制对象相对位置关系对比试验

8.4　新型结构设计

随着机械设计理论及技术的发展,出现了一些新的机械结构形式和新的设计方法。合理地采用这些新技术,可以用更巧妙的方法实现预期的机械功能。

8.4.1　弹性结构

组成机器的各部分零部件之间具有确定的相对运动,机械设计中通常用各种运动副构成两个零部件之间的相对运动,机器的运动形式越复杂,所需的运动副的形式和数量就越多,机器的结构也就越复杂,这就限制了机械结构在某些场合的应用。现在出现了一种新的结构设计方法——弹性结构设计方法,这种方法不是用运动副构成零部件之间的相对运动,而是通过某个零件的弹性变形构成两个零部件或一个零部件的不同部分之间的相对运动。由于省去了运动副,使得机械结构更简单,体积更小,为机器的制造、安装、调整及维护带来了方便,这种设计方法正在为越来越多的机械结构设计所采用。

对于四冲程内燃机,当活塞工作在吸气冲程时进气门打开,当活塞工作在排气冲程时排气门打开,当活塞工作在其他冲程时进气门和排气门均关闭。为实现这一功能,内燃机采用了一套凸轮机构控制进、排气门的开闭,结构很复杂。而与内燃机有类似工作要求的空气压缩机在气门设计中采用了弹性结构设计方法,省去了凸轮机构和传动齿轮,使得气门结构非常简单,空气压缩机的气门结构如图 8-62 所示。结构中采用弹性良好的薄金属片(图中的进气阀片、排气阀片)取代内燃机配气系统中的气门和气门弹簧,依靠活塞在气缸中运动所形成的内、外压差打开、关闭阀片。

精密微动工作台要求具有很高的位移分辨率、位移精度和重复精度,滑动导轨和滚动导

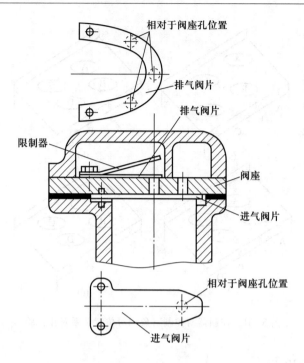

图 8-62　空压机舌簧阀

轨在工作中出现的爬行现象使得它们很难满足这些要求。如果采用流体静压导轨,将需要配置一套包括泵、阀、管路及其他附件的复杂系统。图8-63所示的弹性微动工作台通过弹性支承的变形实现工作台的水平位移,弹性支承无摩擦,无间隙,运动阻尼极小,可以获得极高的运动精度,当输入端刚度远小于支承刚度时,可以获得极高的位移分辨率。

　　铰链是机械系统中的一类常用结构,铰链结构通过铰链销轴连接两个或多个零件,构成转动副。由于铰链需要由多个零件组装而成,限制了它在一些微小结构中的应用。柔性铰链结构的采用为以上问题的解决提供了有效的途径。

　　计算机使用的软盘驱动器中有多处需要采用铰链结构,在早期的软盘驱动器设计中,所有铰链均采用图 8-64a 所示的刚性铰链结构,不但结构复杂、占用空间大,而且由于铰链的制造误差、配合间隙和磨损等因素严重影响铰链的工作性能。后期出现的软盘驱动器中多处重要的铰链采用图8-64b所示的柔性铰链结构,不但简化了结构,而且消除了由于铰链间隙造成的运动误差。

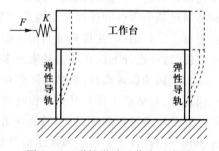

　　压电陶瓷材料由于所具有的逆压电效应,经常被用作微小型机械结构的原始驱动元件,但是压电陶瓷驱动元件所能产生的驱动位移很小,为了得到

图 8-63　弹性微动工作台示意图

能够满足使用要求的驱动位移,通常需要通过杠杆机构将驱动位移放大。图 8-65 所示为与压电陶瓷驱动元件配合使用的位移放大机构,结构中通过柔性铰链构造的多级杠杆机构

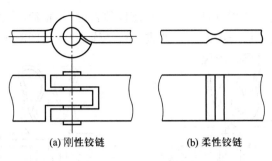

(a) 刚性铰链　　　　(b) 柔性铰链

图 8-64　柔性铰链结构

可以将压电陶瓷元件产生的微小位移放大,使输出端获得较大的驱动位移。

在光盘驱动器工作中,为了适应光盘表面缺陷引起的轴向跳动以及由于光盘径向定位误差造成的偏心,在读取光盘信息的过程中,要求激光头可以沿光盘的轴向和径向进行微小的姿态调整。图 8-66 所示为激光头的姿态调整结构,通过多组并联的柔性铰链,使激光头获得两个方向的移动自由度。姿态调整的动力由驱动线圈产生的磁场与固定在激光头部件上的磁铁之间的作用力提供。

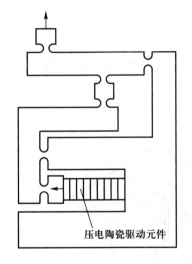

压电陶瓷驱动元件

图 8-65　位移放大机构

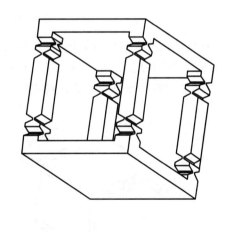

图 8-66　激光头姿态调整结构

柔性铰链要求弹性好,寿命长,可采用薄金属板制作,也可以采用工程塑料制作。

8.4.2　快动连接结构

对于需要经常拆卸的零部件结构不但要求连接可靠,还应使拆卸操作尽量方便,并控制连接结构在安装和拆卸过程中的磨损尽量小,以保证结构具有一定的使用寿命。为保护人类赖以生存和发展的环境,绿色设计理念要求人们使用的各种设施和装备,不但在使用期内能满足人们对它的各种功能要求,而且在报废后能方便地将其拆卸分解,以利于各种有用成分的回收再利用,减少对环境的破坏。近年来在设计中越来越多地采用快动连接结构,可较好地满足了这些要求。

　　快动连接结构通过零件的弹性变形达到连接的目的,结构简单,便于操作。图 8-67 所示为几种螺纹连接结构(图 8-67a)与经改进的快动连接结构(图8-67b)的对照图。

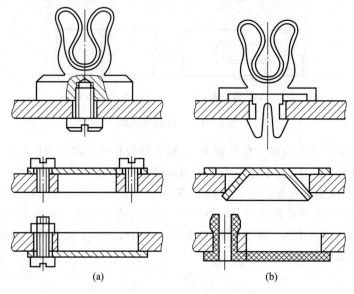

(a)　　　　　　　　　　　　(b)

图 8-67　连接结构

　　快动连接结构要求零件具有较好的弹性,它经常采用塑料或薄金属板材料制作,也可以通过增大变形零件长度的方法改善零件的弹性。图 8-68 所示为一组容易装配与拆卸的吊钩结构,由于吊钩零件参与变形的材料较长,结构具有较好的弹性,装配和拆卸都很方便。

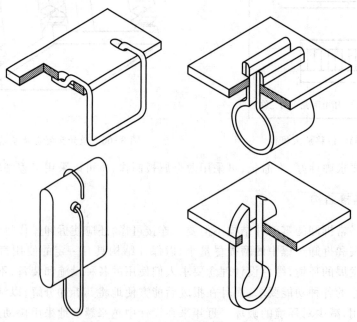

图 8-68　容易装配与拆卸的吊钩结构

图 8-69 所示为一组可快速装配的连接结构。图 8-69a 所示结构采用较大导程的螺纹,将螺栓两侧加工成平面,使螺纹成为不完全螺纹,将螺母内表面中相对两侧加工出槽,安装时可将螺栓直接插入螺母中,相对旋转较小的角度即可拧紧。图 8-69b 所示结构将螺母做成剖分结构,安装时将两半螺母在安装位置附近拼合,再旋转较少圈数即可将其拧紧,为防止螺母在预紧力的作用下分离,在被连接件表面加工有定位槽。图 8-69c 所示结构在销底部安装一横销,靠横销与垫片端面上螺旋面的作用实现拧紧,为防止松动,在拧紧位置处设有定位槽。图 8-69d 所示为外表面带有倒锥形的销钉连接结构,销钉与销孔之间为过盈配合,销钉装入销孔后靠倒锥形表面防止连接松动。图 8-69e 所示为另一种快速装配的销连接结构,销钉装入销孔时迫使衬套变形,外表面卡紧被连接件,内表面抱紧销钉,使连接不至于松动。

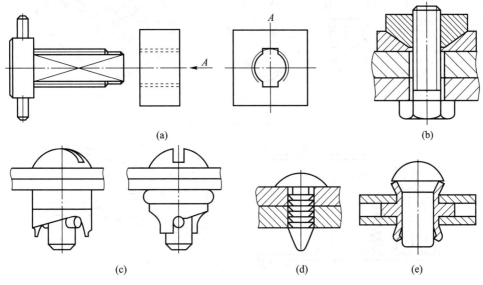

图 8-69　快速安装结构

8.4.3　组合结构

组合结构是指通过合理的结构设计,将多个零件的功能组合到一个零件上,达到减少零件数量,便于装配,降低成本的目的。

为防止螺纹连接的松脱,通常需要采取防松装置,弹簧垫圈是一种被广泛应用的防松装置,应在安装螺栓或螺母的同时安装弹簧垫圈。图 8-70b 所示的螺栓集成结构将螺栓、平垫片和弹簧垫圈的功能集成在一个零件上,减少了零件数量,方便了装配。

图 8-71 所示为某包装机中的一个支架构件,图 8-71a 所示为原设计,由 11 个零件组成,图 8-71b 为改进设计,将所有结构组合在一个零件上,零件通过精密铸造一次加工成形,大大节省了加工工时,降低了成本。

按通常的结构设计方法,指甲刀应具有图 8-72a 所示的结构,通过将多个零件的功能集中到少量零件上的组合设计方法,现在指甲刀的结构图 8-72b 所示。

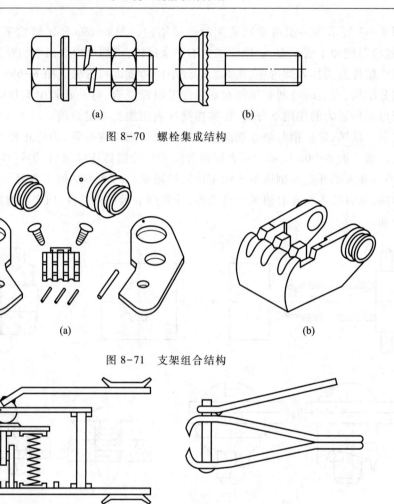

图 8-70 螺栓集成结构

图 8-71 支架组合结构

图 8-72 指甲刀整体结构设计

图 8-73 所示为三种自攻螺钉结构,或将螺纹与丝锥的结构集成在一起,或将螺纹与钻头的结构集成在一起,使螺纹连接结构的加工与安装更方便。

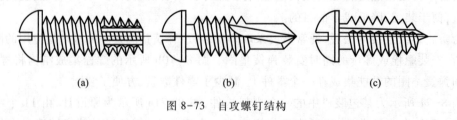

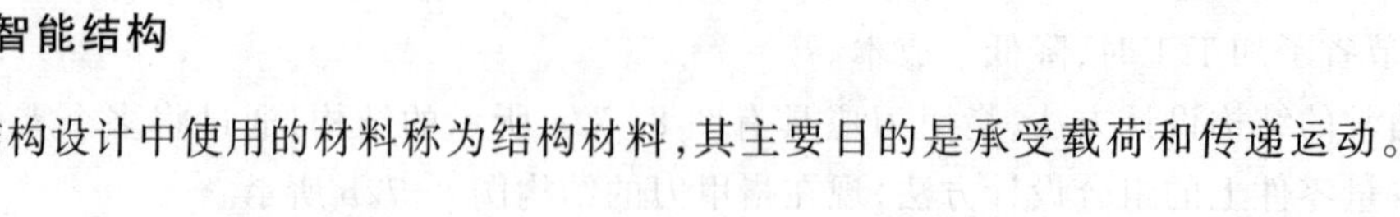

图 8-73 自攻螺钉结构

8.4.4 智能结构

在结构设计中使用的材料称为结构材料,其主要目的是承受载荷和传递运动。与之不同的另一类材料称为功能材料。

在功能材料中,对外界的刺激(应力、应变、热、光、电、磁、化学、辐射)具有感知功能的材料称为感知材料,用这类材料可以制作各种传感器,当外界环境条件变化时,它们可以产生信息输出。那些在输入信息刺激下可以产生机械动作的材料,称为机敏材料;在外界环境变化时可以产生机械动作的材料,称为智能材料。

应用智能材料构造的结构称为智能结构,它们可以在外界环境条件变化时,自动产生控制动作,使得机械装置的控制功能更加简单、可靠。

图 8-74 所示的电饭锅温度控制装置是一种具有智能结构的控制装置。电饭锅的温度控制功能:在锅底温度高于 100 ℃ 时切断加热电路;在图示状态下磁钢限温器中的感温软磁与永磁体吸合,使触点 K_1 闭合,加温电路导通;当锅内无水时,锅底温度迅速升高;当温度升高到 103 ℃ 时达到感温软磁材料的"居里点",感温软磁材料失去磁性,弹簧力使感温软磁与永磁体分开,触点 K_1 断开,电饭锅停止加热。温控器通过感温软磁在"居里点"温度下的铁磁性变化感知温度,并通过磁力与弹簧力的互相作用产生控制动作。

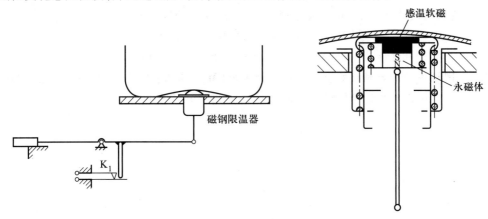

图 8-74　电饭锅温度控制装置

图 8-75 所示的天窗自动控制装置也是一种智能结构,应用形状记忆合金控制元件(形状记忆合金弹簧)控制的温室天窗。当室内温度升高超过形状记忆合金材料的转变温度

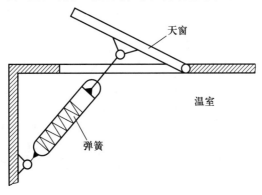

图 8-75　天窗自动控制装置

时,形状记忆合金弹簧伸长,将天窗打开,与室外通风,降低室内温度。当室内温度降低到低于转变温度时,形状记忆合金弹簧缩短,将天窗关闭,室内升温。形状记忆合金弹簧可以感知环境温度的变化,并产生机械动作,通过弹簧长度的变化控制天窗的开、闭,使温室温度控制方式既简单又可靠。

参 考 文 献

[1]　姜加之,雍学智.技术革新原理及方法[M].武汉:湖北科学技术出版社,1990.

[2]　周昌忠.创造之谜:创造学新探和应用[M].重庆:西南师范大学出版社,1993.

[3]　段继扬.智力教育与创造力培养[M].郑州:河南教育出版社,1992.

[4]　吴宗泽.机械结构设计[M].北京:机械工业出版社,1988.

[5]　吴宗泽.机械设计禁忌1000例[M].北京:机械工业出版社,2011.

[6]　吴宗泽.机械结构设计的准则与实例[M].北京:机械工业出版社,2006.

[7]　黄纯颖.工程设计方法[M].北京:中国科学技术出版社,1989.

[8]　黄纯颖.设计方法学[M].北京:机械工业出版社,1992.

[9]　黄靖远.机械设计学[M].北京:机械工业出版社,2006.

[10]　成大先.机械设计图册[M].北京:化学工业出版社,2000.

[11]　中国机械设计大典编委会.机械设计大典[M].南昌:江西科学技术出版社,2002.

[12]　方键.机械结构设计[M].北京:化学工业出版社,2010.

第 9 章　造型创新设计

机电产品的造型创新设计是研究机电产品外观造型设计和人机系统工程的一门综合性学科,不仅涉及工程技术、人机工程学、价值工程和可靠性技术,还涉及生理学、心理学、美学和市场营销学等领域,是将先进的科学技术和现代审美观念有机地结合起来,使产品达到科学和美学、技术和艺术、材料和工艺的高度统一,既不是纯工程设计,也不是纯艺术设计,而是将技术与艺术结合为一体的创造性设计活动。

在产品满足同样使用功能的情况下,产品的外观造型创新设计已成为竞争的重要手段之一。产品外观造型的比例、色彩、材质、装饰等都会对使用者产生不同感受,如明朗、愉快、振作、沉闷、压抑等。这些感受就是产品造型所产生的精神功能,它不仅可以满足人们的审美需要,而且也有利于人机系统效益的提高。目前,造型创新设计已引起生产厂家和设计人员的高度重视,成为机电产品开发设计中必不可少的重要组成部分。它要求在满足使用功能的条件下实现艺术造型设计,以满足人的心理、生理上的要求和审美要求,从而达到产品实用、美观、经济的目的。

9.1　造型设计的一般原则

机电产品造型设计是产品的科学性、实用性和艺术性的结合,其设计的三个基本原则是实用、美观、经济。

1. 实用

实用性是产品设计的根本原则,实用是指产品具有先进和完善的物质功能。产品的用途决定产品的物质功能,产品的物质功能又决定产品的形态。产品的功能设计应该体现科学性、先进性、操作的合理性和使用的可靠性,具体包括以下几个方面。

(1) 适当的功能范围

功能范围即产品的应用范围。产品过广的功能范围会带来设计的难度、结构的复杂、制造维修困难、实际利用率低以及成本过高等缺点。因此,现代机电产品功能范围的选择原则是既完善又适当。对于同类产品中功能有差异的产品,可设计成系列产品。

(2) 优良的工作性能

产品的工作性能(如力学、物理、电气、化学等性能)是指该产品在准确、稳定、牢固、耐久、快速、安全等方面所能达到的程度。产品造型设计必须使外观形式与工作性能相适应,比如性能优良的高精密产品,其外观也要令人感觉贵重、精密和雅致。

(3) 科学的使用性能

产品的功能只有通过人的使用才能体现出来。随着现代科技和工业的发展,许多高新产品要求操作高效、精密、准确并可靠,这就给操作者造成了较大的精神和体力负担。因此,设计师必须考虑产品形态对人的生理和心理的影响,操作时的舒适、安全、省力和高效已成为产品结构和造型设计是否科学和合理的标志。

产品功能的发挥不仅取决于产品本身的性能,还取决于使用时产品与操作者能否达到人机间的高度协调,这种研究人机关系的科学称为人机工程学。研究人机工程学的目的是创造出满足人类现代生活和现代生产的最佳条件。因此,产品的结构设计及造型设计必须符合人机工程学的要求,产品的几何尺寸必须符合人体各部分的生理特点,使产品具有科学的使用功能。例如,用于书写记录的台面高度必须适应人体坐姿,以便书写记录时舒适方便;用于显示读数或图像的元器件必须处于人的视野中心或合理的视野范围之内,以便准确而及时地读数、观察。随着生产、科研设备等不断向高速、灵敏、高精度发展,综合生理学、心理学以及人机动作协调等的人机工程学,成为工业设计中不可缺少的组成部分。

2. 美观

美观是指产品的造型美,是产品整体体现出来的全部美感的综合。它主要包括产品的形式美、结构美、工艺美、材质美及产品体现出来的强烈的时代感和浓郁的民族风格等。

造型美与形式美二者不能混淆,否则就会把工业造型设计理解为产品的装潢设计或工艺美术设计。产品的造型美与产品的物质功能和物质技术条件融合在一起,造型设计师的任务就是在实用和经济的原则下,充分运用新材料、新工艺,创造出具有美感的产品形态。形式美是造型美的重要组成部分,是产品视觉形态美的外在属性,也是人们常说的外观美,影响形式美的因素主要有形态构成及色彩构成。材料质地不同,同样会使人产生不同的心理感受,材质美主要体现在材质与产品功能的高度协调上。

美是一个综合、流动、相对的概念,因此产品造型美也就没有统一的绝对标准。人的审美随着时代的前进而变化,随着科学技术、文化水平的提高而发展。因此,造型创新设计无论在产品形态、色彩设计和材料的应用上,都应使产品体现出强烈的时代感。

产品造型创新设计需要考虑社会性。性别、年龄、职业、地区、风俗等因素的不同,必然导致审美观的不同,因此,产品的造型要充分考虑上述因素的差异,必须区分社会上各种人群的需要和爱好。机电产品造型创新设计由于涉及民族艺术形式,因此也体现出一定的民族风格。由于各自的政治、经济、地理、宗教、文化、科学及民族气质等因素的不同,每个民族所特有的风格也不同。以汽车为例,德国的轿车线条坚硬、挺拔;美国的轿车豪华、富丽;日本的轿车小巧、严谨。它们都体现出各自的民族风格。

应当指出的是,民族感与时代感必须有机、紧密地统一在一个产品之中。随着科技的进步,产品功能的提高,在现代高科技机电产品中,民族风格被逐渐削弱,如现代飞机、轮船等只是在其装饰方面尚能见到民族风格的体现。

3. 经济

产品的商品性使它与市场、销售和价格有着不可分割的联系,因此造型创新设计对于产品价格有着很大的影响。

新工艺、新材料的不断出现,使产品外观质量与成本的比例关系发生了变化。低档材料通过一定的工艺处理(如金属化、木材化、皮革化等),能具备高档材料的质感、功能和特点,不仅降低了成本,而且提高了外观的形式美。

在造型创新设计中,除了遵循价格规律、努力降低成本外,还可以对部分机电产品按标准化、系列化、通用化的要求进行设计,通过空间的安排、模块的组织、材料的选用,达到紧凑、简洁、精确、合理的目的,用最少的人力、物力、财力和时间求得最大的效益。

经济的概念有其相对性,在造型设计过程中,只要做到物尽其用、工艺合理、避免浪费,应该说就是符合经济原则的。

总之,单纯追求外观的形式美而不惜提高生产成本的产品,或者完全放弃造型的形式美只追求成本低廉的产品,都是无市场竞争力的,也是不受欢迎的。所以,在机电产品造型创新设计中,不论是平面设计还是立体设计,其目的都是力求创造出新的形象,首先需要满足用户需求,其次要求符合人机工程学,然后在满足物质功能和结构特点的前提下实现产品的造型美,并且力求经济。

9.2　实用性与造型

创新设计的对象是产品,而设计的目的是满足人的需要,即设计是为人而设计的,产品创新设计是人需要的产物,所以满足人的需要是第一位的。

机电产品包含着三个基本要素,即物质功能、技术条件及艺术造型。

① 物质功能　就是产品的使用功用,是产品赖以生存的根本所在。物质功能对产品的结构和造型起着主导和决定作用。

② 技术条件　包括材料、制造技术和手段,是产品得以实现的物质基础,它随着科学技术和工艺水平的不断发展而提高。

③ 艺术造型　是综合产品的物质功能和技术条件而体现出的精神功能。造型艺术性是为了满足人们对产品的欣赏要求,即产品的精神功能由产品的艺术造型予以体现。

产品的三要素同时存在于一件产品中,它们之间有着相互依存、相互制约和相互渗透的关系。物质功能要依赖于技术条件的保证才能实现,而技术条件不仅要根据物质功能所引导的方向来发展,而且还受产品的经济性所制约。物质功能和技术条件在具体产品中是完全融合为一体的。造型艺术尽管存在着少量的、以装饰为目的的内容,但事实上它往往受到物质功能的制约。因为,物质功能直接决定产品的基本构造,而产品的基本构造既给予造型艺术一定的约束,又给造型艺术提供了发挥的可能性。物质技术条件与造型艺术息息相关,因为材料本身的质感、加工工艺水平的高低都直接影响造型的形式美。然而,尽管造型艺术受到产品物质功能和技术条件的制约,造型设计者仍可在同样功能和同等物质技术条件下,以新颖的结构方式和造型手段创造出美观别致的产品外观样式。

总之,产品造型创新首先应保证物质功能最大限度地、顺利地发挥,即其实用性是第一位的。工业造型设计具有科学的实用性,才能体现产品的物质功能;具有艺术化的实用性,才能体现产品的精神功能。某一时代的科学水平与该时代人们的审美观念结合在一起,就反映了产品的某一时代的时尚性。

　　例如,汽车车身的造型创新设计,首要考虑的是保证安全、快速和舒适,绝不能为了形式美使车身造型设计违背空气动力学的准则。机床的形态创新设计,首先所考虑的是保证机床的内在质量和操作者的人身安全,不能只为了追求形态设计的比例美、线型美而降低机床的加工精度及其他技术性能指标。机床色彩所以设计成浅灰色或浅绿色,是考虑操作者心理安宁、思想集中的工作情绪以及足够的视觉分辨能力,以保证加工精度、生产效率和安全操作。绝不能单纯追求色彩的新、艳、美,影响和破坏操作者良好的工作情绪。

　　任何一件产品的功能都是根据人们的各种需要产生的,如需要节省洗衣的时间及体力,才会有洗衣机的出现;因为食物的保鲜需求,才会出现电冰箱。图 9-1 所示为 1983 年出现的由日本东芝制造、黑川雅芝设计的小冰箱,其适合在汽车上使用。

图 9-1　冰箱设计

　　此外,可靠性是衡量产品是否实用及其安全的一个重要指标,也是人们信赖和接受产品的基本保障。可靠性包括安全性(即产品在正常情况下及偶然事故中能保持必要的整体稳定)、适用性(即产品正常工作时所具有的良好性能)和耐久性(即产品具有一定的使用寿命)。为此,在产品设计、制造、检验等每一个环节中,充分重视可靠性分析,才能保证人们安全、准确、有效地使用产品。造型创新对功能具有促进作用,若忽视了人们对产品形式的审美要求,将削弱产品物质功能的发挥,使产品滞销,最终遭到淘汰。

9.3　人机工程与造型

　　人机工程与造型有着密切的联系。人机工程学起源于欧洲,20 世纪 50 年代前后在美国形成体系,并得以迅速发展。人机工程学是一门运用生理学、心理学和其他学科的有关知识,使机器与人相适应,创造舒适而安全的工作条件,从而提高功效的一门科学。随着现代科学技术的发展,要求机械产品实现高速、精密、准确、可靠等功能,因此,设计人员必须考虑产品的形态对人的心理和生理的影响。因为产品的功能只有通过使用才能体现,所以产品功能的发挥不仅取决于产品本身的性能,还取决于产品在使用时与操作者能否达到人机间高度协调,即是否符合人机工程学的要求。即使是最简单的产品,如果造型创新设计得不好,也会给使用带来不便。对已经成熟的产品,制造商常通过一系列的再设计进行改进和提高,这种产品与旧产品功能相同,但更有效率,使用更方便。

　　机电产品造型创新设计应根据人机工程学数据来进行,人机工程学数据是由人的行为所决定的,即由人体测量及生物力学数据、人机工程学标准与指南、调研所得的资料构成。根据常用的人体测量数据、各部分结构参数、功能尺寸及应用原则等设计人体外形模板和坐姿模板,再根据模板进行产品的造型设计。例如,在汽车、飞机、轮船等交通运输设备设计中,其驾驶室或驾驶舱、驾驶座以及乘客座椅等相关尺寸,都是由人体尺寸及其操作姿势或舒适的坐姿决定的。但是由于相关尺寸非常复杂,人与机的相对位置要求又十分严格,为了使人机系统的设计能更好地符合人的生理要求,常采用人体模板来校核有关驾驶室空间尺寸、方向盘等操作机构的位置、显示仪表的布置等是否符合人体尺寸与规定姿势的要求。人体模板用于轿车驾驶室的设计如图 9-2 所示。

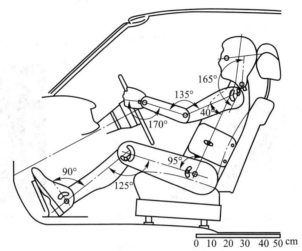

图 9-2　人体模板用于轿车驾驶室的设计

　　人机工程学的显著特点就是在认真研究人、机、环境三个要素本身特性的基础上,不单纯着眼于个别要素的优良与否,而是将操纵"机"的人和所设计的"机"以及人与"机"所共处的环境作为一个系统来研究。在这个系统中,人、机、环境三个要素之间相互作用、相互依存的关系决定着系统的总体性能。人机系统设计理论就是科学地利用三个要素之间的有机联系来寻求系统的最佳参数,使设计师创造出人-机-环境系统功能最优化的产品。图 9-3 所示为家用蒜泥挤压器,其把手的形状及使用方式与人机工程学原理十分符合,体现出它优良的操作性能。

　　按照人机工程学原理对消费性产品的外形设计,是以人为中心的设计,如适合人体姿势、作业姿势的设计,为特殊用户提供方便的设计等,其范例如图 9-4 和图 9-5 所示,图 9-4a 为改进的电源插头设计,可方便用户插拔插头,图 9-4b 是对拐杖把手的外形设计,握持更舒适,方便从地上拾取。图 9-5a 为卫生洗手龙头,感应式水龙头防止洗净的手在关水龙头时再次被污染。图 9-5b 为方便老年人与残疾人使用而创新设计的餐具,设计特殊的弯曲形状,便于使用。

　　在创新设计某些手持式产品时,要求既能适应强力把握,又能准确控制作用点,也就是说,手动工具需要适合手的形状。它们能够保证手、手腕和手臂以安全、舒适的姿势把握,达到既省力而又不使身体超负荷的目的。因此,手动工具的设计是一件复杂的人机工程学作业。

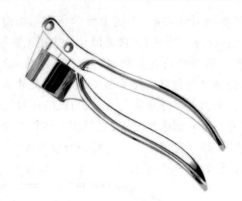

图 9-3　家用蒜泥挤压器

(a) 改进的电源插头

(b) 拐杖把手

图 9-4　以人为中心的设计

(a) 卫生洗手龙头

(b) 方便使用的餐具

图 9-5　为特殊用户提供方便的设计

　　遵照"便于使用"的原则,设计合理的手柄能让使用者在使用工具(产品)时保持手腕伸直,以避免使腱、腱鞘、神经和血管等组织超负荷。一般来说,曲形手柄可减轻手腕的紧张程度。例如,使用普通的直柄尖嘴钳常会造成手腕弯曲施力(图 9-6a),图 9-6b 所示的设计进行了改进,使尖嘴钳的手柄弯曲代替了手腕的弯曲,如图 9-6 中的虚线所示。同样,图 9-7 所示的园艺修枝剪手柄的弯曲造型也是比较合理的创新设计实例。

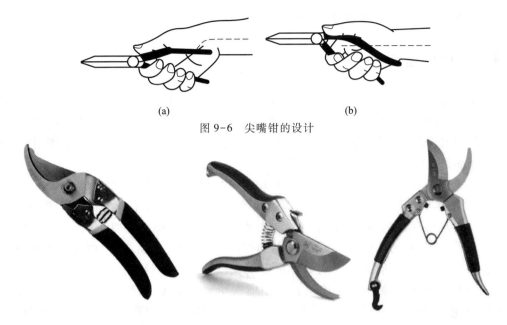

(a)　　　　　　　　　　　　　　　　　(b)

图 9-6　尖嘴钳的设计

图 9-7　园艺修枝剪手柄的弯曲造型

　　在进行工具手柄创新设计时,可以考虑采用贴合人手的"适宜形式",而不是使用平直表面,如图 9-8a 所示,但这适合于为某人定做。需要注意的是,在将手柄创新设计成贴合人手的形状时,由于人手的形状差异很大,这样的设计反会使工具变得更不舒服,如图 9-8b 所示,手柄上制出的凹痕或锯齿痕与手指和掌心接触反而更不合适。

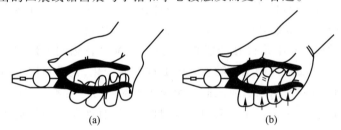

(a)　　　　　　　　　　　　　　　　　(b)

图 9-8　贴合人手的"适宜形式"未必舒适

　　现在,手持式电动工具随处可见,小型的如电锯、电须刀、电动食品搅拌机等,大功率手持式动力工具如链锯和花木修剪器等。对于这类手控工具,除了与电动工具相似的主要人机因素外,还要考虑其他的因素,如振动、噪声和安全性等。图 9-9 所示为气动冲击钻,其手柄倾斜角度可避免冲击力作用于手腕,整体设计重心合理,造型均衡,握持轻松。

　　人机工程学所包含的内容很多,本章仅介绍了其中的一小部分内容,其他如显示器、控制器的设计以及人

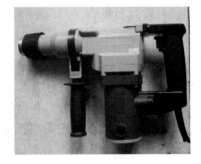

图 9-9　气动冲击钻

机工程详细的设计方法和过程可参考有关人机工程学的资料。

9.4 美观与造型

美是客观事物对人心理产生的一种美好的感受,就造型创新设计而言,如果产品具有美的形态,就能吸引消费者的视线,在心理上易于产生美感。在造型创新设计中,应以美学法则为设计的基本理论,但是必须具体情况具体分析,灵活运用,不可生搬硬套,否则很难设计和创造出美的造型。

产品造型不同于艺术造型,它通过不同的材料和工艺手段构成的点、线、面、体、空间、色彩等要素,构成对比、节奏、韵律等形式美,以表现出产品本身的特定内容,使人产生一定的心理感受。但是,产品造型具有物质产品和艺术作品的双重性。作为物质产品,它具有一定的使用价值;作为艺术作品,它具有一定的艺术感染力,使人产生愉快、兴奋、安宁、舒适等感觉,能满足人们的审美需要,表现出精神功能的特征。在造型创新设计时,必须考虑将产品的物质功能与精神功能密切地联系在一起,这一点是机电产品造型创新设计与其他艺术作品区别之所在。因此,工业造型创新设计既不同于工程技术设计,又区别于艺术作品。

例如,在进行产品的比例造型创新设计时,若比例失调,则视觉效果没有美感。比例指造型对象各个部分之间、局部与整体之间的大小、长短关系,也包括某一局部构造本身的长宽高三者之间量的关系。图 9-10 所示为应用黄金分割法进行汽车造型设计的实例,这种汽车造型给人以美感。

产品造型的尺度比例、色调、线型、材质等不仅影响产品物质功能的发挥,而且对于某些产品(如家具、日用品等),造型甚至可以决定这些产品的物质功能。"功能决定形式,形式为功能服务"这一原则,并不是说凡功能相同的产品,都具备相同的形式。在一段时期内,即使功能不变,同类产品的造型也应随着时间的推移而变化,就是在同一时期内,相同功能的产品也会具有不同的造型,以适应人们不断变化和发展的审美要求。任何一种机电产品,不存在既定的造型形式,也不能让习惯约束造型形式,只有如此才能创造出新颖多样、具有强烈时代感的创新产品。

9.4.1 造型与形态

形态是物体的基本特征之一,是产品造型创新设计表现的第一要素。产品形态有原始形态、模仿的自然形态、概括的自然形态和抽象的几何形态等。形态设计主要有模仿设计法和创造设计法。模仿设计法就是通过对已经存在的形态进行概括、提炼、简化或变化而得到产品形态的一种造型方法。根据模仿的对象可以分为自然形态模仿法(如模仿山川河流的形态、动物的形态、植物的形态甚至是微生物的形态)和人工形态模仿法(即把他人创造的某种类型形态用于其他类型产品的形态中)。自然形态模仿法进一步可细分为无生命的自然形态模仿法和有生命的自然形态模仿法,而后者就是人们所说的仿生形态法,将在后面章节中进行阐述。创造设计法就是设计师从产品的特点和需要出发,根据以往的经验,并抓住

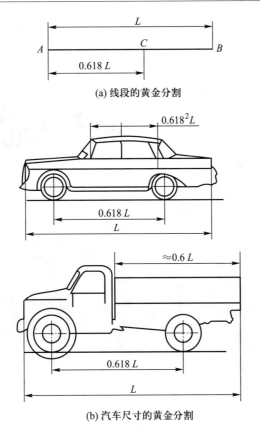

(a) 线段的黄金分割

(b) 汽车尺寸的黄金分割

图 9-10 黄金分割及其应用

某一瞬间的灵感而设计出来的全新的产品形态的一种方法,其主要依据的是形式美原则,如变化与统一、对称与平衡、重复与渐变、尺度与比例等。

产品形态是产品为了实现一定目的所采取的结构或方式,是具备特定功能的实体形态。形态的设计必须注意整体效果,而不能满足于在特定距离、特定角度、特定环境条件下所呈现的单一形状。如茶杯,在满足装水、喝水功能和形态美观的同时,进一步考虑手握方便,便于清洗,合理的摆放等因素,那么创新设计的造型就起到了对功能进行补充和完善的积极作用。也就是说,形态是为功能服务的,它必须体现功能,有助于功能的发挥,而不是对功能进行削弱。图9-11a所示的与众不同的玻璃杯,其形状与人手的握持方式丝丝入扣,令使用者方便、舒适(但需注意的是,底部弯曲部分不易清洗)。又如图 9-11b 所示躺椅的形态及使用方式与人机工程学原理相符。

机电产品的立体形态大部分是由简单的几何抽象形态或有机抽象形态组成,通常是这两者的结合。几何形态为几何学上的形体,是经过精确计算而做出的精确形体,具有单纯、简洁、庄重、调和、规则等特性。几何形体可分为三种类型:圆形体,包括球体、圆柱体、圆锥体、扁圆球体、扁圆柱体等;方形体,包括正方体、方柱体、长方体、八面体,方锥体、方圆体等;三角形体,包括三角柱体、六角柱体、八角柱体、三角锥体等。图 9-12 所示为几何抽象形态的厨房用具,其形状有圆形、方形等。

(a) 方便握持的玻璃杯

(b) 躺椅的形态设计

图 9-11 产品的形态设计

图 9-12 厨房用具

有机抽象形态是指有机体所形成的抽象形体(如生物的细胞组织、肥皂泡、鹅卵石的形态等),这些形态通常带有曲线的弧面造型,形态显得饱满、圆润、单纯而又富有力感,如图 9-13所示水壶的有机抽象形态设计。

图 9-14 所示的卧式脚踏车是将几何抽象形态和有机抽象形态相结合的形态设计实例,其形态设计与人机工程学原理十分相符,与普通脚踏车相比,使用更加舒适。图 9-15所示为锤子手柄的形态设计,其手柄曲面的凸起恰好适合掌心,并能自动引导手掌滑向最适宜的抓握位置。

图 9-13 水壶的有
机抽象形态设计

图 9-14 卧式脚踏车的形态设计

图 9-15　锤子手柄的形态设计

　　形态的统一设计有两个主要方法：一是用次要部分陪衬主要部分，二是同一产品的各组成部分在形状和细部上保持相互协调。形态的变化与统一，就是将造型物繁复的变化转化为高度的统一、形成简洁的外观。简洁的外观适合现代工业生产的快速、批量、保质的特点，例如图 9-16 所示的冰箱具有简洁的造型。

图 9-16　冰箱的简洁造型

　　在造型设计中，常常利用视错觉来进行形态设计。视错觉矫正就是估计会产生的错觉，借助视错觉改变造型物的实际形状，在视错觉作用下使形态还原，从而保证预期造型效果。利用视错觉就是"将错就错"，借助视错觉来加强造型效果。如双层客车的车身较高，为了增加稳定感通常涂有水平分割线，利用分割视错觉使车身显得较长；此外，汽车上层采用明亮的大车窗，下层涂成深暗色，更加强了汽车的稳定感。又如图 9-17 所示的电视机外形设计，电视机屏幕是四边外凸的矩形，图 9-17a 中机壳四边呈直线，由于变形错视作用，感觉机壳产生"塌陷现象"；而图 9-17b 中的机壳设计成外凸曲线，转角处以小圆角过渡，那么因变形错视所产生的"塌陷现象"即可得到矫正。

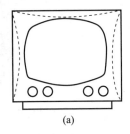　　　　　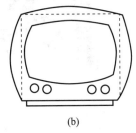
　　　　　　(a)　　　　　　　　　　　　　　(b)

图 9-17　电视机外形设计

　　在实际生活中，视错觉现象多种多样，上面的例子只是其中很少的一部分。在产品造型设计中，应注意矫正和利用种种视错觉现象，以符合人们的视觉习惯，取得完美的造型创新效果。

9.4.2　造型与材质

产品造型是由材料、结构、工艺等物质技术条件构成的。在造型处理上，一定要体现构成产品材料本身所特有的美学因素，体现材料运用的科学性，发挥材料的纹理、光泽、色彩、触感等方面的艺术表现力，达到造型中形、色、质的统一。因为一件产品是由具体的材料所组成的，只有充分表现出该产品包含的材料质感，才能真实体现出设计方案的主要内容。

在造型过程中，能否合理地运用材料，充分发挥材料的质地美，不仅是现代工业生产中工艺水平高低的体现，而且也是现代审美观念的反映，材质的特征和产品功能应产生恰如其分的统一美和单纯美。质感是物质表面的质地，即粗糙还是光滑，粗犷还是精细，坚硬还是柔软，交错还是条理，下沉还是漂浮等。此外，不同材料的材质特性也不同，如钢材具有深厚、沉着、朴素、冷静、坚硬、挺拔的材质特征；塑料具有致密、光滑、细腻、温润的材质特征；铝质材料具有华贵、轻快的材质特征；有机玻璃具有清澈、通透、发亮的材质特征；木材具有朴实无华、温暖、轻盈的材质特征等。

材料质感的表现往往还与色彩运用互相依存。如本来从心理上认为沉闷、阴暗的黑色，如将其表面处理成皮革纹理，则给人以庄重、亲切感。黑丝绒织物由于其质感厚实和强烈的反光，则显得高雅和庄重。大面积高纯度的色彩易产生较强的刺激，但如将其纹理处理成类似呢绒织物的质地感，则给人以清新、高贵的感受。可见材料的质感能呈现出一种特殊的艺术表现力，在处理产品表面质感时，应慎重而大胆。

产品材料的选择既要考虑美观和装饰工艺，还要考虑材料的加工工艺以及产品的功能。例如，为了增加摩擦，阻止手柄打滑，设计了图 9-18 和图 9-19 所示的冲击钻和电钻，其把手覆有柔软材料，可吸收操作时的振动。手柄的表面还设计有不同形状的花纹，可加大手与手柄间的摩擦，以防止与手柄的相对滑动，使手柄把持更紧。

图 9-18　冲击钻　　　　　　　　　　　　　　图 9-19　电钻

金属压铸的外壳可以达到注塑外壳的造型，又比薄板冲压外壳具有更高的强度和精度，缺点是成本较高，所以一般应用于高端产品创新设计中，如图9-20所示的 SONY F717 金属合金压铸外壳和 SONY VAIO 笔记本电脑的金属合金压铸结构。

图 9-20 SONY F717 外壳和 SONY VAIO 笔记本电脑的金属合金压铸结构

9.4.3 造型与色彩

机电产品的形式美是由形态、材质、色彩、图案、装潢等多方面因素综合而成的。产品的色彩是依附于形态的,但是色彩比形态对人更具有吸引力。产品色彩具有先声夺人的艺术效果,有关研究表明,作用于人视觉的首先是色彩,其次是形状,最后才是质感。色彩能使人快速区别不同物体,美化产品、美化环境。色彩的良好设计能使产品的造型更加完美,可提高产品的外观质量和增强产品市场竞争力。同时,色彩设计对人的生理、心理也有影响,色彩宜人,使人精神愉快、情绪稳定,提高功效;反之,使人精神疲劳、心情沉闷、烦躁,分散注意力,降低功效。机电产品的色彩设计与绘画艺术作品的要求不同,前者要受到产品功能要求、材料、加工工艺等因素的限制,因此对产品的色彩设计应该是美观、大方、协调、柔和,既符合产品功能要求、人机要求,又满足人们的审美要求。

色相、明度、纯度为色彩的三要素,它是鉴别、分析、比较色彩的标准,也是认识和表示色彩的基本依据。显现功能是色彩设计的首要任务,如调和使人宁静,对比使人兴奋,太亮使人疲劳,太暗使人沉闷等。物体色彩形成的主要因素首先是"光",可以说没有"光"就没有颜色。固有色和阴影也可以说是光源色、环境色所造成的。而单一的色相、明度、纯度只是色的因素,因为在它们之间缺少了重要的一环,即环境色的影响,任何色彩都应是在一定的环境中存在的。如果把色彩形成的几个因素联系起来形成一定的关系,色彩就会立刻变得复杂起来。

固有色:是物体本身所固有的颜色。在正常光线下,固有色支配和决定着该物体的基本色调,比如黄香蕉、红苹果、绿西瓜……在受到光源和环境色彩影响后,仍然呈黄色、红色或绿色;如果在光源及光色个性很强、照射角度及反光的环境影响下,就会大大削弱物体固有色。

环境色:任何一个物体都不能脱离周围环境而孤立存在,色彩同样受周围环境的影响和制约。一般来说,白色反射最强,所以受环境色影响也最大,以下依次是橙、绿、青、紫,而黑色则由于吸收所有光而不反射任何光,所以反射最弱。一切物体的固有色都不是孤立的,不但受到光以及环境色的影响和制约,而且还受环境的反作用,如附图 9-1 所示。

光源色:光对观察和识别物体是必不可少的,离开了光的作用,固有色就不能够呈现,也就谈不上环境色的作用了。光源越强,环境色反射就越强;物体之间距离越近,环境影响就越明显;物体的质地越光滑,色彩越鲜艳,反映环境的力度就增大,反之则减弱。

另外,环境色对物体暗面与亮面的反映是不同的。亮面反映的主要是光源色,暗面反映的主要是环境色。

产品的色彩创新设计是决定产品能否吸引人、为人所喜爱的一个重要因素。好的色彩设计可以使产品提高档次和竞争力,提高生产的工作效率和安全性,美化人们的生活,满足人们在精神方面的追求。产品色彩效果的好坏关键在配色上,成功的色彩创新设计应把色彩的审美性与产品的实用性紧密结合起来,以取得高度统一的效果。

色彩的选配要与产品本身的功能、使用范围及环境相适合。各种产品都有自身的特性、功效,对色彩的要求也多有不同。产品的色彩设计应遵循单纯、和谐、醒目的原则,在满足产品功能的同时,突出形态的美感,使人产生过目不忘的艺术效果。

产品色彩创新设计应适应消费者的需要。一些功能优异但外形笨拙、色彩陈旧的产品会受到冷落,而那些外观优美又实用的产品却颇受消费者喜爱。如孩子们喜爱的各种儿童玩具,若色调鲜艳、明快,对比强烈且统一协调,小宝宝一见就会笑逐颜开、爱不释手。在产品色彩的创新设计过程中,还需加强国际间经济、文化交流,研究大众的审美爱好,充分认识流行色对现代生活的重要影响,及时掌握国际、国内在一定时间、地域的流行色的趋势和走向,使产品通过色彩更新来强化时代意识,刺激消费;使产品的色彩设计能够抓住时代脉搏,突出企业形象,由此加入国际化的产品市场竞争中,并争得一席之地。附图 9-2 所示为产品设计中的色彩运用。

一般产品色彩设计的基本原则:

① 色彩的功能原则　产品的功能是产品存在的前提,色彩只是一种视觉符号,无法直接表达这种现实的功能。但是色彩也必须表达出主体所要表达的内容,要使色彩符号的语义和产品的功能一致。

② 色彩的环境原则　产品的设计应充分考虑使用环境对产品色彩的要求,使色彩成为人、产品、环境的保护色。在寒冷的季节使用的产品应选用暖色系,以增强人们心理的温暖感,而在炎热的季节使用的产品应使用冷色系,使人有凉爽平静的心理感受。

③ 色彩的工艺原则　在产品设计中要充分考虑工艺可能对产品色彩产生的影响。

④ 色彩的审美原则　产品色彩的审美原则是创造产品艺术美的重要手段之一,它不仅追求单纯的形式美,更重要的是要与产品的功能性、工艺性、环境和文化等结合起来。

⑤ 色彩的嗜好原则　色彩的嗜好是人类的一种特定的心理现象,各个国家、民族、地区由于社会政治状况、风俗习惯、宗教信仰、文化教育等因素的不同以及自然环境的影响,人们对各种色彩的爱好和禁忌有所不同。所以,产品色彩设计一定要充分尊重不同地区、不同人群对色彩的好恶特点,投其所好,如附图 9-3 所示的索爱手机的不同配色,可以适应市场不同性别人群的需要。

机电产品的色彩创新设计总的要求必须与产品的物质功能、使用场所等各种因素统一起来,在人们的心理中产生统一、协调的感觉。

电视机的外观色彩不能太强烈和太亮,以免在观看电视时引起对视线的干扰;食品加工用的机械设备,则宜以引起清洁卫生感觉的浅色为主;起重设备的色彩则以深色为宜,以产生稳固感。对于一些无法以准确的色彩来意象功能的机电产品(例如以复制、放送音响为功能的录音机,以传递形象和音响为功能的电视机和录像机,代替部分思维活动的计算机)则可用黑、白、灰等含蓄的中性色。黑、白是非彩色,称为极色,具有与任何色彩都能协调的性质,而灰色是黑、白的综合,是典型的归纳色。

　　如医院里的医疗器械要有调和的色彩,给病人造成安静的气氛;急救用的器械需要醒目,急救时便于发现,如附图 9-4 所示的救生简易担架和附图 9-5 所示的航空救生背心和自动充气救生筏均为醒目的红色;高速运行的物体要求色彩有强烈的对比,使之明显夺目,提醒人们注意安全。

　　任何色彩都是与一定的形态相联系的,在我国传统的古建筑设计中,设计师将受光的屋顶部分盖上暖色的黄色琉璃瓦,而背光的屋檐部分绘着冷色的蓝绿色彩画和斗拱,这些都是为了增强建筑的立体感和空间效果。

　　产品的局部形态可以通过色彩来进行强化,对形态单一的产品可以通过色彩来改变视觉效果,而对形态复杂的产品也可以通过色彩归纳来调和视觉感受,对需要突出的形态通过色彩的对比来表达,对产品形态不同的功能区域运用色彩来划分,如附图 9-6 至附图 9-10 所示。

　　流行色在产品创新设计中的作用也是不可忽视的,附图 9-11 所示为德国大众的经典车型甲壳虫,其独特的造型配合各式生动鲜活的色彩设计,使其成为吸引人视线的一道亮丽的风景。

　　根据色彩的特性赋予其特定的使命,许多指示性色彩成为国际标准,这种国际公认的色彩已经在潜移默化地唤起消费者的参与意识,设计师应懂得在公共关系的产品中应用,附图 9-12 所示为色彩的安全性和指示性。

　　附图 9-13 是色彩在家具中的应用,暖色家具给孩子带来欢乐,紫色和黑色搭配的家具具有稳重、华丽之感。

9.5　安全性与造型设计

　　在造型创新设计时需要考虑产品使用的安全性,不恰当的操作姿势经常容易引起伤害事故。安全防护是通过采用安全装置或防护装置对一些危险进行预防的安全技术措施。安全装置与防护装置的区别:安全装置是通过其自身的结构功能限制或防止机器的某些危险运动,或限制其运动速度、压力等危险因素,以防止危险的产生或减小风险;而防护装置是通过物体障碍方式防止人或人体部分进入危险区。究竟采用安全装置还是采用防护装置,或者二者并用,设计者要根据具体情况而定。

9.5.1　安全装置

　　安全装置是消除或减小风险的装置。它可以是单一的安全装置,也可以是和联锁装置联用的装置。常用的安全装置有联锁装置、双手操纵装置(双手控制按钮)、自动停机装置、机器抑制装置、限制装置及有限运动装置等。

1. 联锁装置

当作业者要进入电源、动力源等危险区时,必须确保先断开电源,以保证安全,这时可以运用联锁装置。图 9-21a 所示机器的开关与门是互锁的。作业者打开门时,电源自动切断;当门关上后,电源才能接通。为了便于观察,门用钢化玻璃或透明塑料做成,无需经常进去检查内部工作情况。

2. 双手控制按钮

对于某些危险的作业,可采用图 9-21b 所示的双手控制按钮,作业者必须双手都离开台面才能启动,保证了安全。例如,图 9-22 所示的控制切纸机的两个红色按钮位于工作面的前端,左右各一,并相隔一定距离(图 9-22a),由于必须同时按动才会启动,操作员只能以图 9-22b 所示的姿势操作,保证机器启动后手不会留在危险区内,防止可能的事故发生。

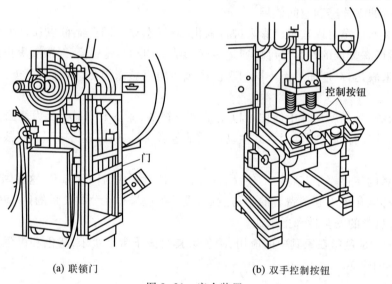

(a) 联锁门　　　　　　　　　　　　　　　(b) 双手控制按钮

图 9-21　安全装置

3. 自动停机装置

自动停机装置是指当人身体的某一部分超越安全限度时,使机器或其零部件停止运行或激发其他安全措施装置,如触发线、可伸缩探头、压敏杆、压敏垫、光电传感装置、电容装置等。图 9-23a 所示为一机械式(距离杆)自动停机装置应用实例,图 9-23b 是其工作原理图,当人身体超过安全位置时,推动距离杆到图中虚线位置,通过构件 2 触动安全装置,从而使机器停止运动。

4. 机械抑制装置

机械抑制装置是在机器中设置的机械障碍物,如楔、支柱、撑杆、止转棒等,依靠这些障碍物防止某些危险运动。图 9-24 是一模具设计实例。在合模处,开口的设计宽度小于 5 mm,这样作业者身体的任何部位都不会进入危险区域。对于需要合口的设备,在设计时应尽量将合口的宽度减小,可以消除危险隐患。对于工作剪一类的双把手工具,为了避免合剪时把手的内侧夹伤手指,可以在两侧内表面分别设计一小凸台,这样合剪时,凸台首先接

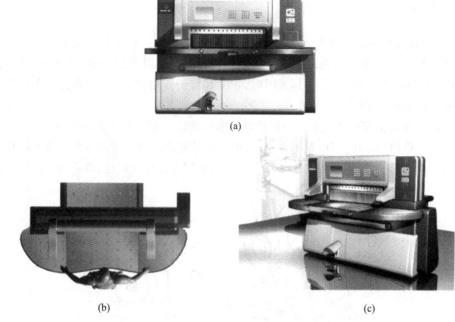

(a)

(b)　　　　　　　　　　　　　　　(c)

图 9-22　切纸机的安全性设计

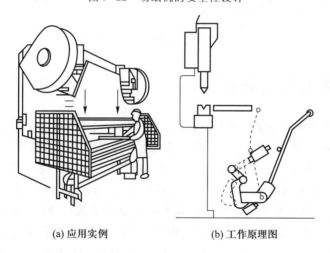

(a) 应用实例　　　　　　　　　(b) 工作原理图

图 9-23　机械式自动停机装置

触,而其他部位留出空间,所以也是一种安全设计。

　　其他安全装置还有很多,如利用感应控制安全距离,保护作业者免受意外伤害;利用有限运动装置允许机器零部件只在有限的行程内动作,如限位开关和应急制动开关等。其他如熔断器、限压阀等也是常采用的安全装置。

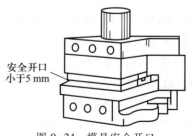

安全开口
小于5 mm

图 9-24　模具安全开口

9.5.2　防护装置

防护装置也是机器的一个构成部分,这一部分的功能是以物体障碍方式提供安全防护的,如机壳、罩、屏、门、盖及其他封闭式装置等。防护装置可以单独使用,也可以与联锁装置联合使用。若单独使用时,只有当其关闭时,才能起防护作用;当其与联锁装置联合使用时,无论在任何位置都能起到防护作用。

图 9-25 所示为护罩可调式碟形电锯设计。电锯座板上方的护罩是固定的,下方是活动可调的,由于弹簧机构的作用,当电锯不工作时,护罩全封闭,以免锯齿伤人;当电锯工作时,活动罩回缩,与工件一起成为一封闭式"保护罩"。因此,在规范操作的时候,都不容易产生危险。

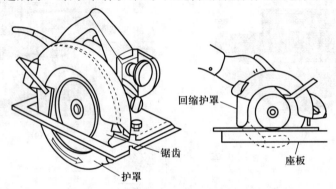

图 9-25　护罩可调式碟形电锯设计

9.6　现代风格与仿生造型设计

现代产品创新设计在更深意义上是一种广义文化的具体表现。一个成功的设计师必须具有深厚的文化底蕴,才能运用专业知识创新设计出具有高品位与现代风格的产品。

附图 9-14 所示的宝马概念车,其配色设计采用洁净清新的白色与蓝色,暗示这款汽车是使用无污染洁净能源的汽车,排出物只是干净的水,体现出现代社会对环境保护的要求。

概念设计是不考虑现有的生活水平、技术和材料,而是在设计师预见能力所能达到的范围来考虑未来的产品形态。它是一种开发性的构思,是从根本概念出发、着眼于未来的设计。图 9-26 所示的概念汽车的设计,其造型不同于现有汽车的外形,体现未来汽车造型的风格。

1964 年在"未来设计展"上展出的英国产流线型自行车,把汽车上的流行元素移植到了更贴近民众的日用消费品上,促进并普及了专业设计,如图 9-27a 所示。勒·柯布西耶在 1929 年设计的躺椅,由钢管和皮革为主要材料,是现代主义设计的经典之作,如图 9-27b 所示。图 9-28 所示为法国 ISD 设计高等学院学生设计的现代汽车造型。不断创新和精益求精推动着现代造型技术的发展。

奥迪 TT 跑车曾经是一辆概念车,后来成为量产车,线条流畅雅致,如图9-29a所示;图 9-29b所示为 1996 年福特新能级概念车,其造型设计极具现代感;图 9-29c 所示为美国 Autonomy 燃料电池汽车,从能源角度进行了造型创新;图 9-29d 所示的标致 4002 概念车,

图 9-26　概念汽车设计

(a) 流线型自行车

(b) 躺椅

图 9-27　设计实例

图 9-28　法国 ISD 设计高等学院学生设计的现代汽车造型

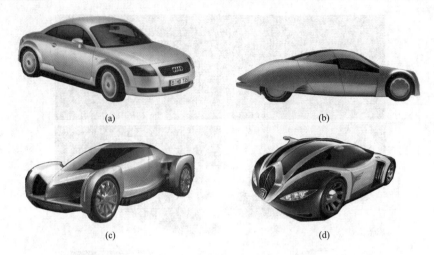

(a)　　　　　　　　　　　　　(b)

(c)　　　　　　　　　　　　　(d)

图 9-29　概念车设计

外形柔和高雅,线条流畅简洁,复古与前卫风格相得益彰。

附图 9-15a 所示的 YAMAHA 电动自行车,采用天然的木质与合金材料,色彩设计质朴而典雅,体现出现代技术与回归自然结合的价值取向。附图 9-15b 所示为时尚鼠标的现代风格设计,颇受年轻人喜爱,体现出设计师的专业知识和文化底蕴。

仿生造型是在产品设计中运用仿生学的原理、方法与手段进行形态设计,动、植物局部造型是最常见的设计手法之一,与采用几何造型特征的设计方法相比,要求设计者有敏锐的特征捕捉能力,有高度的概括和变形能力,并具有用图案方式表现其美感的能力。图 9-30 所示为胸针和汽车的仿生设计。

(a) 首饰(胸针)　　　　　　　　(b) 汽车的甲壳虫造型

图 9-30　仿生造型设计实例

在概念汽车造型设计中,经常用到仿生造型设计,例如图 9-31a 所示的雪铁龙 DS19"鱼形"汽车,图 9-31b 所示的青鸟赛车以及图 9-32 所示的 20 世纪 50 年代美国的火鸟 1、2、3 型概念车等。

人们日常生活中的用具造型也经常用到仿生设计,如 1979 年马里奥·贝里尼设计的"安娜-吉尔"开瓶器,1998 年尤里安·布朗设计的胶带座(图 9-33),以及 1990 年飞利浦·斯塔克设计的柠檬榨汁机,1951 年乔纳森·伊夫设计的"蚂蚁"椅子(图 9-34)等,都是运用仿生学的原理、方法与手段对产品造型创新设计的实例。

(a) "鱼形"汽车　　　　　　　　　　(b) 青鸟赛车

图 9-31　仿生造型汽车

图 9-32　美国的火鸟 1、2、3 型概念车

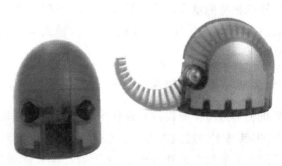

(a) 开瓶器　　　　　　　　　　　(b) 胶带座

图 9-33　仿生设计实例

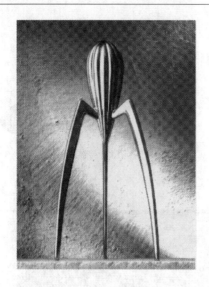

图 9-34   榨汁机和"蚂蚁"椅子

9.7   计算机辅助造型设计

计算机无疑是现代最令人瞩目的一项高科技,其发展远远超出最初作为计算工具的目的,而且渗透到人们生活的各个方面。计算机不仅引起了设计方法与程序的深刻变革,对产品造型创新设计本身也带来了很大的影响,传统的设计方式逐渐被更高效与更精确的计算机辅助设计所取代。

计算机为造型创新设计带来了新的造型工具,也给创新设计带来了新的风格和新的语言。一方面,计算机程序设计模仿了许多传统工具的特点,使人们的经验得以延续,同时计算机拥有自己特有的表达手段(如动画技术),不仅可以模拟真实的景物环境,更可以在景物之内穿梭,甚至进入到物体中,寻找出独特的视角和表现效果;另一方面,当设计师给予计算机极大的自由,通过程序自动进行创作时,其结果往往出人意料。如许多"分形"的图案都带有计算机独特的造型语言。另外,由于计算机拥有强大的造型能力,不仅能模拟复杂的空间曲面,还可对多个形体进行连接,进行打散或并、差、交等的运算,从而使其创造的形体更加多样化。

9.7.1   计算机辅助造型软件

计算机辅助造型创新设计在现代产品设计中占有非常重要的地位,虽然各种 CAD 软件各有特点,但其基本原理大同小异。CAD 的造型过程可分为两大部分,即建模和渲染。当前用于绘制产品效果图的软件很多,主要有二维软件和三维软件两大类。

二维软件有 Photoshop、Illustrator、CorelDraw、Freehand、Painter 等。其中 Photoshop 是由美国 Adobe 公司推出的一款图像处理软件,它的出现给图像处理软件的各个行业带来了一场不小的革命,并被广泛用于广告、印刷及摄影等行业。

　　三维的计算机辅助设计软件也很多,如 3ds MAX、Alias 等,用这些软件绘制产品效果图,主要是因为未来产品需要设计师对其进行全方位立体的形态设计,而有的是用在产品设计中的工程设计阶段,如 Inventor、Pro/Engineer、UG、SolidWorks 等。

　　3ds MAX 是由 AutoDesk 公司开发的微机动画制作系统,1996 年该软件一发布,其优异的性能就引起了广大动画制作用户的关注,并被迅速推广,甚至应于影视方面的动画制作。作为计算机辅助产品造型设计软件来应用,主要不是运用其动画的制作功能,而是取其三维立体建模、场景灯光、材质编辑和渲染等功能,其以方便的操作和出色的效果,深受广大设计师的喜爱。

　　Alias 是目前国际上最流行的概念化设计与可视化设计软件,广泛地应用于工业设计(包括汽车设计)、影视动画特技创作等行业,其造型功能是目前国际上公认最强的,其最佳硬件平台是 SGI 工作站。许多知名设计院校及设计公司均采用 Alias 作为主要的造型设计工具,如洛杉矶艺术中心设计学院、意大利汽车设计公司等。

　　AutoCAD 是由 AutoDesk 公司开发的,是人们最熟悉的、用途最广泛的计算机辅助设计软件,该软件向原来只能用手工进行绘图和草图设计的工程师、设计师和建筑师提供了计算机辅助设计手段。AutoCAD 最大的优势是绘制工程制图,它专业性强,绘制精度高,几乎可以满足机械制图中的所有精度要求。除了双曲面、倒角难做外,建任何形体都很方便,这一特点使 AutoCAD 在建筑、室内设计中的运用相当广泛,但对产品建模却有一定的限制性。现在由于 3ds MAX、Alias 和 Pro/Engineer 等专业三维建模软件的发展及普及,AutoCAD 的应用领域正在逐步缩小。

9.7.2　计算机造型实例

　　用计算机进行造型设计的实例如图 9-35~图 9-37 所示,图中所示为汽车计算机效果图(图 9-35),佳宝微型汽车头部改型的计算机建模(图 9-36),汽车概念设计计算机效果图(图 9-37)。

图 9-35　汽车计算机效果图

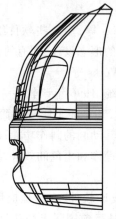

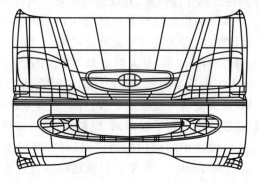

图 9-36　汽车计算机效果图

图 9-37　汽车概念设计计算机效果图

参 考 文 献

[1]　王继成. 产品设计中的人机工程学[M]. 北京:化学工业出版社,2004.

[2]　丁玉兰. 人机工程学[M]. 北京:北京理工大学出版社,2005.

[3]　吴国荣,杨明朗. 产品造型设计[M]. 武汉:武汉理工大学出版社,2005.

[4]　陈震邦. 工业产品造型设计[M]. 北京:机械工业出版社,2004.

[5]　张福昌. 造型基础[M]. 北京:北京理工大学出版社,2004.

［6］　庞志成．工业造型设计［M］．哈尔滨:哈尔滨工业大学出版社,2006.

［7］　陈朝杰,尹航,杨汝全．设计表现基础与经典案例解析［M］．北京:中国电力出版社,2006.

［8］　陈苑,洛齐．产品结构与造型解析［M］．杭州:西泠印社出版社,2006.

［9］　薛澄岐．产品色彩设计［M］．南京:东南大学出版社,2007.

［10］　李砚祖．造物之美:产品设计的艺术与文化［M］．北京:中国人民大学出版社,2000.

［11］　冯涓,王介民．工业产品艺术造型设计［M］．北京:清华大学出版社,2004.

［12］　盛建平．造型设计实践［M］．北京:中国轻工业出版社,2007.

［13］　童慧明．100 年 100 位产品设计师［M］．北京:北京理工大学出版社,2003.

［14］　李卓森．现代汽车造型［M］．北京:人民交通出版社,2005.

［15］　邱松.造型设计基础［M］．北京:高等教育出版社,2015.

［16］　万萱,万依依．设计基础之色彩构成［M］．成都:西南交通大学出版社,2015.

［17］　贾立学．造型基础［M］．北京:人民邮电出版社,2017.

第 10 章　反 求 设 计

10.1　概述

10.1.1　技术引进与反求设计

随着科学技术的发展,充分利用世界上先进的科技成果,积极引进先进技术,进行消化、吸收,并在消化、吸收的基础上进行再创新,这是快速发展新技术的重要途径。

反求工程是关于消化、吸收先进技术的一系列分析方法和应用技术的组合。世界上的很多国家在经济发展过程中成功地应用反求技术进行技术创新的经验给我们以有益的启示。

在第二次世界大战刚结束时,日本的经济几乎处于崩溃状态,经济落后于欧美先进国家20~30年。但在此后的30多年中,日本经济以惊人的速度发展,一跃成为仅次于美国的世界第二大经济强国。日本在经济发展的过程中,正是采用了积极引进国外先进技术,并进行消化、吸收的战略方针,1945—1970年使用60亿美元引进国外先进技术,并投资150亿美元对这些技术进行消化、吸收,取得了26 000项技术成果。成功的技术引进使日本节省了约9/10的研究经费和2/3的研究时间。

日本在消化、吸收引进技术的基础上,采用移植、组合、改造、再提高的方法,开发出很多新产品,返销到原来引进技术的国家。

晶体管技术是由美国人发明的,最初只用于军事领域。日本的SONY公司引进了晶体管技术后,应用反求方法进行研究,并将这项技术应用于民用领域,开发出晶体管半导体收音机,占领了国际市场。

日本本田公司对全世界各国生产的500多种型号的摩托车进行了反求研究,对不同技术条件下的技术特点进行了对比分析,综合各种产品设计的优点,研制开发出耗油量小、噪声低、成本低、造型美观的新型本田摩托车产品,风靡全世界。

1957年,日本从奥地利引进氧气顶吹转炉技术,通过对其中的多项技术进行改造,研制出了新型转炉,作为专利技术向英、美等国出口。6年后,日本的转炉炼钢率居世界首位。

据统计,世界各国所使用的技术有70%来自国外,通过反求工程方法掌握这些技术是非常有必要的。在反求的基础上进行再设计可以使设计的起点高,容易设计出创新的产品。

10.1.2　反求设计过程

反求设计是以先进的产品和技术为对象,通过深入的分析和研究,探究并掌握其中的关键技术,在消化、吸收的基础上,开发出同类型创新产品的设计。反求设计强调在解剖原产品时在"求"字上下功夫,吃透原设计的特点;在再设计时在"改进"和"创新"上下功夫,力图在较高的起点上设计出具有市场竞争力的创新产品。

反求设计分为反求分析和再设计两个阶段。

1. 反求分析阶段

反求分析阶段通过对原有产品的深入分析,探究其设计原理,吸收其设计中的技术精华及所采用的关键技术;分析原有产品的技术矛盾,为改进和创新设计确定方向。

2. 再设计阶段

此阶段的任务进行二次设计(再设计),以开发出同类型的创新产品。

反求设计过程见图 10-1。

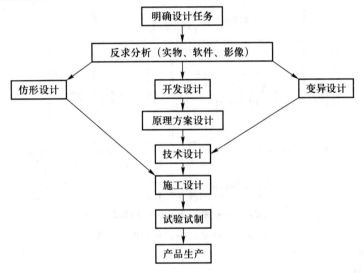

图 10-1　反求设计过程

10.2　产品反求分析的思路和内容

10.2.1　宏观分析

机电产品系统的功能可以表达为对输入的能量、物料和信息的变换,系统功能的实现过程与其工作环境有密切的关系。对产品的分析首先从能量、物料、信息和环境四个基本方面入手,分析其工作原理及性能特点。

(1) 能量分析

分析产品采用什么样的能源形式,在产品工作中能量怎样转化,如何传递,如何从一种形式转化为另一种形式,对于机械产品还应分析其动作过程、运动方式和受力情况。

（2）物料分析

主要分析零部件的形状、材料、形态,以及所加工原料在工作过程中的变化（物理变化、化学变化）等。

（3）信息分析

主要分析系统工作时向外界显示的状态信息、设计者从中提取（测量、监测）的信息及操作者向系统内输入的控制信息。

（4）环境分析

主要分析工作环境的特点（潮湿、高温、多尘、腐蚀性、放射性、电磁辐射等）及系统工作对环境的影响（振动、噪声、散热、粉尘、污水等）。

根据能量、物料、信息的输入和输出的变化,分析产品系统主功能和辅助功能。

根据能量流、物料流、信息流的途径,分析系统中原动机、传动系统、执行系统、监测系统和控制系统的组成和特点。机电产品宏观分析示意图如图 10-2 所示。

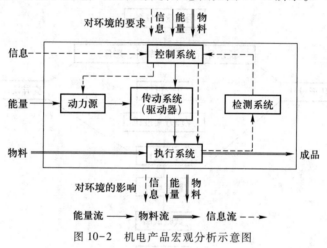

图 10-2 机电产品宏观分析示意图

10.2.2 详细分析

按照产品的设计、加工及使用的全寿命周期,逐项进行深入分析。

1. 探索产品设计的指导思想

了解产品设计的指导思想是分析产品设计的重要前提。

一些产品往往会力图通过扩展功能、降低成本、改进产品造型等方法提高产品的市场竞争能力。

为了降低成本、方便使用,很多产品以"小型化"为设计目标。SONY 公司设计开发的数字显示微型收录机卡带盒长 30 mm、宽 21 mm,可录制 2 h 的声音信息。某公司设计的微型复印机,长 130 mm、宽 100 mm、高 50 mm、质量约 500 g,复印机一侧的曝光带对文件扫描一遍,复印件即可自动吐出。某公司推出的投影机模块只有硬币大小,并将其嵌入手机中,以无线方式接收信息,可在很短的距离内显示图像。马自达汽车公司设计的微型折叠汽车,质量只有约 32 kg,时速为 19.3 km/h,每行驶 160 mile 只需 4.5 L 汽油;它的转向器、三个车轮及风冷式发动机都可以折叠后放入金属箱(兼作汽车底板),解决了令人头痛的城市停车的难题。为了解决通过网络控制家用电器的问题,需要采用容易集成到电器中的微型计算机,美国马萨诸塞州立大学研制的微型计算机小如药丸,包括中央处理器和存储器在内成本不超过 1 美元。

为贯彻可持续发展战略,强调节能和环境保护,绿色设计从产品的设计、加工、装配、使用、报废的整个寿命周期中充分考虑产品对环境的影响(可回收性、可拆卸性、可维修性、可重复利用性、可降解性等),尽可能地减少影响环境的噪声和废弃物的产生,使零件和其他材料在产品达到使用寿命后,能够以最高的附加值进行回收再利用。从绿色设计的指导思想出发,在许多产品的设计中,选择材料时注意选择无毒、无污染、废弃物排放量小、不含重金属、容易降解的材料,并尽量减少材料种类。如 IBM 计算机中使用的所有塑料制品都采用相同的材料,并有明显标识,以便回收利用。通过精密压铸可提高表面精度,采用柔性铰链连接代替金属铰链,可使材料成本大大降低。为减少产品工作中对环境的影响,很多产品设计中把降低噪声作为重要的设计目标。某公司开发的低噪声电动机,在机壳内侧设置消声结构,并产生与电动机噪声具有 180° 相位差的同频率音频信号,与原有噪声信号部分互相抵消。这种电动机用于排风扇上,可提高效率 37%,噪声则可降低 15 dB。

随着人民生活水平的提高,人们的价值观从重视物质发展到更重视精神感受,商品不但要满足人的物质需求,还应使人感觉舒适,因此产品设计的宜人化越来越受到设计者的重视。例如,将计算机的键盘设计成扇形,键盘采用更省力的薄膜式按键,鼠标的形状使用户的感觉更舒服等。日本通产省对"人的感觉测定及其应用技术"的研究表明,人的舒适感觉可以通过测量人脑电波中的 α 波测定,体现"舒适"的标准是 α 波呈现 $\frac{1}{f}$ 规律(振幅与频率成反比)。事实证明,自然界中的潺潺流水和习习微风正是呈 $\frac{1}{f}$ 振动规律,引起人脑 α 波的 $\frac{1}{f}$ 规律响应,因而使人感到非常舒适。如果家用机电产品在工作中能够产生 $\frac{1}{f}$ 规律振动,也可以使人感到舒适。例如某些电风扇以 $\frac{1}{f}$ 的规律摆动,目的就是为了获得这种效果。

发展系列产品可以满足多品种、低成本、开发周期短的需要,从而提高市场的竞争能力。例如,某企业引进德国的起重机产品,通过解剖分析,根据系列化产品设计的方法,在掌握关键技术的基础上,开发出自己的模块化系列起重机产品。

2. 原理方案分析

各种产品是针对其功能要求进行设计的,在功能分析的基础上了解现有原理方案的工作原理和运动原理,探索其原理方案构思过程及特点,并进一步研究能够实现相同功能的其他原理性解法。

分析原理方案首先要掌握执行系统的特点,从原动机、传动系统、监测系统、控制系统等方面逐项进行分析,并了解各系统之间的联系和协同关系。原动机通常采用电动机、内燃机、液压泵、气泵等,不同的原动机对应不同的工作原理。传动系统根据不同的工作要求可采用不同的机构。

3. 结构分析

零部件是实现功能的物质载体,因此其结构要满足功能的需要。例如,传动零件根据啮合传动原理或摩擦传动原理的不同而存在不同的传动零件结构,连接零件根据形锁合、力锁合和材料锁合等不同的锁合原理而派生出不同的连接结构。

结构分析也要分析结构的实现方法,不同的结构形式需要不同的工艺方法,而不同工艺方法的成本差异很大。结构分析还需要分析结构对产品性能(强度、刚度、精度、寿命、磨损、噪声、可靠性等)的影响。

4. 材料分析

通过对零件的功能、工作原理、结构、加工工艺等的分析,确定零件所采用的材料和热处理方式。

可以采用表面观测、化学分析及金相分析等方法确定材料的化学成分、结构和表面处理情况,并通过物理性能测试的方法检测材料的表面硬度及其他力学性能参数,确定材料的具体牌号及热处理方式。有时还需要通过材料分析确定可以代用的材料(如用国产材料取代进口材料)。选择材料应首先立足国内,根据国内资源和成本的情况,选择合适的国产代用材料。代用的原则是首先要满足功能对材料的机械性能要求、物理要求、化学成分要求等,然后参照其他同类材料的生产情况,确定最适宜的代用材料。

5. 形状尺寸分析

对于实物或图样,直接测量并分析零件的各部分尺寸、形状、位置和表面形貌,并用图样方式进行表达。对于图像,可通过透视方法求得各部分间的尺寸比例关系,再参照其他信息确定各部分的具体尺寸。

6. 外观造型分析

产品的外观造型在商品竞争中起着重要的作用。

产品造型分析和设计的基本原则是实用、经济、美观。造型首先要满足功能要求,在此基础上应使产品符合合理的尺寸、比例等美学原则,造型上合理地采用对称和均衡、统一与变化、节奏与旋律等准则。

恰当的色彩可以美化产品并引起情感效果,对有关产品进行色调的选择与配色、色彩的对比与调和等方面的分析,有利于了解产品的设计风格。

7. 工艺和精度分析

许多先进设备的关键技术是采用先进的加工工艺,分析产品的加工过程和关键加工工艺是十分必要的。然后在此基础上选择合理的工艺参数,确定新产品的制造工艺。

某公司生产电器元件,其产品接线盒中大量电缆支架所用的锌铅镁合金螺母顶部有宽缝,采用局部螺纹。为抵抗螺钉使支架螺纹孔向两侧分开的力,螺母外部设计为方形,放在模压的塑料外壳中,经过分析,设计成这样特殊的结构的原因是采用压铸工艺制造内螺纹孔(图 10-3)。采用压铸工艺每分钟可以生产 100 个零件,精度达到 30 μm,模具寿命可达 100万次,极大地提高了加工效率,降低了加工成本。

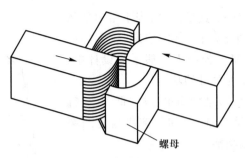

螺母

图 10-3 压铸内螺纹孔

零件的几何特征包括形状、尺寸、方向、位置和表面形貌,在反求设计中应根据功能要求对零件的尺寸精度、形状与位置精度及表面粗糙度进行必要的分析。

8. 工作性能分析

对产品的主要工作性能参数(如强度、刚度、精度、寿命等)应进行试验测定,掌握设计方法和设计规范。

上海某机床厂与法国 Vernier 公司合作,开发生产 DB420 型工作台不升降铣镗床。机床厂对 Vernier 公司原设计的铣镗床作了详尽的剖析,并进行了全面的性能试验,包括主要部件的几何精度、机床静刚度、主传动效率、工作温升、空运转振动试验及振动频谱分析、切削振动试验、激振试验及噪声试验等。通过试验发现影响产品性能的主要矛盾是刚度和热变形,在设计中加以改进,使新产品的性能得到改善。

9. 其他(包括使用、维护、包装等技术)

先进的产品应具有良好的使用性能和维护性能。例如,很多机械零部件在工作中需要润滑,设计所确定的润滑方式和润滑剂种类直接影响其使用性能。很多家用机电产品的轴承采用自润滑设计,使用中不需要用户添加润滑剂,达到了零维护的目标。通过向润滑剂中加入添加剂可以有效地降低摩擦系数和磨损量,提高了工作效率,延长了使用寿命。

10.2.3 关键技术的分析和反求

某些机电产品中会使用一些不为公众掌握的特殊技术手段,以达到其他同类产品难以达到的技术水平,提高市场竞争能力,这类技术称为关键技术。

对研究对象进行反求分析的一项重要内容是探究其关键技术,包括关键功能、关键原理、关键结构和关键材料等。掌握关键技术是进一步提高产品性能水平的前提。

1. 关键功能分析

分析产品各项功能的重点是分析其主要功能,其中的关键功能对于改善产品的功能结构,提升产品的水平起着决定性的作用。

在肌电控制人工假手(图 10-4)的设计中发现,设计要求手指具有给定的开合速度(角速度为 5 rad/s),手指握紧物体要能够达到 50 N 的捏紧力。按照这样的设计要求,需要选择功率较大、体积也较大的电动机,但是这样的电动机与肌电控制假手结构紧凑的设计要求相矛盾。为了能够用功率较小的电动机满足对开合速度和捏紧力的要求,就必须在捏紧动作的开始阶段使假手以较快的速度运动；当手指捏住物体后改变传动系统的传动比，用较低的速度、较大的捏紧力捏住物体。所以，在肌电控制人工假手的设计中，自动快速地转换速度就成为关键的功能。

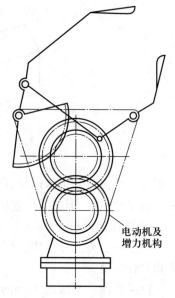

电动机及增力机构

图 10-4　肌电控制人工假手

自支承齿轮泵（图 10-5）结构简单，成本低，其关键功能是"自支承"。泵中没有轴承，如何解决齿轮与泵体之间的支承就成为关键功能。

八音盒的机芯以弹簧为动力，通过传动齿轮带动音鼓转动，拨动音键，演奏出乐曲。其中控制音鼓匀速转动的"调速"功能为其关键功能。不同的八音盒采用不同的调速机构，成为各自的设计特色。

2. 关键原理分析

同一种功能的产品可以通过不同的作用原理来实现。某些产品通过巧妙的作用原理实现给定功能并形成产品特色。

对连续运动的固态物料的流量进行测量，一般机械装置的测量结果都不能令人满意。我国开发的核子秤（图 10-6）利用物料吸收 γ 射线的原理，实现了对固态物料流量进行非接触式测量的功能，成为具有国际先进水平的高科技产品。核子秤在工作过程中，放射源发出 γ 射线，照射在运动的物料上，部分射线被物料吸收，其余射线透过物料被探测器接收，通过测量探测器接收的射线强度和速度可以计算出运送物料的流量。

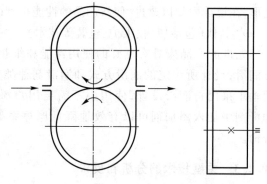

图 10-5　自支承齿轮泵

电流变液（磁流变液）的黏度可随所施加的电场（磁场）强度而改变，使用电流变液构成的离合器如图 10-7 所示。通过施加在离合器上的电场强度控制其中的电流变液的黏度，从而控制离合器的分离与接合。这种离合器的结构简单，控制方便。

手动剃须刀（图 6-14）工作时要求速度均匀，而手动施力的速度不均匀，影响剃须质量，所以手动剃须刀转速的均匀性成为关键的性能指标。设置飞轮是调节速度均匀性的有效方法，而具有同样转动惯量的飞轮设置在传动系统的不同位置时，速度调节效果有很大差别。手动剃须刀将飞轮设置在传动系统的高速级，可用较小的飞轮质量实现较好的速度调节效果。

在无动力装置的惯性玩具汽车（图 10-8）中，飞轮除起到存储转动能量的作用外，还可以利用惯性使汽车在遇到障碍后反向行驶。图中飞轮与小齿轮所在的轴可沿轴向滑移，当车轮向前行驶遇到障碍时，利用飞轮的惯性作用带动轴向前滑移，达到图 10-8b 所示的状

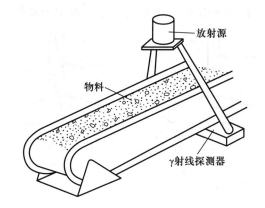

图 10-6　核子秤

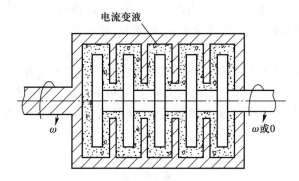

图 10-7　电流变液离合器

态,使小齿轮与冠状齿轮的另一侧相啮合,实现车轮反转。

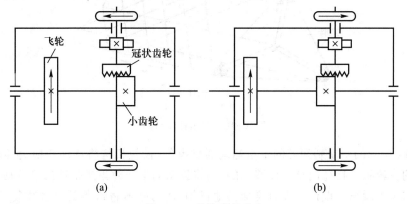

图 10-8　惯性玩具汽车

3. 关键结构分析

巧妙的结构设计也可以构成产品的关键技术。

例如,汽轮机转子上的叶片在工作中受到介质的推力作用,叶片根部承受弯曲应力(图 10-9a),通过叶片向旋转的反方向倾斜,使叶片所受的离心力在叶片根部产生的弯矩的方向与介质推力所产生的弯矩的方向相反,使叶片所受弯曲应力减小。

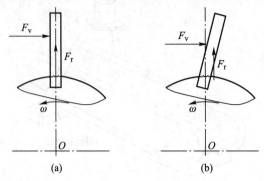

图 10-9　叶片受力

　　这里采用的是由不同载荷产生应力的"自平衡"设计技巧。在结构设计中合理的运用自平衡方法可以有效地降低零件所受的最大应力,减小载荷作用范围,提高结构的承载能力。

　　图 10-10 所示为一种代替梁的三角柱状结构。柱的芯骨承受径向应力 σ_r,圆杆柱体承受轴向应力 σ_a,表面钢丝细筋承受周向应力 σ_v。结构中的这三种构件均在强度最大的方向受力,使得这种结构具有很高的强度和刚度,在相同强度条件下其质量仅为同材料钢梁的 1/4.5。

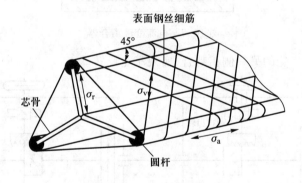

图 10-10　三角柱状结构

　　图 6-14 所示的手动剃须刀的手指运动通过齿条-齿轮机构将移动变换为转动,其中与齿条啮合的齿轮轴系在径向是可以移动的,当将齿条向下压时齿条带动齿轮转动,当齿条向上运动时与齿轮脱离。设计中没有增加其他机构,而巧妙地将齿条的直线往复运动转换为齿轮的单向转动。

　　4. 关键材料分析

　　一些产品中通过采用特殊材料形成关键技术。

　　例如,中原油田在 1983 年从美国英格索兰公司引进柱塞泵技术,用于高压注水。使用中发现,当水压>32 MPa 时,采用 42CrMo 材料制造的泵头寿命不足 1 600 h 即发生开裂。经分析,这不是单纯的强度问题,而是由于油田污水腐蚀作用引起的腐蚀疲劳断裂。有关单位进行了大量的试验,从强度、耐腐蚀性和韧性三个方面综合考虑,最后选定耐腐蚀、高强度的低碳马氏体不锈钢 0Cr13Ni6Mo 作为泵体材料,解决了高压注水泵的关键问题。

再如,形状记忆合金 Ni-Ti 合金、Cu-Ti 合金、Fe-Ti 合金等均具有形状记忆功能。将合金加工成一定形状,在 300~1 000 ℃高温下进行热处理,合金就能记住自己的形状,在室温下无论形状怎样变化,只要加热到 100 ℃以上的温度,就能恢复原有的形状。在自动关窗装置、人造卫星天线自动展开装置中都采用了形状记忆合金,利用其自动恢复原有形状的特性使机构得到极大简化。

图 10-11 所示为形状记忆合金铆钉,其工艺简单,铆接效果好。

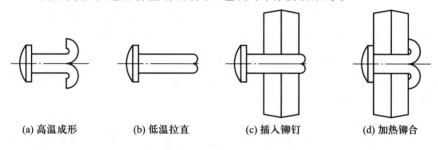

(a) 高温成形　　　　(b) 低温拉直　　　　(c) 插入铆钉　　　　(d) 加热铆合

图 10-11　形状记忆合金铆钉

电器上有一些触点要求工作寿命短,为节省材料可制成可拆卸的触点,用螺纹连接方法将触点与机体相连接以便更换。可拆卸触点的防松垫圈如果选用一般金属材料会形成很大的电阻,造成电路工作中发热过大。经过大量试验发现,采用铍青铜作为垫圈材料既可以保证良好的弹性,又具有较小的电阻。在这种结构中铍青铜材料就是关键材料。

一般螺纹连接中的螺母与被连接件表面间的摩擦系数较大,需要用专门工具拧紧。美国某公司开发的 Supa 螺母用聚四氟乙烯压力板做成垫片,使摩擦系数大大降低,拧紧螺母所需的力矩很小。

10.2.4　不同反求对象的分析特点

根据反求的对象不同,可以将反求分为实物反求、软件反求和影像反求三种。

1. 实物反求

实物的对象可以是设备、部件或零件。实物反求的对象最具体,具有较好的反求条件。

实物反求时应先对有关产品进行外观分析和性能试验,在功能分析、原理方案分析的基础上按部件、组件、零件的顺序逐渐解体,测定各零件的材料、结构、形状、尺寸和零件之间的装配关系,分析零件的加工工艺和精度。通过反求分析,掌握产品的关键技术和存在的矛盾及不足。

2. 软件反求

软件指产品图样、技术资料文件、产品样本及说明书等。

通过软件反求可以获知产品的功能、原理方案和结构组成,若有零件图则可以详细地了解零件的材料、尺寸和精度。

为分析产品或零件性能,需要进行必要的计算和试验。

对于国外产品,应进行标准换算和材料的国产牌号代换。

3. 影像反求

根据照片、图片和影视画面等影像资料进行产品反求设计的方法称为影像反求。通过影像资料得到的设计信息量小,反求难度大,要求设计者具有较丰富的实际设计经验。

根据影像资料可得到一些设计概念,引导设计者进行创新设计。

例如,四川某研究所从国外的一些给水设备图片上看到喷灌给水的应用前景,受照片上有关产品的启发,开发出一种经济实用、性能良好的喷灌给水栓系列产品。

再如,上海某铜带厂的工程技术人员在查阅日本某株式会社的新产品样本时发现,日本生产磁铜阳极板采用的是竖式连续铸造工艺。受此启发,他们改造了原有的落后工艺,结合本厂的实际情况,设计出水平连续铸造的新工艺,取得了明显的经济效益。

又如,某电机厂质优价廉的电机产品初次进入香港市场时无人问津,有关技术人员在查阅国外的产品样本时发现,国外的电机产品的外观和色彩都很讲究。于是他们将原来的灰颜色改为更鲜艳的颜色,面目一新的产品很快吸引了顾客,打开了销路。

影像反求首先要根据产品的工作要求分析其功能和原理方案。如从执行系统的动作和原动机的情况分析传动系统的功能和机构组成。国外某杂志上介绍一种结构小巧的省力扳手,可以增力十几倍,用这种扳手更换汽车轮胎,妇女和儿童都可以轻易地拧动螺母。根据有关照片提供的有关产品的外形轮廓和输入轴及输出轴的位置与方向,确定其中采用了行星轮系,通过较大的减速比实现减速增矩的效果。在此基础上设计的省力扳手获得良好的使用效果。

在进行影像反求时,分析产品的结构和材料往往要根据影像提供的外部信息,同时参照功能要求和工作原理进行推理确定。

人们在观看物体或通过照片显示实物时,采用以人眼为中心的"中心投影法",呈现"近大远小,近长远短,近宽远窄"的透视效果。为了更准确地得到形体的尺寸信息,对于影像资料需要采用透视图原理求出各部分之间的尺寸比例关系,然后用参照物对比法确定其中的某些尺寸,通过比例关系求得其他尺寸。参照物可以是已知尺寸的人或其他物体,如根据照片中人的身高,推理得到其他的尺寸。日本的某专家曾根据大庆油田炼油塔的一张照片估算出炼油塔的容积和生产规模,他所选择的参照物是油塔上的金属爬梯。一般爬梯的宽度为 400~600 mm,相邻两级的间距为 300 mm,根据爬梯的级数可以估算出炼油塔的高度和直径,进而计算出容积。

图 10-12 所示为拉丝模抛光机的形状尺寸分析。图 10-12a 所示为抛光机的整体透视图,图 10-12b 所示为分解为简单形体后的透视图,图 10-12c 所示为通过透视原理作图求得的底箱形状和尺寸比例,图 10-12d 所示为底箱的三视图(按比例),图 10-12e 所示为整机的三视图(按比例)。根据人机工程学原理,考虑操作人员的操作方便,取箱高度为 1 100 mm,按比例即可求得抛光机的其他尺寸。

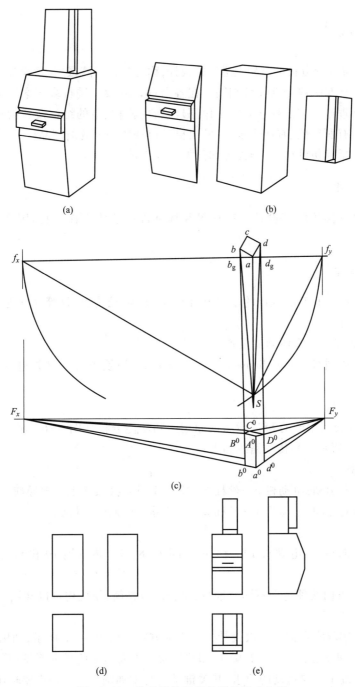

图 10-12　拉丝模抛光机的形状尺寸分析

10.3　二次设计

在对已有产品反求分析的基础上进行的设计,称为"再设计"或"二次设计"。

进行二次设计与一般创新设计相同。在各个设计阶段要进行多方案比较选优,尽可能利用先进的设计理论与方法探索新的工作原理、新的机构、新的结构及新的材料,力争在原有设计的基础上有所突破、有所进步,开发出更具市场竞争力的新产品。

二次设计包括模仿设计、变异设计和开发设计三种。

10.3.1　模仿设计

模仿设计基本模仿原有设计。在材料和标准件的选用方面,根据国产化的需要进行改变。

10.3.2　变异设计

变异设计是在原有产品设计的基础上对参数、机构、结构、材料等进行改进设计,或进行产品的系列化设计。

例 10-1　激光分层实体制造设备。

激光分层实体制造(solid slicing manufacturing, SSM)设备是一种先进的激光快速成形设备。

(1) 原设备分析

美国 Helisys 公司生产的 SSM 设备的原理图和功能分析如图 6-6 和图 6-7 所示,结构简图如图 10-13a 所示。其传动路线如下:

1) 形成纸型

激光器 x 方向运动:电动机 5—丝杠 6—滑块 13 移动(梁 7 上导轨导向);

激光器 y 方向运动:电动机 1—丝杠 2—梁 7 移动(导轨 9 导向)。

2) 压纸

热压辊 y 方向运动:电动机 14—轴 3—同步带 8、11—热压辊 10 移动(圆柱导轨 4、12 导向)。

分析矛盾:y 方向两种运动不同时进行,是否可以精简,使机构可以共用。

(2) 二次设计

清华大学某实验室在进行二次设计中提出的方案如图 10-13b 所示,利用激光器 y 方向运动的传动系统(电动机 1、丝杠 2、梁 7)和热压辊 y 方向运动的导向系统(圆柱导轨 4、12)同时满足两个系统 y 方向运动的要求,其关键结构是增加锁扣 A。当需要热压纸材时,驱动梁 7 和热压辊 10 接触,通过锁扣使它们连接在一起,实现共同运动。

新方案结构简单,在精度、工作效率基本不变的前提下极大地降低了成本。这种方案已经被成功地应用在世界上最大的激光分层实体制造设备 SSM-1600 上。

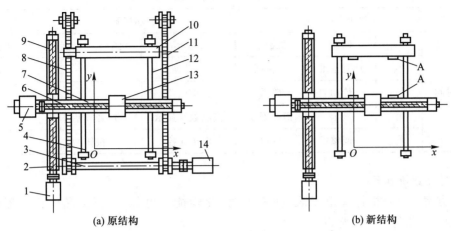

(a) 原结构　　　　　　　　　　　　　(b) 新结构

图 10-13　SSM 设备传动原理

1、5、14—电动机；2、6—丝杠；3—轴；4、12—圆柱导轨；
7—梁；8、11—同步带；9—导轨；10—热压辊；13—滑块

10.3.3　开发设计

开发设计是在分析原有设计的基础上，抓住所实现的功能本质，从原理方案开始进行创新设计。

例 10-2　计时装置的反求设计。

（1）原装置分析

取机械表为反求对象，以各零件作为分功能载体，求其原理解法和分功能，并分析系统的总功能，如表 10-1 所示。

表 10-1　机械表的功能

功能载体	分功能载体	原理解法	分功能	总功能
机械表	游丝弹簧	机械变形	储能	显示时间
	摆	机械弹性摆	计时基准	
	齿轮传动系统	机械传动	传动	
	指针、刻度盘	指针、刻度显示	显示	
	旋钮	人力	储能、调整	
	表壳	固体外壳	防护	

（2）二次设计

① 以显示时间作为总功能求解其他计时装置的设计方案。探索各个分功能的不同解法，列出形态学矩阵综合表，如表 10-2 所示。经组合可得到计时装置的多种设计方案。

表 10-2　计时装置的形态学矩阵综合表

总功能	分功能		分功能解			
显示时间	F_1	储能	机械能	电能	化学能→电能	电波
	F_2	计时基准	机械摆	电动摆		
	F_3	传动	轮系	驱动电路		
	F_4	显示	指针刻度	液晶数字显示	声音表达	
	F_5	调整	旋钮	电子遥控	按钮	

计时装置新方案：

a. 方案一——指针式电子表：微型电池（化学能→电能）—石英晶体振荡器（电动摆）—轮系—指针刻度—旋钮。

b. 方案二——液晶显示石英电子表：电能—石英晶体振荡器（电动摆）—驱动电路—液晶数字显示—按钮。

② 进一步创新设计。计时装置的主要功能是显示时间，抓住其本质可以进一步开发创新产品，如电波表。由国家标准实验室原子钟（精度达到百万分之一秒）发出时间无线电波信号，通过电台播出，计时装置只需接收这种信号并显示信号。按照这种思路设计的电波表结构简单，计时精度高，这种方法在有些国家已经使用，我国已成功地将这种方法应用于北京中华世纪坛的计时装置。

例 10-3　体外冲击波碎石机。

对于一些肾结石或胆结石的患者，体外碎石可以使他们免受手术之苦。体外碎石机利用冲击波定点击碎人体内的结石，患者排出碎石后即可消除病患。

（1）体外碎石机分析

20 世纪 80 年代初，德国科学家首先开发出体外碎石机，患者可以躺在特制的温水槽中，经过约 1 min 的放电过程，体内的结石即可被击碎。

这种碎石机采用了两项关键的技术：

① 电力液压效应：两个电极在水中进行高压放电时，电极附近会产生巨大的压力，这种压力的作用可以将坚硬的宝石击碎。

② 椭球焦点效应：在椭球一个焦点上发出的波经过椭球表面的反射后汇聚到椭球的另一个焦点上，如图 10-14 所示。

在碎石机中，正是把高压放电的电极放置在椭球面的一个焦点处，通过高压波的反射，击碎处在椭球面另一个焦点处的结石。

（2）新型体外碎石机的开发

原有的体外碎石机的功能分析如图 10-15 所示，而其中的关键功能为产生冲击波、聚波和测定结石位置（测位）。

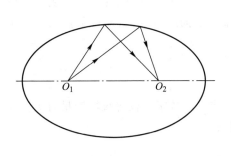

图 10-14　椭球焦点效应

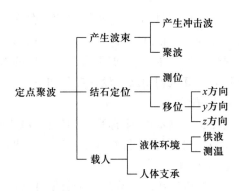

图 10-15　体外碎石机功能分析

北京某企业在分析原有体外碎石机的基础上开发出 ESWL-Ⅲ/ZM 型体外冲击波碎石机,冲击波的产生原理与聚波原理与德国原有产品相同,但是性能有了很大的提高,可以发出性能更高的冲击波(冲击波峰值为 $20\sim50$ MPa,脉宽 $\leqslant0.5$ μs,前沿<0.1 μs)。其关键技术是 B 超与 X 射线双重定位测位技术,并增加了彩色 TV 摄像录放系统及电视监控系统,使用可靠,碎石率达到 100%,该机已用于各大医院,效果良好。

法国开发的新型碎石机的振动源采用超声波发生器,冲击波为超声波,聚波方式为抛物面聚焦(图 10-16),产品也很有特色。

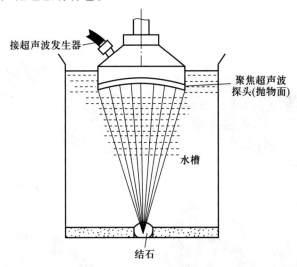

图 10-16　新型体外碎石机原理

10.4　计算机辅助反求设计

在反求设计中应用计算机辅助技术可以大大缩短设计、制造周期,提高设计质量。

对实物零件进行参数、形状测量后,可以通过计算机根据测量数据重构出实物的 CAD

模型。对于影像资料,则可以将图像信息存入计算机,通过一定的处理、变换后得到图像中实体的尺寸和形状信息,从而求解出实体的 CAD 模型。根据测量数据,通过数控加工技术或激光快速成形技术,快速加工出三维实体的形状。

实物的计算机辅助反求设计过程如下。

1. 数据测量

通过三坐标测量仪、坐标高速扫描仪、激光扫描仪或三维数字化仪等仪器测量有关实体零件的表面形状和尺寸,将物理模型转化为测量数据点。

2. 数据处理

利用计算机系统对大量的测量数据进行编辑处理,删除噪声点,增加必要的补偿点,对数据点进行加密和精化,并提供多种坐标变换,如平移、旋转、缩放、镜像等。

3. 数据输出

① 建立 CAD 模型。通过曲面拟合、曲面重构、三维建模方法,建立相应的 CAD 几何模型。

② 产生 NC 轨迹。对有关数据进行刀具轨迹编程,产生 NC 轨迹,进行机械切削加工;或形成实体描述文件,将信息输入有关设备进行快速原型制造。

图 10-17 所示为对一健身器的反求设计。图 10-17a 所示为健身器表面的扫描数据点云,图 10-17b 所示为重构的曲面线框图,图 10-17c 所示为重构曲面光照图,图 10-17d 所示为重构曲面的 NC 加工轨迹。

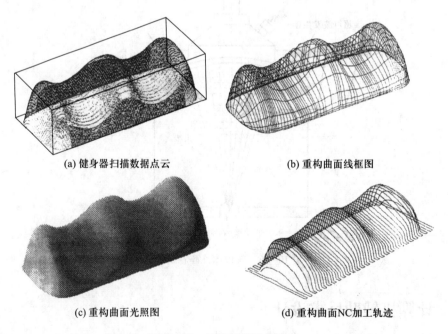

(a) 健身器扫描数据点云　　　　　　　(b) 重构曲面线框图

(c) 重构曲面光照图　　　　　　　(d) 重构曲面NC加工轨迹

图 10-17　健身器的形体反求

10.5 反求设计实例

例 10-4 倒车灯开关的反求设计。

某汽车电器厂根据产品的配套要求进行倒车灯开关的反求设计。倒车灯开关安装在汽车变速箱上,在变速箱挂倒挡时开关闭合,接通电路,倒车灯亮起。

(1) 原产品分析

按国外某产品进行仿制。原产品结构如图 10-18 所示。其工作原理:当压力经过零件 1、4、3、6、7、10 传到复位弹簧 11,顶杆 1 受力后压下行程在 1 mm 以内时,铜顶柱 3 推动小弹簧 6 使其产生变形,复位弹簧 11 因预加载荷弹力大于小弹簧 6,仍维持原有形状和尺寸,使触点对 8 保持闭合;如果顶杆继续受压,当行程大于 1 mm 后,复位弹簧 11 产生压缩变形,使两银触点 9 脱开。压力释放后,顶杆 1 复位,电路闭合。

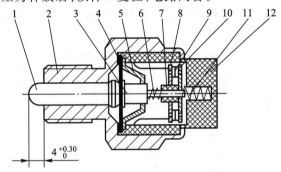

图 10-18 倒车灯开关原产品结构图

1—顶杆;2—外壳;3—铜顶柱;4—密封圈;5—钢碗;6—小弹簧;
7—顶圈;8—导电片;9—银触点;10—接触片;11—复位弹簧;12—底座

制造后发现原产品实现开闭功能的关键零件是两个弹簧,而弹簧的变形和受力参数很难精确控制,依靠装配工人调整顶圈 7 的位置改变两个弹簧的受力,装配工艺性差,质量不稳定,使倒车灯开关性能很难控制。因此,决定进行二次设计,改进开关结构。

(2) 二次设计

1) 设计目标

① 不改变产品的外形尺寸,保证配套产品的要求。

② 保证产品的开关功能,提高可靠性。希望产品在装配后无须调整即可满足产品技术要求。开闭动作大于 10^4 次时,开关顶杆仍能自动复位而无轴向窜动。

③ 降低成本,提高经济效益。

2) 功能分析

采用功能分析方法,对产品的主要功能进行分析研究,绘制功能系统图,按功能系统分解出各功能部件,根据产品技术要求或有关资料对产品性能、结构、功能、特性等进行消化、吸收,掌握设计中的关键技术。

对倒车灯开关进行功能分析后,绘出的功能系统图如图 10-19 所示。

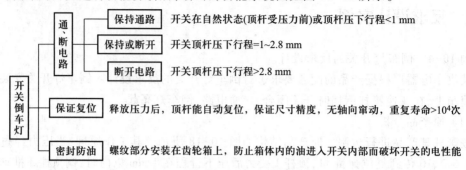

图 10-19   倒车灯开关功能系统图

从功能系统图中可以看出,通、断电路是开关的基本功能,保证复位、密封防油是保证基本功能实现所不可缺少的辅助功能。在改进设计时,必须保证上述必要功能的实现。

各零件的功能分析见表 10-3,其中小弹簧和复位弹簧同时完成通、断电路和保证复位功能,是关键功能零件。

表 10-3   倒车灯开关零件功能分析表

产品功能		通、断电路			保证复位			密封防油		
实现功能作用		关键件	执行件	辅助件	关键件	执行件	辅助件	关键件	执行件	辅助件
零件名称	顶杆		✓							
	外壳		✓			✓			✓	
	铜顶柱			✓			✓			
	密封圈			✓			✓		✓	
	钢碗			✓						
	小弹簧	✓			✓					
	顶圈		✓				✓			
	导电片		✓							
	银触点		✓							
	接触片		✓							
	复位弹簧	✓			✓					
	底座		✓				✓		✓	

3)方案的评价和优选

改进设计中提出三个不同的设计方案,企业组织技术、质检、生产、财务等部门的专业技术人员,对三个方案进行分析、比较和评价,选择最适宜的设计方案。

① 评价目标和加权系数 g_i

评价目标分析如图 10-20 所示。

按判别法确定加权系数,如表 10-4 所示。

各评价目标重要程度顺序:通、断电路(A)、保证复位(B)、密封防油(C)、经济性(D)、装配工艺性(E)(B、C 同等重要)。

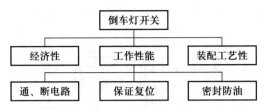

图 10-20 倒车灯开关评价目标树

表 10-4 加权系数判别计算表

评价目标		A	B	C	D	E	k_i	$g_i = \dfrac{k_i}{\sum k_i}$
通、断电路	A	×	3	3	4	4	14	0.36
保证复位	B	1	×	2	3	3	8	0.21
密封防油	C	1	2	×	3	3	8	0.21
经济性	D	0	1	1	×	2	4	0.11
装配工艺性	E	0	1	1	2	×	4	0.11
							$\sum k_i = 38$	$\sum g_i = 1$

② 评分优选

由参加评价的人员对 Ⅰ、Ⅱ、Ⅲ 三个方案各评价指标进行百分制评分,取平均分,列于表 10-5。

表 10-5 倒车灯开关方案评分表

方案	评价目标(加权系数)				
	通、断电路 (0.36)	保证复位 (0.21)	密封防油 (0.21)	经济性 (0.11)	装配工艺性 (0.11)
方案 Ⅰ	95	95	90	95	90
方案 Ⅱ	90	85	90	80	85
方案 Ⅲ	90	95	90	90	75

用加权计分法求各方案的总分:

$$N_{\mathrm{I}} = 95\times0.36+95\times0.21+90\times0.21+95\times0.11+90\times0.11 = 93.4$$

$$N_{\mathrm{II}} = 90\times0.36+85\times0.21+90\times0.21+80\times0.11+85\times0.11 = 87.3$$

$$N_{\mathrm{III}} = 90\times0.36+95\times0.21+90\times0.21+90\times0.11+75\times0.11 = 89.4$$

因为 $N_{\mathrm{I}} > N_{\mathrm{III}} > N_{\mathrm{II}}$,所以方案 Ⅰ 为最佳方案。

方案 Ⅰ 的结构如图 10-21 所示。其特点是:在顶杆受力右压 1~2.8 mm 后,利用顶柱的台阶面迫使接触片向右移动,使两对银触点脱开。这种结构通过零件装配尺寸链,实现按行程要求完成电路通、断的基本功能,与原设计中依靠弹簧变形量且两个弹簧的变形要满足行程要求来保证基本功能的结构完全不同。显然,方案 Ⅰ 的结构在可靠性和工艺性方面远好于原设计。

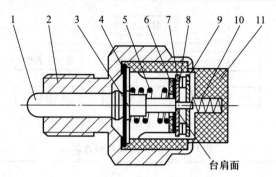

图 10-21　JK612A 倒车灯开关结构图

1—顶杆；2—外壳；3—顶柱；4—密封圈；5—弹簧；6—垫片；
7—导电片；8—银触点；9—接触片；10—复位弹簧；11—底座

4）尺寸链计算

针对新方案中按零件尺寸链保证通、断电路功能的特点，为了合理地确定零件的精度，保证产品的可装配性和互换性，使产品具有良好的装配工艺性和经济性，需要进行必要的装配尺寸链计算。

由产品的技术要求可以确定，顶杆的行程要求就是装配尺寸链的封闭环 x，而且 $X_{\max} = 2.8$ mm，$X_{\min} = 1$ mm。

分析产品装配简图（图 10-21），找出与封闭环相关的零件，包括外壳 2、底座 11、顶杆 1、顶柱 3、密封圈 4、银触点 8 及其接触面，分别判别这些组成环的增减性，列出装配结构的尺寸链方程式为

$$X = A + B - C - D - E + F + G$$

作最短尺寸链图，如图 10-22 所示。

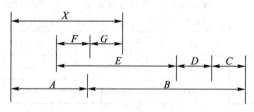

图 10-22　装配尺寸链图

按照尽可能利用原有零件，设法降低成本，提高经济效益的设计原则，确定各零件尺寸和公差，并使它们满足封闭环的极值公式：

$$X_{\max} = \sum_{i=1}^{m} M_{i\max} - \sum_{i=m+1}^{n-1} N_{i\min}$$

$$X_{\min} = \sum_{i=1}^{m} M_{i\min} - \sum_{i=m+1}^{n-1} N_{i\max}$$

式中，$X_{\max}$——封闭环最大极限尺寸；

　　　$X_{\min}$——封闭环最小极限尺寸；

　　　$M_{i\max}$——各增环最大极限尺寸；

M_{imin}——各增环最小极限尺寸；

N_{imax}——各减环最大极限尺寸；

N_{imin}——各减环最小极限尺寸。

新型 JK612A 倒车灯开关比原产品工作性能更可靠,减少了零件数量,更换了部分材料,降低了成本,装配工作效率提高近 2 倍,取得了较好的经济效益。它是分析国外样品,消化、吸收、创新并进行国产化设计的一个成功的实例。

例 10-5　减速装置的反求设计。

1. 对原产品的分析

反求对象是德国某公司生产的 AF 系列电动机减速器,已有资料是一张装配简图和图上显示的一些参数。

（1）设计特点分析

① 电动机通过三级斜齿圆柱齿轮减速(图 10-23)输出较低的转速和较大的转矩。

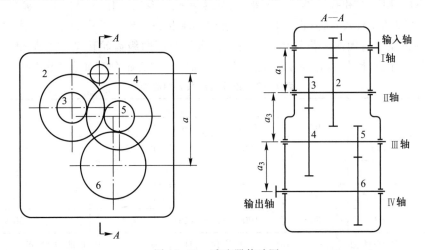

图 10-23　减速器传动图

② 结构紧凑

a. 采用锥形转子电动机,停车时可以自行制动,不必设置制动器。

b. 齿轮全部采用硬齿面,材料为 20CrNiMo,经渗碳淬火处理,承载能力较大。

c. 齿轮和轴之间采用过盈连接,减少了其他定位零件。

③ 按照系列化产品设计,共有五种机座号,中心距如表 10-6 所示,中心距公比 $\phi_a = 1.25(R10)$;每种中心距的传动比 $i = 9 \sim 180$,有 23 种传动比,传动比的公比 $\phi_i = 1.12$ ($R20$),能适应较宽的工作范围。

（2）存在的问题

① 参数不合理。主要参数(包括齿轮传动中心距)未采用优先数系,三级齿轮传动的承载能力不匹配。

② 系列产品中模块化设计的特征不突出。

③ 硬齿面齿轮的加工工艺要求与我国众多中小企业的生产工艺水平不符。

表 10-6　AF 系列电动机减速器中心距

中心距	机座号				
	AF05	AF06	AF08	AF10	AF12
a	105	125	160	200	250
a_1	33	41	51	64	81.6
a_2	41	51	64	81.6	120
a_3	65	74	92	120	151

2. 二次设计

（1）优化参数

减速器为三级齿轮减速传动,如图 10-23 所示,针对这种传动方案进行优化设计。

① 针对使用需要和我国的相应标准,确定齿轮减速器的工作范围和工作参数。其中中心距 $a=100\sim315$ mm,共六种($\phi_a=1.25$)。总中心距和各级传动的中心距均采用优先数系,而且每一种机座号后面两级齿轮传动与前一机座号前面两级齿轮传动中心距相同,便于对齿轮进行模块化设计,使齿轮在不同机座号之间通用。中心距分配如表 10-7 所示。

表 10-7　新减速器系列中心距

中心距	机座号					
	01	02	03	04	05	06
a	105	125	160	200	250	315
a_1	40	50	63	80	100	125
a_2	50	63	80	100	125	160
a_3	63	80	100	125	160	200

各中心距齿轮传动比 $i=9\sim160$,共 22 种传动比($\phi_i=1.12$),共组成 132 种不同规格的减速器。

② 以三级齿轮传动接触疲劳强度等为设计目标,进行参数优化设计,承载能力比原设计提高 20%。

（2）模块化系列设计

1）减速器的模块化设计

对减速器进行功能分析,建立齿轮、轴、轴承、密封件等功能模块,如图 10-24 所示。尽量考虑全系列中模块的通用性,如齿轮设计经过优化分析,统一取螺旋角为 15°,齿宽系数为 0.4,模数、齿数、变位系数等参数也取为一致。设计中齿轮、轴、箱体、箱盖等主要零部件通用化率平均达到 83.56%。

2）模块化的传动装置系列

为满足用户需要,提供使用范围更为广泛的传动装置系列,除保证 132 种传动比的减速装置外,进一步设计不同的动力源、力流转向、输出方式及安装方式的传动装置。

传动装置功能模块的形态学矩阵综合表如表 10-8 所示。

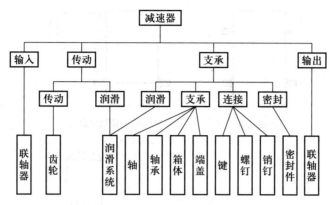

图 10-24　减速器的功能及功能模块

表 10-8　传动装置的形态学矩阵综合表

		功　能　模　块			
分功能	动力源	锥形转子电动机	三相异步电动机	直流电动机	无电动机
	力流转向	锥齿轮箱	无转向机构		
	连接轴	梅花联轴器	弹性柱销联轴器		
	减速增矩	齿轮减速器(132 种)			
	输出方式	内花键	外花键	平键	双输出轴
	安装方式	轴装式	固定式		

通过组合可得到不同传动参数的减速器和电动机减速器(一般功能或有制动功能)上万种,可供用户选用。传动装置的几种基本结构如图 10-25 所示。

3)硬齿面齿轮工艺的探索

试验表明,利用 CS 系列研磨剂对硬齿面齿轮进行带负载跑合,齿面接触斑点可从 30% 提高到 100%。各项精度指标可提高一个精度等级,齿轮传动噪声可下降 6~10 dB。

通过试验找到了不采用磨削工艺也能保证硬齿面齿轮加工精度的途径。

4)建立传动系统的计算机辅助管理系统

该系统可以在几分钟之内按用户要求组合成所需要的传动装置,并给出明细表,极大地方便了管理和使用。

例 10-6　平衡吊的反求设计。

20 世纪 70 年代初,当时的第一机械工业部第八设计院为配合电机行业技术改造工作,拟设计一种用于车间机床边的、操作灵活、效率高的轻便机械化吊运机具。他们参考国外的一张"平衡吊"照片,研究开发了起吊质量为 100 kg 的 PHD-100 型平衡吊,如图 10-26 所示。这是一项典型的根据影像资料进行反求设计的创新设计实例。反求设计过程如下。

(1)功能分析

起吊重物时要求工件可以升降、变幅、回转。工件工作时根据系统的力学特性能够达到"随遇平衡"状态。

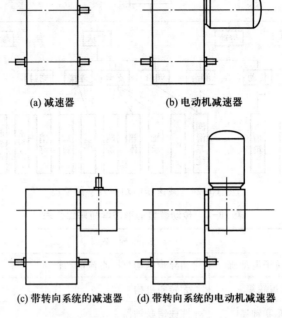

(a) 减速器   (b) 电动机减速器

(c) 带转向系统的减速器   (d) 带转向系统的电动机减速器

图 10-25   传动装置的几种结构

（2）工作原理分析

1）驱动和传动系统

① 升降运动：电动机—带传动—轮系—螺杆—螺母，带动螺母支架上下运动。

② 回转运动：手动—臂架推动箱体通过回转座绕立柱转动。

③ 变幅运动：手动—平行四杆机构—吊架作水平变幅运动。

根据分析及推理画出平衡吊的传动简图，如图 10-27 所示。

2）控制系统

吊钩后有小巧的控制器，操作者对吊重稍加外力便可使工件回转或沿水平方向作变幅运动；控制器上设有单手柄发信器，通过电子控制箱可以驱动电动机带动工件上下运动。

（3）关键技术分析

本设计的关键技术为工作臂架的随遇平衡。

1）工作臂架的随遇平衡条件

平行四边形工作臂架的机构简图及主要尺寸如图 10-28a 所示。其上作用有一组平面力，G 为吊重力，F_A 为 A 点处的驱动力，F_N 为 E 点处导轨的支承反力，忽略各杆自重。杆架系统处于任意位置，臂杆 DE（或 BF）与垂直方向的夹角为 α，臂杆 ADB（或 EF）与水平方向的夹角为 β。

以整个臂架系统对 A 点取力矩平衡，则有

$$\sum m_A(F) = 0$$

即

$$G(L\sin \alpha + H\cos \beta) - F_N(l\sin \alpha + h\cos \beta) = 0$$

得

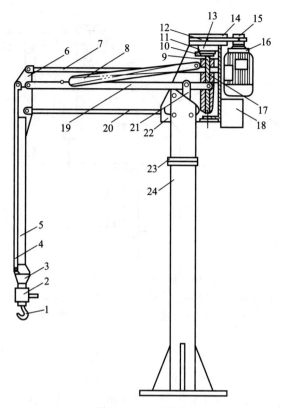

图 10-26　平衡吊

1—吊钩；2—手控盒；3—吊板；4—竖连杆；5—竖臂；6—三角板；

7—横连杆；8—平衡拉簧；9—螺杆；10—内齿轮；11—小齿轮；

12—大带轮；13—极限力矩联轴器；14—V 带；15—小带轮；16—电

动机；17—螺母支架；18—电器箱；19—横臂；20—小臂；

21—支承臂；22—大箱体；23—回转座；24—立柱

$$F_{N} = \frac{L\sin\alpha + H\cos\beta}{l\sin\alpha + h\cos\beta}G \tag{10-1}$$

以 BFG 杆为平衡对象作受力分析，如图 10-28b 所示。F_F 为 EF 杆对 F 点的作用力。由 $\sum m_B(F)=0$ 可得

$$GL\sin\alpha - F_F l\sin(90°-\alpha+\beta) = 0$$

得

$$F_F = \frac{L\sin\alpha}{l\cos(\alpha-\beta)}G \tag{10-2}$$

以滚轮 E 为平衡对象作受力分析，如图 10-28c 所示。若 E 点受力为零则不移动，即满足随遇条件。此时 E 点上所受三个力 F_N、F_E、F_S 的力三角形必然封闭，根据三角形正弦定理可求得

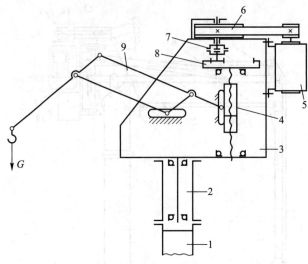

图 10-27　平衡吊的传动简图

1—立柱；2—回转体；3—箱体；4—螺母滑块；5—电动机；

6—带传动；7—离合器；8—轮系；9—工作臂架

$$\frac{F_N}{\sin\ (90°-\alpha+\beta)}=\frac{F_E}{\sin\ \alpha} \qquad (10-3)$$

因为 EF 为二力杆，由二力相等及作用力与反作用力相等的关系可得

$$F_E=F_F \qquad (10-4)$$

将式（10-1）、式（10-2）、式（10-4）代入式（10-3），推出

$$\frac{H}{h}=\frac{L}{l} \qquad (10-5)$$

式（10-5）为吊臂随遇平衡的充分必要条件。

2）工作臂架的自重平衡

考虑各工作臂架的自重（计算从略），在主臂梁 AB 杆上加平衡弹簧，使其产生的力矩与臂架自重引起的力矩相平衡（图 10-29）。弹簧端部有调节螺杆，可以调整弹簧的拉力。

（4）结构设计

由力学分析可知，平衡吊臂上的平行四边形机构实际上是比例放大机构。吊重点 C、水平槽滑动点 E 和垂直槽滑动点 A 三点处于同一直线上。水平、垂直槽上的四个端点位置决定吊钩作业区上、下、左、右的四个极限位置，设计时应合理布置。

根据工作范围与臂的比例关系 $\left(\dfrac{H}{h}=\dfrac{L}{l}\right)$ 确定平行四边形臂架的长度，臂架的截面尺寸要进行必要的强度计算。

平衡吊的臂架主体结构为平行四边形结构，为了满足吊钩在作业区内三维空间的移动，处于任意位置时都应保持工作姿势不变，增加了横连杆、竖连杆和连接三角板，形成六杆和一个三角板组成的三个平行四边形杆系（图 10-26）。

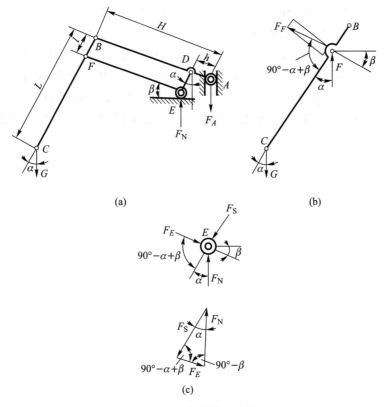

图 10-28　工作臂架的力分析

平衡吊滑块的上下运动靠螺旋传动来实现,为安全可靠地将吊重保持在一定的空间位置,螺旋传动应满足自锁条件。

（5）系列化产品设计

在成功开发生产了 980 N 平衡吊的基础上,进行产品的系列化设计。

① 开发吊重为 490~980 N 的系列平衡吊产品。

② 利用平衡吊具有力的随遇平衡、位移比例放大、吊重点与支承点机械仿形及吊重平行移动等特点,通过传动和控制方式的变形设计,开发出手动的机械化平衡吊、手控的半自动化伺服臂机械手和自动控制的自动化平衡臂通用机械手(工业机器人)等新产品。

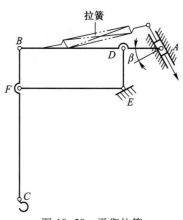

图 10-29　平衡拉簧

参 考 文 献

［1］　刘之生,黄纯颖．反求工程技术［M］．北京:机械工业出版社,1992.

［2］　黄纯颖．工程设计方法［M］．北京:中国科学技术出版社,1989.

［3］　黄纯颖．设计方法学［M］．北京：机械工业出版社，1992.

［4］　颜永年，等．机械电子工程［M］．北京：化学工业出版社，1998.

［5］　王道明．新产品摄视设计法［M］．北京：中国建筑工业出版社，1993.

［6］　马利庄，王荣良．计算机辅助几何造型技术及其应用［M］．北京：科学出版社，1996.

［7］　邢渊，等．集成反向工程系统研究［J］．机械工程学报，1998（3）：1-5.

［8］　张畅，张祥林，黄树槐．快速造型技术中的反求工程［J］．中国机械工程，1997（5）：
　　　　60-62.

第 **3** 篇

机械创新设计案例

案例1 自行车的演变和开发

1. 自行车的演变史

17世纪初期，人们开始研究用人力驱动车轮的交通工具。机械师加塞纳首先提出一种手驱动的方式，驾驶者骑在车座上，用力拉一根绕在车上并能带动轮子转动的环状绳子，使车前进。

1816—1818年，在法国出现了两轮间用木梁连接的双轮车，骑车人骑坐在梁上，用两脚交替向后蹬地，推动车前进，这种车称为"趣马"（hobby horse），如案例图1-1a所示。当时它是贵族青年的玩物，不久就过时了。

一种真正的双轮自行车是1830年由苏格兰铁匠麦克米伦发明的。他在两轮小车的后轮上安装了曲柄，曲柄与脚踏板用两根连杆相连，如案例图1-1b所示，只要反复蹬踏悬在前支架上的脚踏板，骑车人不用蹬地就可以驱动车前进。

为了提高速度，法国人拉利门特在1865年对自行车的设计进行了改进，将回转曲柄安装在前轮上，骑车人直接蹬踏曲柄驱动车前进。此时的自行车前轮装在车架前端可转动的叉座上，能够灵活地把握方向；后轮有杠杆制动，骑车人对车的控制能力加强了，如案例图1-1c所示。这种自行车脚踏板每转一周，车行驶的路程等于车前轮的周长。为了加快行驶速度，人们不断增大前轮直径（但是为了减小质量，需同时将后轮直径减小），前轮直径被增大到56 in(1.42 m)、64 in(1.63 m)，甚至达到80 in(2.03 m)，如案例图1-1d所示。这样的结构使骑车人上下车很不方便，骑行也很不安全，从而影响了这种"高位自行车"的使用。

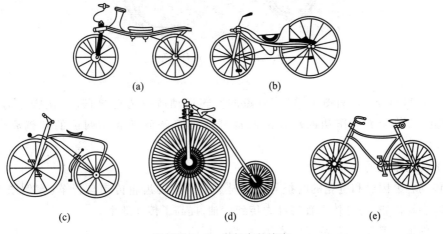

案例图1-1　自行车的演变

　　1879 年,英格兰人劳森又重新考虑采用后轮驱动的方案,设计了链传动自行车,采用了较大的传动比,从而排除了采用大车轮的必要性,使骑车人可安全地骑坐在高度合适的车座上,称为安全自行车,如案例图 1-1e 所示。在这个时期,随着科学技术的发展,人们在自行车结构设计上作了多项改进。例如,采用了受力更合理的菱形钢管车架,既提高了强度,又减小了质量;采用滚动轴承提高了传动效率,减小了行驶阻力;1888 年,邓洛普引入充气橡胶轮胎,使自行车行驶更平稳。由此,自行车结构逐渐定型,成为普遍使用的交通工具。

　　由于不断提出新的需求,经过不断的改革使自行车的功能和结构逐步完善,从自行车开始出现到基本定型经历了近 80 年。

　　2. 新型自行车的开发

　　随着科学技术的发展,人们的生活水平不断提高,暴露出原有自行车设计的不少缺点,同时也根据需要提出一些改进设计的希望点,在此基础上开发出了多种新型自行车。

　　(1) 助力车

　　为了省力开发出多种助力车,其中电动助力车最受欢迎。小巧的电动机和减速装置设置在后轮轮毂中,直接驱动车轮,采用可充电的电池作为电源。

　　(2) 考虑宜人性的新型自行车

　　英国发明家伯罗斯发明了躺式三轮自行车。躺式自行车(案例图 1-2)的车座根据人机工程学原理进行设计,躺式蹬车更省力,车速可达 50 km/h。

案例图 1-2　躺式自行车

　　摇杆式自行车(案例图 1-3)将脚蹬的回转运动改变为往复摆动,使脚蹬力作功的压力角更小,减少了不作功的动作。两摇杆通过链条分别驱动两侧的超越离合器,使后轮转动。

　　(3) 传动系统的变异设计

　　链传动容易因链和链轮的磨损导致掉链。新开发的齿轮传动自行车(案例图 1-4)的脚蹬带动主动齿轮,通过传动轴将动力传到后轴,提高了传动效率。且传动零件被包覆起来,消除了绞衣裙、裤脚的烦恼。

　　根据需要,将单一传动比的自行车改为可变传动比的自行车,最多可达 15 种传动比。

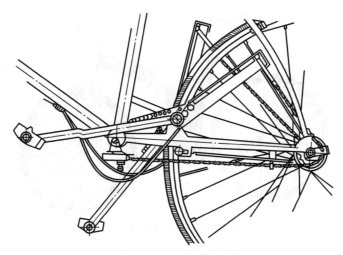

案例图 1-3　摇杆式自行车

案例图 1-4　齿轮传动自行车

开发出自适应调速装置,能够在上坡等需要较大蹬踏力的场合自动调至低速挡,改变传动比,使骑行更省力。

(4) 新材料自行车

工程塑料的引入使自行车的性能有了很大的改进。碳纤维自行车(案例图 1-5)采用碳纤维模压工艺制造整体式车架,其特点是强度高,避免了焊接质量对车身强度的影响;省略了横梁,使重心降低,行车便于控制;流线型外形使行驶阻力减小,速度快;车身质量减小,约为 11 kg,比金属车架减小 1.5 kg。在巴塞罗那奥运会上,一名美国车手骑碳纤维自行车获得金牌,并打破世界纪录。

案例图 1-6 所示为全塑自行车,其车架、车轮皆为塑料整体结构,一次模压成形;车把为整流罩式全握把,整车呈流线型。日本伊嘉制作公司开发的全塑自行车整车质量仅为7.5 kg。

(5) 高速自行车

案例图 1-5 碳纤维自行车

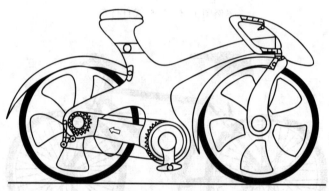

案例图 1-6 全塑自行车

美国加利福尼亚大学学生弗朗斯等人设计的半躺式"猎豹"自行车车速达 110.61 m/h（猎豹奔跑时的速度可达 110 m/h），创造了新的世界纪录。

案例图 1-7 所示的这种高速自行车具有如下特点：

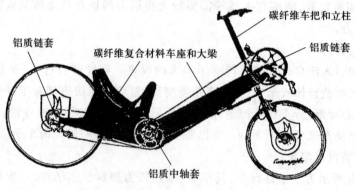

碳纤维车把和立柱
铝质链套
碳纤维复合材料车座和大梁
铝质链套
铝质中轴套

案例图 1-7 高速自行车

① 采用"躺式"骑行，使骑车人能发挥更大的动力，并减小迎风面积和风阻。

② 采用两级链传动升速。

③ 采用高强度碳纤维复合材料制作整体车座和大梁,采用碳纤维车把和立柱,铝制链套和中轴套。连同碳纤维车外罩,全车总质量只有约 13.4 kg。

④ 采用 Hysol 宇航粘合剂取代传统紧固件,既减小了质量,又使应力分布更均匀,提高了强度,减小了振动。

⑤ 应用空气动力学原理对车外罩形状进行优化设计,形成笼罩骑车人的流线型封闭仓,提高空气动力效率 30% 以上。

（6）多功能自行车

多功能自行车根据需要增加辅助功能,如在自行车上增加车灯、打气筒(或自动打气装置)、饮水器、载物载人装置等。

案例图 1-8 所示为巡警用自行车,车上装有内藏式无线通信设备、手电筒支架,还配备有便于上坡追击用的电动助力装置。

案例图 1-8　巡警用自行车

双人自行车或家庭型自行车(双人前后蹬踏,中间有几个孩子的车座)由两个人驱动,分别设有超越离合器,使驱动力同时驱动车轮,运动不发生干涉。

（7）小型自行车

为了便于将自行车搬上高楼或放在汽车行李箱内,还开发了多种折叠式小型自行车。美国开发的一种便于携带的折叠式自行车,折叠后的最小尺寸仅为 686 mm×216 mm×216 mm,可放于汽车或火车座位底下,打开只需 15 s。

3. 几点启示

① 普通自行车可以有多种新型的原理和结构,而且还在不断进行改进和翻新。可见处处有创新之物,创新设计大有可为。

② 人类社会的需求是创造发明的源泉。社会的需求促使了自行车的演变,也正是社会的需求催生了各种新功能和新结构的自行车。紧紧抓住社会的需求,将使创新设计更具有生命力。

③ 不断发展的科学理论和新技术促使产品日趋先进和不断完善。如高速自行车的开

发中考虑空气动力学和人体力学原理,采用了新型材料和新型结构,还应用计算机辅助设计手段进行优化设计,使其具有更先进的性能。实践证明,充分利用先进的设计理论和科学技术的最新成果是创新设计中必须重视的问题。

案例 2　新型内燃机的开发

　　动力机械是近代人类社会进行生产活动的基本装备之一,发动机为机械提供原动力。

　　动力机械中的燃气机按其工作方式分为内燃机和外燃机两大类。自 19 世纪 60 年代第一台实用的内燃机诞生以来,已经发展了多种形式,在国民经济各部门和国防工业中得到广泛的应用。

　　本案例就新型内燃机开发中的一些创新思路作简单分析。

　　1. 往复式内燃机的技术矛盾

　　目前应用最广泛的往复式内燃机由气缸、活塞、连杆、曲轴等主要构件和其他辅助设备组成。

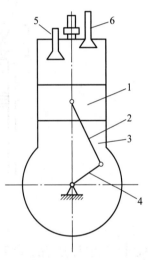

案例图 2-1　活塞式发动机
1—活塞;2—连杆;3—气缸;
4—曲轴;5—进气阀;6—排气阀

　　活塞式汽油发动机的主体是曲柄滑块机构,如案例图 2-1 所示。它利用燃料燃烧使活塞 1 在气缸 3 内作直线往复运动,经连杆 2 推动曲轴 4 作旋转运动,并输出转矩。进气阀 5 和排气阀 6 的开启与关闭由凸轮机构控制。

　　活塞式发动机工作时具有吸气、压缩、作功(燃烧)、排气四个冲程,如案例图 2-2 所示,其中只有作功冲程输出转矩,对外作功。

　　这种往复式活塞发动机存在以下缺点:

　　① 工作机构及气阀控制机构的组成复杂,零件多;曲轴、凸轮轴等零件结构复杂,工艺性差。

　　② 活塞往复运动造成曲柄连杆机构承受较大的惯性力,这种惯性力与转速的平方成正比,转速增高会使轴和轴承承受的惯性力急剧增大,系统由于惯性力不平衡会引起剧烈振动,从而限制了发动机工作转速的提高。

　　③ 曲轴每旋转两圈,活塞输出一次动力,工作效率低。

　　往复式活塞发动机的这些缺点引起人们对它进行改进设计的愿望。社会需求是创新设计的基本动力,多年来人们提出了很多关于内燃机的新的设计思路。

　　2. 无曲轴式活塞发动机

　　无曲轴式活塞发动机采用机构取代的方法,以凸轮机构代替发动机中原有的曲柄滑块机构,取消了原有的关键零件——曲轴,使零件数量减少,结构简单,成本降低。

　　日本名古屋机电工程公司生产的二冲程单缸发动机采用无曲轴式活塞发动机,如案例图 2-3 所示,其关键部分是圆柱凸轮动力传输装置。

　　一般圆柱凸轮机构是将回转运动转变为从动件的往复运动,而在无曲轴式活塞发动机

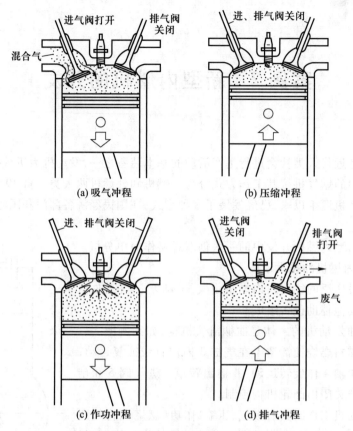

案例图 2-2　活塞式汽油发动机的四个冲程

中进行了相反的应用,在活塞往复运动时,通过连杆端部的滑块在凸轮槽中的滑动推动凸轮转动,经输出轴输出转矩。活塞往复运动两次,凸轮旋转一圈。系统中设有飞轮,使输出轴平稳运转。

　　这种无曲轴式活塞发动机如果将圆柱凸轮安装在发动机的中心,可以在它的周围沿圆周方向布置多个气缸,构成多缸发动机。通过改变圆柱凸轮的凸轮廓线形状,可以改变输出轴的转速,达到减速增矩的目的。这种凸轮式无曲轴发动机已用于船舶、重型机械、建筑机械等行业中。

　　3. 旋转式内燃发动机

　　在改进往复式发动机的过程中人们发现,如果能直接将燃料燃烧产生的动力转化为回转运动将是更合理的途径。类比往复式蒸汽机到蒸汽轮机的发展过程,很多人在探索旋转式内燃发动机的设计。

　　1910 年以前,人们曾提出过 2 000 多个关于旋转式内燃发动机的设计方案,但是大多数结构复杂,气缸的密封问题无法解决。直到 1945 年,德国工程师汪克尔经过长期的研究,突破了气缸密封这一关键技术,才使旋转式内燃发动机首次运转成功。

　　(1) 旋转式内燃发动机的工作原理

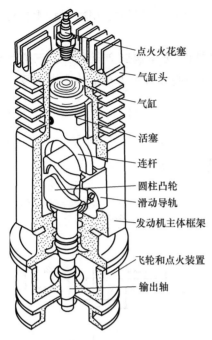

案例图 2-3　单缸无曲轴式活塞发动机

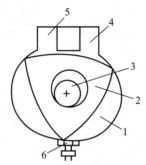

案例图 2-4　旋转式内燃发动机简图
1—缸体；2—三角形转子；3—外齿轮；
4—吸气口；5—排气口；6—火花塞

点火火花塞
气缸头
气缸
活塞
连杆
圆柱凸轮
滑动导轨
发动机主体框架
飞轮和点火装置
输出轴

汪克尔所设计的旋转式内燃发动机如案例图 2-4 所示,其由椭圆形缸体 1、三角形转子 2(转子孔内有内齿轮)、外齿轮 3、吸气口 4、排气口 5 和火花塞 6 等组成。

旋转式内燃发动机运转时同样有吸气、压缩、作功(燃烧)和排气四个冲程,如案例图 2-5 所示。当转子旋转一周时,以三角形转子上的 AB 弧进行分析:

① 吸气冲程:转子处于案例图 2-5a 所示的位置,AB 弧所对内腔容积由小变大,产生负压效应,由吸气口将燃料与空气的混合气体吸入腔内。

② 压缩冲程:转子处于案例图 2-5b 所示的位置,内腔体积由大变小,混合气体被压缩。

③ 作功冲程(案例图 2-5c):在高压状态下,火花塞点火,使混合气体燃烧,体积迅速膨胀,产生强大的压力驱动转子旋转,并带动输出轴输出运动和转矩,对外作功。

④ 排气冲程:转子由案例图 2-5c 所示的位置转到案例图 2-5d 所示的位置,内腔容积由大变小,挤压废气经排气口排出。

由于三角转子有三个弧面,因此每转一周有三个动力冲程。

(2) 旋转式内燃发动机的设计特点

1) 功能设计

内燃机的功能是将燃料燃烧释放的能量转化为回转动力输出,通过内部的容积变化完成燃气的吸气、压缩、作功、排气四个冲程,实现能量转化的目的。旋转式内燃发动机的设计针对容积变化这个关键特征,以三角形转子在椭圆形气缸中偏心回转的方法达到功能的要求。而且三角形转子的每一个弧面与缸体的作用相当于往复式发动机的一个活塞和气缸,依次平稳连续地工作。转子各弧面还兼有开、闭进气门和排气门的功能,设计十分巧妙。

　　2)运动分析

　　在旋转式内燃发动机中采用内啮合行星齿轮机构,如案例图 2-6 所示。三角形转子相当于行星内齿轮 2,它一边绕自身轴线自传,一边绕中心外齿轮 1 在缸体 3 内公转。系杆 H 则是发动机的输出轴。

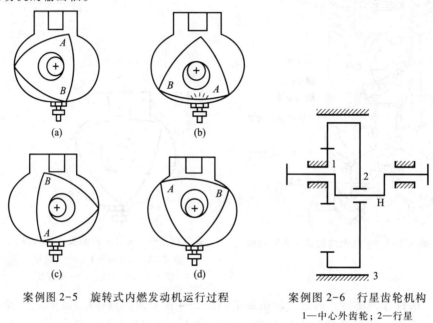

案例图 2-5　旋转式内燃发动机运行过程

案例图 2-6　行星齿轮机构
1—中心外齿轮;2—行星
内齿轮;3—缸体;H—输出轴

　　行星内齿轮与中心外齿轮的齿数比为 $1.5 : 1$,转子每转 1 周,输出轴转 3 周,即 $z_2/z_1 = 1.5$、$n_H/n_2 = 3$,输出转速较高。

　　根据三角形转子的结构可知,输出轴每转 1 周即产生一个动力冲程,对比四冲程往复式发动机曲轴每转两周产生一个动力冲程可知,旋转式发动机的功率容积比是四冲程往复式发动机的两倍。

　　3)结构设计

　　旋转式发动机结构简单,只有三角形转子和输出轴两个运动部件。它需要一个化油器和多个火花塞,但不需要连杆、活塞及复杂的阀门控制装置。与往复式发动机相比,零件数减少了 40%,体积减小了 50%,质量减小了 1/2~1/3。

　　(3)旋转式内燃发动机的实用化

　　旋转式内燃发动机与传统的往复式发动机相比,在输出相同功率的条件下,具有体积小、质量轻、噪声小、旋转速度范围大以及结构简单等优点,但是在实用化生产的过程中还有很多问题需要解决。

　　日本东洋公司从德国纳苏公司购买汪克尔旋转式内燃发动机的专利后,进行了实用化生产。经过样机运行和大量的试验,发现气缸上产生振纹是最主要的问题,而形成振纹的原因不仅在于气缸体本身的材料,同时与密封片的形状和材料有关,密封片的振动特性对振纹影响极大。该公司抓住这个关键问题,开发出浸渍炭精材料并做成密封片,成功地解决了振纹问题。他们还与多个厂家合作,相继开发了特殊密封件、火花塞、化油器、O 形圈、消声器等多种零部件,并采用了高级润滑油,使旋转式内燃发动机在全世界首先实现了实用化。20 世纪 80 年代该公司生产了 120 万台用于汽车的旋转式内燃发动机,获得了很好的经济效益。

随着生产技术的发展,必然会出现更多新型的内燃机和动力机械。人们总是在发现矛盾和解决矛盾的过程中不断进步。在开发设计中敢于突破,善于运用类比、组合、代用等创新技法,认真进行科学分析,将得到更多的创新产品。

参 考 文 献

[1]　关士续 . 技术发明集[M]. 长沙:湖南科学技术出版社,1998.

[2]　肖云龙 . 创造性设计[M]. 武汉:湖北科学技术出版社,1989.

[3]　机械工程手册编委会 . 机械工程手册[M]. 2 版 . 北京:机械工业出版社,1997.

案例 3　打印机的方案设计

1. 打印原理方案的演变

为方便地实现文字及图形符号的打印，几个世纪以来，人类一直在进行打印机械的研制。

18世纪初，在英国、法国和美国有很多人从事打字机的研究，美国人肖尔斯在1867年研制成功字杆式打字机，如案例图3-1所示。字杆式打字机以单个字符（字母、标点符号或其他图形符号）为打印单元，将所有的字母分别铸在字杆上，再将所有字杆围成半圆圈，每个字杆可绕其根部的铰链转动，转动的同时可将字头打在卷筒的同一位置上。纸张被固定在卷筒上，每打印完一个字符使纸与字头沿横向相对移动一个字符间隔。字杆式打字机工作时，纸与字头的横向相对移动是通过卷筒的移动来实现的，由于卷筒质量很大，影响了移动速度的提高，从而也影响了打字速度的提高。这种打字机适合于字母类文字的打印，对于像中文、日文等大字符集的文字是不可行的。

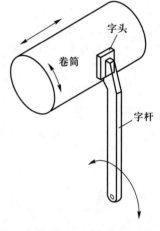

案例图 3-1　字杆式打字机原理图

1920年，日本人发明了用于日文打字的拣字式打字机，这种打字机将几千个字头摆放在字盘上，字头的形状与印刷用的铅字相似，打字员要记忆每个字头在字盘上的位置。打字时先将机械手移到字头所在位置，字盘下的顶杆将字头从字盘中顶出，机械手将字头抓住、抬起，打到卷在卷筒上的纸上，然后将字头放回原位，同时卷筒向前移动一个字符间隔。这种打字方法效率很低。

为了提高打字速度，有人开始研究电动打字机。因为字杆式打字机的卷筒质量大，移动速度慢，即使采用电动方式也很难提高其移动速度。

20世纪60年代初，美国国际商用机器公司研制出字球式英文打字机，如案例图3-2所示。这种打字机将所有打印字符做在一个质量较轻、可以绕两个轴自由转动并可以方便更换的铝制球壳表面。打字时，质量较大的卷筒不再作横向移动，只在打印完一行时带动打印纸转动，实现换行运动；改由质量较小的字球作横向移动，使得电动打字机能以较高的速度进行打印。自此以后出现的各种打字机（包括打印机）也都不再通过滚筒的移动实现字头与打印纸之间的相对运动。

20世纪80年代初，德国西门子公司推出一种菊花瓣式打字机，这种打字机将字头做在花瓣的端部，如案例图3-3所示。打字时用小锤敲击字头背面，使字印在卷筒表面的纸上。

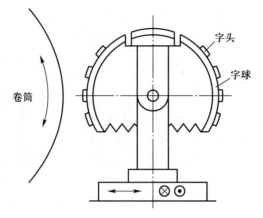

案例图 3-2　字球式打字机

这种字盘比字球更轻,进一步减小了打字机中移动部分的质量。

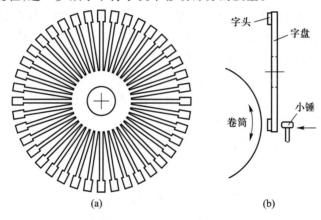

案例图 3-3　菊花瓣式打字机

　　计算机出现以后,最初与计算机配套使用的打字机仍采用字杆式结构,这种打印方式既限制了打印速度的提高,又限制了如汉字这样的大字符集文字在计算机中的使用。随着计算机的发展,出现了一种针式打印机,同时推出了一种全新的点阵式打印概念,引起了打印功能的一场革命。点阵式打印不再以单个字符为单位进行打印,而是将每个字符都看作是由众多按一定方式排列的点阵组成的平面图形符号。这种打印概念将字符打印与图形打印的概念统一起来,充分利用计算机在存储与检索能力方面的优势,改变了汉字在计算机应用领域中的地位,彻底解决了像中文这样的大字符集字型的存储、处理、打印问题以及图形与文字混合排版打印的技术问题。

　　针式打印机的打印头由多根打印针(最初只有 9 根,以后逐渐增加到 16 根、24 根)及固定于打印针根部的衔铁组成(案例图 3-4a),打印针在打印头内排列成环状(案例图 3-4b),针头通过导向板在打印头的头部排列成两排(案例图 3-4c)。不打印时,打印头内的永久磁铁吸住衔铁;打印时,逻辑电路发出打印信号,通过驱动电路使电磁线圈通电,产生与永久磁铁磁场方向相反的磁场,抵消永久磁铁对衔铁的吸引,衔铁被弹出,带动打印针实现打印动作,通过多个打印针的配合动作可以打印出任意字符或图形。

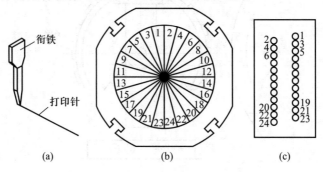

案例图 3-4 打印针及衔铁的排列方式

在针式打印机发展的同时,德国有人提出了喷墨打印的设想。最初提出的喷墨打印原理是模仿显像管中电子束扫描荧光屏的方法,由三个喷头将三种不同颜色的墨水喷射到纸上组成图形,但是这种喷射方法很难达到较高的打印质量。后来人们改变了思路,借鉴针式打印机的设计思想,用很多小喷头组成点阵,直接将墨水喷到纸上。打印时需对相应喷头毛细管中的墨水加热,使墨水汽化,由于汽化过程中蒸汽体积的膨胀及蒸汽冷却过程中气泡体积的收缩,使毛细管端部的墨水形成墨滴喷出管端,实现打印功能,如案例图 3-5 所示。现在,喷墨式打印机的打印质量已经远远超过了针式打印机,由于喷墨过程中不包含零部件的机械动作,使得打印机的结构得到简化。通过使用多种不同颜色的墨水很容易实现彩色喷墨打印。

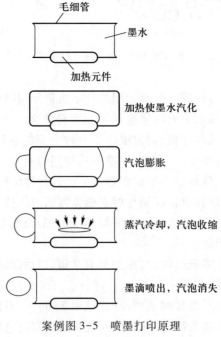

案例图 3-5 喷墨打印原理

以上两种点阵式打印机在打印时都需要打印头作横向扫描运动,同时打印纸作纵向进给(换行)运动,这种工作方式限制了打印速度的进一步提高。对于传真机中的打印机,为减少传真机对电话线路的占用时间,需要设计一种没有横向扫描运动的打印机。这样,应在整行纸宽方向上并排布置大量的打印元件,采用针式打印方式和喷墨打印方式实现这种设计都比较困难,为此人们设计出一种不需要打印头作横向扫描运动的热敏式打印机。这种打印机沿横向并排布置有几千个加热元件,打印时只需要打印纸沿纵向作进给运动,即可完成打印,打印速度快,但需要涂有热敏材料的专用打印纸,因而价格较贵。

采用复印机功能原理的激光式打印机是另一种点阵式打印机,它的打印分辨率高于其他几种打印机,同时具有较高的打印速度。它用激光束代替打印头,以包含图文信息的激光束扫描硒鼓表面,在硒鼓表面产生静电图像,然后用墨粉将静电图像转印到纸上,实现图文打印功能。随着制造成本的不断降低,激光式打印机正在逐步取代其他打印机而成为打印机市场中的主角。

打印设备的基本功能是在纸面上印制文字及图形,现有打印设备的打印功能原理如案例图 3-6 所示。

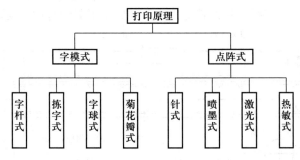

案例图 3-6　打印功能原理分类

所有的打字机(包括字杆式、拣字式、字球式及菊花瓣式打字机)都是将单个字符作为最小打印单位,并采用敲击字模通过色带向纸面印字的方法。通过改进,字球式打字机和菊花瓣式打字机字模的总质量减小,并逐步减小了移动部分的质量,提高了打印速度。针式打印机仍采用击打"字模"通过色带印字的方法,但这里的"字模"不再是完整的字,而是可以组成任意字符及图形符号的点,由于打印的最小单位不再是字符,因此打字机也演变为打印机。喷墨打印、热敏打印和激光打印分别采用更先进的点阵打印模式,通过改进使点阵尺寸缩小,打印质量提高,打印成本降低。随着科学技术的发展,打印机的打印质量将继续不断地提高,可能出现新的打印功能原理,使现有的打印功能实现方法发生根本的变化。

2. 针式打印机的方案分析

(1) 针式打印机的功能

针式打印机通过电信号控制多根打印针,使其按要求的组合击打色带,从而在纸上印制出字符与图形。它的主要功能包括:

① 打印功能。

② 打印头移位功能。

③ 换行走纸功能。

④ 控制功能。

除以上主要功能外,针式打印机还具有以下的辅助功能:

① 色带循环功能。

② 打印头位置调整功能。

(2) 功能原理方案

1) 打印功能

主机根据需要打印的图形符号确定其点阵构成,并向打印机发出打印指令,通过驱动电路使相应的打印针处的电磁线圈通电,衔铁弹出,带动打印针击打色带,在纸上印制出一个点,通过多个打印针的配合动作,可以打印出任意字符或图形。

2) 打印头移位功能

打印头在同一位置只能打印一列点阵,只有使打印头在打印的同时沿横向移动才能印制出一行内的点阵图形。案例图 3-7 所示为针式打印机打印头移动及色带驱动部分的结构简图。通过步进电动机驱动,同步带牵引,使打印头实现精确移位。在打印头运动的起始位置处设有光电式位置传感器,用以消除由于各种因素引起的打印头运动误差。

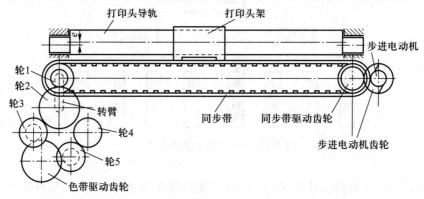

案例图 3-7　打印头移动及色带驱动部分的结构简图

3) 换行走纸功能

为在整页纸上印制点阵图形,要求纸与打印头之间实现走纸换行运动。在针式打印机的设计中,这种运动是通过滚筒的旋转运动来实现的(案例图 3-8)。为适应连续纸打印(设有齿孔)和单页纸打印纸(无齿孔)两种纸张的打印要求,打印机设有两套走纸机构。单页纸打印如案例图 3-8a 所示,此时依靠压纸滚轮将纸与滚筒压紧,滚筒转动时依靠摩擦力带动走纸。连续纸打印如案例图 3-8b 所示,此时辅助压纸滚轮松开,靠链式牵引器带动走纸,为使纸张保持张紧,压纸滚轮仍处于压紧状态。由滚筒转动所产生的走纸量略大于由牵引器所产生的走纸量,纸与滚筒间略有打滑。

4) 控制功能

打印机的控制电路可接收计算机主机的指令,并根据主机指令控制打印机内的各种动作;检测系统检测打印机各部分工作是否正常,当出现故障时向用户显示故障信息,并向主

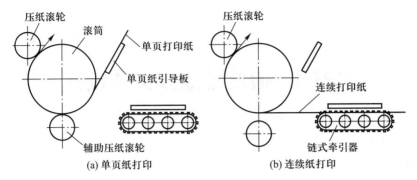

案例图 3-8　打印纸送进机构

机反馈必要的信息。打印机可接收用户的功能设置,并根据设置确定打印功能的执行方式。有些针式打印机具有内置字库,可根据主机传递的字符编码自行确定其点阵构成。

5) 色带循环功能

为充分利用整条色带,避免色带局部过早磨损或脱色,打印中应使色带循环移动。由于色带为挠性体,只能承受单向拉伸,当打印头沿轨道作直线往复移动时,应使色带驱动轮单向旋转,这是通过齿轮传动机构实现的。如案例图 3-7 所示,同步带驱动打印头移动时,轮 1 带动轮 2 旋转,轮 1 与轮 2 的中心通过转臂连接。当轮 1 向不同方向旋转时,使轮 2 分别与轮 3 或轮 4 啮合,由于轮 4 与色带驱动齿轮之间的传动链比轮 3 与色带驱动齿轮之间的传动链多一个惰轮,所以转动方向相反,致使色带驱动轮始终作同方向转动。

为更充分地利用色带的表面,有些色带的接头处设计为反向对接,构成莫比乌斯圈形式。

6) 打印头位置调整功能

为适应不同厚度打印纸的要求,打印头与滚筒之间的距离应可以方便地调整。如案例图 3-7 所示,打印头导轨与两端的轴颈间具有偏心距 e,通过手动可改变两端轴颈的周向位置,由此改变打印头导轨与走纸滚筒的径向位置,从而控制打印头与滚筒之间的距离。

案例 4 假肢智能膝关节设计

1. 设计背景

随着科学技术的进步,下肢假肢取代了拐杖,这不仅在外观和功能上弥补了肢体缺失带来的不足,而且使截肢者双手能够自由地参与正常的工作和生活,扩大了截肢者参与社会活动的深度和广度。

假肢膝关节是大腿假肢的核心部件,它在行走过程中不仅起到支撑体重的作用,而且其性能对假肢步态逼真程度起着决定性的作用。假肢侧和健肢侧的对称性是衡量假肢膝关节性能的重要指标。目前,市场上的假肢膝关节的屈伸都是由残肢带动的,只能通过调节假肢膝关节的阻尼力矩,使得假肢侧步态接近健肢侧步态。

普通假肢膝关节在安装过程中,一般根据截肢者的体重、行走习惯等情况调定阻尼力矩。阻尼力矩是根据截肢者的正常步速设定的,当步速变快或者变慢时,步态对称性变差。

2. 设计目标

设计一种能自适应截肢者行走速度变化的假肢智能膝关节,截肢者无论是以正常速度,还是以快速或慢速行走,假肢侧步态轨迹都接近健肢侧步态轨迹,从而解决普通假肢膝关节步速变化时对称性较差的问题。

3. 设计方案

最容易想到的方案是设计一个由外部动力(如电动机)驱动屈伸的假肢膝关节,利用传感器检测健肢侧的运动变化,并将健肢侧数据的相位后移 180° 映射成假肢的目标轨迹,控制电动机使假肢按照目标轨迹运动就能达到很高的步态对称性。由于假肢的体积和质量都受到严格的限制,且需要承受体重 1.2 倍以上的交变载荷,因此,对电动机体积和力矩、电池质量和容量以及电动机和传动系统的噪声都有非常高的要求。几年前,冰岛一家假肢公司推出了外部动力驱动的假肢膝关节,但至今还未见大范围的推广使用。

目前应用最多的是将普通假肢膝关节阻尼力矩调整方式由手动改成自动,行走过程中根据步速的变化,可自动调整关节阻尼,使假肢侧步态能够自动跟踪健肢侧步态,提高步态对称性。根据阻尼器的工作原理,假肢智能膝关节可以分为以下几种类型。

(1) 气压和液压阻尼智能膝关节

1) 气压智能膝关节

气压智能膝关节气压缸两端分别与大腿和小腿假肢部件相铰接,当膝关节转动时,推动气压缸内的气体流经节流阀形成阻尼。只要能自动调整节流阀截面的大小,就能实现对膝关节摆动期力矩的智能控制。气压智能膝关节是最早商品化的假肢智能膝关节。

日本兵库康复中心的中川昭夫自 1975 年就开始研究气压控制的假肢膝关节,于 1981

案例4 假肢智能膝关节设计

337

年研制出由微型计算机控制的气压智能膝关节样机,后来用单片机代替微型计算机,逐步达到了临床应用的水平。中川昭夫等发明的气压智能膝关节的工作原理:通过光电传感器测量步速,单片机根据步速自动选取预先存储的相应力矩模式,控制步进电动机按要求转动;步进电动机通过滚珠丝杠组成的传动系统驱动气缸阀门运动,改变气门开启的大小,使气缸的抵力或阻力发生变化。市场上的气压智能膝关节种类最多,英国、日本等都有这类产品。

2) 液压智能膝关节

液压控制的智能膝关节与气压智能膝关节的工作原理基本相同,主要区别在于缸内的介质是液体。由于同样截面积的液压缸比气压缸能提供更大的力,因此,液压智能膝关节不仅可以控制假肢摆动期,而且还可以控制支撑期,使得假肢穿戴者可以左右腿交替地下楼梯。

案例图 4-1(引自专利 ZL92112993.9)所示为 Otto Bock 公司发明的液压智能膝关节专利中的控制阀及其工作原理图。案例图 4-1a、b 表示膝关节弯曲和伸展时阻尼器上、下单向阀的工作状态。案例图 4-1c 所示为阻尼器图,在活塞中空的部分设计有控制流量的调节阀,电动机通过伸出气缸中空活塞杆中的细长轴驱动调节阀,电动机根据角度传感器和力传感器检测到的数据控制调节阀的位置,使之输出需要的最佳力矩。案例图 4-1 d 给出了在行走时不同位置对应的调节阀的位置。液压智能膝关节比气压智能膝关节的维护要复杂一些,而且液压缸在加工工艺和密封等方面比气压缸的要求较高,这也是气压智能膝关节比液压智能膝关节制造厂商多的主要原因。

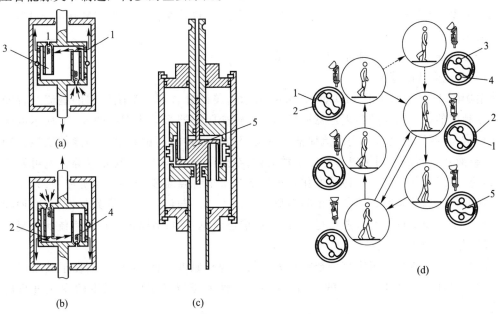

案例图 4-1 一种智能膝关节液压阻尼控制方案
1—屈膝节流孔;2—伸膝节流孔;3—伸膝单向阀;
4—屈膝单向阀;5—电动调节阀

（2）机械摩擦阻尼智能膝关节

很多普通假肢膝关节都采用摩擦锥方式来调整阻尼力矩,在假肢装配时根据穿戴者情况一次性调定,在关节转动过程中阻尼力矩是固定不变的。案例图 4-2 所示为清华大学发明的摩擦锥智能膝关节专利的阻尼器原理示意图,它是一种变力矩离合器。为改变杆件 5、6 构成的转动轴上的阻尼力矩,在该轴上安装一摩擦锥 9,该摩擦锥可沿杆件 6 轴向滑动,但不可转动。因此,当杆件 5、6 之间有转动时,由于摩擦锥 9 和杆件 5 之间相互摩擦接触将产生阻力矩。杆件 5、6 之间摩擦阻力矩的控制是通过调节摩擦锥 9 和 5 之间压力的大小来实现的。与杆 5 相固接的步进电机首先驱动齿轮 2,再带动齿轮 3 转过一定的角度,使螺母 7 在杆 5 上轴向滑动,但不能相对于杆件 5 转动。这样,和齿轮 3 固接的丝杠 4 的转动将转化为螺母 7 沿杆件 5 的轴向滑动,从而压缩（或拉伸）弹簧 8,使施加在摩擦锥上的力变化。

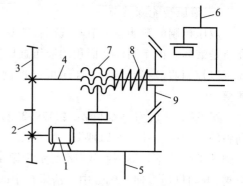

案例图 4-2　电动摩擦锥智能膝关节阻尼器
1—步进电机；2,3—齿轮；4—丝杠；
5、6—杆件；7—螺母；8—弹簧；9—摩擦锥

摩擦式智能膝关节原理简单,但是由于是利用两个接触面上的摩擦力来改变关节力矩大小的,因此对摩擦副材料及其表面加工和处理工艺依赖性比较强,同时很难建立准确的摩擦界面数学模型,使实现准确稳定的力矩控制非常困难,这也是摩擦式智能膝关节至今没有推出产品的主要原因。

（3）磁流变和电流变阻尼智能膝关节

1）磁流变智能膝关节

案例图 4-3（引自专利 ZL01805955.4）所示为美国麻省理工学院发明的磁流变智能膝关节专利中的关节结构及其阻尼器原理图。磁流变阻尼器多采用案例图 4-3b 所示的多片剪切结构,在剪切片之间充满磁流变液。磁流变液是一种由高饱和磁化强度的铁磁性细微颗粒、载液及表面活性剂组成的稳定悬浮液体,在外部磁场作用下,其黏度等性能可发生显著、迅速、连续且基本完全可逆的变化。这种膝关节的优点是不需要电动机控制,只要改变磁场强度就能调整假肢膝关节输出的阻尼力矩的大小。与液压智能膝关节相比,这种膝关节对加工工艺和密封等要求要低得多,而且维护也简单方便,但是电子控制系统比较复杂。

2）电流变智能膝关节

电流变智能膝关节与磁流变智能膝关节的结构和原理类似,主要区别在于其阻尼器中的介质是对电场强度比较敏感的材料,其黏度等性能可以随着电场强度的变化进行可逆变化。

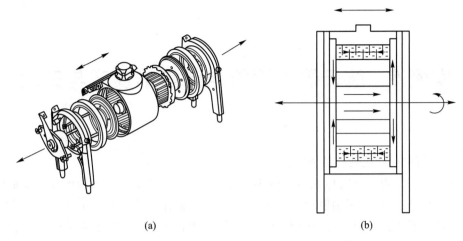

(a)　　　　　　　　　　　　　　(b)

案例图 4-3　磁流变智能膝关节及阻尼器

参 考 文 献

[1]　王人成,沈强,金德闻. 假肢智能膝关节研究进展[J]. 中国康复医学杂志,2007,22
　　　(12):1093-1094.

[2]　凯尔文·B·詹姆斯. 在膝上假肢中控制人造膝关节动作的系统:中国,
　　　ZL92112993.9[P]. 1992.

[3]　金德闻,张瑞红,张济川,等. 带膝力矩控制装置的六杆机构膝关节:中国,
　　　01134865.8[P]. 2002.

[4]　布鲁斯·W·德芬鲍,休·M·埃尔,吉尔·A·帕诺特,等. 电子控制的假肢膝关节:
　　　中国,01805955.4[P]. 2004.

[5]　金德闻,王人成,白彩勤,等. 电流变液智能下肢假肢摆动相控制原理与方法[J]. 清
　　　华大学学报,1998,38(2):40-43.

案例 5 航天器太阳能电池阵的演变与开发

1. 航天器太阳能电池阵的演变

航天器太阳能电池阵简称太阳阵（solar array），是航天器上的太阳能电池组成的阵列。在宇宙空间中，它吸收太阳辐射能并将其转化为电能，为在轨航天器提供动力源。1957 年，苏联发射第一颗人造地球卫星——Sputnik 1 号（案例图5-1），开辟了人类航天的新纪元。最初的卫星由于所需功率很小，卫星寿命很短，因此仅用卫星上的蓄电池就可以满足能源要求。以 Sputnik1 号卫星为例，由于其设计工作时间为 21 天，电力由内置的电池供应，因此没有太阳能电池阵。我国于 1970 年发射的首颗人造地球卫星"东方红"一号（案例图 5-2），也没有太阳能电池阵，采用内置银锌蓄电池作为电源，工作时间为 20 天。

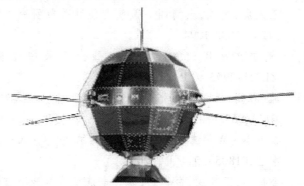

案例图 5-1 苏联的 Sputnik 1 号卫星   案例图 5-2 "东方红"一号卫星

随着宇航技术的不断发展，对卫星功能的需求不断增加，卫星所需功率也随之增加。宇航部门采用多种方法解决电池功率不足的问题，其中一种方法是增加内置电池的容量，但由于电池技术条件的限制，增加电池容量必然增加电池的质量，不利于卫星的轻量化，难以满足航天器对电源容量的需求。太空中太阳能是用之不竭的，人们自然想到设计一种将太阳辐射能转化为电能的卫星附件，代替容量有限的蓄电池。1958 年 3 月，美国"先锋"1 号卫星上首次安装了太阳能电池阵（案例图5-3），进行了飞行试验。该太阳能电池阵由六块太阳能电池板组成，这些板安装在近似球形的卫星本体外表面上。虽然此太阳能电池阵功率较小，效率低，但它标志着航天器能源系统进入新的发展时期，具有里程碑式的意义。

体装式太阳阵分为多面体形与圆柱体形。1984 年，我国发射的"东方红"二号（案例图 5-4）通信卫星利用的就是体装式太阳能电池阵，在卫星本体的表面贴有近 20 000 片太阳能电池片以提供卫星工作的电能。我国的气象卫星"风云"二号（案例图 5-5）也采用体装式

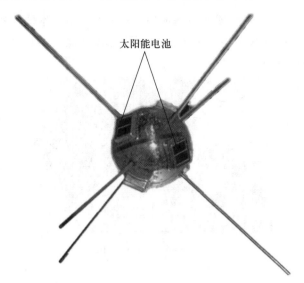

案例图 5-3　美国的"先锋"1 号卫星

太阳能电池阵。

　　体装式太阳阵作为太阳能电池阵的早期形式,实现了航天器在空间的能量收集,解决了能源供给问题,使卫星的寿命明显提升。但是,由于卫星本体能够提供铺设的太阳能电池面积很有限,且难以对太阳定位,因此发电功率较低,只适用于功率较小(500 W 以下)的小型卫星。

案例图 5-4　"东方红"二号卫星　　　　　案例图 5-5　"风云"二号卫星

　　航天可展机构的概念是由美国航空航天局(NASA)于 20 世纪中叶率先提出的,这种机构在航天器发射及动力飞行阶段收拢于有限的空间内,在动力飞行结束后的指定轨道上展开为预定的空间构型。20 世纪 50 年代末,在体装式太阳能电池阵的基础上,引入可展机构技术,研发了太阳桨。太阳桨是展开式太阳能电池阵的初级形式,往往以单块基板与卫星本体相连,在卫星入轨后,它以两块或四块基板的形式展开在卫星本体之外,形状类似螺旋桨,如案例图 5-6 所示。这种太阳能电池阵虽然面积比体装式有所增大,但由于基板数量有限,所能提供的功率依然不大。

案例图 5-6　卫星的太阳桨

随着航天器需求能源功率的不断增大,人们研制出了新型的太阳能电池阵——太阳翼(solar wing)。太阳翼展开后的尺寸要比卫星本体大很多,像是卫星的翅膀,太阳翼由此得名。折叠式太阳翼利用功能组合的思想,将可展机构、同步机构、锁定机构和太阳帆板集成为一体,成为太阳翼。在卫星发射时,先把各块安装有太阳能电池的刚性基板以折叠方式收拢在一起,在入轨后展开呈翼状,如案例图 5-7、案例图 5-8 所示。

案例图 5-7　美国某卫星折叠式
太阳翼展开图

案例图 5-8　俄罗斯格洛纳斯卫
星太阳翼展开图

案例图 5-9 所示为典型折叠式太阳翼结构示意图,其基本结构单元主要包括摇臂架、太阳能帆板、连接铰链、同步机构和锁定机构。安装在卫星主体结构上的驱动机构实现太阳能电池阵对太阳的定向跟踪;摇臂架分别与卫星本体和太阳能帆板连接,其作用主要是支撑太阳能帆板及避免卫星主体遮挡帆板吸收太阳能。展开驱动机构中常用平面涡卷式的驱动扭簧,依靠扭簧预设的预紧扭矩使内外铰产生相对转动,驱动太阳能帆板展开。当帆板展开至指定角度时,锁定机构对帆板进行锁定,使太阳能电池阵为展开状态的结构形式而正常工作。案例图 5-10 所示为一典型太阳能帆板锁定机构工作原理示意图。为保证各块帆板能按预定轨迹同步展开,一般都在帆板间安装有绳索联动机构(CCL)保证其同步性,如案例图

5-11 所示。

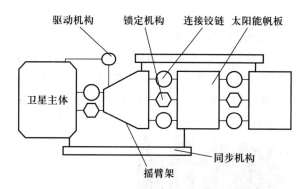

案例图 5-9　典型折叠式太阳翼结构示意图

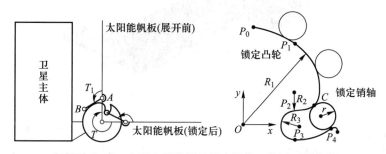

案例图 5-10　典型太阳能帆板锁定机构工作原理示意图

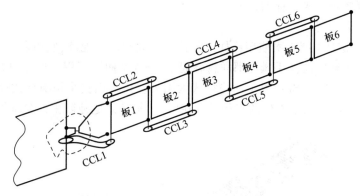

案例图 5-11　典型绳索联动机构（CCL）

　　与太阳桨相比,折叠式太阳翼的面密度(基板单位面积的质量)一般较小。因此,在相同质量情况下,折叠式太阳翼可以产生更大的功率。另外,折叠式太阳翼是一种独立于航天器本体的装置,故可以调整其姿态,易于实现对太阳的定向,提高发电效率。折叠式太阳翼的诸多优点使其成为目前应用最普遍的航天器太阳能电池阵形式。

　　2. 新型太阳能电池阵的设计与开发

　　随着航天科技的不断发展,出现了对太阳能电池阵的各种需求,为此开发出了多种新型的太阳能电池阵。

（1）卷式太阳翼

卷式太阳翼采用柔性基板，将太阳能帆板的纵向叠放转化为圆柱状卷放，类似于布匹染色的卷筒机构。在卫星进入轨道之前太阳能帆板成卷筒状，当运行至展开位置时，卷筒释放，展开太阳能帆板，如案例图 5-12 所示。此类太阳翼的电池基板必须是柔性可卷折的，这种全新的电池基板具有良好的柔性，可以卷折运动而不影响其收集太阳辐射能。美国休斯公司研制的柔性卷式太阳阵（FRUSA）已应用于"哈勃"太空望远镜。

案例图 5-12　卷式太阳翼伸展图

卷式太阳翼的主要特点：电池阵的基板质量较小，可以获得较大的功质比（基板单位质量产生的电功率）；由于结构上的独立性，可以与航天器的本体有较好的适应性；由于卷式机构的特点，可以实现多次展开，并可处于任意的半展开状态，在空间有较好的机动性，而其他类型的太阳翼较难完成这样的任务。

（2）桅柱式太阳翼

加拿大的 CTS 卫星第 1 次使用桅柱式柔性折叠太阳能电池阵，它由若干块柔性敷层组成。这些敷层在收藏时能像手风琴那样折叠起来，进入空间后可用一根可伸展的支杆展开。案例图 5-13 所示为日本 SFU 卫星的桅柱式太阳翼。该太阳翼采用桅柱式展开机构，展开后的总长度为 24.4 m（卫星本体的直径计算在内）。桅柱式电池阵由薄膜基板、柔性铰链线

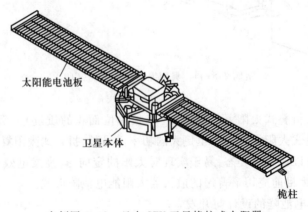

案例图 5-13　日本 SFU 卫星桅柱式太阳翼

及可伸缩的纵向桅柱构成。每片薄膜间用柔性铰链线连接;伸缩桅柱的安装位置垂直于"铰链线",一端装在卫星本体上,另一端装在薄膜的最外层。当桅柱伸长时,各片薄膜以铰链线为轴展开;反之,完成电池阵的折叠。桅柱式太阳能电池阵的中心机械元件是能使太阳能电池板伸展和收缩的展开桅柱。它在整个太阳能电池阵系统中占的比重很大,要求质量轻、包装尺寸小、可靠性高、热变形小、定位精度高,并有足够的刚度与强度。

（3）杆状构架式太阳翼

1975 年,杆状构架式可展机构作为磁强计支架首次用于美国空军 S23 卫星,之后多次用于各类航天器。经过 30 余年的发展,杆状构架式可展机构出现了两类最为重要的形式,即盘压杆展开机构和铰接杆展开机构,它们分别与太阳翼技术结合,研发出了新型太阳能电池阵。

1）盘压杆展开式太阳翼

盘压杆展开机构是利用盘压杆构件盘压收拢时贮存的应变能进行伸展,并保持其展开后构型的展开装置。盘压杆机构由纵梁、横向支架和对角件等组成,如案例图 5-14 所示。盘压杆展开机构的优点是构型简单,运动部件少,展开可靠性高,收缩比大(可达 2%～3%),展开刚度和强度较高。美国 SAFE 航天项目就是利用盘压杆结构设计了太阳翼。但是由于材料的特殊性,在长期收藏贮存中盘压杆复合材料构件会发生蠕变现象,当贮存温度较高时尤为明显。

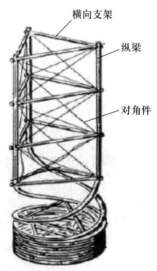

案例图 5-14　典型盘压杆展开机构

案例图 5-15　铰接杆展开机构

2）铰接杆展开式太阳翼

铰接杆展开机构是一种展开为格柱状桁架的线性展开装置。铰接杆的收拢是通过纵梁以某种形式的折叠而实现的,如案例图 5-15 所示。纵梁一般分为肘形纵梁和直纵梁两种,其中肘形纵梁是指铰接杆每一格柱段内的纵梁可如人肘一样折叠;直纵梁是指铰接杆每一格柱段内的纵梁为单根直杆,能在横向支架外侧折转,展开后成为格子式支柱结构。格柱状桁架式太阳翼采用套筒驱动展开方式,以热稳定性更好的刚性杆件形成杆状构架,较大地提高了构架整体的承载能力和展开指向精度,且蠕变特性不明显。与盘压杆展开机构相比,其铰接杆的纵梁较短,且纵梁和横向支架均为刚性。由于纵梁和横向支架不能如盘压杆一样在收拢时贮能,因此不能自行展开,需由驱动装置提供展开动力。

空间实验室和大型航天器的太阳能电池阵单翼展开长度一般大于几十米,其主体结构应具有结构质量小、刚度好、外形尺寸小和热变形小的特点。就大型结构的刚度和质量来说,桁架形式的梁结构是最有效的,因此,杆状构架式主体结构已成为很多大型太阳能电池阵伸展机构的优选类型。我国也开展了空间实验室大面积太阳能电池阵技术的研究,提出了可伸缩的杆状构架式太阳能电池阵,如案例图 5-16 所示。

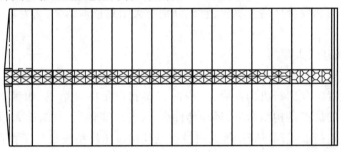

案例图 5-16　可伸缩的杆状构架式太阳能电池阵

(4) 充气展开式太阳翼

充气式展开机构起源于 20 世纪末,是一种具有全新设计理念的可展机构。它采用轻质柔性复合材料制作而成,并以折叠状态发射送入太空,到达预定轨道后再充气展开为所设计的几何构型。充气展开式太阳翼一般由四部分构成:太阳电池板蒙皮、充气展开式结构支撑部件、展开控制系统和充气系统。美国喷气推进实验室(JPL)在研制深空航天器 DS4 的过程中,通过 2 个宽 3 m、长 14 m 的充气式太阳能帆板,可满足 12 kW 电功率的要求。此外,在 Teledesic 星座方案中,也通过使用充气展开式结构制备了能产生 6 kW 电功率的太阳能电池阵;在"火星探测项目"中,JPL 也成功研制出充气展开式太阳翼,如案例图 5-17 所示。

案例图 5-17　"火星漫步者"
充气展开式太阳翼

充气展开式结构利用了还原创新的方法,跳出太阳能电池阵已有的创造起点,重新返回创造的原点,紧紧围绕太阳能电池阵预期实现的功能要求,构思基于充气展开技术的新功能原理,这样不仅避开了可靠度较低的机械传动装置,而且克服了传统机械展开结构无法构建超大型太阳能阵列的限制,达到使系统的质量更轻、存储容积更小、成本更低及提高航天器的能量供给、增加可靠度、延长寿命的目的。

（5）空间太阳能电站

能源危机的日益紧迫促使空间太阳能电池阵由原来的仅为航天器供电发展到为地面供电，进而产生了空间太阳能电站。空间太阳能电站是指在空间将太阳能转化为电能，再通过无线方式传输到地面的电力系统。1968 年，美国的 Peter Glaser 首次提出空间太阳能电站（SPS）的构想。20 世纪 90 年代到 21 世纪初，世界能源供需矛盾加剧，急需开发新型能源和可再生能源，以美国和日本为主的发达国家开始投入巨资和人员开展广泛的空间太阳能电站技术研究，并制订了争取在 2030 年前后实现商业化运行的发展路线。

NASA 于 1995—1997 年组织有关专家开展了新一轮的研究论证，择优选取"太阳塔"（sun tower）和"太阳盘"（sun disc）两种方案，随后又提出新一代的集成对称聚光系统的设计方案。

"太阳塔"的太阳能电池阵不再是铺设在一整块巨大的矩形平板上，而是由数十个到数百个圆盘形发电阵组成，如案例图 5-18 所示。"太阳盘"方案采用直径为 3~6 km 的高效薄膜太阳能电池阵发电，自旋稳定并可对太阳定向，如案例图 5-19 所示。集成对称聚光系统（案例图 5-20）采用了较为先进的轻型薄膜聚光设计概念，进一步减小了系统质量。

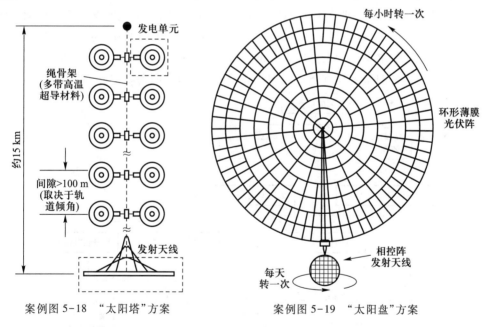

案例图 5-18　"太阳塔"方案　　　　　案例图 5-19　"太阳盘"方案

空间太阳能电站电池阵的特点是大型化、模块化、轻量化和寿命长，关键技术是模块的操作。未来在太空建造太阳能电站时，简单的、规范化的组装任务由结构和部件模块自主完成，复杂的模块组装、维修和服务任务由机器人辅助完成。这就要求在航天飞机和国际空间站遥控操作臂的基础上发展遥控机器人，特别是六自由度的机器人。

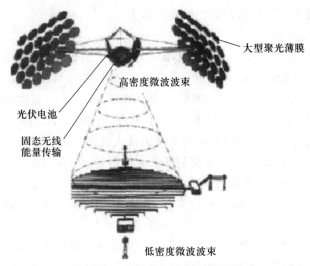

大型聚光薄膜

高密度微波波束

光伏电池

固态无线
能量传输

低密度微波波束

案例图 5-20　集成对称聚光系统

3. 结束语

　　太阳能电池阵的创新设计是随着航天器的发展而发展的。太阳能电池阵自诞生之日起,就不断应用创新设计原理设计新结构。航天器的精密化、大型化的发展趋势推动了太阳能电池阵的发展,不仅要求新型太阳翼必须适应某种特定的工作条件,还要求太阳能电池阵的种类增多。这就要求设计者根据航天器的工作特点,深入分析航天器的工作条件,采用创新设计理论设计新型的太阳翼方案。案例图 5-21 所示为太阳能电池阵的发展框图。

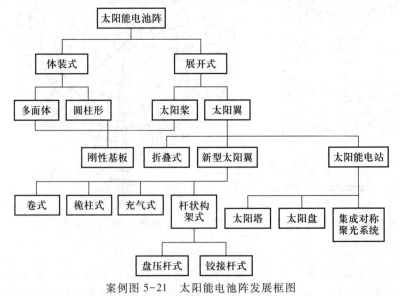

案例图 5-21　太阳能电池阵发展框图

　　未来太阳能电池阵的发展趋势是向小质量、大功率、高柔性、高灵敏度、高稳定性和高可靠性方向发展,太阳能电池阵创新设计开发可从机构、结构、材料、驱动及定位等方面进行。

设计者应将发散思维、收敛思维、创造性思维融入创新设计太阳能电池阵的环节中去。新的科学理论与技术的引入,将使太阳能电池阵日趋先进和完善,以满足更为复杂的航天运行任务。

参 考 文 献

[1]　陆绶观.中国科学院与中国第一颗人造地球卫星[J].中国科学院院刊,1999(06):432-440.

[2]　张明杰,李继东,陈建设.太阳能电池及多晶硅的生产[J].材料与冶金学报,2007(01):33-38.

[3]　袁家军,等.卫星结构设计与分析[M].北京:中国宇航出版社,2004.

[4]　Mikulas M M,Homson M. Flight vehicle materials,structures and dynamics assessment and future directions[J]. ASME,1994,1:173-238.

[5]　Green H S,Engler E E. Development of deployable truss concept for space station[J]. ESA Proceedings of an International Conferenceon Spacecraft Structures,1985:277-282.

[6]　郭峰,黄振华,邓扬明.基于 ADAMS 航天器刚性太阳帆板动力学仿真分析[J].机械设计与制造,2004(4):71-73.

[7]　Kuruki K,Ninomiya K. Lessons learned from the Space Flyer Unit (SFU) mission[J]. Acta Astronautica,2002,11(51):797-806.

[8]　Higuchi K. Unexpected behavior of a flexible solar array at retraction under microgravity [J]. Acta Astronautica,2002(11):681-689.

[9]　Fay C C,Stoakley D M,Clair A K. Molecularly oriented films for space applications[J]. High Perform Polym,1999,11(1):145-156.

[10]　Darooka D K,Jensen D W. Advanced space structure concepts and their development[J]. AIAA/ASME/ASCE/AHS/ASC Structures,Structural Dynamics and Materials Conference,2001(1):562-571.

[11]　Furuya H,Nakahara M,Murata S,et al. Concept of inflatable tensegrity for large space structures[J]. AIAA/ASME/ASCE/AHS/ASC Structures,Structural Dynamics and Materials Conference,2006(2):1322-1330.

[12]　沈自才.充气展开式结构在航天器中的应用[J].航天器环境工程,2008,25(4):323-328.

[13]　姚涛涛,张玉珠.可展开航天器的充气系统分析.国际太空,2008(01):32-35.

[14]　丁锋.典型杆状构架式展开机构[J].上海航天,2006(1):35-40.

[15]　戈冬明,陈务军,付功义,等.铰接盘绕式空间伸展臂屈曲分析理论研究[J].工程力学,2008,25(6):176-180.

[16]　刘义良,王春洁,孟晋辉.基于 ANSYS 的盘压杆机构大变形有限元分析[J].通用机械,2005,01:73-75.

[17]　高育红.魅力无穷的太空发电站[J].发明与创新(综合版),2009(08):48-49.

［18］　庄逢甘,李明,王立,等．未来航天与新能源的战略结合:空间太阳能电站［J］.中国
　　　　　航天 ,2008(07):36-39.

［19］　朱毅麟．空间太阳电站的发展前景评估［J］.上海航天,2001(05):52-57.

［20］　徐传继,李国欣．国际空间太阳能电站的技术进展［J］.上海航天,1999(05):51-55.

［21］　王永东,崔容强,徐秀琴．空间太阳电池发展现状及展望［J］.电源技术,2001,25:
　　　　　182-185.

［22］　Wallrapp O,Wiedenmann S. Simulation of deployment of a flexible solar array［J］. Multi-
　　　　　body System Dynamics,2002(7): 101-125.

［23］　李瑞祥,王治易,肖杰,等．空间实验室大面积太阳电池阵技术研究［J］.上海航天,
　　　　　2003(3):10-14.

案例 6　飞剪机剪切机构的运动设计

本例以飞剪机剪切机构的运动设计为例,说明机构选型及运动方案评价选优的基本思路和方法。

1. 飞剪机的功能和设计要求

（1）功能

能够横向剪切运行中的轧件的剪切机称作飞剪机(简称飞剪)。将飞剪机安置在连续轧制线上,用于剪切轧件的头、尾或将轧件切成规定尺寸。

（2）设计要求

① 剪刃在剪切轧件时要随着轧件一起运动,即剪刃应同时完成剪切与移动两个动作,且剪刃在轧件运行方向的瞬时分速度应与轧件运行速度相等或稍大于轧件运行速度(不超过3%)。如果小于轧件的运行速度则剪刃将阻碍轧件运行,会使轧件弯曲,甚至产生轧件缠刀事故。反之,如果剪切时剪刃在轧件运行方向的瞬时速度比轧件运行速度大很多,则轧件中将产生较大的拉应力,影响轧件的剪切质量和增加飞剪机的冲击负荷。

② 为保证剪切质量和节省能量,两个剪刃间应具有合适的剪刃间隙,且在剪切过程中,剪刃最好作平面平移运动,即剪刃垂直于轧件表面。

③ 剪刃不得阻碍轧件的连续运动,即剪刃在空行程时应脱离轧件。

（3）性能要求和原始数据

① 最大剪切力:300 000 N。

② 侧向推力:95 000 N。

③ 最大剪切截面:20 mm×230 mm。

④ 最低剪切温度:900 ℃。

⑤ 剪切材料:碳素钢。

⑥ 剪切时轧件速度:切头时为 0.4 m/s,切尾时为 0.8~1.3 m/s。

⑦ 剪刃尺寸:开口度为 205 mm,重叠量为 10 mm。

2. 飞剪机剪切机构的选型

生产中使用的飞剪机剪切机构类型很多,如圆盘式、滚筒式、曲柄杠杆式和摆式等,其结构特点、运动特性及适用范围各不相同。就剪切机构而言,可以是一个基本机构,也可以是组合机构。下面介绍几种飞剪机剪切机构的形式及其运动特点,读者可以根据不同情况,在机构选型时进行分析比较、评价选优。

（1）四连杆式剪切机构

案例图 6-1 所示为四连杆式剪切机构。上剪刃与曲柄 1 固接,下剪刃与摇杆 2 固接。

剪切时上剪刃随主动件曲柄 1 作整周转动,下剪刃随从动件摇杆 2 作往复摆动。该方案结构简单,剪切速度高,但由于剪切过程中剪刃的间隙变化,所以剪切质量不好,且下剪刃空行程时将阻碍轧件运动。

(2) 双四杆式剪切机构

双四杆式剪切机构如案例图 6-2 所示,该方案由两套完全对称的铰链四杆机构组成,曲柄 1 与 1′同步运动。上、下剪刃分别与连杆 2 和 2′固接。如果曲柄 1、1′与摇杆 3、3′的长度设计得相差不大,剪刃能近似地作平面平行运动,故剪刃在剪切时刀刃垂直于轧件,使剪切断面较为平直,剪切时刀刃的垂叠量也容易保证。该方案的缺点是结构较复杂,机构运动质量较大,动力特性不够好,故刀刃的运动速度不宜太快。

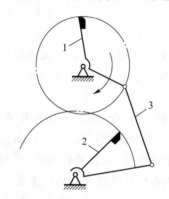

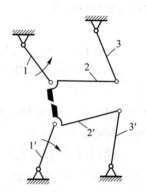

案例图 6-1 四连杆式剪切机构 案例图 6-2 双四杆式剪切机构

1—曲柄;2—摇杆;3—连杆 1,1′—曲柄;2,2′—连杆;3,3′—摇杆

(3) 摆式剪切机构

案例图 6-3 所示为摆式剪切机构。构件 1 为主动件,通过连杆 2、导杆 4 及摆杆 5 使滑块 3 既相对于导杆移动,又随导杆一起摆动。上、下剪刃分别装在滑块 3 与导杆 4 上。该机构可始终保持相同的剪刃间隙,故剪切断面质量较好。如果将摆杆 5 制成弹簧杆,可保证剪切时剪刃随轧件一起运动,剪切终了靠弹簧力返回原始位置。该剪切机构能够剪切截面较大的钢坯。

(4) 杠杆摆动式剪切机构

杠杆摆动式剪切机构如案例图 6-4 所示。构件 1 为主动件,作往复移动,上、下剪刃分别安装在滑块 3 与导杆 4 上。当主动件运动时,通过连杆 2 带动摆杆 5 往复摆动。由于连杆 2、摆杆 5 与滑块 3 铰接,使其沿导杆 4 滑动且带动导杆 4 往复摆动。该机构无剪刃间隙变化,但由于主动件作往复移动,使剪刃的轨迹为非圆周的复杂运动轨迹。另外,由于往复运动的惯性,限制了剪切速度,一般用于速度较低的场合。

(5) 偏心轴式摆动剪切机构

偏心轴式摆动剪切机构如案例图 6-5 所示,偏心轴 1 为主动件,上、下剪刃分别安装在构件 3 与构件 2 上。偏心轴转动时,上、下剪刃靠拢进行剪切。该剪切机构主要用于剪切钢坯的头部,剪切断面较平直。

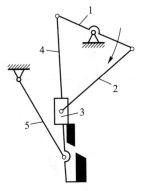

案例图 6-3　摆式剪切机构

1—主动件；2—连杆；3—滑块；

4—导杆；5—摆杆

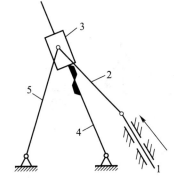

案例图 6-4　杠杆摆动式剪切机构

1—主动件；2—连杆；3—滑块；

4—导杆；5—摆杆

（6）滚筒式剪切机构

滚筒式剪切机构如案例图 6-6 所示，上、下剪刃分别安装在滚筒 1、2 上。滚筒旋转时，刀片作圆周运动。当剪刃在图示位置相遇时，对轧件进行剪切。由于这种剪切机构的剪刃作简单的圆周运动，可以剪切运动速度较高的轧件，但由于上、下剪刃之间的间隙变化，剪切断面质量较差，仅适用于剪切线材或截面尺寸较小的轧件。

案例图 6-5　偏心轴式摆动剪切机构

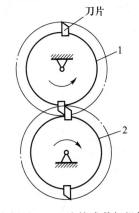

案例图 6-6　滚筒式剪切机构

1、2—滚筒

（7）移动式剪切机构

移动式剪切机构如案例图 6-7 所示，其含有两个移动副，移动导杆 1 为主动件，上、下剪刃分别安装在导杆 1 与滑块 2 上。当移动导杆运动时，上剪刃在前进过程中与下剪刃相遇将轧件剪断。该剪切机构剪刃无间隙变化，故剪切质量较好，但由于下剪刃装在移动导杆上，故其运动轨迹为直线。

（8）凸轮移动式剪切机构

凸轮移动式剪切机构如案例图 6-8 所示。该机构的执行构件与移动式剪切机构相同，只是主动件采用了等宽凸轮，凸轮机构的从动件则为移动导杆。与移动式剪切机构相比，由于主动件为连续的回转运动，避免了往复运动的惯性，剪切速度可相对提高，其他性能两者大致相同。

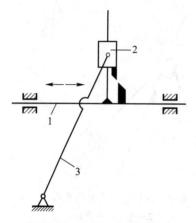

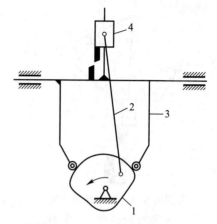

第3篇 机械创新设计案例

案例图 6-7 移动式剪切机构
1—导杆；2—滑块；3—摇杆

案例图 6-8 凸轮移动式剪切机构
1—等宽凸轮；2—连杆；3—移动导杆；4—滑块

（9）偏心摆式剪切机构

偏心摆式剪切机构如案例图 6-9 所示，偏心轴 1 为主动件，偏心 OE 通过连杆 2 与上刀台 3 相连，另一偏心 OB 与下刀架 4 相连。偏心轴 6 由偏心轴 1 通过齿轮机构带动，其运动与偏心轴 1 同步。通过连杆 2、5 分别带动上刀台 3 与下刀架 4 作相同的摆动，同时又有相对移动，以完成剪切运作。为得到不同的剪切速度，还可将连杆 5 制成弹簧杆。

（10）轨迹可调摆式剪切机构

轨迹可调摆式剪切机构如案例图 6-10 所示。构件 1 为主动件，下剪刃与滑块 3 固接，上剪刃固接于导杆 4 上。构件 6 为调节构件，可以通过其位置调节剪刃的运动轨迹和剪切位置，以使飞剪在最有利的条件下工作。剪切机工作时，杆 6 不动。

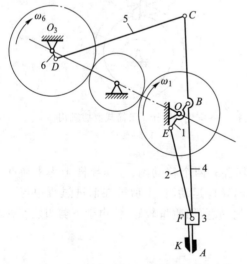

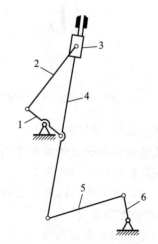

案例图 6-9 偏心摆式剪切机构
1、6—偏心轴；2、5—连杆；
3—上刀台；4—下刀架

案例图 6-10 轨迹可调摆式剪切机构
1—主动件；2、5—连杆；3—滑块；
4—导杆；6—调节杆

（11）曲柄摇杆式剪切机构

曲柄摇杆式剪切机构如案例图 6-11 所示,其主体机构为曲柄摇杆机构,分别在连杆 1 和摇杆 2 上安装上剪刃 3 和下剪刃 4。由于连杆 1 和摇杆 2 两运动构件的相对运动将钢带 5 切断。

（12）剪刃间隙可调剪切机构

剪刃间隙可调剪切机构如案例图 6-12 所示。为实现剪切不同厚度的钢板,在上刀架 2 与下刀架 3 之间设置一偏心轴 O_2O_3,其中铰链点 O_2 固接于上刀架上,O_3 固接于下刀架上。通过旋转下刀架上的调整螺栓,使偏心轴转动,以达到调整剪刃间隙的目的。当调整完毕后,O_2O_3 不能相对于下刀架运动,即与下刀架固接。

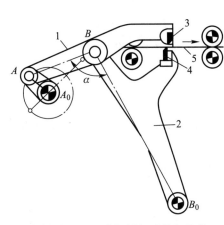

案例图 6-11　曲柄摇杆式剪切机构

1—连杆；2—摇杆；3—上剪刃；

4—下剪刃；5—钢带

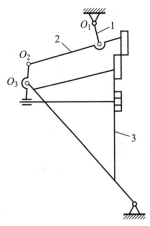

案例图 6-12　剪刃间隙可调剪切机构

1—曲柄；2—上刀架；

3—下刀架

（13）具有空切装置的摆式剪切机构

案例图 6-13a 所示为该机构的传动示意图,案例图 6-13b 所示为该机构的运动简图。构件 6、5 分别为上、下刀架,下刀架 5 在上刀架 6 的滑槽中上下滑动。上刀架 6 与剪切机构的主轴 1 铰接,下刀架 5 与连杆 4 铰接,通过外偏心套 3 和内偏心套 2 装在主轴 1 上,内、外偏心套各自独立运动。只有当内、外偏心套转到最上位置,且主轴 1 上的偏心也在同一时刻转到最下位置时,上、下剪刃才能相遇进行剪切。

如果内、外偏心套和主轴 1 的转速相同,则刀架每摆动一次就剪切一次。若外偏心套的转速为主轴 1 转速的 1/2 时,则刀架每摆动两次剪切一次。

3. 飞剪机剪切机构方案评价

根据第 7 章介绍的机构选型的基本方法,首先考虑满足基本运动形式的要求,即切头、切尾的速度要求及开口度和重叠量的要求。对 13 种方案进行分析、比较,筛选出满足要求的双四杆式剪切机构、摆式剪切机构、偏心摆式剪切机构为初选方案（以下分别用方案 Ⅰ、方案 Ⅱ、方案 Ⅲ 表示）,进一步用模糊综合评价法进行评价选优。

（1）三种方案的性能、特点及评价

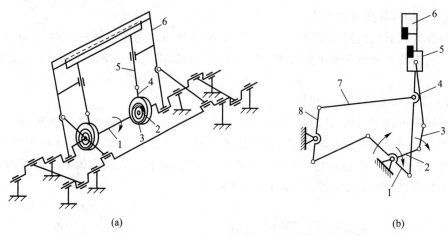

(a)　　　　　　　　　　　　　　　　　(b)

案例图 6-13　具有空切装置的摆式剪切机构

1—主轴；2—内偏心套；3—外偏心套；4—连杆；

5—下刀架；6—上刀架；7,8—连杆

　　根据剪切机构的要求,对初选方案的工作特点、性能要求和应用场合的各项性能指标进行评价,列于案例表 6-1。

案例表 6-1　三种方案的各项性能指标的评价

性能指标	具体项目	方案Ⅰ 双四杆式 剪切机构	方案Ⅱ 摆式剪切机构	方案Ⅲ 偏心摆式 剪切机构
A 功能	① 运动形式、轨迹； ② 运动精度	任意性较差 高	经改进可实现 任意剪切速度 较高	基本上可实现 任意剪切速度 较高
B 工作性能	① 可调性； ② 承载能力	较差 不大	一般 一般	较好 较大
C 动力特性	① 加速度； ② 耐磨性； ③ 稳定性	较大 较差 较好	较小 一般 一般	较小 一般 较好
D 经济性	① 制造难易程度； ② 调整方便性； ③ 能耗	一般 方便 一般	较难 不方便 一般	较难 不方便 一般
E 结构特性	① 尺寸； ② 质量； ③ 结构复杂性	较大 较大 简单	较小 一般 一般	较大 较大 复杂

（2）用模糊综合评价法评价三种方案

1）确定评价指标权数分配集 A

根据机构形式的各性能评价指标（$U_A \sim U_E$）在整体中的重要程度，由设计人员估测确定各性能指标的权数，得

$$A = \begin{bmatrix} 0.3 & 0.2 & 0.2 & 0.15 & 0.15 \end{bmatrix}$$

2）确定评价矩阵 R

由设计人员共同对三种方案的各项性能指标进行评价，其评价情况分别列于案例表 6-2、表 6-3、表 6-4 中。

案例表 6-2　方案 I 的评价情况 x_{ij}

性能指标	评价等级					
	很好	好	较好	不太好	不好	Σ
U_A	3	3	9	9	6	30
U_B	0	6	9	9	6	30
U_C	6	9	6	6	3	30
U_D	6	9	9	3	3	30
U_E	9	6	6	6	3	30

注：① 表中 U_i 为各性能指标；

② x_{ij} 表示针对 U_i 各评价等级专家（设计人员）的投票数；

③ Σ 为参加评价的专家（设计人员）总人数（在一个班级内进行时可以选择若干学生，通过一定学习过程来代表设计人员），表中每行值之和应为 Σ。

案例表 6-3　方案 II 的评价情况 x_{ij}

性能指标	评价等级					
	很好	好	较好	不太好	不好	Σ
U_A	6	6	9	6	3	30
U_B	3	3	12	9	3	30
U_C	6	3	9	9	3	30
U_D	3	9	9	3	6	30
U_E	3	9	9	6	3	30

案例表 6-4　方案 III 的评价情况 x_{ij}

性能指标	评价等级					
	很好	好	较好	不太好	不好	Σ
U_A	15	9	6	0	0	30
U_B	9	15	3	3	0	30
U_C	6	9	9	3	3	30
U_D	9	6	9	3	3	30
U_E	6	9	9	3	3	30

根据以上评价,得出运动方案的评价矩阵

$$R = (r_{ij})_{n \times m} = (r_{ij})_{5 \times 5}$$

式中

$$R_{\mathrm{I}} = \begin{bmatrix} 0.1 & 0.1 & 0.3 & 0.3 & 0.2 \\ 0.0 & 0.2 & 0.3 & 0.3 & 0.2 \\ 0.2 & 0.3 & 0.2 & 0.2 & 0.1 \\ 0.2 & 0.3 & 0.3 & 0.1 & 0.1 \\ 0.3 & 0.2 & 0.2 & 0.2 & 0.1 \end{bmatrix}$$

$$R_{\mathrm{II}} = \begin{bmatrix} 0.2 & 0.2 & 0.3 & 0.2 & 0.1 \\ 0.1 & 0.1 & 0.4 & 0.3 & 0.1 \\ 0.2 & 0.1 & 0.3 & 0.3 & 0.1 \\ 0.1 & 0.3 & 0.3 & 0.1 & 0.2 \\ 0.1 & 0.3 & 0.3 & 0.2 & 0.1 \end{bmatrix}$$

$$R_{\mathrm{III}} = \begin{bmatrix} 0.5 & 0.3 & 0.2 & 0.0 & 0.0 \\ 0.3 & 0.5 & 0.1 & 0.1 & 0.0 \\ 0.2 & 0.3 & 0.3 & 0.1 & 0.1 \\ 0.3 & 0.2 & 0.3 & 0.1 & 0.1 \\ 0.2 & 0.3 & 0.3 & 0.1 & 0.1 \end{bmatrix}$$

3) 计算模糊决策集 B

模糊决策集 B 可按下式计算

$$B = AR$$

对方案 I

$$B_{\mathrm{I}} = AR_{\mathrm{I}} = \begin{bmatrix} 0.3 & 0.2 & 0.2 & 0.15 & 0.15 \end{bmatrix} \begin{bmatrix} 0.1 & 0.1 & 0.3 & 0.3 & 0.2 \\ 0.0 & 0.2 & 0.3 & 0.3 & 0.2 \\ 0.2 & 0.3 & 0.2 & 0.2 & 0.1 \\ 0.2 & 0.3 & 0.3 & 0.1 & 0.1 \\ 0.3 & 0.2 & 0.2 & 0.2 & 0.1 \end{bmatrix}$$

$$= \begin{bmatrix} 0.145 & 0.205 & 0.265 & 0.235 & 0.15 \end{bmatrix}$$

对方案 II

$$B_{\text{II}} = AR_{\text{II}} = \begin{bmatrix} 0.3 & 0.2 & 0.2 & 0.15 & 0.15 \end{bmatrix} \begin{bmatrix} 0.2 & 0.2 & 0.3 & 0.2 & 0.1 \\ 0.1 & 0.1 & 0.4 & 0.3 & 0.1 \\ 0.2 & 0.1 & 0.3 & 0.3 & 0.1 \\ 0.1 & 0.3 & 0.3 & 0.1 & 0.2 \\ 0.1 & 0.3 & 0.3 & 0.2 & 0.1 \end{bmatrix}$$

$$= \begin{bmatrix} 0.15 & 0.19 & 0.32 & 0.225 & 0.115 \end{bmatrix}$$

对方案 III

$$B_{\text{III}} = AR_{\text{III}} = \begin{bmatrix} 0.3 & 0.2 & 0.2 & 0.15 & 0.15 \end{bmatrix} \begin{bmatrix} 0.5 & 0.3 & 0.2 & 0.0 & 0.0 \\ 0.3 & 0.5 & 0.1 & 0.1 & 0.0 \\ 0.2 & 0.3 & 0.3 & 0.1 & 0.1 \\ 0.3 & 0.2 & 0.3 & 0.1 & 0.1 \\ 0.2 & 0.3 & 0.3 & 0.1 & 0.1 \end{bmatrix}$$

$$= \begin{bmatrix} 0.325 & 0.325 & 0.23 & 0.07 & 0.05 \end{bmatrix}$$

从上述分析结果可知:按最大隶属度原则,方案 III 总评为很好(或好),方案 I、II 总评为较好,而方案 II"很好""好""较好"的隶属度之和为 0.66,方案 I 仅为 0.615,故三方案的排序为 III—II—I,方案 III 为最优方案。

最后结论:方案 III 为最优方案,即图例 6-9 所示偏心摆式剪切机构为符合本设计要求综合最优的飞剪机剪切机构。

思 考 题

飞剪机的主要功能是什么?如何根据飞剪机剪切机构的运动要求创新设计新机构?试根据现有的飞剪机剪切机构类型,通过分析并运用创新设计原理和方法,构思综合剪切机机构类型。

参 考 文 献

[1]　邹慧君.机械原理课程设计手册[M].2 版.北京:高等教育出版社,2010.
[2]　邹家祥.轧钢机械[M].3 版.北京:冶金工业出版社,2004.

案例 7　折页机的创新设计

折页机是将大幅面印刷品折成所需要幅面的设备,按照用途可分为办公用折页机、专业用折页机和商务用折页机。办公用折页机广泛应用在银行、信访办、调查公司及投递信件较多的公司单位等;而专业和商用高速自动折页机,安装在现代化印刷工厂中,作为印后车间的主要设备,适用于各类印刷品的大批量的折页。如案例图 7-1a 所示折页机主要由给纸、折页、收纸三部分组成。给纸部分主要担负着分离和输送纸张的任务,能准确地将印张输送到折页部分;折页部分按要求将印张折叠成所需要的大小幅面;收纸部分则将折好的书帖收集堆放整齐。根据其折页机构的折页原理的不同可分刀式折页机(案例图 7-1b)、栅栏式折页机(案例图 7-1c)和混合式折页机。

在书刊装订生产中,折页是第一道工序,除卷筒纸轮转印刷机上装有折页装置,印刷、折页可一次完成外,单张纸印刷机生产的印张都要由折页机折成书帖。因此,折页机是书刊装订的关键设备之一。折页机作为装订行业的一种重要设备是必不可少的,尤其对于中国这样一个人口众多,地域广大的国家来说,需要量是很大的。近几年,国产折页机尤其是混合式折页机和栅栏式折页机无论是在折页速度、折页精度、自动化程度,还是在稳定性方面都有了长足的进步,但与国际先进机型相比,国产折页机在自动化程度及功能扩展上,在机器的稳定性、可靠性、耐用性方面还有一定的差距。调查资料统计,应用 TRIZ 的理论与方法,可以增加 80%~100% 的专利数量并提高专利质量,提高 60%~70% 的新产品开发效率,缩短50% 的产品上市时间。

综上所述,基于 TRIZ 理论进行折页机的创新,有利于折页机的技术进化及发展。

1. 创新问题提交

栅栏(也称梳)式折页机,能适应不同折页方式的变化。栅栏式折页机,首先进行平行折页,这种折页方式通常对印张按照一个方向折叠两次,或更多的次数。根据折页的不同要求,改变栅栏折页装置的数量和彼此位置的相互配合,可以折叠出不同折页方式的书帖,栅栏式折页机的核心技术体现在折页板和折页辊上。栅栏式折页机机身较小,占地面积小,折页方式多,折页速度快,具有较高的生产效率,操作方便,维修简单。通过专利分析,发现折页精确度是目前折页机的一个迫切需要解决的问题,所以就以"提高折页精确度"为目的,通过对项目的全面分析,按提交表的内容要求,填写栅栏式折页机构创新设计的创新问题,见案例表 7-1。

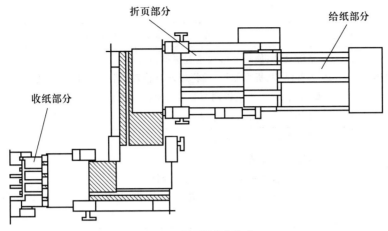

(a) 折页机基本构成

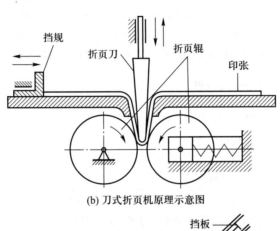

(b) 刀式折页机原理示意图

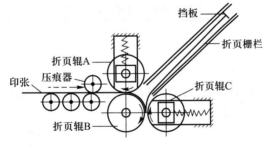

(c) 栅栏式折页机原理示意图

案例图 7-1　折页机

案例表 7-1　栅栏式折页机构的创新设计问题提交表

项目名称	栅栏式折页机构的创新设计
填表人	×××
1. 提出该问题的主要目的	增强有用功能:提高折页精确度

续表

项目名称	栅栏式折页机构的创新设计
2. 系统功能与内外部结构	① 系统功能:使折痕形成位置更加精准; ② 内部结构:折页栅栏、栅栏板调节装置、挡板、挡板调节装置、可调节折页辊、不可调节折页辊、折页辊调节装置、油墨、输纸台; ③ 外部环境:印张、空气、人
3. 系统问题情境描述	① 系统有何缺陷:缺少折痕; ② 系统待改善的参数或指标:精准度; ③ 系统已恶化的参数或指标:复杂性; ④ 有害功能:折页辊黏附油墨、产生噪声、移动折页辊无效、印张发生弯曲位置不确定
4. 最理想的改进结果	① 最理想的改进结果:小成本、方便、快捷地保证印张在正确位置弯曲; ② 达到理想结果的障碍:不同幅面、材质的印张对改进的要求不同; ③ 由于障碍引发的后果:改进结果只能解决单一印张的问题; ④ 不出现故障的条件:改进结果应根据不同情况进行调节
5. 系统内或外部的可用资源	场资源、属性资源
6. 选择解决方案的概念和标准	① 期待的科技特征:适应生产且结构简单; ② 期待的经济特征:价格低廉; ③ 期待的时间表:近期; ④ 预计的新颖度:较高
7. 已尝试过的方案	① 以前尝试过的解决方案:利用压纸装置,对纸张任意弯曲情况进行缓解; ② 该解决方案可否用在这里:可以起到改善作用,但无法解决硬纸折痕问题

2. 功能分析

（1）栅栏式折页机构的组件分析

以案例图 7-2 所示的栅栏式折页机构为技术系统,从系统的功能入手,进行组件和超系统组件分析,结果见案例表 7-2。

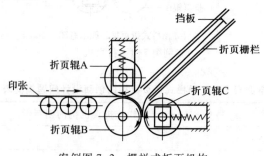

案例图 7-2　栅栏式折页机构

案例表 7-2 栅栏式折页机构的组件分析

工程系统	系统组件	超系统组件
栅栏式折页机构	折页栅栏 栅栏板调节装置 挡板 挡板调节装置 可调节折页辊 不可调节折页辊 折页辊调节装置 输纸台 机架	油墨 印张 空气

（2）相互作用分析

对栅栏式折页机构进行组件相互作用分析,见案例表 7-3。

案例表 7-3 各组件相互作用矩阵

项目	折页栅栏	栅栏板调节装置	挡板	挡板调节装置	可调节折页辊	不可调节折页辊	折页辊调节装置	机架	印张	输纸台	油墨
折页栅栏		+	+	−	−	−	−	−	+	−	+
栅栏板调节装置	+		−	−	−	−	−	+	−	−	−
挡板	+	−		+	−	−	−	−	+	−	−
挡板调节装置	−	−	+		−	−	−	+	−	−	−
可调节折页辊	−	−	−	−		+	+	−	+	+	+
不可调节折页辊	−	−	−	+	−		−	+	+	+	+
折页辊调节装置	−	−	−	+	−	−		+	−	−	−
机架	−	+	−	+	−	−	+		−	−	−
印张	+	−	+	−	+	+	−	−		+	+
输纸台	−	−	−	+	+	+	−	−	+		−
油墨	+	−	−	+	+	+	−	−	+	−	

（3）栅栏式折页机构的功能模型图

栅栏式折页机构的功能模型如案例图 7-3 所示。

通过组件分析和功能模型分析,得出栅栏式折页机构的功能缺点如案例表 7-4。

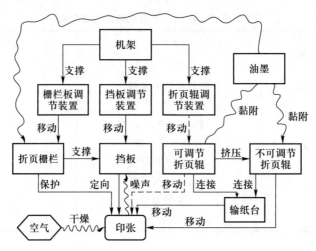

案例图 7-3 栅栏式折页机构功能模型

案例表 7-4 栅栏式折页机构的功能缺点表

序号	功能缺点
1	折页辊黏附油墨
2	纸张撞击挡板产生噪声
3	调节装置不能有效移动折页辊
4	印张发生弯曲位置不确定

3. 因果分析

在栅栏式折页工艺中主要出现的问题有：折页辊粘附油墨、纸张撞击挡板产生噪声,调节装置不能有效移动折页辊,印张发生弯曲位置不确定,由于纸张的厚度、硬度、平滑度比较敏感导致折痕质量低等。本案例主要研究的问题是由于纸张的厚度、硬度、平滑度比较敏感,导致折痕质量低,即折纸精度问题。

（1）初始缺点分析

初始缺点是由项目的目标决定的,一般来说是项目目标的反面。项目目标是使纸张折后精度高,折痕在一条直线上；初始缺点则是精度不高,折痕不在一条直线上。

（2）中间缺点分析

中间缺点是指处于初始缺点和末端缺点之间的缺点,它是上一层级缺点的原因,又是下一层级缺点。导致折痕不在一条直线上的原因可能是纸张太厚、太硬、变形。具体的中间缺点分析参考第4章中因果链分析相关内容,在此不做赘述。

（3）末端缺点

当达到以下情况时,就可以结束因果链分析：达到物理、化学、生物或者几何等领域的极限时；达到自然现象限制时；达到法规,国家或行业标准等的限制时；不能继续找到下一层原因时;达到成本的极限或者人的本性时;根据项目的具体情况,继续深挖下去就会变得与本项目无关时。本案例选择末端缺点为:纸张的弯曲度和柔软度不足。

通过因果分析,建立的折痕精度低的因果链如案例图7-4所示。

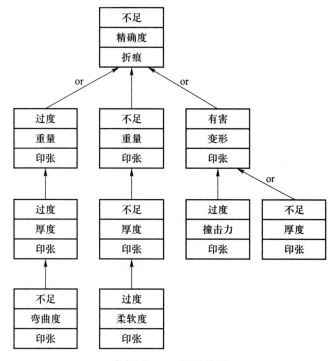

案例图7-4　因果分析

通过因果链分析,可以知道在栅栏式折页机构中解决折痕精度低问题的核心点在于对纸张提前处理的控制与折痕位置的精确调整,这也是在接下来要用TRIZ法重点解决的问题。

4. 创新设计的案例

（1）基于技术矛盾分析解决问题

通过因果分析可以知道折痕出现不整齐现象跟纸张太厚有直接关系,而增加一个折痕器是保证纸张在栅栏式折页过程中折痕精度高的重要因素之一,即需要提高系统的可靠性,而提高系统的可靠性必然产生一系列复杂的结构,所以通过分析可以知道该系统中存在一对技术矛盾:系统的可靠性（27）和设备的复杂性（36）。通过查询矛盾矩阵表可以得到解决该技术矛盾的发明原理,即发明原理13:反向作用;发明原理35:物理或化学状态变化;发明原理1:分割。由此启发,可思考发明原理35中的改变浓度或密度的措施,将折痕部分进行磨薄处理,（易损坏印张,无法保证折痕部分的完整）然后使其容易折,达到提高折痕精度的效果,解决问题。利用发明原理1:分割,可改变柔度,对折痕部分喷水,使折痕部分更加柔软易折（对装置精度要求较高,且喷水后印张易起皱）。

（2）基于物理矛盾解决问题

对于折页精度低的问题,通过功能模型和因果链分析可以得出,折痕预形成的时候,需要有折痕器;但是,在移动印张时,不能有折痕器,因为印张不能处处有折痕。这就是一个典型的物理矛盾。

(3) 基于时间分离来解决问题

① 描述关键问题

在折痕的时候,既需要用折痕器形成预折痕来提高栅栏折纸精度,但是又不能影响印张的直线运动。

② 写出物理矛盾

既需要有折痕器,又不能有折痕器存在。

③ 加入导向关键词来描述物理矛盾

在折痕预形成的时候,需要有折痕器,因为要在需要的地方形成折痕;但是又不能有折痕器,因为印张不能处处有折痕。

④ 确定所使用的分离原理

此问题适用的分离原理是基于时间分离。

⑤ 选择对应的发明原理

基于时间分离的发明原理一用有五个,即发明原理9:预先反作用;发明原理10:预先作用;发明原理11:事先防范;发明原理15:动态特性;发明原理34:抛弃或再生。本案例采取的发明原理是10号:预先作用,在印张到达折页辊之前,预先对其形成折痕,使印张传送过程中,完成折痕预形成。即将折痕器安装在传送印张的上方,进入折页辊之前;发明原理15:动态特性,将产生折痕部分设计成可动的,产生折痕时,该部分突出,不产生折痕只起传送作用时收起。

(4) 基于物质-场分析和标准解解决问题

物质-场模型元素分析:如何在移动过程中,在印张上形成折痕,在这里把印张、折痕器作为物质 S1 和物质 S2,没有场,所以可以建立如案例图 7-5 所示的物质-场模型。

案例图 7-5 印张上形成折痕的物质-场模型

在确定物质-场模型后,可以从 76 条标准解中找到创新方案,见案例表7-5。

案例表 7-5 创新方案表

关键问题	如何在移动过程中,在印张上形成折痕
物质和场	物质:印张、折痕器
问题的物质-场模型	折页辊　印张
确定标准解类别	第一类第一子类:建立物质—场模型

续表

关键问题	如何在移动过程中,在印张上形成折痕	
确定具体的标准解	加入一个新的场	
解决方案的物质-场模型	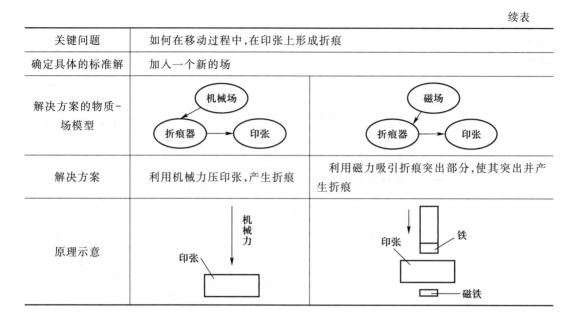	
解决方案	利用机械力压印张,产生折痕	利用磁力吸引折痕突出部分,使其突出并产生折痕
原理示意		

（5）创新方案优缺点分析及最终方案的确定

通过物质-场模型、技术矛盾和物理矛盾模型分析得到了五种创新方案,如案例表 7-6 所示。

案例表 7-6　创新方案分析

创新方案	图示	内容	优缺点
1		电动机带动滑块使折痕器上下往复运动,在印张上产生折痕	优点:结构简单。 缺点:无法在一张印张上形成多个平行折痕
2		利用凸轮辊作为折痕器,突出部分挤压纸张可得到折痕	优点:折痕器不仅能起到形成折痕作用,而且可以帮助移动印张。 缺点:突出部分与皮带接触时间较短,不易保证折痕形成质量。且凸轮大小固定,对印张折痕位置的形成有局限性

创新方案	图示	内容	优缺点
3	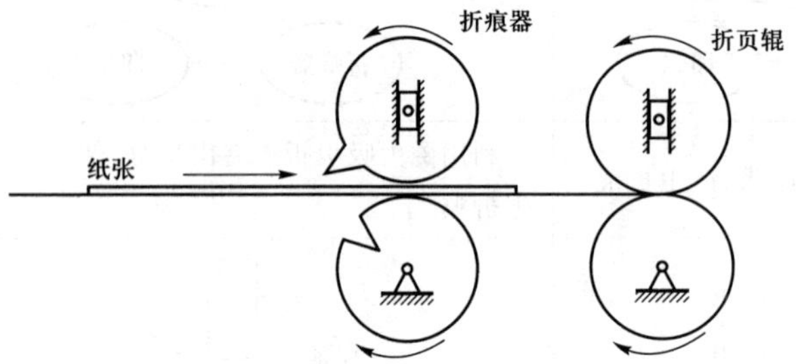	利用两个不规则的辊子相对转动时凸起与凹槽部分配合形成折痕	优点:有凸出部分与凹槽相配合,折痕形成较清晰。且除了凸起与凹槽部分,其他部分有利于印张传送,并保持平整。 缺点:因凸轮形状固定,对印张折痕位置的形成有局限性。且对于不同幅面的印张来说不易调节
4	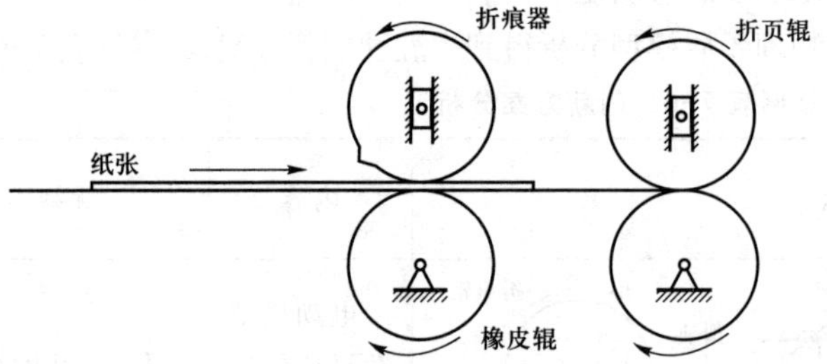	利用两个类似折页辊的辊子相对转动,在上层辊子的橡胶上垂直插入折痕片,折痕片随转动挤压下方辊子的橡胶,从而形成折痕	优点:折痕器部分设计小巧,不占空间,且有利于印张传送,并保持平整。 缺点:对于不同幅面的印张来说不易调节
5	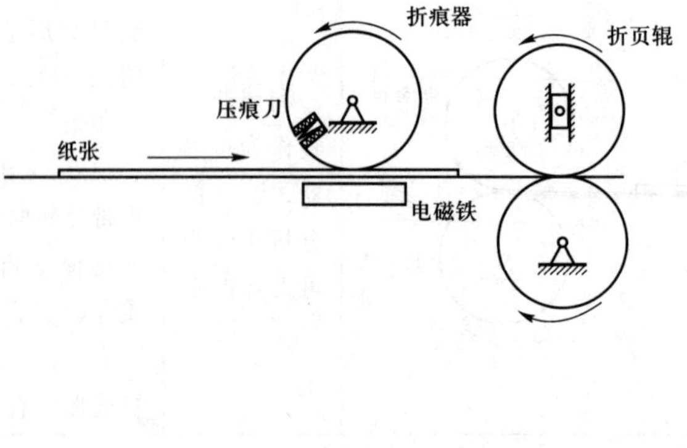	将可伸缩的可被磁力吸引的折痕片装在折痕器的滚边中,需要的折痕片经过带磁区域即被吸引产生折痕,不需要的折痕片用销子收起,只滚动不产生折痕	优点:可精准形成折痕,且可以在一张印张上同时印出多个平行折痕。 缺点:结构较为复杂且造价较高

5. 技术进化

（1）依据进化法则，对折页机所处技术状态及进化路线分析

1）完备性。系统不断自我完善，减少人的参与，以提高系统的效率。按进化路线目前进化的状态如案例图 7-6 所示。

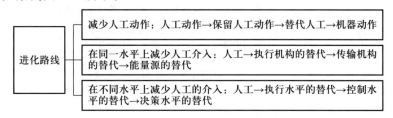

案例图 7-6　完备性进化路线的进化状态

建议：对于一些事务性的决策，可以提炼出决策模型，由机器和程序替代，以便加速决策反馈；但是对于复杂状况的判断，仍然由人决策。

2）能量传递。沿着能量流动路径缩短的方向以减少能量损失、顺畅能量传递、减少能量转换次数为原则。按进化路线目前进化的状态如案例图 7-7 所示。

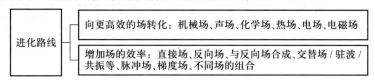

案例图 7-7　能量传递进化路线的进化状态

3）协调性。沿着整个系统的各个子系统更协调，与超系统更协调的方向进化。按进化路线目前进化的状态如案例图 7-8 所示。

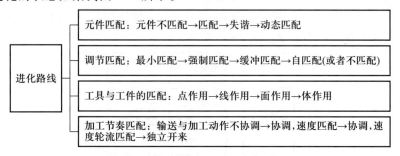

案例图 7-8　协调性进化路线的进化状态

本案例中，栅栏板与印张是面作用，折页刀与印张是线作用。

4）提高理想度。沿着提高其理想度，向最理想系统的方向进化。按发展方向目前的状态如案例图 7-9 所示。

建议：① 对于栅栏折组，在栅栏板前加入一个压痕装置，使纸张在进入栅栏板折页前先

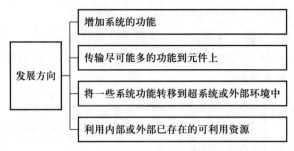

案例图 7-9　提高理想度发展方向的进化状态

进行压痕,以提高折页精度及增加适用范围;

② 改进折页机的能量消耗,可以利用太阳能以及风能。

5)动态性进化。按进化路线目前进化的状态如案例图 7-10 所示。

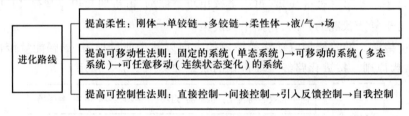

案例图 7-10　动态性进化路线的进化状态

建议:① 系统向提高柔性的方向进化,如将刚体的折页刀换成高压空气,利用空气折页;

② 提高系统的移动性,如使用质量轻的材料;

③ 提高系统自动化程度从而提高可控性。

6)子系统不均衡进化。改进控制部件、动力部件、传输部件、工具中进化最慢的系统。按进化路线目前进化的状态如案例图 7-11 所示。

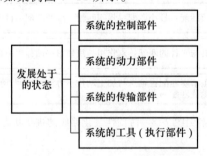

案例图 7-11　子系统不均衡进化状态

建议:① 采用更加环保廉价、在其他行业已经得到成熟应用的太阳能、风能等;

② 折刀速度限制了整个折页机的速度,建议改进折刀,提高折刀速度,降低冲击。

7）向微观级与增加场应用进化。按进化路线目前进化的状态如案例图7-12所示。

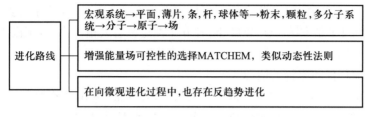

进化路线	宏观系统→平面,薄片,条,杆,球体等→粉末,颗粒,多分子系统→分子→原子→场
	增强能量场可控性的选择MATCHEM，类似动态性法则
	在向微观进化过程中,也存在反趋势进化

案例图 7-12　向微观级与增强场应用进化

建议:寻找新的工作方式,从而减小系统体积,向微观级系统进化。

8）向超系统进化法则。进化路线为如案例图 7-13 所示。

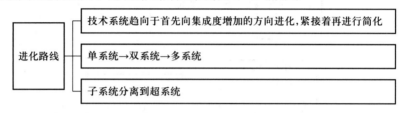

进化路线	技术系统趋向于首先向集成度增加的方向进化,紧接着再进行简化
	单系统→双系统→多系统
	子系统分离到超系统

案例图 7-13　向超系统进化路线

建议:① 集成-简化,步骤如下。

第 1 步,增加功能,如程控、遥测、纸张自动检测等,导致规模增加;

第 2 步,要求增加集成度,从而减小系统规模;

第 3 步,集成技术发展,实现这个需求,并同时提高性能。

② 折页→折页+压痕+模切→折页+压痕+模切+打孔+配页等方向集成。

9）S 曲线进化法则。从图 4-10 进化法则图中可以看出,各个进化趋势之间是互相联系的。任何系统都遵循 S 曲线进化法则。S 曲线进化法则处于整个进化趋势的顶端,可以说是统领其他法则。

由前文分析可知当前折页机系统处于:成熟期。

建议:在国际上利用地区差异扩大市场;布局下一代产品的研发。

（2）基于进化路线的分析提出折页机新产品的发展方向

1）提高智能化程度

现代折页设备的主要特征之一是折页机需具有标准作业的智能化设置,即折页机内储存有预先编好的折页方案以及自定义的折页方案,操作人员只需选定折页方案,输入纸张规格,就可由智能化系统对整个机器的速度、纸张间隙、吸气长度等进行计算和优化设置。由于操作人员输入的数据可能会出现错误,而采用机器自动对纸张参数进行检测,既能减少折页失误的产生,还能减少操作人员的劳动,进一步提高折页机的智能化。目前国际知名品牌的折页机都可预存几十种折页方案,但国产折页机还没有此项功能,我国的折页机智能化程度与国际相比还有不小的差距。

2）寻找新的工作方式

如果找到了新的工作方式,将会给折页机带来一次重大变革,这将是折页机发展的一次飞跃,使得折页机不仅在体积上得以缩小,各方面性能也会大幅提升,也正因为如此,此方案的实现难度会比较大。

3）采用更加环保和廉价的能源

风能、太阳能可考虑设计为折页机的可选组件,在风能、太阳能资源丰富的地区配合使用。风能、太阳能环保、廉价,可为印后加工节省大量成本,从而使产品更具有竞争力,如案例图 7-14 所示。

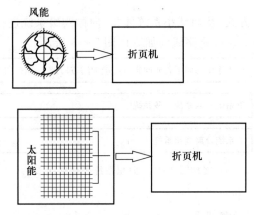

案例图 7-14　风能、太阳能折页机

4）提高折页精度及适用范围

栅栏折组对纸张的厚度、硬度、平滑度比较敏感,如果在纸张折页前先在折缝压出折痕,那么再折页就相对容易,折页质量也会提高。但把纸张拿去先压痕再来折页,就增加了一道工序,增加了成本,若能在栅栏折组前加上压痕功能,如案例图 7-15 所示,便能一举两得了。

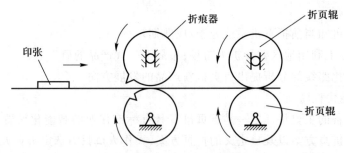

案例图 7-15　带折痕器的折页机

5）改进折页刀

现在折页机的速度瓶颈就在于折页刀速度,折页刀速度提升的同时带来了振动的加大,振动会降低折页精度,增加设备故障率,降低设备寿命。因此,必须在增加折页刀速度的同时控制其带来的振动。

　　6）将折页机中原有的折页刀换成"气刀"

　　如案例图 7-16 所示,利用细束高压空气进行折页,降低冲击,提高折页速度。通过气泵将空气送到待折印张上,纸张到达后阀门打开,将纸张吹向折页辊。该方案装置结构简单、轻便、安装维护简单,工作介质是取之不尽、无任何费用的空气。折页气刀已获得发明专利授权。

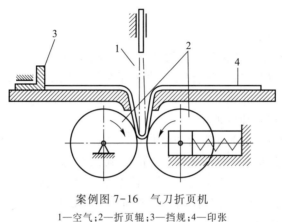

案例图 7-16　气刀折页机
1—空气;2—折页辊;3—挡规;4—印张

　　7）集成更多功能

　　联机生产是今后发展的必然趋势,将各种印后设备集成起来,如加入模切压痕、打孔、配页等功能,实现从印刷到成品的生产线。

案例 8　切纸机的创新设计

将原纸(卷筒纸)、印刷好的成品或半成品、装订成册的毛本书以及各种装帧材料等,裁切成各种规定尺寸的机械设备称为裁切设备。裁切设备根据其用途可分为:分切机、单面切纸机和三面切书机。其中,单面切纸机是将各种平板纸、印刷的成品或半成品以及装帧材料等裁切成各种规定尺寸的机械设备,其用途非常广泛,是印刷企业必备的印后加工设备之一,在印刷机械中占有很重要的地位。

切纸机按自动化程度可分为手动切纸机(案例图 8-1)、半自动切纸机和自动切纸机(见案例图 8-2)。手动切纸机的纸张定位、压纸、切纸等都由人工完成,适用于中、小型印刷厂和数码快印店、机关、院校、厂矿、图书馆、档案馆、资料室裁切各种纸张、书刊、资料、卡片等印刷品及皮革制品。半自动切纸机的纸张定位、压纸由人工完成,裁切由机器自动完成,现在较少使用。自动切纸机则是除了放纸、卸纸由人工完成外,其余裁切过程均由机器自动完成。按驱动方式可分为机械式切纸机(见案例图 8-2)、液压切纸机;按照控制方式可分为电动切纸机和数控切纸机(见案例图 8-3),机械式切纸机的压纸器与裁切机构均为机械传动,液压切纸机的压纸器、裁刀均采用液压控制,而数控切纸机则通过微处理机对整个裁切过程进行程序控制。机械式切纸机冲击力大、噪声大,自动化程度低,没有高精度的尺寸定位系统和尺寸设置,裁切精度低,不能满足高品质印品的裁切要求。目前,切纸机以液压切纸机、数控切纸机为主流产品。切纸机的发展路线:机械式→磁带控制式→微机程控式→彩色显示式→全图像操作引导可视化式→计算机辅助裁切外部编程和编辑生产数据的裁切系统。这一进化路线,使得裁切精度更高,生产准备时间更短,劳动强度更低,操作更加安全。

先进的切纸机(见案例图 8-4)自动化水平很高,它是集机、光、电、液、气于一体的技术密集型机械,能存储极其复杂的裁切程序,并具有广泛的编程性能,多层次的人机对话系统,还可配备完善的附加设备,如闯纸机、纸堆升降机、卸纸机等,极大地减轻了操作者的劳动强度;同时利用可编程控制器控制整个裁切过程,使得纸张的定位更准确,提高了裁切精度及效率;采用液压压纸,使压纸力的调节更方便、范围更广,压纸力大而稳定,提高了裁切的质量;在安全防护方面,有双手联动保护按钮、红外光电保护及内置式电子锁等安全防护装置;彩色显示屏可显示各种数据,具有故障诊断功能,可进行人机对话,实现中英文选择。目前,国产切纸机已基本能满足国内市场的需要,尤其是高档切纸机与国际先进切纸机的质量水平已相当接近,但在稳定性、可靠性、成套性和集成性方面还存在一定的差距。

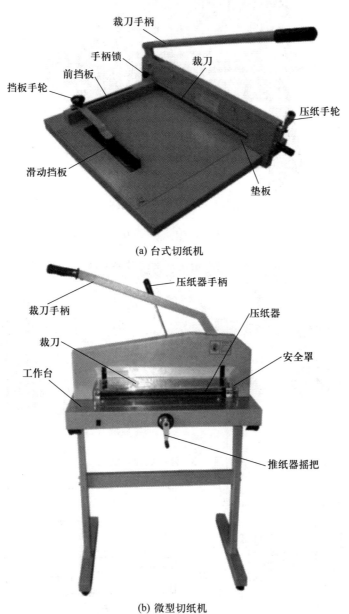

(a) 台式切纸机

(b) 微型切纸机

案例图 8-1　手动切纸机

案例图 8-2　机械式切纸机

案例图 8-3　液压数控切纸机

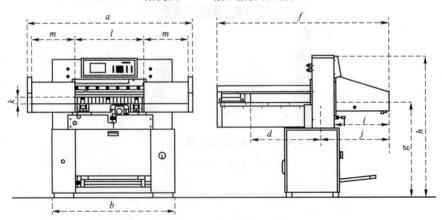

案例图 8-4　切纸机

　　切纸机广泛用于包装印刷行业,用于裁切各种纸张、塑料薄膜、皮革及其他类似的软性材料。如案例图 8-5 所示,切纸机由推纸器、压纸器、裁切机构、工作台等组成。工作时,先将被裁切物放入工作台,并使其靠紧侧挡板和推纸器的前表面;然后推纸器推送纸张至要求位置,接下来压纸器下降压纸,保证在裁切过程中纸张固定不动;压纸器压紧纸张后,裁刀下降裁切,裁切完成后,裁刀上升,压纸器上升,推纸器回位。其中,刀条的作用是保护裁刀的刃口,并使下层纸张完全裁透,保证裁切质量。

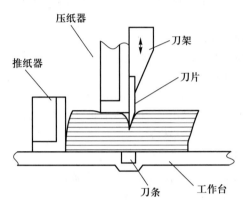

案例图 8-5　单面切纸机工作原理

　　压纸器是切纸机的核心部分,它是保证纸张裁切质量的关键。

1. 创新问题提交

　　通过对项目的全面分析,按提交表的内容要求,填写切纸机装置创新设计的创新问题,见案例表 8-1。

案例表 8-1　切纸机装置创新设计创新问题提交表

项目名称	切纸机装置的创新设计
填表人	×××
1. 提交该问题的主要目的	① 增强有用功能:优化原有切纸机压纸器结构,提高切纸质量; ② 消除有害功能:原有切纸机压纸器切纸存在误差; ③ 降低成本:减少零部件,简化结构
2. 系统功能与内外部结构	① 系统设计目的:减少切纸机切纸产生的成品纸张"上宽下窄"的问题; ② 系统内部组件:推纸器、侧挡板、台面、切刀、压纸器; ③ 外部环境组件:空气、纸张、人
3. 系统问题情境描述	① 系统有何缺陷:纸张"上宽下窄"; ② 系统待改善的参数或指标:压纸器压力; ③ 为什么要解决该问题:提高生产质量; ④ 什么妨碍解决该问题:原有压纸器存在的问题

续表

项目名称	切纸机装置的创新设计
4. 最理想的改进结果	① 最理想的改进结果:成品纸张切痕呈 90°; ② 达到理想结果的障碍:压纸器压力不变; ③ 由于障碍引发的后果:成品纸张质量不合格; ④ 不出现障碍条件:改进压纸器结构,减少有害功能
5. 系统内部或外部可用资源	实现上述系统的改进,外用可用资源:更换电动机,减小电动机到执行机构的传动比。 ① 物质资源:空气; ② 场资源:机械场、电场、磁场; ③ 功能资源:推纸器; ④ 信息资源:切纸机成品纸张质量; ⑤ 时间资源:减小电动机到执行机构的传动比; ⑥ 空间资源:多层检验; ⑦ 属性资源:台面可调节性
6. 选择解决方案和标准	① 期待的科技特征:结构简化,工艺流程简单; ② 期待的经济特征:节约成本; ③ 期待的时间表:1 年; ④ 预计的新颖度:改善创新结构
7. 已尝试的方案	将一开始的平面压纸器改为带排气孔的压纸器

2. 功能分析

（1）切纸机系统组件分析

以案例图 8-6 所示切纸机的压纸器装置为技术系统,从系统的功能入手,进行组件和超系统组件分析,结果见案例表 8-2。

案例表 8-2　组件分析

工程系统	系统组件	超系统组件
压纸器系统	推纸器; 牙排; 切刀; 侧挡板; 台面	电动机; 蜗轮蜗杆; 纸张; 空气; 人

（2）相互作用分析

对压纸器系统组件进行相互作用分析,见案例表 8-3。

案例表 8-3　压纸器系统相互作用分析

项目	推纸器	牙排	切刀	侧挡板	台面	电动机	蜗轮蜗杆	纸张	空气	人
推纸器		+	-	+	+	-	-	+	+	-
牙排	+		+	+	-	-	-	+	+	-
切刀	-	+		+	-	-	-	+	+	-
侧挡板	+	+	+		+	-	-	+	+	-
台面	+	-	-	+		-	-	+	+	+
电动机	-	-	-	-	-		+	-	+	-
蜗轮蜗杆	-	-	-	-	-	+		-	+	-
纸张	+	+	+	+	+	-	-		+	+
空气	+	+	+	+	+	+	+	+		+
人	-	-	-	+	+	-	-	+	+	

（3）对压纸器系统各组件进行功能等级分析

对压纸器系统进行功能等级分析，如案例表 8-4 所示。

案例表 8-4　系统各组件功能等级分析

功能	等级	性能水平	得分
定位纸张	辅助功能	正常	1
推纸器和牙排碰撞	有害功能		
压住纸张	辅助功能	正常	1
驱动压纸器	辅助功能	正常	1

（4）对压纸器系统各组件进行功能建模

压纸器系统的功能模型如案例图 8-6 所示。

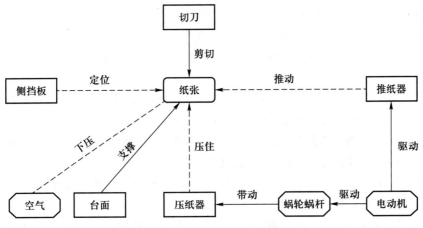

案例图 8-6　压纸器系统功能模型图

通过组件分析和功能模型分析,得出压纸器系统的功能缺点如案例表 8-5。

案例表 8-5　压纸器系统功能缺点列表

序号	功能缺点
1	推纸器推动纸张未到位
2	侧挡板定位纸张不足
3	台面不平
4	压纸器压力不足

3. 因果分析

在切纸的工艺中出现的主要问题有:当切刀切纸时,由于压纸器压力不变,导致纸张变形。造成成品纸张上宽下窄的问题,本案例主要研究成品纸张上宽下窄的问题。

(1)初始缺点分析

初始缺点是由项目的目标决定的,一般来说是项目目标的反面。该项目目标是使纸张整齐,那么初始缺点就是纸张不齐(上宽下窄)。

(2)中间缺点分析

中间缺点是指处于初始缺点和末端缺点之间的缺点,它是上一层级缺点的原因,又是下一层级缺点造成的结果。导致上宽下窄的原因有四个:纸张受力、推纸器、压纸器形状、台面不平。

(3)末端缺点

当达到以下情况时,就可以结束因果链分析:达到物理、化学、生物或者几何等领域的极限时;达到自然现象限制时;达到法规、国家或行业标准等的限制时;不能继续找到下一层原因时;达到成本的极限或者人的本性时;根据项目的具体情况,继续深挖下去就会变得与本项目无关时。本案例选择末端缺点为:纸张受力中的施力、受力的监测装置、推纸器的形状、推纸器的推力、压纸器的平面形状、压纸器的不均匀压力、台面的不水平等原因作为末端缺点。通过因果分析,建立的成品纸张上宽下窄因果链如案例图 8-7 所示。

将关键缺点转化为关键问题,并寻找可能的解决方案。

① 对于"纸张受力情况"这个关键缺点,相应的关键问题是"如何让纸张受力均匀",按协调性法则 3 中工具与工件的匹配进化路线:点作用→线作用→面作用→体作用;增加压力检测装置。

② 对于"推纸器形状和推力大小"这个关键缺点,相应的关键问题是"如何改变推纸器的形状",解决方案可以是:换为平面更均匀的推纸器。

③ 对于"压纸器形状"这个关键缺点,相应的关键问题是"如何改变压纸器的形状或内部结构",解决方案可以是:增加排气孔,改变排气气路。

④ 对于"台面不水平"这个关键缺点,相应的关键问题是"如何保证台面的水平",解决方案可以是:增加水平测量仪。

经过因果链分析,将最开始的初始问题转化为多个关键问题,只要解决了其中一个或者

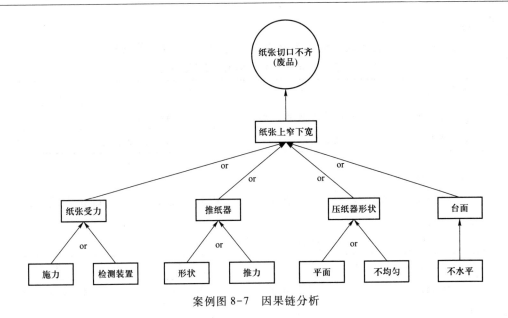

案例图 8-7 因果链分析

几个关键问题就可以解决初始问题。与现代 TRIZ 其他的问题分析工具相比,因果链分析可以得到比较准确的矛盾,为后续 TRIZ 解决问题工具的运用打下了良好的基础。

4. 创新设计的案例

(1) 基于技术矛盾分析解决问题

1) 描述问题

要解决的问题是"如何改变压纸器的形状或内部结构",使得压纸器与纸张接触均匀。

2) 阐述技术矛盾

创新设计案例的技术矛盾见案例表 8-6。

案例表 8-6 技术矛盾表

语句	技术矛盾-1	技术矛盾-2
如果	增大压纸器的长宽	减小压纸器的长宽
那么	压纸接触均匀	装置简单
但是	过大过重,有危险	部分接触,压纸不均匀

3) 选择技术矛盾

目标是改变压纸器的形状或内部结构,使得压纸器与纸张接触均匀,所以选择技术矛盾-1。

4) 确定技术矛盾中要改善的参数和被恶化的参数

项目的目标是使压纸器与纸张接触均匀。因此,压纸器的形状或内部结构是要改变的参数。由于需要增大压纸器的长宽,使得系统变得复杂化,因此,设备的复杂化是恶化的参数。

5）转化通用工程参数

将要改善和被恶化的参数一般化为阿奇舒勒通用工程参数,见案例表 8-7。

案例表 8-7　转化通用工程参数表

参数分类	具体参数	通用工程参数
改善参数	压纸器压纸压力均匀	静止物体的面积
恶化参数	压纸器复杂过大	设备的复杂性

6）确定发明原理

在阿奇舒勒矛盾矩阵中定位改善和恶化通用工程参数交叉的单元,确定发明原理。矛盾矩阵见案例表 8-8。

案例表 8-8　矛盾矩阵

	恶化的参数	35	36	37
	改善的参数	适应性及多用型	设备的复杂性	检测的复杂性
6	静止物体的面积	3,8,29	17,31	18,27
27	可靠性	13,35,8,24	13,35,1	7,40,28

7）确定技术矛盾的解决方案

通过上述步骤确定的发明原理找到具体解决方案。案例表 8-9 列出了解决技术矛盾的发明原理及找到的具体解决方案。

案例表 8-9　发明原理与解决方案表

发明原理:分割,嵌套	具体解决方案
改造压纸器的气路	改造压纸器的气路。 使空气也作为一种力,压住纸张,变相加大了压纸器的面积

（2）基于物质-场模型与标准解系统

1）描述待解决的关键问题

需要解决的问题是:在压纸器压在纸堆上,裁刀裁切纸堆时,随动压纸,补偿裁刀压力引起的纸堆变形。

2）列出与工程问题相关的物质和场

与工程问题相关的物质和场为:纸张、压纸器、机械场。

3）挑选组件

创建工程问题的物质-场模型如案例图 8-8 所示。

4）对于物质-场模型的解决方案进行描述

对物质-场模型的解决方案的描述见案例表 8-10。

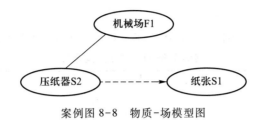

案例图 8-8 物质-场模型图

案例表 8-10 物质-场模型的解决方案描述

关键问题	如何在压纸器下压过程中,在纸张上随裁刀裁纸而继续下压
物质和场	物质:压纸器、纸张; 场:机械场
问题的物质-场模型	![机械场F1 与 压纸器S2 虚线指向 纸张S1]
确定标准解类别	第 2 类第一子类
确定具体的标准解	引入双物质-场模型,弥补 F1 不足
解决方案的物质-场模型	![机械场F1、机械场F2 与 压纸器S2 实线指向 纸张S1]
解决方案	利用改变压纸器形状结构产生的随动压力压住纸张,补偿裁刀裁切时纸张的变形
原理示意	![压纸器与被裁切物原理示意图]

（3）创新方案优缺点分析和最终方案的确定

通过技术矛盾和物质-场模型分析得到了三种创新方案,见案例表 8-11。

案例表 8-11 创新方案分析

创新方案	图示	内容
1	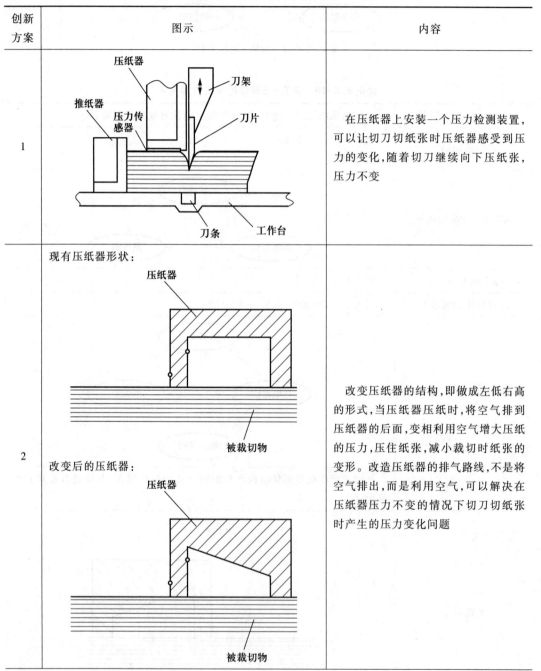	在压纸器上安装一个压力检测装置,可以让切刀切纸张时压纸器感受到压力的变化,随着切刀继续向下压纸张,压力不变
2	现有压纸器形状: 改变后的压纸器:	改变压纸器的结构,即做成左低右高的形式,当压纸器压纸时,将空气排到压纸器的后面,变相利用空气增大压纸的压力,压住纸张,减小裁切时纸张的变形。改造压纸器的排气路线,不是将空气排出,而是利用空气,可以解决在压纸器压力不变的情况下切刀切纸张时产生的压力变化问题

续表

创新 方案	图示	内容
3	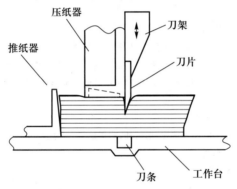	改变推纸器的形状,补偿纸张受到切刀的压力而产生的变形。平面能更均匀地推纸张

最终方案选择"方案 2+方案 3"的组合方案,如案例图 8-9 所示。

案例图 8-9　最终创新设计方案

参 考 文 献

[1]　李艳,施向东. 基于 TRIZ 理论的印刷装备创新设计案例[M].北京:文化发展出版社,2017.

郑重声明

高等教育出版社依法对本书享有专有出版权。任何未经许可的复制、销售行为均违反《中华人民共和国著作权法》，其行为人将承担相应的民事责任和行政责任；构成犯罪的，将被依法追究刑事责任。为了维护市场秩序，保护读者的合法权益，避免读者误用盗版书造成不良后果，我社将配合行政执法部门和司法机关对违法犯罪的单位和个人进行严厉打击。社会各界人士如发现上述侵权行为，希望及时举报，本社将奖励举报有功人员。

反盗版举报电话　　(010)58581999　58582371　58582488

反盗版举报传真　　(010)82086060

反盗版举报邮箱　　dd@hep.com.cn

通信地址　　北京市西城区德外大街4号
　　　　　　高等教育出版社法律事务与版权管理部

邮政编码　　100120

防伪查询说明

用户购书后刮开封底防伪涂层，利用手机微信等软件扫描二维码，会跳转至防伪查询网页，获得所购图书详细信息。也可将防伪二维码下的20位密码按从左到右、从上到下的顺序发送短信至106695881280，免费查询所购图书真伪。

反盗版短信举报

编辑短信"JB,图书名称,出版社,购买地点"发送至10669588128

防伪客服电话

(010)58582300

(a) (b)

附图 9-1 光色作用

 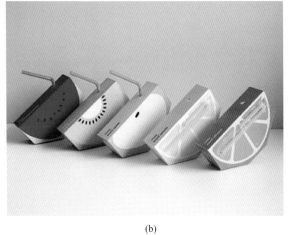

(a) (b)

附图 9-2 产品设计中的色彩运用

(a) 男性 (b) 中性 (c) 女性

附图 9-3 索爱手机的配色实例

附图 9-4　救生简易担架

(a) 航空救生背心

(b) 自动充气救生筏

附图 9-5　救生器械

(a)

(b)

附图 9-6　产品的局部形态通过色彩进行强化

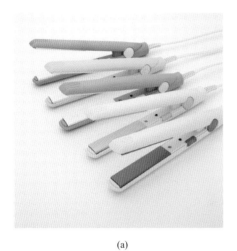
(a)

(b)

附图 9-7　形态单一的产品通过色彩来改变视觉效果

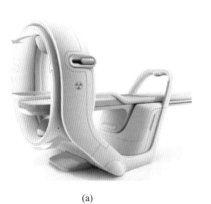
(a)

(b)

附图 9-8　形态复杂的产品通过色彩归纳来调和视觉感受

(a)

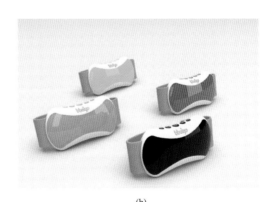
(b)

附图 9-9　对需要突出的形态通过色彩的对比来表达

(a)

(b)

附图 9-10　对产品形态不同的功能区域运用色彩来划分

(a) 清新健康的草绿色

(b) 智慧而富有现代感的湖蓝色

(c) 活泼外向的橙黄色

(d) 大红车身配黑色敞蓬

(e) 跳跃的柠黄色，轻盈活泼

(f) 冷色车型具有稳重理智之感

附图 9-11　德国大众经典车型甲壳虫的不同配色

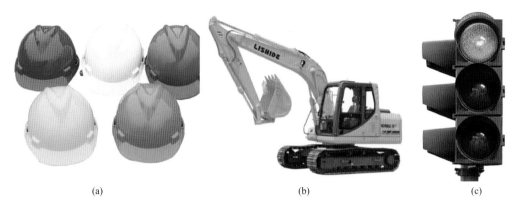

(a)   (b)   (c)

附图 9-12　色彩的安全性和指示性

(a) 给孩子带来欢乐的暖色家具　　　　　(b) 具有稳重、华丽之感的紫色和黑色搭配的家具

附图 9-13　色彩在家具中的应用

附图 9-14　宝马概念车

(a) YAMAHA电动自行车

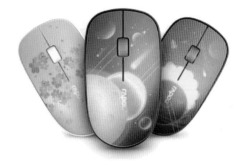

(b) 时尚鼠标

附图 9-15　时尚设计